"双一流学科"建设重点规划教材

信息技术重点图书·雷达

雷达原理与系统

Radar Principle and System

陈伯孝 杨林 魏青 编著

西安电子科技大学出版社

内 容 简 介

本书系统地介绍了雷达的工作原理、系统组成、设计方法。书中在介绍雷达的基本理论和实际知识的同时，为方便读者理解与运用相关知识，还提供了一些非常经典的MATLAB 程序，并且给出了几个典型的雷达系统设计案例及虚拟仿真实验。

全书共 8 章，分别为绪论，雷达系统组成与雷达方程，发射与接收分系统，雷达信号波形与脉冲压缩，杂波特征与杂波抑制，雷达信号检测，参数测量与跟踪，雷达系统设计与虚拟仿真实验。

本书内容新颖，系统性强，理论联系实际，突出工程实现和具体应用。本书既可作为高等学校相关专业本科生的教材或教学参考书，也可供雷达工程技术人员学习使用。

图书在版编目(CIP)数据

雷达原理与系统/陈伯孝，杨林，魏青编著.
—西安：西安电子科技大学出版社，2021.12(2023.3 重印)
ISBN 978 - 7 - 5606 - 6319 - 7

Ⅰ. ①雷…　Ⅱ. ①陈…　②杨…　③魏…　Ⅲ. ①雷达　Ⅳ. ①TN95

中国版本图书馆 CIP 数据核字(2021)第 234939 号

策　　划　李惠萍
责任编辑　李惠萍
出版发行　西安电子科技大学出版社(西安市太白南路 2 号)
电　　话　(029)88202421　88201467　　　邮　编　710071
网　　址　www.xduph.com　　　　电子邮箱　xdupfxb001@163.com
经　　销　新华书店
印刷单位　陕西天意印务有限责任公司
版　　次　2021 年 12 月第 1 版　2023 年 3 月第 2 次印刷
开　　本　787 毫米×1092 毫米　1/16　印张 24.5
字　　数　575 千字
印　　数　2001～4000 册
定　　价　56.00 元
ISBN 978 - 7 - 5606 - 6319 - 7/TN

XDUP 6621001 - 2

＊＊＊如有印装问题可调换＊＊＊

序　言

　　雷达作为一种可自主地全天时、全天候获取远距离目标信息的探测手段，从第二次世界大战开始采用，战后保持了持续发展。近20年来，在计算机、微电子、新材料、新生产工艺等雷达相关技术或支撑技术快速发展以及军事需求的推动下，雷达技术同样发展迅速。军用雷达可以安置在地面、舰船、飞机、导弹、卫星等多种平台上，其功能不仅是发现目标并对其定位，还能测量目标的特征参数，对目标进行分类、识别，有的雷达以环境观测、战场态势感知为主要任务。各类雷达不仅是国防建设的重要装备，也是经济建设的重要支撑，雷达的创新发展在国家现代化发展进程中将起着十分重要的作用。

　　雷达任务的持续增加与雷达技术的进步密不可分，这反映在许多方面。作为雷达基本构成的发射机、接收机、天线与馈线、信号与信息处理、监测与控制、终端显示、信息传输等都有了很大发展与变化。其中，计算机、功率放大器件、超大规模集成电路对相控阵雷达、大型数字阵列雷达技术快速发展作用非常显著。雷达的探测范围和分辨率进一步提升(超远程雷达的探测距离已可达10^4 km)，通过采用宽带信号与大孔径天线，雷达已可实现很高的距离和角度分辨率，雷达目标识别技术也有了明显进步。利用合成孔径与逆合成孔径技术，雷达已可实现目标的高分辨成像；在宽带与多频段技术发展基础上，雷达还可实现通信、导航、电子对抗与反对抗等其他功能。复杂信号设计与信号处理技术的进步，使雷达具备了越来越多的自适应能力。单部雷达探测已可发展为多部雷达组网探测，双基地与多基地雷达、无源探测雷达也获得了较快发展。各种新的雷达平台，如机载、空间载雷达(SBR)平台的有效应用，也充分反映了雷达技术的进步。总之，雷达在军事和民用众多领域发挥着非常重要的作用，始终处于快速发展的进程之中。不仅如此，雷达技术及其应用仍有进一步发展的空间。深入学习雷达技术，创新性地从事雷达及其相关技术的研究、生产与推广应用依然具有特别重要的意义。本书的出版有利于满足雷达技术人员的需求。

　　雷达技术的快速进步与现代战争对雷达的作战需求密切相关。信息化作战首先要求快速的信息获取，因而对雷达提出了许多新要求。例如，需要观察不断出现的新目标、新作战平台；需要探测隐身目标、低散射面积的目标和低空目标；需要推远雷达探测距离，扩大信息获取范围，对某些战略目标进行长期动态监测；需要对目标进行成像、识别与解译，获取更多、更精确的目标信息。特别重要的是，在现代战争中，雷达要能适应复杂的电磁环境，具有较高的抗干扰与杂波抑制能力，要能在恶劣环境中维持良好的探测性能，并需要甄别并拒绝上报敌方人为制造的虚假目标信息。

要满足上述要求，继续快速推动雷达技术的发展，需要在不同层面上进行创新。掌握雷达原理与系统的基本理论，是持续不断地培养创新人才的首要措施。本书作者根据30年来在雷达与雷达相关领域从事教学与科研工作的经验，系统地讲述了雷达的原理与系统设计方法，在简单介绍雷达系统的组成及各部分的基本原理后，重点介绍了雷达收发组件、雷达信号波形与信号处理、杂波抑制、目标检测、目标参数估计、跟踪过程等；结合地面雷达和弹载末制导雷达，讲述了雷达系统的设计案例。由于雷达设备复杂且昂贵，一般院校不具备雷达系统实验条件，本书专门讲述了雷达虚拟仿真实验过程。虚拟仿真实验平台可以模拟雷达的工作方式和参数设置，完成雷达系统的仿真与性能分析，便于读者观测雷达每一步处理的中间结果。相信本书的出版将促进雷达研究的创新发展。

本书内容新颖，系统性强，理论联系实际，突出工程实现和应用。特别值得称赞的是，本书作者给出了很多相关 MATLAB 仿真程序，这将有利于有关人员的学习、参考，增加了本书的使用价值。相信本书的出版对雷达及相关专业的教学、对雷达领域的科研人员和工程技术人员都会有很好的帮助与参考作用。

中国工程院院士 张光义

2021 年 11 月 22 日

作 者 简 介

陈伯孝　1987 毕业于原华东冶金学院（现安徽工业大学），1994、1997 年分别获西安电子科技大学硕士、博士学位，2003 年至今任西安电子科技大学教授、博士生导师。2006 年入选教育部新世纪优秀人才支持计划。长期从事新体制雷达、米波雷达反隐身及其测高技术、末制导雷达、雷达抗干扰等方面的理论研究与工程实现工作。

荣获国家科学技术进步奖二等奖 2 项，中国专利金奖 1 项，国防和军队等省部级奖励 7 项。发表论文 240 余篇，出版学术专著 5 部，发明专利已授权 30 余项。

杨　林　1983、1994 年分别获西安电子科技大学学士、硕士学位，目前任西安电子科技大学教授、博士生导师。研究方向为天线理论与工程设计、天线测量等。发表学术论文 80 余篇。

魏　青　1993、1996、2007 年分别获西安电子科技大学学士、硕士和博士学位，目前任西安电子科技大学副教授。长期担任"雷达原理"课程的主讲教师，获得教学表彰奖励 3 项。一直从事雷达信号处理等方面的应用基础研究工作，获得省部级奖励 1 项。

前　言

雷达作为一种全天时、全天候、远距离工作的传感器，可以安置在地面、车辆、舰船、飞机、导弹、卫星等多种平台上，在军事和民用众多领域发挥着非常重要的作用。

本书是在作者长期从事雷达系统的理论研究、工程设计、教学工作的基础上编写而成的。本书的编写目的就是让读者能够系统、全面、深入地了解和掌握雷达的工作原理与系统设计方法。本书结合现代雷达技术的迅速发展，提供了丰富的理论和实践知识，使读者通过学习本书内容可以具备必要的雷达技术背景知识，掌握雷达系统基本原理，能够进行雷达系统的分析与设计工作。

本书各章节的内容安排如下：

第1章概述雷达的发展概况、工作原理与分类、基本组成、主要战术与技术指标以及雷达生存与对抗技术等知识。

第2章从雷达系统的角度介绍雷达的基本组成，以及电波传播、终端设备及其信息处理等方面的基本知识；介绍基本雷达方程、目标的散射截面积（RCS）、雷达的系统损耗，以及几种体制的雷达方程。

第3章主要介绍雷达发射机、接收机的组成、主要性能指标和基本设计方法，以及现代雷达的数字收发系统。

第4章介绍模糊函数的概念和雷达分辨理论，重点分析一些典型的常用雷达信号波形及其特征，以及脉冲压缩、步进频率综合、拉伸处理等；讨论脉冲雷达的距离和多普勒模糊问题；介绍利用直接数字频率合成（DDS）技术产生常用雷达波形的方法。

第5章介绍杂波的特征，以及抑制杂波的 MTI/AMTI、MTD 滤波器的设计方法，对杂波抑制的性能的分析与计算方法。

第6章介绍基本检测过程、雷达信号的最佳检测、脉冲积累的检测性能、自动检测等方面的基本知识，以及几种均值类 CFAR 的原理、性能。

第7章介绍雷达测量的基本原理，以及角度、距离、多普勒测量方法；介绍相控阵、数字阵列雷达的数字波束形成（DBF）、数字单脉冲测角；简单介绍多目标跟踪滤波器。

第8章介绍雷达系统设计的一般流程，给出了某地面雷达、弹载末制导雷达的设计案例，以及雷达虚拟仿真实验过程。由于雷达设备复杂且昂贵，一些院校不具备雷达系统实验条件，虚拟仿真实验平台可以模拟雷达的工作方式和参数设置，完成雷达系统的仿真与性能分析，并且每一步处理结果都可以观测。初学者可以根据学习情况，选择部分模块进行学习与仿真。

本书的主要特点可以概括如下：

（1）内容丰富，系统全面，由浅入深，适合不同层次的读者。

（2）图文并茂，全书给出了三百多幅图形，便于读者直观理解。

（3）理论联系实际，给出了一些工程实现方法和实际结果。

（4）给出了大量非常经典的 MATLAB 仿真程序，为读者学习雷达技术提供了雷达系统分析与设计的手把手的经验。MATLAB 作为雷达工程技术人员必不可少的工具，它的程序设计应以矩阵为单元，尽量不用"for"循环语句，读者从本书给出的 MATLAB 程序中可以仔细体会其中的奥妙。

本书作者长期从事雷达系统与雷达信号处理方面的研究，专业知识和实践经验丰富。作者先后参加了 10 种型号雷达的研制，发表了 220 余篇雷达系统与雷达信号处理方面的学术论文。本书是作者近 30 年从事雷达系统与雷达信号处理方面的科研、教学工作的总结。在撰写过程中，尽量将一些基本概念及其物理含义阐述清楚，使得本书既适合雷达方面的初学者，让读者明白如何利用过去学习的电子信息工程专业的基础知识去解决实际问题；同时也兼顾雷达工程技术人员。因此，本书既适合作为高等院校相关专业的教材或教学参考书，又适合相关领域工程技术人员学习参考。

本书第 1、2 章由陈伯孝、杨林撰写，第 3、4、5、6、8 章由陈伯孝撰写，第 7 章和习题由陈伯孝、魏青撰写。全书由陈伯孝统稿。感谢中国电子科技集团公司第三十八研究所郑世连研究员提供了第 3 章的部分文稿。感谢中国工程院张光义院士为本书作序并提出了宝贵意见。感谢中国电子科技集团公司吴剑旗、张良两位首席科学家提出了宝贵意见。在本书的撰写过程中，得到了西安电子科技大学"雷达原理与系统"教学组董春曦教授、陶海红教授、曾操教授等的指导与帮助，并提出了宝贵的修改意见，在此表示衷心的感谢。书中部分图表来自一些参考文献，在书中没有一一标注，这里谨向这些文献的作者深表谢意。

由于雷达技术的快速发展，新的技术不断涌现，本书不能将所有最新技术都反映出来，敬请读者谅解。由于作者的水平有限，难免存在疏漏和不足之处，敬请广大读者批评指正。

感谢西安电子科技大学"'双一流'学科建设"项目对本书出版的支持，感谢雷达信号处理国防科技重点实验室和西安电子科技大学出版社的支持，感谢责任编辑为本书的出版付出的辛勤劳动。

陈伯孝

2021 年 11 月

目　　录

第 1 章 绪 论

1.1 雷达的发展概况

雷达(Radar)是英文"Radio Detecting and Ranging"缩写的音译,其含义是指利用无线电对目标进行探测和测距。它的基本功能是利用目标对电磁波的散射发现目标,并测定目标的空间位置。雷达经历了其诞生和发展初期后,在二十世纪六七十年代进入大发展时期,并随着微电子技术的迅速发展,在二十世纪中后期进入了一个新的发展阶段,出现了许多新型雷达,如合成孔径雷达、脉冲多普勒雷达、相控阵雷达等。现代雷达的功能已超出了最早定义的"无线电探测和测距"的含义,利用雷达还可以提取目标的更多信息,如目标的属性、目标成像、目标识别和战场侦察等,从而实现对目标的分类或识别。

1. 雷达的发展史

下面简单回顾一下现代雷达发展史上的一些重大事件。

1) 雷达的诞生及发展初期

1886—1888 年,Heinrich Hertz(海因里希·赫兹)验证了电磁波的产生、接收和散射。

1903—1904 年,Christian Hulsmeyer(克里斯琴·赫尔斯姆耶)研制出原始的船用防撞雷达。

1937 年,英国人 Robert Watson Watt(罗伯特·沃森·瓦特)设计出第一部可用的雷达站"Chain Home"(本土链)。

1938 年,美国信号公司制造出第一部实用的防空火控警戒雷达 SCR - 268,其工作频率为 200 MHz,作用距离为 180 km。当时生产了 3100 部。

1939 年,美国无线电公司(RCA)研制出第一部实用舰载雷达 XAF,并将之安装在纽约号战舰上。XAF 对飞机的探测距离为 160 km,对舰船的探测距离为 20 km。

2) 二战中的雷达

在第二次世界大战中,雷达发挥了重要作用。用雷达控制高射炮击落一架飞机平均所用炮弹数由 5000 发降为 50 发,命中率提高了 100 倍。因此,雷达被誉为"第二次大战的天之骄子"。

3) 二十世纪五六十年代的雷达

在这期间,由于航天技术的飞速发展,飞机、导弹、人造卫星以及宇宙飞船等均采用雷达作为探测和控制手段。反洲际弹道导弹系统要求雷达具有高精度、远距离、高分辨率和多目标测量能力,使雷达技术进入蓬勃发展时期。大功率速调管放大器应用于雷达,发射功率比磁控管大两个数量级。人们还将研制的大型雷达用于观察月亮、极光、流星。单脉冲跟踪雷达 AN/FPS - 16 的角跟踪精度达 0.1 mrad。合成孔径雷达利用装在飞机上较小的侧视天线可显示地面上的一个条状地图。机载脉冲多普勒雷达应用于"波马克"空空导弹的下视和制导。"麦德雷"高频超视距雷达的作用距离达 3700 km。S 波段防空相控阵雷达 AN/SPS - 33 在方位维采用铁氧体移相器控制进行电扫描，在俯仰维采用频扫方式。超远程相控阵雷达 AN/FPS - 85 用于外空监视和洲际弹道导弹预警。

4）二十世纪七八十年代的雷达

二十世纪七八十年代，合成孔径雷达、相控阵雷达和脉冲多普勒雷达得到了迅速发展。相控阵用于战术雷达。美国研制了 E - 3 预警机等。

5）二十世纪九十年代至本世纪初的雷达

二十世纪九十年代，随着微电子技术的迅速发展，雷达进一步向数字化、智能化方向发展。同时，反雷达的对抗技术也迅速发展起来。一些主要军事大国纷纷研制出一些新体制雷达，例如无源雷达、双（多）基地雷达、机（或星）载预警雷达、稀布阵雷达、多载频雷达、微波成像雷达、毫米波雷达、激光雷达等。

雷达技术的发展到目前可以大致划分为四个阶段，如表 1.1 所示。第一阶段为雷达技术发展初期以及"二战"期间的非相参雷达技术；第二阶段是以高功率速调管、行波管技术为代表的相参雷达技术，出现了用于观察月亮、极光、流星的超远程雷达、脉冲多普勒雷达和相控阵雷达；第三阶段是以 SiC 和 GaN 等第三代半导体功率器件为代表的全固态发射与大规模数字化雷达技术，出现了合成孔径雷达、大型数字阵列雷达等；第四阶段将是以大规模数字 T/R 为代表的数字阵列雷达技术。

表 1.1 雷达发展阶段及其技术

阶 段	典 型 技 术	典 型 代 表
第一阶段	非相参雷达技术	英国"Chain Home"，防空火控雷达 SCR - 268、SCR - 584 等
第二阶段	以速调管、行波管等为代表的相参雷达技术	观察月亮、极光、流星的超远程雷达、脉冲多普勒雷达、相控阵雷达等
第三阶段	全固态发射与大规模数字化雷达技术	合成孔径雷达、大型相控阵雷达、双基地雷达、机（或星）载预警雷达、稀布阵雷达等
第四阶段	以大规模数字 T/R 为代表的数字阵列雷达技术	超宽带合成孔径雷达、大型数字阵列雷达、高性能反隐身雷达等

2. 未来的雷达

1）发展方向

随着现代战争的发展，未来的雷达将是高性能、多功能的综合体，即雷达集侦（侦察）、干（干扰）、探（探测）、通（通信）于一体，同时具备指挥控制、电子战等功能，根据需要通过软件可定义的雷达。雷达的发展方向主要体现在以下几个方面：

（1）分布式。为了减小天线孔径、提高机动性并降低成本，雷达将由过去集中式大孔径天线向分布式小孔径天线方向发展。

（2）数字化。从频率源发射信号的产生，到接收机信号的处理，雷达已从模拟向数字化方向发展，例如射频数字化、数字接收机，提出了数字化雷达的概念。数字化雷达在每个脉冲重复周期采用不同的信号形式，有利于提高抗干扰能力。

（3）智能化。从信号处理、检测、跟踪、识别的角度分析，雷达将向智能化方向发展，例如智能检测、智能识别、智能抗干扰等。深度学习等人工智能技术将应用于雷达领域。

（4）网络化。综合利用多部雷达协同探测与多部雷达组网，提高雷达的探测能力和覆盖范围。或者将雷达天线分布于民用设施（如通信基站），在不同节点辐射信号，利用通信网络传输数据，在处理中心利用各节点接收信号，重组雷达，我们称之为网络化雷达。雷达组网一般是多部雷达之间在点迹或航迹层面的信息融合，与网络化雷达不同。

（5）精细化。过去雷达的处理手段相对单一，例如，一般只发射一种波形的信号，在脉冲之间发射信号的波形不变，而现代雷达为了抗干扰，在脉冲之间发射信号的波形应灵活变化；过去雷达的检测方法单一，而由于杂波和干扰背景复杂，现代雷达需要根据目标周围的环境灵活选择不同参数的检测方法。

2）面临的威胁

当然，在雷达技术得到迅速发展的同时，由于敌我双方军事斗争的需要，雷达亦面临着生存和发展的双重挑战。雷达面临的威胁主要有以下四个方面：

一是隐身技术。由于采用隐身技术，使得目标的散射截面积（RCS）大幅度降低，雷达接收到的目标散射回波信号微乎其微，以至于雷达难以发现目标。

二是综合电子干扰（ECM）。由于快速应变的电子侦察和强烈的电子干扰，使得雷达难以正确地发现并跟踪目标。

三是反辐射导弹（ARM）。高速反辐射导弹已成为雷达的克星，只要雷达一开机，被敌方侦察到以后，很容易利用 ARM 将雷达摧毁。

四是低空突防。对具有掠地、掠海能力的低空、超低空飞机和巡航导弹，雷达一般难以发现。

以上就是人们常说的雷达面临的"四大威胁"。

1.2 雷达的工作原理与分类

1.2.1 雷达的工作原理

雷达通常是主动发射电磁波到达目标，目标再散射电磁波到达雷达接收天线，从而发现目标，这就是雷达工作的最基本原理。雷达的工作原理可以概述为几个方面：

（1）由于电磁波沿直线传播，根据雷达与目标之间的距离与光速的比值，测定发射电磁波到接收目标散射电磁波的时延，从而获得目标的距离。

（2）为了使能量集中向一个方向辐射，雷达天线通常是强方向性的，根据波束指向和测量目标偏离波束中心的程度，得到目标的方位和仰角。

（3）根据目标相对于雷达视线的径向运动产生的多普勒效应，可以获得目标的径向速度。

（4）根据目标不同部位散射特性的差异，提取目标的细微特征，从而实现对目标的识别或分类。

1.2.2　雷达的基本组成

雷达系统的基本组成如图 1.1 所示。通常包括波形产生器、发射机、接收机、模/数（A/D）变换器、信号处理机、数据处理计算机、终端显示器、天线及伺服系统、电源等组成部分。波形产生器产生一定工作频率、一定调制方式的射频激励信号，也称为激励源，同时，产生相干本振信号送给接收机；发射机对激励源提供的射频激励信号进行功率放大，再经收发开关馈电至天线，由天线辐射出去；目标回波信号经天线和收发开关至接收机，再由接收机对接收信号进行低噪声放大、混频和滤波等处理；信号处理的作用是抑制非期望信号（杂波、干扰），通过脉压、相干积累或非相干积累等措施提高有用信号的信噪比，并对目标进行自动检测与参数测量等。信息处理计算机完成目标航迹的关联、跟踪滤波、航迹管理等，也称为雷达的数据处理。目标航迹、回波信号等相关信息在终端显示器上显示的同时，通过网络等设备传输至各级指挥系统。雷达的类型不同，其工作方式亦不同，伺服控制系统根据雷达的搜索空域，控制天线的波束指向及其搜索方式。一般警戒雷达为大功率设备，需要专门的供电设备。

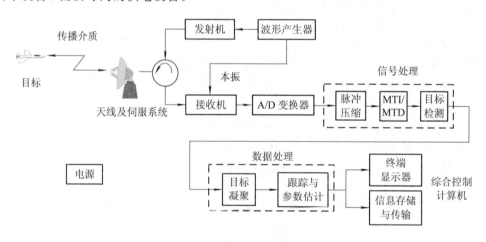

图 1.1　雷达系统的基本组成

雷达各主要分系统的功能及其现代技术发展见表 1.2。

表 1.2　雷达各主要分系统的功能及其现代技术发展

分系统	功　　能	现代技术发展
天线	发射大功率射频信号，接收目标回波的微弱信号	① 低副瓣、超低副瓣；② 大带宽、多频段复用；③ 相控阵、共性天线；④ 变极化与极化控制；⑤ 天线材料隐身、超材料
波形产生器	产生一定工作频率、一定调制方式的射频激励信号，同时产生相干本振信号	① DDS 频率合成、波形合成；② 波形捷变

分系统	功 能	现代技术发展
发射机	射频激励信号进行功率放大,再经收发开关馈电至天线	① 全固态;② 频率捷变;③ 发射数字波束形成;④ 高占空比
接收机	对接收信号进行低噪声放大、混频和滤波等处理	① 数字化接收机;② 大动态、宽带
信号处理	抑制非期望信号(杂波、干扰),通过脉压、积累等措施以提高有用信号的信噪比,并对目标进行自动检测与参数测量等	① 脉压压缩;② MTI、MTD、PD;③ 副瓣对消、副瓣匿影;④ DBF、ADBF;⑤ 空时自适应处理;⑥ CFAR、智能检测;⑦ 雷达成像;⑧ 目标识别
数据处理	目标航迹的关联、跟踪滤波、航迹管理等	① 多目标跟踪;② 高机动目标跟踪;③ 数据融合;④ 人工智能
综合控制计算机	雷达工作模式、工作参数的设置,故障自动检测、显示等	① 雷达资源管理;② 工作调度;③ 故障自动检测;④ 人工智能

1.2.3 雷达的分类

根据雷达的功能、工作方式,雷达有多种分类方法。

1. 按作用分类

雷达按作用可分为军用和民用两大类。军用雷达根据其作战平台所处位置又分为地面雷达、舰载雷达、机载雷达、星载雷达、弹载雷达(末制导雷达)等。地面雷达按其功能又包括监视雷达(警戒雷达)、跟踪雷达、火控雷达、目标引导与指示雷达等。机载雷达包括机载预警雷达、机载火控雷达、轰炸雷达、机载气象雷达、机载空中侦察雷达、机载测高雷达等。

民用雷达主要包括空中交通管制雷达、港口管制雷达、气象雷达、探地雷达、汽车防撞或自动驾驶雷达、道路车辆测速雷达等。

2. 按信号形式分类

雷达按信号形式分为脉冲雷达、连续波雷达,以及介于两者之间的准连续波雷达。脉冲雷达的信号形式主要有线性/非线性调频脉冲、相位编码脉冲、频率步进/频率捷变脉冲等。根据信号带宽可分为窄带雷达、宽带雷达和超宽带雷达。根据信号的相参性可分为相参雷达和非相参雷达。现代雷达一般都为相参雷达。

3. 按天线波束扫描形式分类

雷达按天线波束扫描形式分为机械扫描雷达、电扫描雷达,以及机械扫描与电扫描相结合的雷达。现代搜索雷达一般在方位维机械扫描,在俯仰维电扫描。相控阵雷达一般在方位和俯仰两维电扫描。

4. 按测量的目标参数分类

雷达按测量的目标参数可分为两坐标(距离、方位)雷达、三坐标(距离、方位、仰角或高度)雷达、测高雷达、测速雷达、敌我识别雷达、成像雷达等。

5. 按角度跟踪方式分类

雷达按角度跟踪方式可分为圆锥扫描雷达、单脉冲雷达、相控阵跟踪雷达。

1.2.4 雷达的工作频率

雷达的工作频率范围较广，从几兆赫兹到几十吉赫兹。工程上将雷达的工作频率分为不同的频段，表1.3列出了雷达频段和频率的对应关系，以及各频段的主要应用场合和特点。例如，L波段代表波长以22 cm为中心，S波段代表波长以10 cm为中心，C波段代表波长以5 cm为中心，X波段代表波长以3 cm为中心，Ku波段代表波长以2.2 cm为中心，Ka波段代表波长以8 mm为中心。根据工作波长，雷达可分为超短波雷达、米波雷达、分米波雷达、厘米波雷达、毫米波雷达等。这里字母频段名称不能代表雷达工作的实际频率。

表 1.3 雷达的工作频率

波段名称	频率范围 f	波长 $\lambda = c/f$	主要应用场合及特点	国际电信联盟分配的雷达频率范围
HF	3~30 MHz	100~10 m	天波、地波超视距雷达，作用距离远，但分辨率和精度低	—
VHF	30~300 MHz	1000~100 cm	远程监视（约200~600 km），具有中等分辨率和精度，有利于探测隐身目标	138~144 MHz，216~225 MHz
UHF	300~1000 MHz	100~30 cm		420~450 MHz，890~942 MHz
L	1~2 GHz	30~15 cm	远程监视，具有中等分辨率和适度气象效应	1215~1400 MHz
S	2~4 GHz	15~7.5 cm	中程监视（约100~300 km）和远程跟踪（约50~150 km），具有中等精度，在雪和暴雨下气象效应严重	2.3~2.5 GHz，2.7~3.7 GHz
C	4~8 GHz	7.5~3.75 cm	中近程监视、跟踪和制导，高精度，在雪和中雨下气象效应严重	5.25~5.925 GHz
X	8~12 GHz	3.75~2.5 cm	近程监视，高精度远程跟踪，在雨中减为中程或近程（约25~50 km）	8.5~10.68 GHz
Ku	12~18 GHz	2.5~1.67 cm	近程跟踪和制导（约1~25 km），专门用于天线尺寸有限且不需要全天候工作的场合；广泛应用于机载雷达、末制导雷达	13.4~14 GHz，15.7~17.7 GHz
K	18~27 GHz	1.67~1.11 cm		24.05~24.25 GHz
Ka	27~40 GHz	11.1~7.5 mm		33.4~36 GHz
V	40~75 GHz	7.5~4.29 mm	很近距离的检测、跟踪和制导（5 km内）；汽车防撞与自动驾驶雷达、安检雷达等	59~64 GHz
W	75~110 GHz	4.29~2.7 mm		76~81 GHz，92~100 GHz
mm	110~300 GHz	<2.7 mm		—

注：c 为光速，$c = 3 \times 10^8$ m/s。

1.2.5 从雷达回波提取的目标信息

雷达回波中通常包含目标的距离、方位、仰角（高度）、多普勒频率、尺寸和形状等信息，根据回波信号的功率可以估算目标的散射截面积（RCS）。下面分别介绍之。

1. 距离

普通脉冲雷达是通过测量发射信号传播到目标并返回来的时间来测定目标的距离的，如图 1.2 所示。假设延迟时间为 τ，$\tau=2R/c$，则目标的距离 R 为

$$R = \frac{c \cdot \tau}{2} \tag{1.2.1}$$

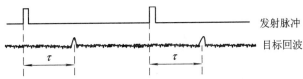

图 1.2　发射脉冲和目标回波示意图

这种基于窄脉冲的测距方法，脉冲越窄，测距精度越高。但是在峰值功率受限的情况下，发射窄脉冲辐射的能量有限。另一种测距方法是采用脉冲压缩波形，这将在后面的章节中介绍。

另外，在汽车雷达、靶场测量雷达中一般发射调频连续波信号，将距离的测量转换为频率的测量。

2）方向（方位和仰角）

目标的方向是通过测量回波的波前到达雷达的角度来确定的。雷达一般使用方向性天线，即具有窄辐射方向图的天线进行波束方位维和俯仰维的扫描。当接收信号的能量最大时，天线所指的方向就是目标所在的方向。

搜索雷达将波束扫描到目标，即回波信号幅度最大时波束的指向作为目标的方向，在航迹关联时对当前点迹与多帧航迹进行平滑、滤波，得到目标的方位和仰角。跟踪雷达要求获得更高的测量精度，通常采用两组或多组天线，通过比较多组天线入射波前的幅度或相位，即测量两个分离的天线所接收信号的相位差或幅度差，获得入射波前与两个天线连线的夹角，此夹角就是目标偏离波束中心指向的相对方位或仰角。两个天线分开越远，精度越高，然而如果天线分得太开，就会在两个天线的合成方向图中出现分裂或栅瓣，从而产生模糊的测量结果。因此，两个天线的波束中心夹角一般不超过一个波束的宽度。

3. 高度

假设目标的斜距为 R，仰角为 θ，则目标的高度为

$$H = R \cdot \sin\theta + h_a \tag{1.2.2}$$

其中 h_a 为天线高度。如果考虑地球曲率半径 ρ 的影响，则目标的高度为

$$H = R \cdot \sin\theta + h + \frac{R^2}{2\rho} \tag{1.2.3}$$

4. 目标的尺寸和形状

利用目标的一维距离像可以大致确定目标在距离维的尺寸和散射点的分布。利用合成孔径雷达成像，可以实现对地形和地面目标的侦察、战场态势评估；利用逆合成孔径雷达成像，可以实现目标的识别。通过对目标的三维成像，特别是单脉冲三维成像，可以对目标的三维尺寸和形状进行特征提取。

1.2.6　多普勒频率

当目标与雷达之间存在相对运动时，若雷达发射信号的工作频率为 f_0，则接收信号的

频率为 $f_0 + f_d$，f_d 为多普勒频率。将这种由于目标相对辐射源的运动而导致回波信号频率变化的现象称为多普勒效应。多普勒频率是由于目标运动，导致的雷达发射信号与接收信号在频率上的差异。多普勒频率常用 f_d 表示。为了推导多普勒频率，图 1.3 给出了一个以径向速度 v_r 向着雷达运动的目标，在 t_0 时刻（参考时间）的距离为 R_0，那么在 t 时刻目标的距离及其时延分别为

$$R(t) = R_0 - v_r(t - t_0) \qquad (1.2.4)$$

$$t_r(t) = \frac{2R(t)}{c} = \frac{2}{c}(R_0 + v_r t_0 - v_r t) \qquad (1.2.5)$$

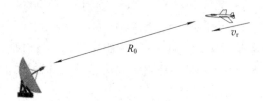

图 1.3 以速度 v_r 向着雷达运动的目标

若发射信号为 $s(t)$，不考虑传输衰减，则雷达接收信号为

$$s_r(t) = s(t - t_r(t)) = s\left[\left(1 + \frac{2v_r}{c}\right)t - \psi_0\right] \qquad (1.2.6)$$

这里 $\psi_0 = \frac{2}{c}(R_0 + v_r t_0)$ 与时间 t 无关，为相位常数。定义式（1.2.6）中变量 t 前面的比例系数为 γ，γ 也称为压缩因子，即

$$\gamma = 1 + \frac{2v_r}{c} \qquad (1.2.7)$$

同理，对于一个远离雷达飞行的目标，此比例因子为 $\gamma = 1 - \frac{2v_r}{c}$。式（1.2.6）可改写为

$$s_r(t) = s(\gamma t - \psi_0) \qquad (1.2.8)$$

从上式可以看出，与静止目标的回波相比，运动目标的回波信号是时间压缩形式，因此，根据傅里叶变换的比例特性：时间压缩信号的频谱将以因子 γ 扩展。

考虑一般情况，若雷达发射信号为

$$s(t) = y(t)\cos\omega_0 t \qquad (1.2.9)$$

式中 $\omega_0 = 2\pi f_0$，f_0 为载频，即雷达工作的中心频率；$y(t)$ 为发射信号的调制函数，$y(t)$ 的傅里叶变换为 $Y(\omega)$，$Y(\omega)$ 的带宽远小于 f_0。若不考虑信号的衰减，则接收信号及其傅里叶变换为

$$s_r(t) = y(\gamma t - \psi_0)\cos(\omega_0 \gamma t - \psi_0) \qquad (1.2.10)$$

$$s_r(t) \xrightarrow{\text{FT}} S_r(\omega) = \frac{1}{2\gamma}\left[Y\left(\frac{\omega}{\gamma} - \omega_0\right) + Y\left(\frac{\omega}{\gamma} + \omega_0\right)\right] \qquad (1.2.11)$$

为了简单起见，相位常数 ψ_0 在式（1.2.11）中被忽略。因此，接收信号的频谱是以 $\gamma\omega_0$ 为中心，而不是以 ω_0 为中心。接收信号与发射信号的频率之差，即多普勒角频率为

$$\omega_d = \gamma\omega_0 - \omega_0 \qquad (1.2.12)$$

将式（1.2.7）代入式（1.2.12），多普勒频率为

$$f_{d} = \frac{\omega_{d}}{2\pi} = \frac{2v_{r}}{c}f_{0} = \frac{2v_{r}}{\lambda} \qquad (1.2.13)$$

由此可见，多普勒频率与目标的径向速度 v_r 成正比，与波长 λ 成反比。

同理，如果目标以速度 v_r 远离雷达，则其多普勒频率 $f_{d} = -\dfrac{2v_{r}}{\lambda}$。

如图 1.4 所示，当目标向着雷达运动时，多普勒频率为正；当目标远离雷达时，多普勒频率为负。照射到目标上的波形具有间隔为 λ（波长）的等相位波前，靠近雷达的目标导致反射回波的等相位波前相互靠近（较短波长），$\lambda > \lambda'$（λ' 为反射波波长）；反之，远离雷达运动的目标导致反射回波的等相位波前相互扩展（较长波长），$\lambda < \lambda'$。

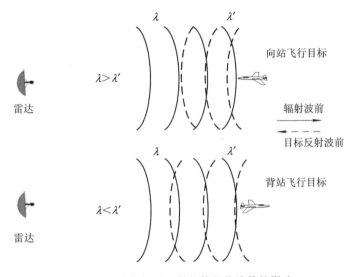

图 1.4 运动目标对反射的等相位波前的影响

图 1.5(a)给出了多普勒频率 f_0 分别为 35、10、3 GHz 和 450、150 MHz 时多普勒频率与径向速度之间的关系曲线，图 1.5(b)给出了径向速度分别为 10、100、1000 m/s 时的多普勒频率与波长之间的关系曲线。

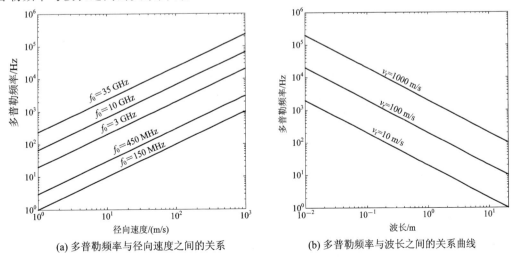

(a) 多普勒频率与径向速度之间的关系   (b) 多普勒频率与波长之间的关系曲线

图 1.5 多普勒频率与径向速度、波长之间的关系

多普勒频率与雷达视线和目标运动方向之间的夹角有关,如图 1.6 所示,当雷达视线与目标运动方向之间的夹角为 θ 时,$v_r = v_t\cos\theta$,为目标速度 v_t 投影到雷达视线上的径向速度,多普勒频率为 $f_d = 2v_t\cos\theta/\lambda$。

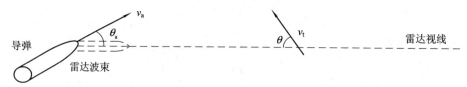

$\theta = 90°$; $\theta = 0°$; $0° < \theta < 90°$; $90° < \theta < 180°$; $\theta = 180°$;

$f_d = 0$ $f_d = \dfrac{2v_t}{\lambda}$ $f_d = \dfrac{2v_t\cos\theta}{\lambda} > 0$ $f_d = \dfrac{2v_t\cos\theta}{\lambda} < 0$ $f_d = -\dfrac{2v_t}{\lambda}$

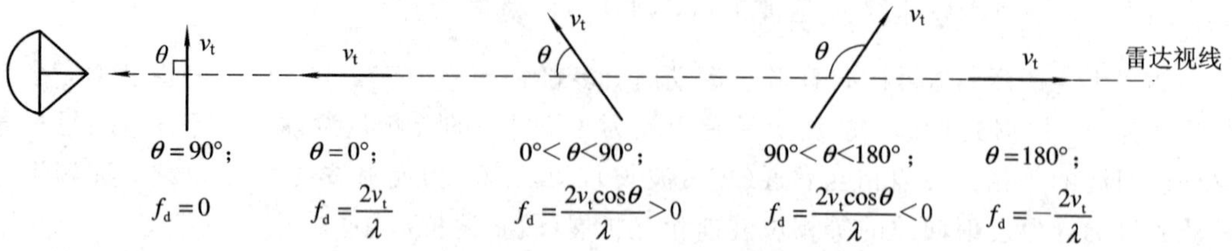

图 1.6 多普勒频率与雷达视线的关系

若雷达平台也在运动,如图 1.7 所示,例如,在导弹上的导引头末制导雷达,在某一时刻弹载雷达的波束指向与导弹运动方向之间的夹角为 θ_a,导弹相对于大地的速度为 v_a,目标相对于大地的速度为 v_t,与雷达视线的夹角为 θ,则目标在雷达视线的径向速度为 $v_r = v_t\cos\theta$,目标回波的多普勒频率为

$$f_d = \frac{2v_a\cos\theta_a}{\lambda} + \frac{2v_t\cos\theta}{\lambda} = \frac{2(v_a\cos\theta_a + v_t\cos\theta)}{\lambda} \qquad (1.2.14)$$

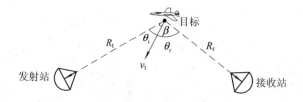

图 1.7 运动平台上雷达的多普勒频率

针对双基地雷达,如图 1.8 所示,目标速度 v_t 与发射站和接收站的夹角分别为 θ_t 和 θ_r,则目标回波的多普勒频率为

$$f_d = \frac{v_t\cos\theta_t}{\lambda} + \frac{v_t\cos\theta_r}{\lambda} = \frac{2v_t}{\lambda}\cos\frac{\beta}{2}\cos\frac{\theta_t - \theta_r}{2} \qquad (1.2.15)$$

其中 $\beta = \theta_t + \theta_r$,为双基地角。

图 1.8 双基地雷达的运动关系

若目标的运动方向相对于雷达视线的方位和仰角分别为 θ_a 和 θ_e,如图 1.9 所示,这时目标回波的多普勒频率为

$$f_d = \frac{2v_t}{\lambda}\cos\theta = \frac{2v_t}{\lambda}\cos\theta_e\cos\theta_a \qquad (1.2.16)$$

式中 $\cos\theta = \cos\theta_e\cos\theta_a$,目标速度 v_t 投影到雷达视线的径向速度为 $v_r = v_t\cos\theta = v_t\cos\theta_e\cos\theta_a$。

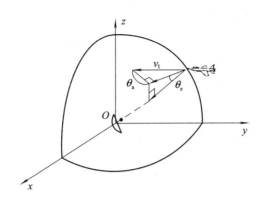

图 1.9 径向速度与方位和仰角的关系

当然，对距离的连续测量也可获得距离对时间的变化率，即相对速度。但通过对动目标产生的多普勒频率的测量可获得更精确的实时相对速度，因此实际中通常采用多普勒测量的方法。任何对速度的测量都需要一定的时间。假定信噪比保持不变，则测量时间越长，精度就越高。虽然多普勒频移在某些应用中是用来测量相对速度的(例如公路上的测速雷达和卫星探测雷达等)，但它更广泛地应用于从固定杂波中鉴别动目标，例如动目标显示(MTI)、动目标检测(MTD)、脉冲多普勒雷达等方面，即利用目标和杂波的多普勒频率的差异实现对杂波的抑制。

实际中，雷达通常在一个波位发射多个脉冲，并对多个脉冲的回波进行相参处理。这里先考虑两个脉冲的情况，如图 1.10 所示。假设两个发射脉冲的重复频率(PRF)为 f_r，假定雷达的发射脉冲宽度为 τ，目标的径向速度为 v_r。脉冲 1 的前沿到达目标后，脉冲 2 的前沿要再等 Δt 秒到达目标，在 Δt 时间内目标的位移为 $d = v_r \Delta t$，则电波传播的距离为 $c/f_r - d$，且

$$\frac{c}{f_r} - d = \frac{c}{f_r} - v_r \Delta t = c \Delta t \qquad (1.2.17)$$

经整理得

$$\Delta t = \frac{c/f_r}{c + v_r}, \quad d = v_r \Delta t = \frac{v_r c/f_r}{c + v_r} \qquad (1.2.18)$$

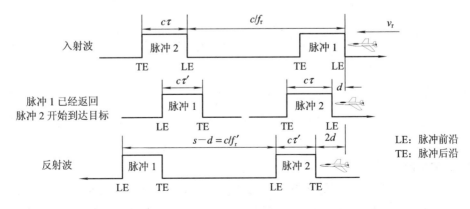

图 1.10 目标运动对发射脉冲的影响

反射脉冲间隔 T_r' 所对应的波程为 $s-d$，则回波脉冲的 PRF 为 $f_r'=1/T_r'$，且

$$s-d = \frac{c}{f_r'} = c\Delta t - \frac{v_r c/f_r}{c+v_r} \tag{1.2.19}$$

由此，回波脉冲的 PRF 与入射脉冲的 PRF 之间的关系为

$$f_r' = \frac{c+v_r}{c-v_r}f_r \tag{1.2.20}$$

由于周期的数量不变，反射信号的频率也以相同的因子上升，回波信号的载频 f_0' 与入射信号的载频 f_0 之间的关系为

$$f_0' = \frac{c+v_r}{c-v_r}f_0 \tag{1.2.21}$$

多普勒频率定义为回波信号的载频 f_0' 与入射信号的载频 f_0 之差，即

$$f_d = f_0' - f_0 = \frac{c+v_r}{c-v_r}f_0 - f_0 = \frac{2v_r}{c-v_r}f_0 \tag{1.2.22}$$

由于 $v_r \ll c$，且波长 $\lambda = c/f_0$，则

$$f_d \approx \frac{2v_r}{c}f_0 = \frac{2v_r}{\lambda} \tag{1.2.23}$$

因此，对于匀速运动目标的回波，在一个相干处理间隔(CPI)内，每个脉冲重复周期的回波经过混频至基带后的采样，可以近似认为是频率为 f_d 的相干信号的时域采样，再通过相干积累提高目标回波的信噪比，或者利用目标与杂波的多普勒频率的差异，通过相参处理抑制杂波等非期望的信号。

多普勒频率是雷达中非常常用、非常重要的物理量，其主要应用在以下方面：

(1) 利用目标与杂波的多普勒频率的差异抑制杂波，检测动目标；

(2) 根据目标的多普勒频率，在相干积累过程中提高目标回波的信噪比；

(3) 在合成孔径雷达(SAR)和逆合成孔径雷达(ISAR)中，利用各散射单元多普勒频率的差异，实现横向高分辨；

(4) 利用目标的微多普勒效应差异，实现对螺旋桨直升机等不同类型飞机的识别，以及对地面车辆、行人姿态的识别；

(5) 在自动驾驶雷达中，利用多普勒频率，实现对车辆运动速度的判断，以及公路边用于测速的雷达。

1.3 雷达的主要战术与技术指标

1.3.1 主要战术指标

雷达的战术指标由雷达的功能决定，主要战术指标有：探测范围、分辨率、测量精度、数据率、抗干扰能力等，分别如下所述。

1. 探测范围

雷达对目标进行连续观测的空域叫作探测范围，又称威力范围或威力图，它由雷达的最小可测(作用)距离 R_{min}、最大作用距离 R_{max}、仰角和方位的探测范围决定。图 1.11 为某雷达的威力图，下边的横坐标为距离 R，左边的纵坐标为高度 h，右边的纵坐标(含上边横

向坐标)为仰角 θ_e。这里假设天线的高度为 7 m，目标的散射截面积(RCS)为[0.1, 2] m²，发射脉冲宽度分别为[20, 180] μs。该图表明雷达对不同类型目标的探测范围。威力图反映了一部雷达对关心的目标的作用距离，以及在仰角(或高度)上的探测范围。它与雷达的各项参数以及地面反射系数、天线在俯仰维的方向图等有关。

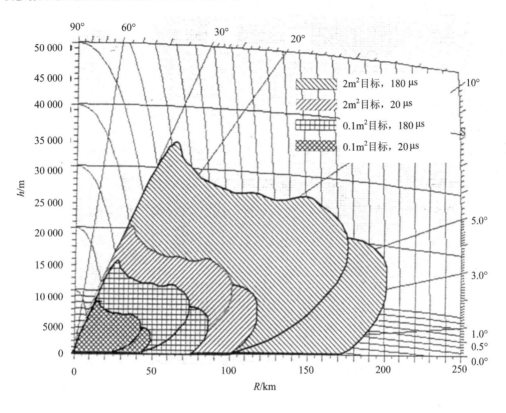

图 1.11 雷达的威力图

2. 分辨率

分辨率是指对两个相邻目标的分辨能力。雷达通常包括距离和方位两个维度，甚至包括仰角和速度维。在这四维中只要在其中一维能区分目标就认为可以分辨目标。针对距离维而言，两个目标在同一角度但处在不同距离上，其最小可区分的距离 $(\Delta R)_{min}$ 称为距离分辨率。其定义为：当脉冲雷达第一个目标回波脉冲的后沿与第二个目标回波脉冲的前沿相接近，以致不能区分出是两个目标时，作为可分辨的极限，这个极限间距就是距离分辨率。距离分辨率一般用 ΔR 表示，

$$\Delta R = \frac{c \cdot T_e}{2} = \frac{c}{2B} \tag{1.3.1}$$

其中 T_e 为发射脉冲宽度或脉冲压缩后的等效脉冲宽度。可见脉冲宽度越窄，即发射信号的带宽 B 越宽，ΔR 值越小，距离分辨率越高。例如，当 $T_e = 1$ μs 时，$\Delta R = 150$ m；当 $T_e = 0.1$ μs 时，$\Delta R = 15$ m。

雷达系统通常设计在最小作用距离 R_{min}(即发射无遮挡距离)和最大作用距离 R_{max} 之间工作，并将 R_{min} 和 R_{max} 之间的距离量化为 M 个距离单元(通常称为"波门")，每个波门的宽

度为 $\Delta R'$（实际中 $\Delta R' \leqslant \Delta R$），

$$M = \frac{R_{\max} - R_{\min}}{\Delta R'} \tag{1.3.2}$$

当两个目标处在相同距离上，但角位置有所不同时，最小能够区分的角度称为角分辨率（在水平面内的分辨率称为方位分辨率，在垂直面内的分辨率称为俯仰角分辨率，分别表示为 $\Delta\theta$、$\Delta\varphi$）。它们与波束宽度有关，波束愈窄，角分辨率愈高。若天线的有效孔径为 D，波长为 λ，半功率波束宽度通常表示为 θ_{3dB} 或 $\theta_{0.5}$（单位为弧度），则

$$\Delta\theta = \theta_{3dB} \approx \frac{\lambda}{D} \tag{1.3.3}$$

图 1.12 给出了目标分辨示意图，"情况 1"中两个目标在同一个距离单元，在距离维不可分辨，但在方位维可以分辨；"情况 2"中两个目标在同一个方位单元，在方位维不可分辨，但在距离维可以分辨；"情况 3"中两个目标在不同的方位单元和不同的距离单元，因此在方位维和距离维均可以分辨。

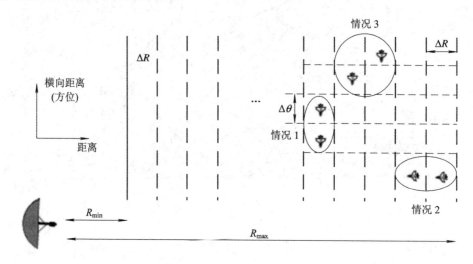

图 1.12　目标分辨示意图

3. 测量精度（或误差）

雷达测量精度是以测量误差的均方根值来衡量的。测量方法不同，测量精度也不同。误差越小，精度越高。雷达测量误差通常可分为系统误差和随机误差，其中系统误差可以采取一定的措施进行修正，实际中影响测量精度的主要是随机误差。所以往往对测量结果规定一个误差范围，例如，规定一般警戒雷达的距离测量精度 δ_R 取距离分辨率 ΔR 的三分之一左右；最大值法的测角精度 $\delta_\theta = (0.1 \sim 0.2)\theta_{0.5}$，等信号法测角精度比最大值法高。对跟踪雷达，信噪比较高时，单脉冲跟踪雷达的 $\delta_\theta = (0.05 \sim 0.1)\theta_{0.5}$，圆锥扫描雷达的 δ_θ 可达 $(0.02)\theta_{0.5}$，其中 $\theta_{0.5}$ 为半功率波束宽度。

4. 数据率

数据率是雷达对整个威力范围完成一次探测（即对整个威力范围内所有目标提供一次信息）所需时间的倒数，也就是单位时间内雷达对每个目标提供目标信息相关数据的次数。它表征搜索雷达的工作速度。例如，一部在 10 s 时间内对威力区范围完成一次搜索的雷

达，其数据率为每分钟 6 次。一般搜索雷达的数据率为 6 次/分钟左右，而跟踪雷达的数据率要高一些，一般大于 60 次/分钟。雷达的数据率主要取决于天线控制的伺服系统的带宽和测量精度。制导雷达的数据率一般为几十毫秒。

5. 抗干扰能力

雷达通常在各种自然干扰和人为干扰(ECM)的条件下工作，其中主要是敌方施放的干扰(包括无源干扰和有源干扰)。这些干扰将使雷达的性能急剧降低，严重时可能使雷达失去工作能力。所以现代雷达必须具有一定程度的抗干扰能力。自然干扰主要是指雷达工作环境中的杂波。雷达通常需要对杂波有一定的抑制能力，通常采用改善因子来衡量，例如要求对地物杂波的改善因子为 45 dB。现代雷达要求具有良好的抗干扰能力，不同体制的雷达可以采用不同的抗干扰措施。

6. 工作的可靠性与可维修性

雷达通常需要长时间可靠地工作，甚至需要在野外工作，可靠性要求较高。雷达的可靠性通常用两次故障之间的平均时间间隔来表示，称为平均无故障时间(MTBF)。这一平均时间越长，可靠性越高。关于可靠性的另一指标是发生故障以后的平均修复时间(MTTR)，它越短越好。现代雷达中大量使用计算机，可靠性包括硬件的可靠性和软件的可靠性，一般雷达的 MTBF 在数千小时，而机场航管雷达要求在数万小时。军用雷达还要考虑战争条件下的生存能力，包括雷达的抗轰炸能力和机动性能。

7. 观察与跟踪的目标数

观察与跟踪的目标数取决于雷达终端对目标的数据处理能力。现代雷达通常要求对数百个批次的目标进行跟踪与目标航迹的处理。

8. 工作环境条件

雷达一般要有三防(防水、防腐蚀、防盐雾)措施，特别是在户外的设备均需要有三防措施。

1.3.2　主要技术指标

1. 天馈线的性能指标

天馈线系统的主要性能指标有天线孔径、天线增益、波束宽度、副瓣电平、极化形式、损耗、带宽等。波束形状有针状、扇形、余割平方形等，如图 1.13 所示。针状波束的发射能量集中，有利于对远区小目标进行检测。扇形波束有利于能量在俯仰维的快速覆盖。余割平方形波束可以保证波束在一定仰角范围内的能量覆盖。

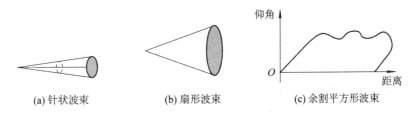

(a) 针状波束　　　　　　(b) 扇形波束　　　　　　(c) 余割平方形波束

图 1.13　常用波束形状

2. 发射机性能

发射机的主要性能指标有峰值功率 P_t、平均功率 P_{av}、带外辐射功率、发射机总效率、功率放大链总增益等。

一般远程警戒雷达的脉冲功率为几十千瓦至兆瓦级。发射机属大功率设备，需采用一定的冷却措施，常用的冷却方式有风冷、水冷。

3. 雷达信号特征

雷达信号特征包括工作频率、信号带宽、脉冲重复频率、发射脉冲宽度和调制方式等。雷达的工作频率主要根据目标的特性、电波传播条件、天线尺寸、高频器件的性能、雷达的测量精确度和功能等要求来决定。工作带宽主要根据分辨距离的要求来决定。为了防止某些频率受到干扰，一般雷达的工作频率范围在几十兆赫兹至几百兆赫兹，但瞬时工作带宽较窄，警戒雷达的瞬时工作带宽一般在 1 MHz 左右，成像雷达的瞬时工作带宽可能为数百兆赫兹，甚至达 1 GHz。调制方式主要有频率调制（包括线性、非线性调频）、相位调制等。

4. 接收机性能

接收机的性能指标主要有增益、噪声温度（或噪声系数）、动态范围和灵敏度等。

5. 雷达信号处理

不同体制的雷达需采用不同的信号处理方法，雷达信号处理的主要指标有：脉压处理增益，相干/非相干积累处理增益，MTI、MTD 对杂波的改善因子，干扰的对消比，视频或相参积累方式及其信噪比的改善程度，恒虚警（CFAR）处理方法及其检测性能等。

6. 雷达数据处理能力

雷达数据处理能力指雷达能处理的目标批次数。一般雷达的目标批次数为数百至 1000 批次。

1.4 雷达的生存与对抗技术

现代雷达在迅速发展的同时，亦面临着生存的挑战。通常人们所说的雷达面临的"四大威胁"是指综合电子干扰、低空/超低空突防、反辐射导弹（ARM）和隐身技术。下面就雷达面临的威胁及其对抗措施分别进行简单介绍。

1.4.1 电子干扰与抗干扰技术

电子战（EW）的组成如图 1.14 所示，电子战包括三个方面：

（1）电子支援侦察（ESM）措施，即对敌方辐射源进行截获、识别、分析和定位。

（2）电子对抗（ECM）措施，即破坏敌方电子装置或降低其效能，甚至摧毁其设备。

（3）电子反对抗（ECCM）措施，是指为保障己方电子设备在敌方实施电子对抗条件下仍然正常工作的战术和技术手段。

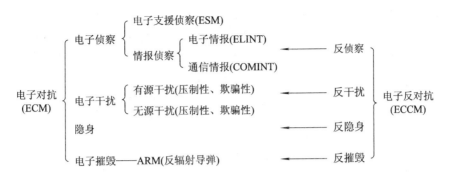

图 1.14 电子战(EW)组成示意图

1. 雷达的电子侦察及反侦察技术

1）雷达的电子侦察技术

电子战中对雷达的电子侦察技术主要有：

（1）雷达情报侦察。以侦察飞机、卫星、舰船和地面侦察站来侦测雷达的特征参数，判断雷达的属性、类型、用途、配置及所控制的武器等有关战术技术情报。

（2）雷达对抗支援侦察。凭借所截获的雷达信号，分析、识别雷达的类型、数量、威胁性和等级等有关情报，为作战指挥实施雷达告警、战役战术行动、引导干扰和引导杀伤武器等提供依据。

（3）雷达寻的和告警。作战中实时发现雷达和导弹系统并发出告警。

（4）引导干扰。侦察是实现有效干扰的前提和依据。

（5）辐射源定位。为利用武器精确摧毁敌方雷达提供依据，也可以起引导杀伤武器的作用。

2）雷达的反侦察技术

雷达为了自己的生存，首先必须具备良好的反侦察能力，最重要的是设法使敌方收不到己方的雷达信号或收到假信号。雷达的主要反侦察技术如下：

（1）将雷达设计成低截获概率(LPI)雷达。这种雷达的最大特点是低峰值功率、宽带、高占空比发射波形，低副瓣雷达发射天线，自适应发射功率管理技术等。

（2）控制雷达开机时间。在保证完成任务的前提下，开机时间尽量短，开机次数尽量少。战时开机必须按规定权限批准。值班雷达的开机时间和顺序应无规律地改变。

（3）控制雷达工作频率。对现役雷达要按规定使用常用频率工作；同一体制的雷达，应规定它们以相近的频率工作；禁止擅自改变雷达的工作频率，若采用跳频反干扰，也必须经过批准，并按预定方案进行。对现役雷达的备用频率要严加控制。

（4）隐藏雷达和新式雷达的启用必须经过批准。

（5）适时更换可能被敌方侦察的雷达阵地。

（6）设置假雷达，并发射假的雷达信号。

2. 电子干扰(雷达干扰)

针对雷达的对抗措施有三种：一是告警和回避；二是火力摧毁，属硬对抗；三是干扰，属软对抗。

雷达干扰是指利用雷达干扰设备发射干扰电磁波或利用能反射、散射、衰减以及吸波的材料反射或衰减雷达波，从而扰乱敌方雷达的正常工作或降低敌方雷达的效能。雷达干扰能造成敌方雷达迷盲，使它不能发现和探测目标或引起其判断错误，不能正确实施告警；另外，它还能造成雷达跟踪出错，并使武器系统失控、威力不能正常发挥等。这是雷达对抗设备与雷达作斗争时最常用的一种手段。

雷达干扰主要包括有源干扰和无源干扰两大类。有源干扰主要有各种欺骗性干扰、噪声阻塞式干扰等。无源干扰主要有箔条、角反射体假目标干扰。

3. 雷达常用的电子抗干扰技术

雷达常用的电子抗干扰技术主要从以下方面考虑：

在天线方面，采用高增益、低副瓣、窄波束、低交叉极化响应、副瓣对消、副瓣消隐、电子扫描相控阵、单脉冲测角等技术。

在发射方面，采用高有效辐射功率、复杂的脉冲压缩波形、宽带频率跳变技术。

在接收方面，采用宽动态范围、高镜像抑制、单脉冲/辅助接收系统的信道匹配。

在信号与信息处理方面，采用目标回波微小变化识别、同时多目标/多单元跟踪、杂波抑制、干扰对消、智能信号处理等。

其它几种有效的雷达抗干扰技术有：

（1）低截获概率雷达（LPIR）技术。采用编码扩谱和降低峰值功率等措施，将雷达信号设计成低截获概率信号，使侦察接收机难以侦察，甚至侦收不到这种信号，从而保护雷达不受电子干扰。

（2）MIMO雷达、稀布阵综合脉冲孔径雷达（SIAR）技术。SIAR是一种米波段采用大孔径稀疏布阵、全向辐射、在接收端通过信号处理而综合形成发射波束的新体制雷达技术，是一种典型的MIMO雷达。由于同时工作频率多，侦察接收机无法区分每个天线采用的工作频率以及每个天线的相对位置，即使侦察到信号也无法获得发射天线阵列的增益。由包括 N_e 个发射单元组成的MIMO雷达辐射的功率只有从相控阵（PAR）主瓣截获的功率的 $1/N_e$，在所有方向辐射的功率与PAR的平均副瓣功率相当。因此这些雷达具有信号截获概率低等优点，是一种抗干扰能力强的新雷达体制。

（3）双/多基地雷达技术。双基地雷达在接收站不发射信号，有利于对抗针对发射波束方向的有源定向干扰和反辐射导弹对接收站的攻击。

（4）无源探测技术。这是一种自身不发射信号、靠接收目标发射或散射信号来发现目标的探测技术。例如，利用调频电台、电视台发射并由目标散射的信号来对目标进行定位，这种技术称为基于外辐射源的探测技术。无源探测既不会被侦察，也不会被干扰。

1.4.2 雷达抗反辐射导弹技术

第二次世界大战以来，雷达在战争中的巨大作用已为世人所公认，这自然也就使雷达成为战争中首当其冲要被消灭的对象。在海湾战争中，多国部队仅反辐射导弹（ARM）就发射了数千枚，使伊方雷达多数被摧毁。雷达面临着ARM的严重威胁，抗ARM的战术/技术措施成了雷达设计师和军用雷达用户所共同关心的问题。

1. ARM的特点

ARM又称为反雷达导弹。它利用雷达辐射的电磁波束进行制导来准确地击中雷达。

目前的 ARM 具有以下特点：

（1）采用多种制导方式，一般有被动雷达/被动红外、电视制导以及捷联惯性制导等体制。

（2）ARM 导引头频率覆盖范围为 0.5～18 GHz；已由最初只能攻击炮瞄雷达发展成可以攻击单脉冲雷达、脉冲压缩雷达、频率捷变雷达和连续波雷达等。

（3）引信和战斗部：早期的"百舌鸟"ARM 使用的是无源比相雷达引信，而现在的"哈姆"ARM 采用激光有源引信，抗干扰能力较强。

（4）目前，ARM 已采用了计算机与人工智能技术，具有记忆跟踪能力。即使雷达突然关机，也能够准确地定位并进行攻击。ARM 能自动切换制导方式，自动搜索和截获目标，从而大大提高了对目标攻击的准确性和杀伤能力。

2. 抗 ARM 的战术/技术措施

目前已有许多对抗 ARM 的战术与技术措施，归纳起来大致可以分为两大类，即主动措施和被动措施。主动抗 ARM 措施即直接击毁 ARM（或其载机），使它在到达目标雷达前就失去作用。被动抗 ARM 技术与措施主要有：

（1）设法使 ARM 难以截获并跟踪雷达信号。通常载机的电子支援措施系统截获、识别并定位敌方雷达，然后将其有关参数（如脉冲功率、脉冲重复间隔和频率等）送交 ARM 寻的器，因此需要阻止或干扰 ARM 获取雷达的这些信息。雷达方的具体对抗措施如下：

① 提高雷达空间、结构、频率、时间及极化的隐蔽性。这种方法能增加反辐射导弹的导向误差。诸如缩短雷达工作时间，间断工作，只向预定扇区辐射或频繁更换雷达阵地。采用各种调制（如调频、调幅以及宽频谱调制）的复杂信号和极化调制信号等。

② 瞬时改变雷达辐射脉冲参数。

③ 将发射站和接收站分开放置。发射站与接收站不在一个阵地上使 ARM 无法确定接收站阵地的位置，这样也就谈不上将它击毁，当然发射阵地还得另有对抗 ARM 的措施。这样配置的好处就是不易遭到电子干扰，还可以扩大雷达探测范围。双/多基地雷达就是抗 ARM 的雷达体制之一。

④ 尽量降低雷达带外辐射与热辐射。ARM 可能采用微波无源和红外综合导引头，因此必须减少雷达本身及其辅助设备的热辐射和带外辐射。这需要使用专门的吸收材料和屏蔽材料。采用多层管道冷却系统，甚至将雷达的电源设备置于掩体内。选择合理的信号形式，使用带阻滤波器抑制谐波和复合辐射。

⑤ 尽量将雷达设计成低截获概率雷达。其主要途径有：

（a）应用一种能将雷达频谱扩展到尽可能宽的频率上的编码波形，使 ARM 截获接收机难以对它实现匹配滤波；

（b）应用超低副瓣天线（副瓣低于－40 dB）；

（c）对雷达实施功率管理，旨在控制辐射的时机和电平的大小。

⑥ 雷达采用超高频（UHF）和甚高频（VHF）波段。雷达工作波长与 ARM 弹体尺寸相当时，由于谐振效应，ARM 的雷达截面积将增加，有利于雷达及早发现 ARM。另外，ARM 尺寸有限，难以安装低频天线，所以低频率（<0.5 GHz）的雷达不易受到 ARM 的攻击。这种低频雷达也可以作为负责顶空区域、提供高探测概率的辅助雷达。由于 ARM 热衷于钻雷达上方探测能力最弱这个弱点来攻击主力雷达，所以用这种辅助雷达提供报警是

非常必要的。

图 1.15 给出了某导弹的尺寸及其 RCS 测量结果（为导弹前方±60°范围内的平均 RCS 值）。从图中可以看出，导弹长 3 m，谐振频率点在 150 MHz 附近；相比雷达工作在 150 MHz 与 1000 MHz 下的情形，RCS 相差约 15 dB；在 500 MHz 以下的 RCS 比 1000 MHz 的大约 10 dB 左右。这表明在 500 MHz 以下该导弹存在谐振效应。

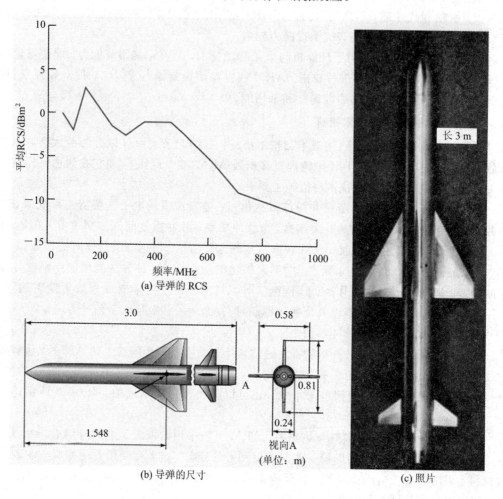

图 1.15　某导弹的尺寸及其 RCS 值

利用某 VHF 频段的反辐射导弹告警雷达进行试验，图 1.16 是某导弹回波的距离-多普勒等高线图，从图中可以清楚地看到有两个目标（即飞机和导弹），以及这两个目标的距离和多普勒频率，导弹的速度为 2 马赫(Ma)多，飞机的速度约为 1 马赫(Ma)。由此可见，在导弹与其载机分离后，通过速度和加速度比较容易区分是飞机还是导弹。图 1.17 分别给出了飞机和导弹所在多普勒通道的时域信号，由此可见，飞机和导弹的距离相差不到 3 km，但经脉冲压缩、相干积累处理后两者的信噪比差不多，这表明即使导弹比飞机体积小得多，但是由于谐振效应，使得导弹的 RCS 显著增强，从而达到与飞机相当的 RCS，所以二者回波信号强度差不多。

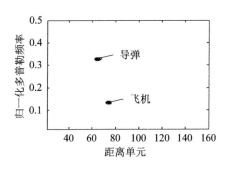

图 1.16 距离-多普勒等高线图

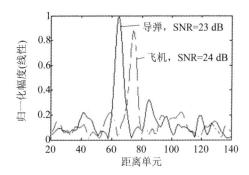

图 1.17 飞机和导弹所在多普勒通道的处理结果

(2) 施放干扰或采取诱骗措施。可用有源或无源诱饵使 ARM 不能击中目标,或施放干扰,破坏和扰乱 ARM 导引头的工作。具体措施有:

① 用附加辐射源和诱饵发射机。美国战术空军控制系统 AN/TPS-75 雷达对付 ARM 的诱饵由 3 部发射机组成,模拟雷达信号特征(包括频率捷变),遮盖雷达天线副瓣,分散放置。如果在这种综合系统中配备告警装置,根据它提供的 ARM 信息将几个假发射机的照射扇区不断切换,这样 ARM 就要不断瞄准,或者最终导向一个假发射机。实际中现代雷达大多采用 3 个诱饵子系统,将 ARM 诱骗至 3 个诱饵的能量中心,从而保护己方雷达。

② 雷达组网抗 ARM。

③ 施放各种调制的有源干扰。除用射频干扰 ARM 导引头外,由于 ARM 可能采用光学、红外或综合导引头,所以还应采取干扰这类导引头的措施,诸如干扰其角度信息。

1.4.3 雷达反低空入侵技术

1. 低空/超低空突防的威胁

低空/超低空是指地表面之上 300 m 以下的空间。从军事上讲,利用低空/超低空突防具有两方面的优势:低空/超低空空域是大多数雷达的盲区;低空/超低空是现代防空火力最薄弱的空域。西方军事专家认为,目前飞机和巡航导弹低空突防最佳高度在海上为 15 m,在平原地区为 60 m,在丘陵和山地为 120 m。就保证突防成功而言,降低飞行高度比增加飞行速度更有利于提高飞行器生存概率。现在,各发达国家都在积极研制超低空飞行器。

飞行目标的低空/超低空突防对雷达的战术/技术性能会造成以下影响:

(1) 地形遮挡。地球是一个球体,"地球曲率"会大大缩减雷达的有效探测距离。

(2) 地形多径效应。雷达电磁波的直射波、地面反射波和目标反射波的组合产生多径干涉效应,导致仰角上波束分裂。而且,在低高度上,这种效应会导致目标回波在某些仰角按 R^8(而不是 R^4(在自由空间中))的规律衰减。多径效应与平坦地形的特性有关,而地形遮挡效应则发生在起伏地形状态。

(3) 强表面杂波。要探测低空目标,雷达势必会接收到强地面/海面反射的背景杂波,这是与目标回波处于相同雷达分辨单元的表面反射波。为了探测巡航导弹和散射截面积小的飞行目标，必须要求很高的杂波中可见度(SCV)或改善因子。

2. 雷达反低空突防措施

雷达反低空突防(入侵)方面的措施归纳起来有两大类：一为技术措施，主要是反杂波技术；二为战术措施，主要是物理上的反遮挡。要达到雷达反低空突防的目的，主要可采取以下方法：

(1) 设计反杂波性能优良的低空监视雷达。

(2) 研制利用电离层折射特性的超视距雷达来提高探测距离(比普通微波雷达的探测距离大若干(4～9)倍，例如可达到 3000～4000 km，并进行俯视探测，使低空飞行目标难以利用地形遮挡逃脱雷达对它的探测。地波超视距雷达发射的电磁波以绕射方式沿地面(或海面)传播，其探测距离一般为 200～400 km；它不但能探测地面或海面上的目标，还能监视低空和掠海飞行目标。

(3) 通过提高雷达平台高度(如气球载或飞艇载雷达)来增加雷达水平视距，延长预警时间。

(4) 发挥雷达组网的群体优势来对付低空突防飞行目标。单部雷达的视野毕竟有限，难以完成解决地形遮挡的影响问题，何况在实战中往往又是多种对抗手段同时施展的。因此，解决低空目标探测问题的最有效的方案是部署既有地面低空探测雷达，又有各种空中平台监视系统的灵活而有效的多层次、多种体制雷达，以及由其组成立体复合探测网。例如利用气球载雷达或飞艇载雷达、机载预警雷达、星载雷达、地面雷达等组成联合探测网，提高对低空目标的探测能力。

1.4.4 飞机隐身与雷达反隐身技术

1. 隐身飞机及其主要隐身方法

隐身飞机是自 20 世纪 80 年代以来军用雷达面临的最严重的电子战威胁。隐身飞机的特点就是显著地减小了目标的散射截面积(RCS)。目前隐身飞机对微波雷达的 RCS 减小了 20～30 dB。表 1.4 给出了目前几种隐身飞机在微波频段的 RCS。根据资料报道，隐身目标在微波段的 RCS 很小，如美国隐身战斗机 F-117A 在微波波段的 RCS 只有约 0.02 m^2，而在主谐振区的散射截面积却高达 10～20 m^2，提高了约 1000 倍。

表 1.4　几种隐身飞机在微波频段的 RCS

飞机类型	非隐身战斗机	非隐身轰炸机 B-52	F-117A	F-22	B-2
RCS/m^2	1～5	40	0.02	0.05	1～0.1

雷达探测入侵飞机时主要是依靠飞机鼻锥方向的 RCS，这时 RCS 主要由大后掠角的机翼的前沿决定。根据国外公布的一些数据，在常用雷达频段，常规战斗机根据机型大小不同，RCS 约为 1～5 m^2，隐身飞机迎头方向的 RCS 典型值见表 1.5。可见，隐身飞机的 RCS 减少了十几分贝至 30 分贝。

表 1.5　隐身飞机在不同频段的 RCS

波段范围	RCS 范围/m²	RCS 平均值/m²	RCS 减少/dB
X 波段(10 GHz)	0.001～0.005	0.003	30
C 波段(5 GHz)	0.002～0.01	0.006	27
S 波段(3 GHz)	0.003～0.016	0.01	25
L 波段(1 GHz)	0.01～0.05	0.03	20
UHF 波段(600 MHz)	0.017～0.082	0.05	17.8
VHF 波段(300 MHz)	0.067～0.33	0.2	12
VHF 波段(100 MHz)	0.1～0.5	0.3	10

　　图 1.18 给出了对类似 F‐117 的 RCS 测量结果，测量频率范围为 0.1～2 GHz。可见，在低频率段(300 MHz 以下)，迎头方向的 RCS 在 0～10 dBm²，远高于 1～2 GHz 频段上的 RCS。这是因为 F‐117A 翼展长 12.99 m，其谐振区频率范围为 16～300 MHz。

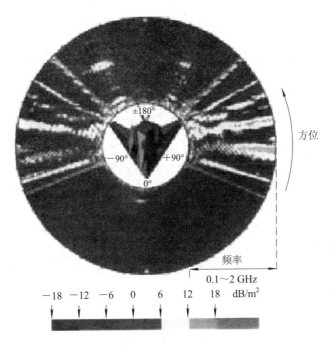

图 1.18　对类似 F‐117 的 RCS 测量结果

　　减小目标截面积的主要途径有外形隐身、雷达吸波材料隐身、无源对消、有源对消、等离子体隐身等技术，其中最常用、最为有效的技术是前两种。外形隐身技术是通过修改目标的形状，来在一定角域范围内显著地减小其 RCS 特征。一般是修改目标的表面和边缘，使其强散射的方向偏离单站雷达入射波的方向。吸波材料隐身技术是通过吸收电磁波能量来减小目标反射回波的能量。吸波材料主要有表面涂层材料和结构型复合材料两类。目前大量使用的表面涂层材料是铁氧体吸波材料，其可使一定频带内的反射回波降低 20～30 dB。但是，现有的隐身技术也有一定的局限性，对 HF、VHF 这些低频段几乎没有效果。

2. 雷达反隐身技术

根据隐身技术的局限性，现代雷达的反隐身手段或措施主要有：

（1）短波超视距雷达。其优点：① 超视距雷达工作在 3～60 MHz，被照射目标产生较强的谐振型后向散射；② ARM 和外形隐身技术对该雷达影响很小。

（2）甚高频（VHF）与超高频频段（UHF）雷达。波长较长的甚高频（100～300 MHz）和超高频（300～500 MHz）雷达，如现代米波雷达克服了抗干扰能力低、测角精度低和角分辨能力差等弱点，已成为对中远距离飞行的隐身飞机进行警戒的地面雷达，甚至成为引导飞机拦截的有效手段。

（3）多基地雷达技术。多基地雷达的优点是从多个角度观察目标，降低了隐身目标的隐身效能，且生存力强；但其缺点是仅能在发射机波束与接收波束的作用范围交叉的区域发现目标，需要进行空、时、频的同步等。

（4）采用升空平台雷达或天基测量系统，从空中俯视隐身目标的上部，因为隐身飞机上边部分的隐身性能差。

（5）采用超宽带雷达。超宽带雷达发射极窄脉冲，具有很宽的频率范围（覆盖整个 L、C 和 S 波段）；不是利用多普勒效应测速，而是利用宽频带的散射特征来发现并鉴别隐身目标。

（6）提高雷达发射能量、长时间相干积累等手段，提高对微弱信号的检测能力。针对重点方向，增加波束驻留时间，进行长时间的相干积累处理。例如，若隐身目标的 RCS 降低 10 dB，但如果相干积累脉冲数变为原来的 10 倍，理论上就可以弥补回波的能量。当然，相干积累时间增长，需要考虑对目标进行运动补偿。

（7）雷达组网的数据融合技术。当雷达网中的多部不同位置的单基地雷达从不同方向观测隐身飞机时，某些雷达就有可能在短瞬间观测到较大雷达截面积，从而提高发现隐身飞机的机会。尽管只是短短的一瞥，但利用雷达网中多部雷达的数据进行融合，就有可能得到隐身飞机的航迹。当然，由于在海外没有雷达设备，在隐身飞机进入我国国土识别区之前，难以获取隐身目标在不同方向的探测信息。

尽管隐身技术使得一般微波雷达难以发现隐身目标，但是现代雷达可以综合利用频率域、空域的技术手段或措施，以及空—天—地多基地雷达和雷达组网等，优先发展 VHF 等低频段雷达技术，可以实现对隐身目标的探测。

练 习 题

1-1 已知脉冲雷达中心频率 $f_0 = 3000$ MHz，回波信号相对发射信号的延迟时间为 1000 μs，回波信号的频率为 3000.01 MHz，目标运动方向与雷达波束指向的夹角为 $60°$，求目标距离、径向速度与线速度。

1-2 已知导弹的速度为 3 Ma，飞机的速度为 1 Ma，雷达波长 $\lambda = 0.03$ m，导弹的飞行方向指向飞机，飞机运动方向与导弹上末制导雷达波束指向之间的夹角 α 为：（1）$0°$，（2）$30°$，分别计算导弹上末制导雷达接收信号的多普勒频率。

1-3 仿真画出图 1.7 中多普勒频率、速度与波长之间的关系曲线：（a）载波频率 f_0 分别为 35、10、3 GHz 和 450、150 MHz 时多普勒频率与径向速度之间的关系曲线；

(b) 径向速度分别为 10、100、1000 m/s 时的多普勒频率与波长之间的关系曲线。

1-4 已知雷达在方位维的波束宽度为 5°。

(1) 计算目标距离分别为 100 km、300 km 时在方位维分辨单元的大小；

(2) 若两架飞机编队航行，与雷达的距离为 300 km，横向距离为 1 km，雷达是否可以在方位维分辨出两架飞机；

(3) 若(2)不能分辨两架飞机，雷达需采用哪些措施提高目标的横向分辨能力？

1-5 雷达的反隐身措施有哪些？查阅资料，概述您对雷达探测隐身目标的认识。

1-6 谈谈雷达未来的发展趋势有哪些。

第 2 章 雷达系统组成与雷达方程

雷达是依靠目标散射的回波能量来探测目标的。雷达方程定量地描述了作用距离与雷达参数、目标特性之间的关系。研究雷达方程主要有以下作用：

（1）根据雷达参数来估算雷达对特定性能（一定散射截面积）目标的作用距离（有效探测距离）；

（2）根据雷达的探测范围来估算雷达的发射功率；

（3）分析相关参数对雷达作用距离的影响。

因此，雷达方程对雷达系统设计中合理选择系统参数有重要的指导作用。

本章首先介绍雷达系统的基本组成，然后介绍雷达方程，以及与雷达方程相关的影响因素，包括目标的散射截面积（RCS）、系统损耗、电波传播对雷达探测的影响，最后介绍几种体制雷达方程以及雷达的终端设备。

2.1 雷达系统基本组成

雷达系统的基本组成框图如图 2.1 所示，包括天线及其伺服控制、发射机、波形产生器、接收机、信号处理机、数据处理机和显示终端等设备。

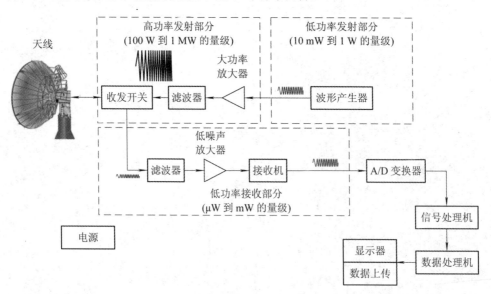

图 2.1 雷达系统的基本组成框图

雷达系统各部分的功能简要概述如下：

（1）天线及其伺服控制。天线用来辐射大功率信号，接收目标散射的回波信号。为了提高雷达的探测能力，雷达基本上都是采用方向性强的天线。伺服控制系统用来控制天线的转动速度和转动方式，雷达为了实现对广大空域的探测，波束扫描方式有机械扫描（简称机扫）和电扫描（也称相位扫描，简称电扫或相扫）。一般警戒雷达需要在 0～360°方位搜索目标，需要在 360°方位内旋转。三坐标雷达一般在方位维机扫，而在俯仰维相扫。相控阵雷达通常在方位和俯仰两维上相扫，需要采用 3～4 个天线阵面覆盖 360°方位。导弹上的末制导雷达一般只需要在 ±45°方位范围内搜索目标，伺服电机控制天线在扇区旋转。

（2）波形产生器，也称频率综合器（简称频综）。根据雷达工作的信号形式，波形产生器产生不同调制类型、输出功率 10 mW 到 1 W 量级的射频激励信号，送给雷达发射机，同时给雷达接收机提供相干本振信号。由于现代雷达均为相参雷达，要求雷达在每个脉冲重复周期，发射信号频率稳定性高、初始相位恒定，对频综的性能有较高的要求。

（3）发射机，即高功率放大部分。对射频激励信号进行放大、滤波。警戒雷达的发射机输出功率一般在 100 W 到 1 MW 的量级，弹载雷达的发射机输出功率一般在数十瓦到百瓦的量级。

（4）接收机，即低功率接收部分。雷达接收信号的功率一般在微瓦（μW）到毫瓦（mW）的量级，对接收信号进行放大、混频、滤波等。特别是目标距离远，要求雷达接收机的灵敏度较高。过去雷达接收机大多经过正交检波器，输出基带回波信号，而现代雷达接收机一般输出中频信号。

（5）收发开关，也称为环形器。作为单基地雷达，一般收发共用天线，在发射期间，大功率信号经过收发开关、馈线至天线，由于发射功率大，收发开关需要保护接收机，阻止或减少大功率信号进入接收机；在接收期间，天线接收信号经过收发开关几乎无插损地进入接收机。

（6）信号处理机。接收机输出信号经 A/D 采样、中频数字正交检波后，信号处理机完成脉冲压缩、MTI/MTD、检测、点迹凝聚等处理，提高目标回波的信噪比，同时抑制杂波和干扰。为了抑制干扰，通常需要进行副瓣对消（SLC）、副瓣匿影（SLB）等处理，在干扰对消之前，通常需要对干扰的功率和大致类型进行判断，甚至提取干扰的特征。不同体制的雷达，信号处理的差异也较大，例如，阵列雷达需要进行数字波束形成（DBF）或自适应数字波束形成（ADBF）等处理。

（7）数据处理机。数据处理是在帧与帧之间对点迹进行航迹关联、航迹管理、航迹滤波等，航迹信息送雷达终端显示器，并生成航迹文件。

（8）终端显示与数据传输。显示回波信号的原始视频、航迹；上传目标的航迹信息和情报等。终端显示包括幅度显示（如 A 显）、目标位置的极坐标显示（PPI）等。

（9）监控设备。监控设备的作用主要有设置雷达的各工作参数、调整雷达的工作方式、监控雷达各分系统的工作状态等。若出现故障，就给出报警或提示信息，提示雷达操作员。

（10）电源与供电设备。雷达一般为大功率设备，通常配有专门的发电设备进行供电。

2.2 基本雷达方程

假设雷达发射功率为 P_t，当采用全向辐射天线时，电磁波到达距离为 R_1 处所在球面

的功率密度 S_1'，为雷达发射功率 P_t 与球的表面积 $4\pi R_1^2$ 之比（假设球是以雷达为球心，雷达到目标的距离为半径，如图 2.2(a)），即

$$S_1' = \frac{P_t}{4\pi R_1^2} \quad (\text{W/m}^2) \tag{2.2.1}$$

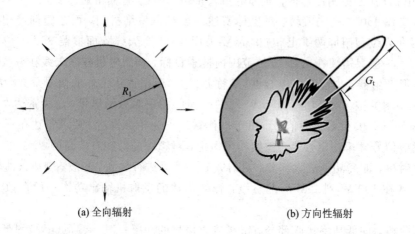

（a）全向辐射   （b）方向性辐射

图 2.2   全向辐射与方向性辐射的功率密度示意图

为了增加在某一方向上的辐射功率密度，雷达通常采用方向性天线，如图 2.2(b)所示。天线增益 G_t 和天线等效面积 A_e 为方向性天线的两个重要参数，它们之间的关系为

$$A_e = \frac{G_t \lambda^2}{4\pi} \quad (\text{m}^2) \tag{2.2.2}$$

其中，λ 表示波长；天线等效面积 A_e 和天线物理面积 A 之间的关系为 $A_e = \rho A$，ρ 是指天线的孔径效率（有效接收率），$0 \leqslant \rho \leqslant 1$，性能好的天线要求 ρ 接近于 1。在实际中通常取 $\rho = 0.7$ 左右。本书提到的天线，除特殊声明外，A_e 和 A 是不加区别的，均指天线等效面积或有效面积。

增益 G_t 与天线的方位和仰角波束宽度有如下关系式：

$$G_t = K\frac{4\pi}{\theta_a \theta_e} = \frac{4\pi}{\lambda^2} A_e \tag{2.2.3}$$

式中，$K \leqslant 1$，且取决于天线的物理孔径形状；θ_a、θ_e 分别为天线的方位和仰角的半功率波束宽度（单位为弧度）。本书若未声明，取 $K = 1$，则有

$$G_t = \frac{4\pi}{\theta_a \theta_e} \tag{2.2.4}$$

在自由空间里，在雷达天线增益为 G_t 的辐射方向上，距离雷达天线为 R_1 的目标所在位置的功率密度 S_1 为

$$S_1 = S_1' G_t = \frac{P_t G_t}{4\pi R_1^2} \quad (\text{W/m}^2) \tag{2.2.5}$$

目标受到电磁波的照射，因其散射特性将产生散射回波。散射功率的大小显然和目标所在点的发射功率密度 S_1 及目标的散射特性有关。用目标的散射截面积 σ（其量纲是面积的量纲）来表征其散射特性。若目标可将接收到的信号功率无损耗地辐射出来，就可以得到目标的散射功率（也称为二次辐射功率）为

$$P_2 = S_1 \sigma = \frac{P_t G_t \sigma}{4\pi R_1^2} \quad (\text{W}) \tag{2.2.6}$$

假设目标的散射信号(其功率为 P_2)为全向辐射,接收天线与目标距离为 R_2,那么在接收天线处的回波功率密度为

$$S_2 = \frac{P_2}{4\pi R_2^2} = \frac{P_t G_t \sigma}{(4\pi)^2 R_1^2 R_2^2} \quad (\text{W/m}^2) \tag{2.2.7}$$

如果雷达接收天线的有效面积为 A_r,天线增益 G_r 和有效面积 A_r 之间的关系为 $A_r = \dfrac{G_r \lambda^2}{4\pi}$,则天线接收目标散射回波的功率 P_r 为

$$P_r = A_r S_2 = \frac{P_t G_t A_r \sigma}{(4\pi)^2 R_1^2 R_2^2} = \frac{P_t G_t G_r \lambda^2 \sigma}{(4\pi)^3 R_1^2 R_2^2} \quad (\text{W}) \tag{2.2.8}$$

单基地脉冲雷达通常采用收发共用天线,则令 $G_t = G_r = G$,$A_r = A_t$,$R_1 = R_2 = R$,将它们代入式(2.2.8),有

$$P_r = \frac{P_t G^2 \lambda^2 \sigma}{(4\pi)^3 R^4} \quad (\text{W}) \tag{2.2.9}$$

由式(2.2.9)可以看出,接收的回波功率 P_r 与目标距离 R 的四次方成反比,这是因为在一次雷达中,雷达波的能量衰减很大(其传播距离为 $2R$)。只有当接收到的功率 P_r 必须大于最小可检测信号功率 $S_{\min}$ 时,雷达才能可靠地发现目标。所以,当 P_r 正好等于 $S_{\min}$ 时,就可得到雷达检测目标的最大作用距离 $R_{\max}$。因为超过这个距离,接收的信号功率 P_r 将进一步减小,就不能可靠地检测到目标。它们的关系式可以表示为

$$P_r = S_{\min} = \frac{P_t A_t^2 \sigma}{4\pi \lambda^2 R_{\max}^4} = \frac{P_t G^2 \lambda^2 \sigma}{(4\pi)^3 R_{\max}^4} \quad (\text{W}) \tag{2.2.10}$$

或

$$R_{\max} = \left[\frac{P_t \sigma A_r^2}{4\pi \lambda^2 S_{\min}} \right]^{\frac{1}{4}} = \left[\frac{P_t G^2 \lambda^2 \sigma}{(4\pi)^3 S_{\min}} \right]^{\frac{1}{4}} \quad (\text{m}) \tag{2.2.11}$$

可见,为了使雷达的最大作用距离增加一倍,必须将峰值功率 P_t 增加 16 倍,或者将有效孔径等效地增加 4 倍。

式(2.2.10)和式(2.2.11)表明了最大作用距离 $R_{\max}$ 和雷达参数以及目标特性之间的关系。在式(2.2.11)中第一个等式里 $R_{\max}$ 与 $\lambda^{1/2}$ 成反比,而在第二个等式里 $R_{\max}$ 却和 $\lambda^{1/2}$ 成正比。这里看似矛盾,其实并不矛盾。这是由于在第一个等式中,当天线面积不变、波长 λ 增加时天线增益下降,导致作用距离减小;而在第二个等式中,当天线增益不变,波长增大时要求的天线面积亦相应增大,有效面积增加,其结果使作用距离加大。雷达的工作波长是系统的主要参数,它的选择将影响到诸如发射功率、接收灵敏度、天线尺寸和测量精度等众多因素,因而要全面考虑衡量。

上述雷达方程虽然给出了作用距离和各参数间的定量关系,但因未考虑设备的实际损耗、噪声和环境因素的影响,而且方程中还有两个不可能准确预定的量:目标有效反射面积 σ 和最小可检测信号 $S_{\min}$,因此它常作为一个估算公式,用来考察雷达各参数对作用距离影响的程度。

实际中雷达接收的回波信号总会受接收机内部噪声和外部干扰的影响。为了描述这种影响,通常引入噪声系数。它表示接收机输入端的信噪比与输出端的信噪比的比值,其物理含义是由于接收机内部噪声的影响,使得信噪比变差的程度。假设接收机输入信噪比(信号与噪声的功率之比)和输出信噪比分别为 $(\text{SNR})_i$、$(\text{SNR})_o$,$(\text{SNR})_i = S_i/N_i$,

$(SNR)_o = S_i G_a / N_o = S_o / N_o$，其中 S_i 为接收机输入信号功率，N_i 为接收机的输入噪声功率，N_o 为接收机输出噪声功率，接收机的增益为 G_a，则接收机的噪声系数 F 为

$$F = \frac{(SNR)_i}{(SNR)_o} = \frac{S_i / N_i}{S_i G_a / N_o} = \frac{N_o}{N_i G_a} \tag{2.2.12}$$

由于接收机输入噪声功率 $N_i = kT_0 B$（k 为玻尔兹曼常数，T_0 为标准室温，一般取 290 K，B 为接收机带宽），代入上式，输入端信号功率为

$$S_i = kT_0 BF(SNR)_o \quad (W) \tag{2.2.13}$$

若雷达的检测门限设置为最小输出信噪比 $(SNR)_{o\,min}$，则最小可检测信号功率可表示为

$$S_{i\,min} = kT_0 BF(SNR)_{o\,min} \quad (W) \tag{2.2.14}$$

将式(2.2.14)代入式(2.2.10)、(2.2.11)，并用 L 表示雷达各部分的损耗，得到

$$(S/N)_{o\,min} = \frac{P_t G^2 \lambda^2 \sigma}{(4\pi)^3 kT_0 BFLR_{max}^4} = \frac{P_t A_r^2 \sigma}{4\pi \lambda^2 kT_0 BFLR_{max}^4} \tag{2.2.15}$$

$$R_{max} = \left[\frac{P_t G^2 \lambda^2 \sigma}{(4\pi)^3 kT_0 BFL(S/N)_{o\,min}} \right]^{\frac{1}{4}} = \left[\frac{P_t A_r^2 \sigma}{4\pi \lambda^2 kT_0 BFL(S/N)_{o\,min}} \right]^{\frac{1}{4}} \tag{2.2.16}$$

式(2.2.15)和式(2.2.16)是雷达方程的两种基本形式。在早期雷达中，通常用各类显示器来观察目标信号，所以称 $(SNR)_{o\,min}$ 为识别系数或可见度因子。但现代雷达则用建立在统计检测理论基础上的统计判决方法来实现信号检测，检测目标信号所需的最小输出信噪比又称为检测因子(Detectability Factor) D_0，即 $D_0 = (SNR)_{o\,min}$。D_0 就是满足所需检测性能（即检测概率为 P_d 和虚警概率为 P_{fa} 时），在检测前单个脉冲所需要达到的最小信噪比，也经常表示为 $D_0(1)$，这里"1"表示单个脉冲。而现代雷达通常需要对一个波位的多个脉冲回波信号进行积累，提高信噪比，在同样的检测性能下可以降低发射功率和对单个脉冲回波的信噪比的要求，因此，经常用 $D_0(M)$ 表示目标检测前对 M 个脉冲回波信号进行积累时对单个脉冲回波信噪比的要求，具体在后边进行解释。

对简单的脉冲雷达，可以近似认为发射信号带宽 B 为时宽 T 的倒数，即 $B \approx 1/T$，$T \cdot B \approx 1$。但是，现代雷达为了降低峰值功率，通常采用大时宽带宽积 $(T \cdot B)$ 信号，发射信号的时宽 (T) 与带宽 B 的乘积远大于1，即 $T \cdot B \gg 1$。当用信号能量 $E_t = \int_0^T P_t dt = P_t T$ 代替脉冲功率 P_t，用检测因子 D_0 代替 $(SNR)_{o\,min}$ 时，并考虑接收机带宽失配所带来的信噪比损耗，在雷达距离方程中增加带宽校正因子 $C_B \geqslant 1$（匹配时 $C_B = 1$），代入式(2.2.16)的雷达方程有

$$R_{max}^4 = \frac{(P_t T) G^2 \lambda^2 \sigma}{(4\pi)^3 kT_0 FLC_B D_0} = \frac{E_t G^2 \lambda^2 \sigma}{(4\pi)^3 kT_0 FLC_B D_0} = \frac{E_t A_r^2 \sigma}{4\pi \lambda^2 kT_0 FLC_B D_0} \tag{2.2.17}$$

上式针对单个脉冲，D_0 为 $D_0(1)$。当有 n 个脉冲可以相干积累时，辐射的总能量提高了 n 倍，若探测性能相同，上式可以表示为

$$R_{max}^4 = \frac{E_t A_r^2 \sigma \cdot n}{4\pi \lambda^2 kT_0 FLC_B D_0(1)} = \frac{E_t A_r^2 \sigma}{4\pi \lambda^2 kT_0 FLC_B D_0(n)} \tag{2.2.18}$$

用检测因子 D_0 和能量 E_t 表示的雷达方程在使用时有以下优点：

(1) 用能量表示的雷达方程适用于各种复杂脉压信号的情况。这里考虑了脉冲压缩处理带来的信噪比的提高，并且只要知道脉冲功率及发射脉宽，就可以估算作用距离，而不必考虑具体的波形参数。也就是说，只要发射信号的时宽带宽积相同，不管采用什么类型

的调制波形，其作用距离也相同。

（2）当有 n 个脉冲可以积累时，积累可改善信噪比，故对同样的检测性能，检测因子 $D_0(n)$ 的值可以下降。式（2.2.18）中 $D_0(n) = D_0(1)/n$，也就是说，相干积累可以降低雷达对单个脉冲信噪比的要求。

这些基本雷达方程的适用场合主要有：

（1）未考虑电磁波在实际传播环境中，各种传播媒介（例如大气层的云雾、雨、雪等）以及地（海）面反射对电波传播产生的影响；

（2）认为雷达波束指向目标，即天线方向图函数在方位和仰角维的最大值方向为目标方向。

【例 2 - 1】 某 C 波段雷达收发共用天线，参数如下：工作频率 $f_0 = 5.6\ \text{GHz}$，天线增益 $G_t = 45\ \text{dB}$，峰值功率 $P_t = 1.5\ \text{MW}$，脉冲宽度 $T = 0.2\ \mu\text{s}$，接收机的标准温度 $T_0 = 290\ \text{K}$，噪声系数 $F = 3\ \text{dB}$，系统损耗 $L = 4\ \text{dB}$。假设目标散射截面积 $\sigma = 0.1\ \text{m}^2$，当雷达波束指向目标时，

（1）若目标的距离为 75 km，计算目标所在位置的雷达辐射功率密度 S_1；

（2）计算目标散射信号到达雷达天线的功率密度 S_2 和天线接收目标散射信号功率 P_r；

（3）若要求检测门限为 $(\text{SNR})_{o\ \min} = 15\ \text{dB}$，计算雷达的最大作用距离 $R_{\max}$；

（4）画出 SNR 与目标距离的关系曲线。

解 雷达带宽为

$$B = \frac{1}{T} = \frac{1}{0.2 \times 10^{-6}} = 5 \quad （\text{MHz}）$$

波长为

$$\lambda = \frac{c}{f_0} = \frac{3 \times 10^8}{5.6 \times 10^9} = 0.0536 \quad （\text{m}）$$

（1）目标所在位置的雷达辐射功率密度为

$$S_1 = \frac{P_t G_t}{4\pi R^2} = \frac{1.5 \times 3.1623\text{e} + 4}{4\pi \times 75^2} = 0.6711 \quad （\text{W/m}^2）$$

（2）功率密度为

$$S_2 = \frac{S_1 \sigma}{4\pi R^2} = \frac{0.6711 \times 0.1}{4\pi \times (75 \times 10^3)^2} \approx 9.4941 \times 10^{-13} \quad （\text{W/m}^2）$$

天线的等效面积为

$$A_r = \frac{G_t \lambda^2}{4\pi} = \frac{31\ 623 \times 0.0536^2}{4\pi} = 7.23 \quad （\text{m}^2）$$

天线接收目标散射信号功率为

$$P_r = A_r S_2 = 9.4941 \times 10^{-13} \times 7.23 = 6.864 \times 10^{-12} \quad （\text{W}）$$

或者按

$$P_r = A_r S_2 = \frac{P_t G_t^2 \lambda^2 \sigma}{(4\pi)^3 R^4}$$

取 dB 计算，即

$$P_r = 61.76 + 90 - 25.42 - 10 - 33 - 40 \times \lg(75 \times 10^3) = -111.66 \quad （\text{dBW}）$$

可见，雷达接收目标回波信号的功率非常小。

（3）利用雷达方程式（2.2.16），取对数可得

$$(R^4)_{dB} = 40 \lg R = (P_t + G_t^2 + \lambda^2 + \sigma - (4\pi)^3 - kT_0 - B - F - L - (SNR)_{o\,min})_{dB}$$

在计算之前，把每个参数换算成以 dB 为单位的量，换算结果如下：

物理量	P_t	G_t^2	λ^2	σ	$(4\pi)^3$	kT_0	B	F	L	$(SNR)_{o\,min}$
[dB]	61.76	90	−25.42	−10	33	−204	67	3	4	15

然后计算

$$40 \lg R = 61.76 + 90 - 25.42 - 10 - 33 + 204 - 67 - 3 - 4 - 15 = 198.34 \ (dB)$$

作用距离为

$$R = 10^{\frac{198.34}{40}} \times 0.001 \approx 90.9 \ (km)$$

因此，雷达对该目标的最大检测距离为 90.9 km。

（4）利用 MATLAB 函数"radar_eq.m"可以计算式（2.2.15）的 SNR 与距离之间的关系。其语法如下：

$$[SNR] = radar\_eq(pt, freq, G, sigma, b, NF, L, range)$$

其中，各参数说明如表 2.1 所示。

表 2.1 参 数 说 明

符号	代 表 意 义	单位	状态	图 2.3 中参数设置
pt	峰值功率	kW	输入	1500 kW
$freq$	频率	Hz	输入	5.6e+9 Hz
G	天线增益	dB	输入	45 dB
$sigma$	目标截面积	dBsm	输入	−10 dBsm
b	带宽	Hz	输入	5.0e+6 Hz
NF	噪声系数	dB	输入	3 dB
L	系统损耗	dB	输入	4 dB
$range$	距离	km	输入	[20 : 1 : 100] km
SNR	信噪比	dB	输出	dB

仿真结果如图 2.3 所示。从图中可以看出，该目标在距离为 90 km 处的 SNR 有 15 dB。

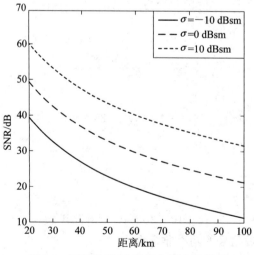

图 2.3 不同 RCS 时 SNR 与距离的关系

2.3　目标的散射截面积(RCS)

目标散射回波信号的强弱与目标的散射特性有关。在雷达方程中通常采用目标的等效散射截面积(Radar Cross Section，RCS)来衡量目标的散射特性。影响 RCS 的主要因素有目标的结构和表面介质、雷达频率(波长)、极化方式和雷达视线(目标姿态角)等。对于标准的简单物体模型，可以计算其 RCS；而通常目标是一个复杂体，RCS 是在变化的，经常采用统计的方法来描述 RCS。

本节首先介绍 RCS 的定义，然后介绍影响 RCS 的几个因素及计算，最后介绍统计意义上的雷达横截面积模型和模型对最小可检测信号的影响。

2.3.1　RCS 的定义

雷达是通过目标的二次散射功率来发现目标的。任何具有固定极化方式的电磁波，当照射到目标时，一般会朝各个方向折射或散射。这些散射波可以分为两部分：一部分是由与发射天线具有相同极化的散射波组成，接收天线对其做响应；另一部分散射波具有不同极化，接收天线对其做出较小的响应。这两种极化是正交的，分别称为主极化和正交极化。一般用与雷达发射和接收天线具有相同极化的后向散射能量的强度来定义目标的 RCS。

假设雷达入射到距离为 R 处的目标位置的功率密度为 S_1，如图 2.4 所示，若目标的反射功率为 P_2，则目标的 RCS(通常用 σ 表示)为

$$\sigma = \frac{P_2}{S_1} \qquad (2.3.1)$$

注意这是一个定义式，并不是决定式。也就是说，并不是目标散射的总功率 P_2 变大，σ 就随之变大；也不是照射的功率密度 S_1 变大，σ 就随之变小。RCS 的大小与目标反射的功率和照射的功率密度没有关系，是目标在特定条件下的散射特性。

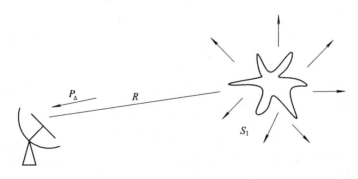

图 2.4　目标的散射特性

由于二次散射，目标反射功率 $P_2(= S_1\sigma)$ 回到雷达天线位置的功率密度为

$$S_2 = \frac{P_2}{4\pi R^2} \qquad (2.3.2)$$

目标的 RCS 可以表示为

$$\sigma = 4\pi R^2 \frac{S_2}{S_1} \qquad (2.3.3)$$

在有的教科书上，目标 RCS 也定义为

$$\sigma = \frac{\text{单位立体角内目标反射的功率}}{\text{入射功率密度}/(4\pi)} = 4\pi R^2 \frac{|E_r|^2}{|E_i|^2} \qquad (2.3.4)$$

式中，E_i 为入射到目标的电场强度；E_r 为目标反射回到雷达的回波信号的电场强度。

以上情况假设目标离雷达足够远，即在远场条件下，入射波是平面波而不是球面波。由式(2.3.3)和式(2.3.4)定义的 RCS 经常称为后向散射 RCS、单基地 RCS。有时目标的 RCS 可以看成目标处截获一部分入射功率的一个(虚构的)面积，并且如果这部分功率是各向均匀散射的，通常考虑一个具有良好导电性能的各向同性的球体，它在雷达处产生的回波功率等于真实目标在雷达处产生的回波功率。设目标所在位置的入射功率密度为 S_1，球体目标的几何投影面积为 A_1，则目标所截获的功率为 $S_1 A_1$。由于该球是导电良好且各向同性的，所以它将截获的功率 $S_1 A_1$ 全部均匀地辐射到 4π 立体角内，该球目标的 RCS 为

$$\sigma = 4\pi R^2 \frac{S_2}{S_1} = 4\pi R^2 \frac{S_1 A_1}{4\pi R^2 \cdot S_1} = A_1 \qquad (2.3.5)$$

式(2.3.5)表明，导电性能良好的各向同性的球体，它的 RCS 等于该球体的几何投影面积。也就是说，任何一个反射体的 RCS 都可以等效成一个具有各向同性的球体的截面积。等效的意思是指该球体在接收方向上每单位立体角所产生的功率与实际目标散射体所产生的功率相同，从而将目标散射截面积理解为一个等效的无耗各向均匀反射体的截面积(投影面积)。当然，真实目标不会各向均匀地散射入射能量。由于实际目标的外形复杂，它的后向散射特性是各部分散射的矢量合成，因而在不同的照射方向，散射截面积 σ 也不同。图 2.5 为 F-117A 在 HH(水平极化发射和水平极化接收)极化、频率 70 MHz 时的 RCS 计算结果。该图的半径为 RCS 值(单位 m²)。从图中可以看出，在不同方向的 RCS 相差很大。

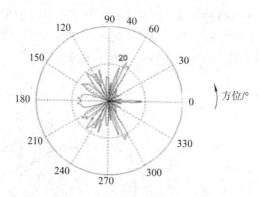

图 2.5 RCS 的频率-方位角分布(HH 极化)

除了后向散射特性外，有时需要测量和计算目标在其它方向的散射功率，例如双基地雷达工作时的情况。可以按照同样的概念和方法来定义目标的双基地 RCS(σ_b)。对复杂目标来讲，σ_b 不仅与发射时的照射方向有关，而且还取决于接收时的散射方向。

RCS 是一个标量，单位为 m²，由于目标 RCS 的变化范围很大，常以其相对于 1 m² 的分贝数(符号为 dBm² 或 dBsm)给出。

2.3.2 RCS 的计算

雷达利用目标的散射功率来发现目标，在式(2.3.3)中已定义了目标散射截面积 σ。脉

...

冲雷达的特点是有一个"三维空间分辨单元",分辨单元在角度上的大小取决于天线波束宽度(θ_a、θ_e分别为方位和仰角维的半功率波束宽度,通常数值较小);在距离维的分辨单元大小 ΔR 取决于发射信号瞬时带宽 B 对应的等效脉冲宽度 T,$\Delta R = c/(2B) = c \cdot T/2$。此分辨单元就是雷达瞬时照射并散射的体积 V。设雷达波束的立体角为 Ω(以主平面波束宽度的半功率点来确定,$\Omega = \theta_a \theta_e$),则三维空间分辨单元的体积为

$$V = (\theta_a R) \cdot (\theta_e R) \cdot \Delta R = \frac{\Omega R^2 c}{2B} \tag{2.3.6}$$

其中,R 为雷达至分辨单元的距离;Ω 的单位是弧度的平方。例如,某脉冲雷达的脉冲宽度为 $T_e = 50$ ns,对应的距离分辨率为 7.5 m,天线 3 dB 波束宽度 $\theta_{3dB} = 1.5°$,该雷达的分辨单元的体积 V 与距离的关系如图 2.6 所示,可见若距离增大 10 倍,则分辨单元的体积增大 100 倍。纵向分辨单元的大小与距离没有关系,仍为信号瞬时带宽对应的距离分辨单元。

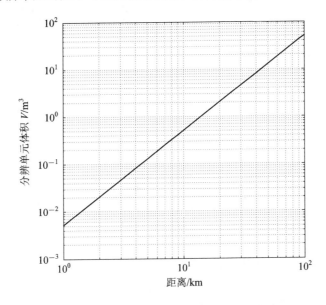

图 2.6 某脉冲雷达的分辨单元体积随距离变化图

如果一个目标全部包含在体积 V 中,便认为该目标属于点目标。实际上只有体积明显地小于 V 的目标才能真正算作点目标,像飞机、卫星、导弹、船只等这样一些雷达目标,当用低分辨率雷达观测时可以算是点目标,但对高分辨率的雷达来说,便不能算是点目标了。不属于点目标的目标有两类:一类是如果目标尺寸大于分辨单元且形状不规则,则它是一个实在的"大目标",例如尺寸大于分辨单元的一艘大船;另一类是所谓分布目标,它是统计上均匀的散射体的集合。

1. 简单形状目标的 RCS

几何形状比较简单的目标,如球体、圆板、锥体等,它们的 RCS 可以计算出来。对于非球体的目标,其 RCS 和视角有关。在所有简单目标中,球体的 RCS 的计算最为重要。这是因为球有最简单的外形,而且其 RCS 与视角无关,常用金属球作为衡量截面积的标准,用于校正数据和实验测定,所以这里给出球体的目标散射截面积的计算方法如下:

半径为 r 的理想导电球体的 RCS 与球的最大投影面积(即半径为 r 的圆的面积 πr^2)的比值是一个米氏(Mie)级数,即

$$\frac{\sigma}{\pi r^2} = \left(\frac{\mathrm{j}}{\kappa r}\right)^2 \sum_{n=1}^{\infty} (-1)^2 (2n+1) \left(\frac{\kappa r \mathrm{J}_{n-1}(\kappa r) - n \mathrm{J}_n(\kappa r)}{\kappa r H_{n-1}^{(1)}(\kappa r) - n H_n^{(1)}(\kappa r)} - \frac{\mathrm{J}_n(\kappa r)}{H_n^{(1)}(\kappa r)}\right) \quad (2.3.7)$$

式中，$\kappa = 2\pi/\lambda$，λ 是波长，J_n 是第一类 n 阶贝塞尔（Bessel）函数，$H_n^{(1)}$ 是 n 阶汉克尔（Hankel）函数，

$$H_n^{(1)}(\kappa r) = \mathrm{J}_n(\kappa r) + \mathrm{j} \mathrm{Y}_n(\kappa r) \quad (2.3.8)$$

式中，Y_n 是第二类贝塞尔函数。

图 2.7 给出了理想导电球体的 RCS 与波长间的依赖关系，纵坐标表示归一化后向散射 RCS，即 RCS 与投影面积（πr^2）的比值。

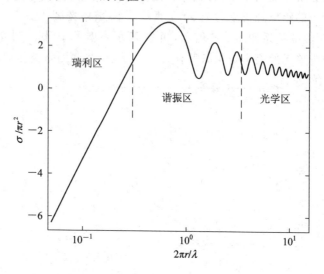

图 2.7　后向散射 RCS 与波长的关系

由图 2.7 可见，RCS 可以大致划分为三个区域：

（1）光学区（球的半径 r 远大于波长 λ，$2\pi r/\lambda > 10$），此时 RCS 接近投影面积，

$$\sigma = \pi r^2, \quad r \gg \lambda \quad (2.3.9)$$

光学区的名称来源是因为当目标尺寸远大于波长时，如果目标表面比较平滑，那么可以通过几何光学的原理来确定目标的 RCS。实际上大多数雷达目标都处于光学区。在该区域根据 Mie 级数的卡蒂-贝塞尔函数近似，光学区的半径为 r 的球体的 RCS 为 πr^2。

（2）瑞利区（球的半径 r 远小于波长，$2\pi r/\lambda < 1$），在这个区域内，RCS 一般与波长的 4 次方成反比。这也是其它电小或电细结构的目标所共有的特征。对于在瑞利区的小球体，其 RCS 与半径 r 的六次方成正比（或者说与投影面积 πr^2 的三次方成正比），与波长的四次方成反比，即

$$\lim_{r/\lambda \to 0} \sigma \approx \frac{9\lambda^2}{4\pi} (\kappa r)^6 = \frac{9\lambda^2}{4\pi} \left(\frac{2\pi}{\lambda} r\right)^6 = \frac{(12\pi)^2}{\lambda^4} (\pi r^2)^3 \quad (2.3.10)$$

绝大多数雷达目标都不处在这个区域中，但是气象微粒对常用的雷达波长来说是处在这个区域的（它们的尺寸远小于波长）。处于瑞利区的目标，决定它们的 RCS 的主要参数是体积而不是形状，形状不同的影响只作较小的修改即可。通常，雷达目标的尺寸较云雨微粒要大得多，因此降低雷达工作频率可减少云雨回波的影响，而不会明显减少云雨的等效 RCS。

（3）谐振区（$1 < 2\pi r/\lambda < 10$），在光学区和瑞利区之间的区域，由于各散射分量之间的

干涉，RCS 随频率变化产生振荡性的起伏，RCS 的近似计算也非常困难。这种谐振现象在物理上可以解释为入射波直接照射目标产生的镜面反射和爬行波之间的干涉。表征镜面波和爬行波干涉特征的中间区域就是谐振区。当周长 $2\pi r = \lambda$ 时 RCS 达到峰值，为 $\sigma = 3.7\pi r^2$。这种谐振现象在物理上可以解释为入射波和爬行波之间的干涉，爬行波绕过球体，和前表面的场形成干涉。由此，可以解释图 1.17 中为何在 VHF 频段，导弹和飞机的回波信号强度相当，就是因为在 VHF 频段，导弹的 RCS 比在微波段高 10 dB 左右（如图 1.15）。美国休斯顿公司的 Moraitis 等分析了信号频率对外形隐身技术的影响，结果表明：隐身飞机在米波段比 S 波段的 RCS 要高 15～30 dB。这就是因为飞机等的机架是米波段的共振区，所以，低频段是当前雷达探测隐身目标的首选频段。

表 2.2 给出几种简单几何形状的物体在特定视角方向上的 RCS，当视角方向改变时，RCS 变化较大（球体除外）。

表 2.2　几种简单几何形状的物体在特定视角方向上的 RCS

与 λ 关系	目　　标	相对入射波的视线	RCS
λ^{-2}	面积为 A 的大平板	法线	$4\pi A^2 / \lambda^2$
	三角形角反射器	对称轴平行于照射方向	$4\pi a^4 / (3\lambda^2)$，a 为边长
λ^{-1}	圆柱（长 L，半径 a）	垂直于对称轴	$2\pi a L^2 / \lambda$
λ^0	椭球（半长轴 a 和半短轴 b）	轴	$\pi b^2 / a^2$
	顶部曲率半径 ρ_0 抛物面	轴	$\pi \rho_0^2$
λ^2	圆锥（锥角 θ）	轴	$\dfrac{1}{16\pi} \lambda^2 \tan^4\theta$

2. 复杂目标的 RCS

诸如飞机、舰船等复杂目标的 RCS，是视角和工作波长的复杂函数。尺寸大的复杂反射体常常可以近似分解成许多独立的散射单元，每一个独立散射单元的尺寸仍处于光学区，各部分没有相互作用，在这样的条件下总的 RCS 就是各部分 RCS 的矢量和，即

$$\sigma = \left| \sum_k \sqrt{\sigma_k} \exp\left(\mathrm{j}\, \frac{4\pi d_k}{\lambda} \right) \right|^2 \tag{2.3.11}$$

这里 σ_k 是第 k 个散射单元的 RCS，d_k 是第 k 个散射单元与天线之间的距离。这一公式常用来确定由多个散射单元组成的复杂散射体的 RCS。各独立单元的反射回波具有不同的相位关系，可以是相加得到大的 RCS，也可能是相减得到小的 RCS。复杂目标各散射单元的间隔是可以和工作波长相比的。因此当观察方向改变时，在接收机输入端收到的各单元散射信号间的相位也在变化，使其矢量和相应改变，这就形成了起伏的回波信号。

对于复杂目标的 RCS，只要稍微改变观察角或工作频率就会引起 RCS 较大的起伏。但有时为了估算作用距离，必须对各类复杂目标给出一个代表其 RCS 大小的数值。至今尚无一个统一的标准来确定飞机等复杂目标的 RCS。有时采用在一定方向范围内 RCS 的平均值或中值表示其 RCS，有时也用"最小值"（即大约 95% 以上时间的截面积都超过该值）来表示，或者根据外场试验测量的作用距离反推其 RCS。

复杂目标的 RCS 是视角的函数，通常雷达工作时，精确的目标姿态及视角是不知道的，因为目标运动时，视角随时间变化，所以最好的方法是用统计的概念来描述 RCS，所

用统计模型应尽量和实际目标 RCS 的分布规律相同。大量试验表明，大型飞机截面积的概率分布接近瑞利分布，当然也有例外，小型飞机和某些飞机侧面截面积的分布与瑞利分布差别较大。

2.3.3 RCS 的测量

RCS 测量分为缩比模型测量、全尺寸目标静态测量和目标动态测量三种方式，在实验室里通常采用缩比模型测量方法。缩比模型测量是将雷达波长、目标各部分的尺寸和材料参数等按电磁模型相似比例关系缩小，这样便可以在微波暗室内方便地进行模拟测量，并由此推算实际尺寸目标的散射特征。

缩比模型测量方法的基本理论依据是全尺寸目标与目标缩比模型之间满足特定的电磁关系。比例为 $1:s$ 的缩比模型，其 $RCS(\sigma')$ 与折算成 $1:s$ 真实尺寸时的目标 $RCS(\sigma)$ 有如下关系：

$$\sigma = \sigma' + 10\lg s^2 \quad \text{(dB)} \quad (2.3.12)$$

相应地，缩比模型的测试频率 f' 应为全尺寸目标测试频率 f 的 s 倍。

在微波暗室中测量缩比模型的 $RCS(\sigma')$ 时，采用相对标定法。相对标定法就是利用雷达所接收到的从目标反射回来的回波功率与目标 RCS 成正比的特性来完成对目标 RCS 的测量的方法。在测量中，需要使用一个 RCS 已知的目标作为比较的标准，称之为定标体。

假设定标体的 RCS 为 σ_s，定标体与天线的距离为 r_s，则接收机接收到的回波功率可表示为

$$P_{rs} = K\frac{\sigma_s}{r_s^4} \quad (2.3.13)$$

若保持条件不变，被测目标给接收机提供的回波功率 P_{rt} 将服从同样的关系：

$$P_{rt} = K\frac{\sigma_t}{r_t^4} \quad (2.3.14)$$

式中，σ_t 为被测目标的 RCS，r_t 为被测目标与天线的距离。以上两式中的 K 为与雷达相关的比例系数。由式(2.3.13)和式(2.3.14)的比值可得

$$\sigma_t = \sigma_s \cdot \frac{r_t^4 P_{rt}}{r_s^4 P_{rs}} = \sigma_s \cdot \frac{r_t^4 U_{rt}^2}{r_s^4 U_{rs}^2} \quad (2.3.15)$$

其中，r_s 和 r_t 通常相等，只要测出定标体和被测目标的回波功率 P_{rs} 和 P_{rt}（或电压的有效值 U_{rs} 和 U_{rt}）就能根据上式求出被测目标的 RCS，即

$$\sigma_t = \sigma_s \cdot \frac{P_{rt}}{P_{rs}} = \sigma_s \cdot \frac{U_{rt}^2}{U_{rs}^2} \quad (2.3.16)$$

相对标定法 RCS 测量的关键在于定标体的选取和定标体 RCS 理论值的计算。常用的定标体有金属导体球、金属平板以及二面角反射器等。

为了获得一定频率范围内的目标 RCS，现在大多采用宽带扫频的方法来测量目标缩比模型的 RCS，即利用矢量网络分析仪产生等间隔频率步进脉冲信号，经功率放大器送到发射天线，回波脉冲信号经另一接收天线送回到矢量网络分析仪中并存储下来，通过计算就可以测得设定频率范围内目标 RCS 的频率响应。

图 2.8 给出了某目标(B-2)缩比模型的 RCS 测量结果，图(a)为发射-接收采用 HH、HV、VV、VH 这四种极化组合下某目标在迎头方向 10° 范围内的平均 RCS；图(b)为 HH

极化下从不同方向、在不同频率下目标 RCS 的频率-方位分布图。从图中可以看出，在与机翼垂直方向的 RCS 最大。

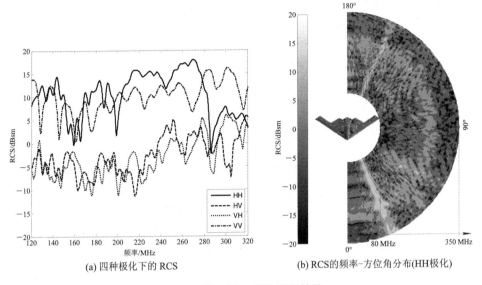

(a) 四种极化下的 RCS 　　　　　　(b) RCS的频率-方位角分布(HH极化)

图 2.8　某目标的 RCS 测量结果

2.3.4　目标起伏模型

前面介绍的 RCS 计算与测量都假设目标是静止的，在这种情况下后向散射 RCS 通常称为静态 RCS。然而，在实际雷达系统中，目标与雷达之间存在相对运动，目标的 RCS 在一段时间内会随着目标机动、目标视线角和频率的变化而起伏，这时的目标 RCS 也称为动态 RCS。

动态 RCS 体现为目标回波的幅度和相位在不同时刻可能会有起伏。相位起伏称为角闪烁，而幅度起伏称为幅度闪烁。角闪烁导致目标的远场后向散射波前变成非平面的，在对目标参数测量时产生测量误差。在高精度测量与跟踪雷达，例如精密跟踪雷达系统、导弹寻的器、飞机自动着陆系统中，角闪烁可能严重影响测角精度。而在一般搜索雷达中，我们更关心的是目标回波的幅度。目标 RCS 的幅度闪烁可依据目标的尺寸、形状、动态特征以及相对于雷达的运动而快速或慢速变化。由于雷达需要探测的目标十分复杂而且多种多样，很难准确地得到各种目标截面积的概率分布和相关函数。通常是用一个接近而又合理的模型来估计目标起伏的影响，并进行数学上的分析。最早提出而且目前仍然广泛使用的起伏模型是斯威林(Swerling)模型。它把典型的目标起伏分为四种类型，用两种不同的概率密度函数，即自由度为 2 和 4 的 χ^2 分布，同时又分为两种不同的相关情况：一种是在天线一次扫描期间回波起伏是完全相关的，而不同扫描期间完全不相关，称为慢起伏目标；另一种是快起伏目标，它们的回波起伏在脉冲之间是完全不相关的。

RCS 服从 χ^2 分布的目标类型很广，其概率密度函数（PDF）为

$$p(\sigma) = \frac{m}{(m-1)!\,\bar{\sigma}}\left(\frac{m\sigma}{\bar{\sigma}}\right)^{m-1}\exp\left[-\frac{m\sigma}{\bar{\sigma}}\right], \quad \sigma > 0 \tag{2.3.17}$$

其中，$2m$ 为其自由度，m 为整数；$\bar{\sigma}$ 为 σ 的平均值。

下面结合四种 Swerling 起伏模型进行描述。

- 第一种为 Swerling Ⅰ 型。

假定目标由随机组合的散射体组成，且所有散射体的权重均相同。目标回波在任意一次扫描期间（即一个波位的脉冲与脉冲之间）都是完全相关的，但是从一次扫描到下一次扫描是独立的（不相关的），换言之，目标朝向变化缓慢。因此，目标回波幅度为慢起伏，目标散射截面积服从自由度为 2 的 χ^2 分布。

若不考虑天线波束形状对回波振幅的影响，式(2.3.17)中 $m=1$，χ^2 分布简化为指数分布，σ 的概率密度函数为

$$p(\sigma) = \frac{1}{\bar{\sigma}} \exp\left(-\frac{\sigma}{\bar{\sigma}}\right), \quad \sigma \geqslant 0 \tag{2.3.18}$$

$\bar{\sigma}$ 为目标 RCS 起伏的平均值。而回波的振幅 A 则为瑞利分布，其概率密度函数为

$$P(A) = \frac{A}{A_0^2} \exp\left[-\frac{A^2}{2A_0^2}\right] \tag{2.3.19}$$

目标散射截面积和回波信号幅度所服从的概率密度函数曲线如图 2.9(a)所示。指数 PDF 表示由瑞利 PDF 描述的电压平方（平方律检测输出）的统计。

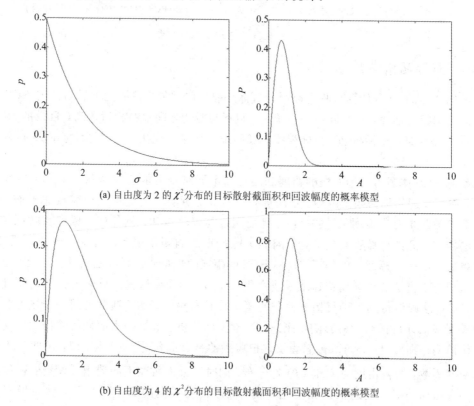

(a) 自由度为 2 的 χ^2 分布的目标散射截面积和回波幅度的概率模型

(b) 自由度为 4 的 χ^2 分布的目标散射截面积和回波幅度的概率模型

图 2.9　关于斯威林模型的两个概率密度函数

- 第二种为 Swerling Ⅱ 型。

与 Swerling Ⅰ 类似，目标相对雷达波束的运动方向迅速变化，目标回波幅度为快起伏，即脉冲与脉冲间的起伏是统计独立的；目标散射截面积服从自由度为 2 的 χ^2 分布。

- 第三种为 Swerling Ⅲ 型。

假定目标由一个强散射体加若干个小的弱散射体组成。目标回波在一次扫描内的脉冲与脉冲之间是相关的，但是从一次扫描到下一次扫描是独立的（不相关的），换言之，目标朝向变化缓慢。因此，目标回波幅度为慢起伏，目标散射截面积服从自由度为 4 的 χ^2 分布。式(2.3.17)中 $m=2$，RCS 的概率密度函数为

$$p(\sigma) = \frac{4\sigma}{\bar{\sigma}^2}\exp\left(-\frac{2\sigma}{\bar{\sigma}}\right), \quad \sigma \geqslant 0 \tag{2.3.20}$$

$\bar{\sigma}$ 表示目标 RCS 起伏的平均值。该概率密度函数如图 2.9(b)所示。回波振幅 A 满足以下概率密度函数：

$$P(A) = \frac{9A^3}{2A_0^4}\exp\left[-\frac{3A^2}{2A_0^2}\right] \tag{2.3.21}$$

这时目标散射截面积和回波信号幅度所服从的概率模型曲线如图 2.9(b)所示。

· 第四种为 Swerling IV 型。

与 Swerling III 类似，但是目标朝向变化迅速，脉冲之间是不相关的。目标回波幅度为快起伏，目标散射截面积服从自由度为 4 的 χ^2 分布。

Swerling III 中的起伏类似于 Swerling I，而 Swerling IV 中的起伏类似于 Swerling II。Swerling I、II 型适用于物理尺寸近似相同的许多独立散射体所构成的复杂目标。Swerling III、IV 型适用于由一个较大的主散射体和许多小反射体构成的复杂目标。为了便于比较，将不起伏的目标称为第五类。根据上述不同类型目标回波幅度的概率模型，目标回波起伏如图 2.10 所示，图中假设每个波位发射了 10 个脉冲，左图表示多次扫描的示意图，右图是左图的局部放大图，每个台阶表示一个脉冲回波信号的幅度。由图可以直观地看出：① Swerling II 型目标回波在脉冲之间起伏最大，其次是 Swerling IV 型，Swerling III 型目标的起伏最小；② Swerling II 和 Swerling IV 型目标在一个波位的 10 个脉冲的回波起伏较大，不适合进行相干积累处理。

表 2.3 对四种斯威林模型进行了比较。

表 2.3　四种斯威林模型的比较

斯威林类型	Swerling I	Swerling II	Swerling III	Swerling IV
物理基础	由物理尺寸近似相同的许多独立散射体所构成的复杂目标		由一个较大的主散射体和许多小反射体合成的复杂目标	
目标运动特性	目标的运动方向变化缓慢	目标的运动方向快速变化	目标的运动方向变化缓慢	目标的运动方向快速变化
RCS 的统计特性	服从自由度为 2 的 χ^2 分布	服从自由度为 2 的 χ^2 分布	服从自由度为 4 的 χ^2 分布	服从自由度为 4 的 χ^2 分布
脉冲之间回波幅度	慢起伏	快起伏	慢起伏	快起伏
脉冲间回波相关性	脉冲间回波相关，可以进行相干积累	脉冲间回波不相关，不适合进行相干积累	脉冲间回波相关，可以进行相干积累	脉冲间回波不相关，不适合进行相干积累
适用目标	适用于舰船	适用于被脉间频率捷变雷达探测的舰船	适用于现代飞机	适用于高度机动的飞机或被脉间频率捷变雷达探测的飞机

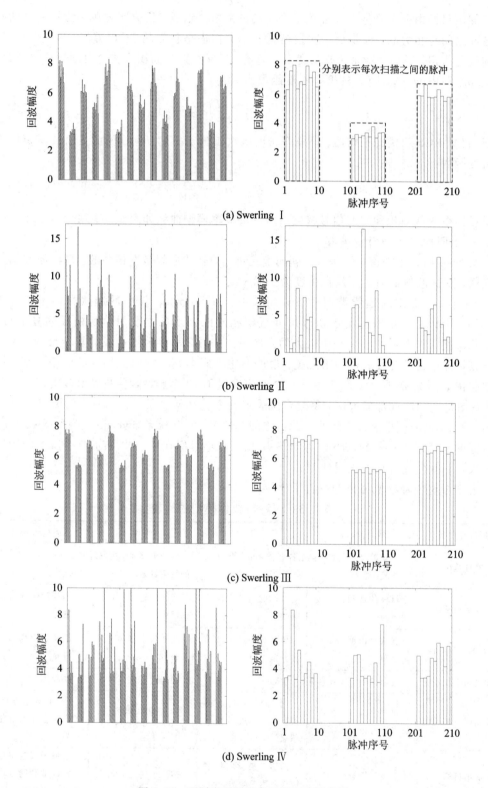

图 2.10 不同类型的起伏目标回波示意图

斯威林的四种模型考虑了两类极端情况：扫描间独立和脉冲间独立。实际的目标起伏特性往往介于上述两种情况之间。目前已证明，其检测性能也介于两者之间。

2.4　电波传播的影响

前面给出的式(2.2.15)的雷达方程是针对理想的自由空间的。电磁波在实际传播环境中，各种传播媒介(例如大气层的云雾、雨、雪等)以及地(海)面反射，均对电波传播产生影响。媒介的电特性对不同频段的无线电波的传播产生不同的影响。根据不同频段的电波在媒介中传播的物理过程，可将电波传播方式分为地波传播、对流层电波传播、波导传播、电离层电波传播、外大气层及行星际空间电波传播等。在传播过程中，媒介的不均匀性、地貌地物的影响、多径传播以及媒介的吸收，都可能引起无线电信号的畸变、衰落或改变电波的极化形式，引入干扰使接收端信噪比下降，改变电波的传播方向或传播速度等。这些都将直接影响雷达的工作性能。

总的来说，地面(海面)和传播媒介对雷达性能的影响有以下三个方面：

(1) 电波在大气层传播时的损耗、衰落与失真；

(2) 由大气层引起的电波折射；

(3) 由于地面(海面)反射波和直达波的干涉效应，导致天线方向图分裂为波瓣状。

2.4.1　大气层对电波传播的影响

1. 传输损耗(衰减)

地球大气层由几层组成，如图 2.11 所示。第一层由地球表面延伸到约 20 km 的高度，称为对流层。电磁波在对流层传播时会产生折射(向下弯曲)现象。对流层折射效应与其介电常数(是压力、温度、水汽、气体含量等的函数)有关。大气层中的水汽和气体也会使雷达电磁波的能量产生损耗，在有雨、雾、灰尘和云层时能量损耗增大。这种损耗称为大气衰减。

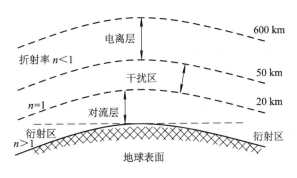

图 2.11　地球大气层

对流层以上区域(高度从 20 km 到 50 km)称为干扰区，与自由空间差不多，因此，该区域很少产生折射。

在地平线以下接近地球表面的区域称为衍射区。衍射用来描述物体周围电磁波的弯曲现象。

电离层从 50 km 延伸到约 600 km 的高度。与对流层相比，电离层气体含量非常低，但含有大量游离的自由电子(由太阳的紫外线和 X 射线引起)。电离层中的自由电子以不同的方式(如折射、吸收、噪声辐射、极化旋转)影响电磁波的传播。例如，频率低于 4 MHz 时，能量从电离层较低的区域完全反射回去；频率高于 30 MHz 时，电磁波会穿过电离层，但会出现一些能量衰减。一般来说，随着频率的上升，电离层效应逐渐减小。

实际上，电波是在有能量损耗的媒介中传播的。这种能量损耗可能是由于大气分子(主要为氧气)和水汽和由水汽凝聚成的降落颗粒(如云、雨、雪花、冰雹等)以及电离层的电子对电波能量的吸收或散射引起的，也可能是由于电波绕过球形地面或障碍物的绕射引起的。例如，当云的密度为 0.032 g/m^3，其可见度约为 600 m 时，W 波段(95 GHz)上电磁波的衰减为 0.3 dB/km；对于 HF 波段天波/地波超视距雷达，则存在电离层衰减或海表面爬行波的传播衰减；当频率 f 大于 100 MHz 时损失极少，一般不超过 1 dB。

实际雷达工作时的传播衰减与雷达的作用距离以及目标高度有关。图 2.12(a)和(b)分别给出了工作频率为 [10，3]GHz、仰角为 [0°，0.5°，1°，2°，5°，10°] 时的双程衰减(dB)。可见，工作频率越高，衰减越大；而探测时目标仰角越大，衰减越小。

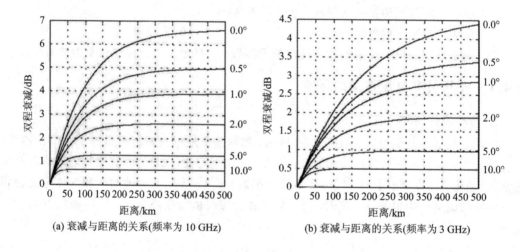

图 2.12　不同仰角时的双程衰减

当在作用距离全程上有均匀的传播衰减时，式(2.2.17)的雷达作用距离可按下式修正计算：

$$R_{max} = \left[\frac{P_t T G_t G_r \lambda^2 \sigma}{(4\pi)^3 k T_0 F_n D_0 C_B L} \right]^{1/4} e^{0.115 \delta R_{max}} \qquad (2.4.1)$$

式中 δR_{max} 为在最大作用距离下单程衰减的分贝数，它总是负值，所以大气衰减的结果总是降低雷达的作用距离。

2. 大气衰落

所谓衰落，一般是指无线电信号电平随时间的随机起伏。信号衰落主要有吸收型衰落和干涉型衰落。所谓吸收型衰落，主要是由于传输媒介电参数的变化，使得信号在媒介中的衰减发生相应的变化而引起的。由于这种衰落引起的信号电平的变化较慢，也称为慢衰落。所谓干涉型衰落，主要是由随机多径干涉现象引起的。这种衰落变化周期很短，信号电平变化很快，故称为快衰落。无线电信号的衰落现象会严重影响雷达波传播的稳定性和雷达系统的可靠性。

1) 大气折射与雷达直视距离

真空中的折射率为 $n=1$，无线电波和光波都以光速$(3\times10^8\text{ m/s})$直线传播，而且多普勒频移正比于目标相对于观察点（雷达视线）的径向速度。但是，实际上的大气是非均匀的媒介，大气折射率 n 不等于 1，电波在大气中传播时，传播路径会发生折射而不再是直线，如图 2.13 所示。传播速度弱小于光速，多普勒频移不再正比于目标的径向速度，雷达测得的目标参量不再是真实的仰角、距离、高度与距离的变化率，而是目标视在的仰角、距离、高度与距离的变化率。大气折射对雷达的影响有两个方面：一是改变雷达测量距离，产生距离测量误差；二是引起仰角测量误差。

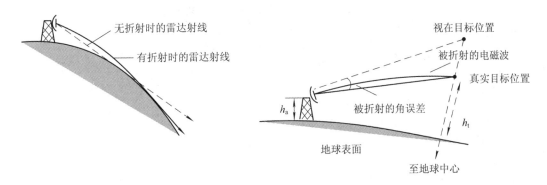

图 2.13 大气折射的影响

由于大气密度随高度的变化使得折射率随高度增加而减小，大气折射会使电波射线向下弯曲，其直接结果是增大了雷达的直视距离。雷达的直视距离是由地球的曲率半径引起的，设雷达天线的架设高度为 h_r，目标的高度为 h_t，由于地球表面弯曲，使雷达探测不到直视距离以外的目标，就是所谓的"盲区"。因为目标的高度是不受我方控制的，如果希望提高直视距离，只有加大雷达天线的高度，但这又往往会受到限制，尤其当雷达安装在舰艇上时，由于雷达的架设高度有限，直视距离受到限制。采用天波或地波超视距雷达则可以很好地解决这个问题。

大气对电波的折射作用等效于增加了雷达的视线距离。一种处理折射的通用方法是用等效地球代替实际地球，假定等效地球半径 $r_e=kr_0$，这里 r_0 为实际地球半径(6371 km)，k 为

$$k=\dfrac{1}{1+r_0\left(\dfrac{\mathrm{d}n}{\mathrm{d}h_t}\right)} \tag{2.4.2}$$

式中，$n=c/v$ 为折射率，c 为电磁波在自由空间传播的速度，v 为媒介中电磁波传播的速度；h_t 为目标高度；$\mathrm{d}n/\mathrm{d}h_t$ 是大气折射率梯度，即地球折射率 n 随高度 h_t 的变化率。在温度为 15℃的海面以及温度随高度变化梯度为 0.0065℃/m，大气折射率梯度为 -0.039×10^{-6}/m 的情况下，$k\approx4/3$。这就是通常所说的"三分之四地球模型"，此时的地球等效曲率半径为

$$r_e=\dfrac{4}{3}r_0=\dfrac{4}{3}\times6371\approx8495\ (\text{km}) \tag{2.4.3}$$

在低海拔（海拔高度小于 10 km）处，使用三分之四地球模型时，就可以假设雷达波束是直线传播而不考虑折射，如图 2.14 所示。

根据三分之四地球模型，目标高度的测量如图 2.15 所示，由图得目标的高度为

$$h = h_r + R\sin\theta + \frac{(R\cos\theta)^2}{2r_e} \tag{2.4.4a}$$

式中，h_r 为雷达的高度；R 和 θ 分别为目标的距离和仰角。在低仰角时，高度近似为

$$h = h_r + R\sin\theta + \frac{R^2}{2r_e} \tag{2.4.4b}$$

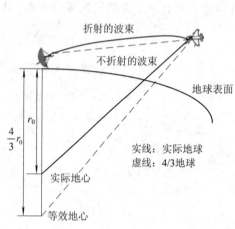

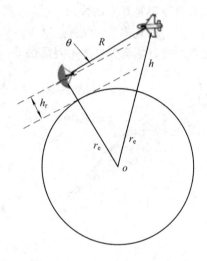

图 2.14　4/3 地球模型的几何关系　　　　图 2.15　4/3 地球模型测量目标高度

如图 2.16 所示，根据雷达的架设高度和目标高度，可计算出雷达的直视距离 d_0：

$$\begin{aligned}
d_0 &= \sqrt{(r_e + h_r)^2 - r_e^2} + \sqrt{(r_e + h_t)^2 - r_e^2} \\
&\approx \sqrt{2r_e}\left(\sqrt{h_r} + \sqrt{h_t}\right) \\
&\approx 4.1\left(\sqrt{h_r} + \sqrt{h_t}\right)
\end{aligned} \tag{2.4.5}$$

其中，h_r 和 h_t 的单位为 m；d_0 和 r_e 的单位为 km。图 2.17 给出了雷达直视距离与目标高度的关系曲线，这里假定雷达的架设高度分别为 $[10, 100, 1000]$ m。

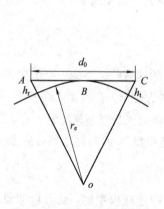

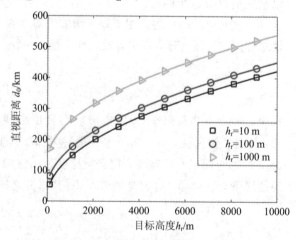

图 2.16　雷达直视距离计算　　　　　　　图 2.17　雷达直视距离

雷达的直视距离是由于地球表面弯曲引起的，由雷达天线的架设高度和目标高度决定，和雷达本身的性能无关。它和雷达的最大作用距离是两个不同的概念，后者和雷达的工作性能紧密相关。因此，地面雷达对远距离目标进行探测时，需要同时满足直视距离和最大作用距离的要求。

2.4.2　地面反射对电波传播的影响

一般警戒雷达的作用距离较远，例如雷达的作用距离为 300 km，波束宽度为 5°，若目标高度为 10 km，则目标的仰角只有 1.9°。为了保证雷达对低空目标的探测，必然存在波束"打地"的现象，即电磁波向空间传播的同时，存在与地面反射的回波。这种地面反射回波与地表的介电系数、表面粗糙度（有的文献也称为粗糙表面反射系数）、入射角以及波长、极化方式等有关。这种地面反射特征通常利用表面反射系数表示。对平滑表面，反射系数取决于频率、表面介电系数、雷达掠射角，垂直极化和水平极化的反射系数分别为

$$\Gamma_{\rm v} = \frac{\varepsilon \sin\psi_{\rm g} - \sqrt{\varepsilon - (\cos\psi_{\rm g})^2}}{\varepsilon \sin\psi_{\rm g} + \sqrt{\varepsilon - (\cos\psi_{\rm g})^2}} \tag{2.4.6}$$

$$\Gamma_{\rm h} = \frac{\sin\psi_{\rm g} - \sqrt{\varepsilon - (\cos\psi_{\rm g})^2}}{\sin\psi_{\rm g} + \sqrt{\varepsilon - (\cos\psi_{\rm g})^2}} \tag{2.4.7}$$

式中，$\psi_{\rm g}$ 为掠射角（也称为擦地角，或入射余角）；ε 为表面的复介电常数，

$$\varepsilon = \varepsilon' - {\rm j}\varepsilon'' = \varepsilon' - {\rm j}60\lambda\sigma \tag{2.4.8}$$

式中，λ 是波长；σ 是介质传导率（单位为 $\Omega/{\rm m}$）。ε' 和 ε'' 的典型值可以通过相关文献查得。表 2.4～表 2.6 分别给出了油、湖水、海水的电磁特性的典型值。

表 2.4　油的电磁特性

频率/GHz	含水量（按体积）							
	0.3%		10%		20%		30%	
	ε'	ε''	ε'	ε''	ε'	ε''	ε'	ε''
0.3	2.9	0.071	6.0	0.45	10.5	0.75	16.7	1.2
3.0	2.9	0.027	6.0	0.40	10.5	1.1	16.7	2.0
8.0	2.8	0.032	5.8	0.87	10.3	2.5	15.3	4.1
14.0	2.8	0.350	5.6	1.14	9.4	3.7	12.6	6.3
24.0	2.6	0.030	4.9	1.15	7.7	4.8	9.6	8.5

表 2.5　湖水的电磁特性

频率/GHz	温　　度					
	$T=0℃$		$T=10℃$		$T=20℃$	
	ε'	ε''	ε'	ε''	ε'	ε''
0.1	85.9	68.4	83.0	91.8	79.1	115.2
1.0	84.9	15.66	82.5	15.12	78.8	15.84

频率/GHz	温　　度					
	$T=0℃$		$T=10℃$		$T=20℃$	
	ε'	ε''	ε'	ε''	ε'	ε''
2.0	82.1	20.7	81.1	16.2	78.1	14.4
3.0	77.9	26.4	78.9	20.6	76.9	16.2
4.0	72.6	31.5	75.9	24.8	75.3	19.4
6.0	61.1	39.0	68.7	33.0	71.0	24.9
8.0	50.3	40.5	60.7	36.0	65.9	29.3

表 2.6　海水的电磁特性

频率/GHz	温　　度					
	$T=0℃$		$T=10℃$		$T=20℃$	
	ε'	ε''	ε'	ε''	ε'	ε''
0.1	77.8	52.2	75.6	68.4	72.5	86.4
1.0	77.0	59.4	75.2	73.8	72.3	90.0
2.0	74.0	41.4	74.0	45.0	71.6	50.4
3.0	71.0	38.4	72.1	38.4	70.5	40.2
4.0	66.5	39.6	69.5	36.9	69.1	36.0
6.0	56.5	42.0	63.2	39.0	65.4	36.0
8.0	47.0	42.8	56.2	40.5	60.8	36.0

注意：当 $\psi_g=90°$（垂直照射）时，

$$\Gamma_h = \frac{1-\sqrt{\varepsilon}}{1+\sqrt{\varepsilon}} = -\frac{\varepsilon-\sqrt{\varepsilon}}{\varepsilon+\sqrt{\varepsilon}} = -\Gamma_v \qquad (2.4.9)$$

而当掠射角很小时（$\psi_g \approx 0$），有

$$\Gamma_h = -1 = \Gamma_v \qquad (2.4.10)$$

例如，图 2.18(a) 和 (b) 分别给出了在 X 波段，20% 含水量（按体积）的油、20℃ 湖水和海水的 Γ_h 和 Γ_v 的幅度和相位。

由图 2.18 可以看出：

（1）随着掠射角的增大，20℃ 的湖水和海水的变化趋势基本相同，而含水量 20% 的油的反射系数幅度的变化趋势与前两者不同，$|\Gamma_h|$ 变化得越快，$|\Gamma_v|$ 变化得越慢。

（2）三种介质的垂直极化反射系数的幅度都有一个很明显的最小值，对应这种条件的角称为 Brewster 极化角。基于这种原因，机载雷达的下视工作模式大多采用垂直极化，以大大减小地面反射信号。

（3）对于非常小的角度（小于 2°），三种介质的 $|\Gamma_h|$ 和 $|\Gamma_v|$ 都接近 1，角 Γ_v 和角 Γ_h 都接近 π。因此当掠射角很小时，水平极化或垂直极化的传播几乎没有差别。

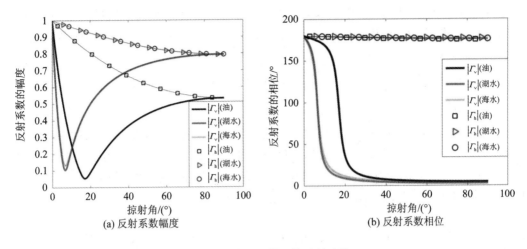

(a) 反射系数幅度   (b) 反射系数相位

图 2.18　典型反射面的反射系数

2.4.3　方向图传播因子

方向图传播因子 F_p 是为了计算环境（地球表面和大气）传播对雷达影响而引进的一个参数。顾名思义，它包含了绕射、反射、折射与多径传播等各种效应和天线方向图的影响。传播因子定义为

$$F_p = \left| \frac{E}{E_0} \right| \qquad (2.4.11)$$

其中，E 为天线波束主轴所指向的空间某一点上实际场强；E_0 是自由空间场强。

在地表附近，多径传播效应主要决定着传播因子的形成。传播因子描述了地球表面（球形的）衍射电磁波的干涉效应干扰。下面将导出球形地球表面的传播因子的特殊表达式。

考虑图 2.19 的几何关系，A、C 分别为雷达和目标所处位置，雷达所处高度为 h_r，目标的距离为 R，高度为 h_t，掠射角为 ψ_g。雷达能量（通过天线发射）到达目标有两条路径：

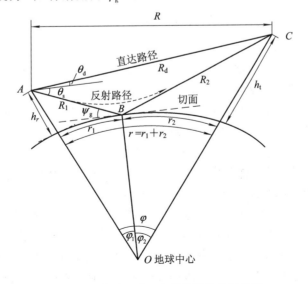

图 2.19　球形地球上多径传播的几何关系

"直达"的路径 AC 和"反射"的路径 ABC。AC 和 ABC 的长度一般比较接近，因此两条路径的差别很小。将直达路径表示为 R_d，将反射路径表示为 $R_i = R_1 + R_2$，两者的波程差表示为 $\Delta R = R_i - R_d$，对应的相位差为

$$\Delta \Phi = \frac{2\pi}{\lambda} \Delta R = \kappa \cdot \Delta R \qquad (2.4.12)$$

式中 λ 为雷达波长。

当目标仰角大于波束宽度时，可以认为通过反射路径到达目标的信号幅度要比通过直达路径到达目标的信号幅度小。这是因为反射路径方向上的天线增益要比直达路径方向上的天线增益小，而且通过地球表面 B 点反射的信号，其幅度和相位随地面反射系数 Γ 产生了变化。地面反射系数由下式给出：

$$\Gamma = \rho e^{j\varphi} \qquad (2.4.13)$$

式中，ρ 小于 1，而 φ 则描述由于地表粗糙度而引起的反射路径信号的相位偏移。

若信号的幅度取 1，直达波信号可写成

$$E_d = e^{j\omega_0 t} e^{j\frac{2\pi}{\lambda} R_d} = e^{j\omega_0 t} e^{j\kappa R_d} \qquad (2.4.14)$$

式中，时间载波项 $\exp(j\omega_0 t)$ 表示信号的时间关系，指数项 $\exp\left(j\frac{2\pi}{\lambda} R_d\right)$ 表示信号的空间相位。到达目标的反射路径信号表示为

$$E_i = \Gamma e^{j\omega_0 t} e^{j\frac{2\pi}{\lambda} R_i} = \rho e^{j\varphi} e^{j\omega_0 t} e^{j\kappa R_i} \qquad (2.4.15)$$

式中，$\Gamma = \rho \exp(j\varphi)$ 为地面反射系数。因此，到达目标的总信号为

$$E = E_d + E_i = e^{j\omega_0 t} e^{j\kappa R_d} (1 + \rho e^{j(\varphi + \kappa(R_i - R_d))}) \qquad (2.4.16)$$

由于地面反射，到达目标的总的信号强度发生变化，其变化值为有地面反射时的信号强度与自由空间信号强度之比。由方程(2.4.11)，这一比值的模即为传播系数。利用方程(2.4.15)和方程(2.4.16)可计算传播系数为

$$F_p = \left| \frac{E_d}{E_d + E_i} \right| = |1 + \rho e^{j\varphi} e^{j\Delta \Phi}| = |1 + \rho e^{j\alpha}| \qquad (2.4.17)$$

式中 $\alpha = \Delta \Phi + \varphi$。利用欧拉恒等式($e^{j\alpha} = \cos\alpha + j\sin\alpha$)，式(2.4.17)可写为

$$F_p = \sqrt{1 + \rho^2 + 2\rho\cos\alpha} \qquad (2.4.18)$$

由此可知，到达目标的信号能量随系数 F_p^2 而改变。根据互易性，将雷达方程乘以系数 F_p^4 可计算出目标二次散射到达雷达的信号功率。

自由空间无多径传播时的传播系数为 $F_p = 1$。将雷达在自由空间（即 $F_p = 1$ 中）的探测距离表示为 R_0，则存在多径干扰时的探测距离为

$$R = R_0 F_p^4 \qquad (2.4.19)$$

图 2.20 给出了多路径干扰对传播系数的影响，这里地面反射系数为 -1。由于存在地面多径反射，天线方向图在仰角方向上变成了瓣形结构，即波瓣分裂现象。当目标处于波瓣能量最大方向（如图中目标 A 时），雷达探测距离比自由空间中的探测距离远；而当目标处于波瓣间的凹口方向（如图中目标 B 时），探测距离将会比自由空间中的小。因此，在某些仰角上可能探测不到目标，解决措施主要有：一是频扫工作，不同频率的波瓣分裂位置不同，可以互补；二是架设多个不同高度的接收天线，由于不同高度天线的波瓣分裂位置不同，可以相互补充。

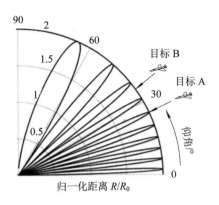

图 2.20 由反射面引起的仰角维的波瓣分裂现象

2.5 系 统 损 耗

实际雷达系统总是有各种损耗的,这些损耗将降低雷达的实际作用距离,因此在雷达方程中应引入损耗这一修正量。正如式(2.2.15)中用 L 表示损耗,加在雷达方程的分母中,一般用分贝数来表示。信噪比与雷达的损耗成反比,因为检测概率是信噪比的函数,雷达损耗的增加导致信噪比的下降,从而降低检测概率。

系统损耗从狭义上讲,是指发射机与天线之间的功率损耗或天线与接收机之间的功率损耗,它包括波导设备损耗(传输线损耗和双工器损耗)和天线损耗(波束形状损耗、扫描损耗、天线罩损耗、相控阵损耗)。从广义上讲,系统损耗还包括信号处理损耗(如非匹配滤波器、恒虚警处理、积累器、限幅器等产生的损耗,以及跨分辨单元损耗、采样损耗)。下面介绍几种主要的损耗。

2.5.1 发射和接收损耗

发射损耗指发生在雷达发射机和天线输入端口之间的传输损耗,接收损耗指发生在天线输出端口和接收机前端之间的传输损耗。这些损耗通常称为波导损失(或损耗)。波导损失的典型值为 1~2 dB。

为了减少传输损耗,现代雷达的发射和接收设备大多直接安装在天线的背面,减少天线与发射和接收设备的链接电缆,因此,波导损耗可以做到很低。

2.5.2 天线波束形状损耗

在雷达方程中,天线增益通常是采用最大增益,即认为最大辐射方向对准目标。但在实际工作中天线是扫描的,雷达波束扫过目标时回波信号的振幅按天线波束形状进行调制。实际收到的回波信号能量比按最大增益的等幅脉冲串时要小。信噪比的损耗是由于没有获得最大的天线增益而产生的,这种损耗叫做天线波束形状损耗。一旦选好了雷达的天线,天线波束损耗的总量可计算出来。例如,当回波是振幅调制的脉冲串时,可以在计算检测性能时按调制脉冲串进行。在这里采用的办法是利用等幅脉冲串已得到的检测性能计算结果,再加上"波束形状损耗"因子来修正振幅调制的影响。这个办法虽然不够精确,但

却简单实用。设单程天线功率方向图用高斯函数近似

$$G(\theta) = \exp\left(-\frac{2.776\theta^2}{2\theta_B^2}\right) \qquad (2.5.1)$$

式中，θ 是从波束中心开始计算的角度；θ_B 是半功率波束宽度。该方向图如图 2.21 所示，图中 $\theta_B = 3°$。设 m_B 为半功率波束宽度 θ_B 内收到的脉冲数，m 为积累脉冲数，则波束形状损耗 L_B（相对于积累 m 个最大增益时的脉冲）为

$$L_B = \frac{m}{1 + 2\sum_{k=1}^{(m-1)/2} \exp\left(-\frac{5.55k^2}{m_B^2}\right)} \qquad (2.5.2)$$

例如，若在一个波位积累 11 个脉冲，m_B 也等于 11，它们均匀地排列在 3 dB 波束宽度以内，则其损耗为 1.67 dB。

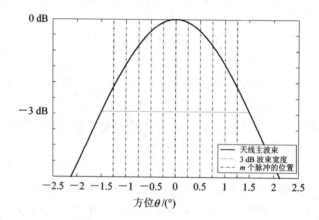

图 2.21　高斯方向图及其 3 dB 波束宽度内每个发射脉冲的归一化幅度

2.5.3　叠加损耗

实际工作中，常会碰到这样的情况：参加积累的脉冲，除了"信号加噪声"之外，还有单纯的"噪声"脉冲。这种额外噪声对天线噪声进行积累，会使积累后的信噪比变坏，这个损耗称之为叠加损耗 L_c。假设"信号加噪声"的脉冲数为 m，只有噪声的脉冲数为 n，叠加损耗因子为

$$L_c = \frac{m+n}{m} \qquad (2.5.3)$$

产生叠加损耗可能有以下几种原因：在失掉距离信息的显示器（如方位-仰角显示器）上，如果不采用距离门选通，则在同一方位和仰角上所有距离单元的噪声脉冲必然要与目标单元上的"信号加噪声"脉冲一起积累；某些三坐标雷达，采用单个平面位置显示器显示同方位所有仰角上的目标，往往只有一路有信号，其余各路是单纯的噪声；如果接收机视频带宽较窄，通过视放后的脉冲将展宽，结果有目标距离单元上的"信号加噪声"就要和邻近距离单元上展宽后的噪声脉冲相叠加等，这些情况都会产生叠加损耗。

雷达一般通过方位维、距离维或多普勒维的 CFAR 处理来检测目标。当目标回波显示在一维坐标中，如距离，在靠近实际目标回波的方位角单元处的噪声源集中在目标附近，从而使得信噪比下降。如图 2.22 所示，将方位单元 1、2、4、5 的噪声集中到目标所在方位

单元 3 时，就增加了该单元的噪声功率。

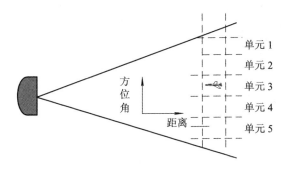

（在单元 1，2，4，5 中的噪声源聚集起来增加了单元 3 中的噪声值）

图 2.22　叠加损耗示意图

2.5.4　信号处理损耗

1. 检波器近似

雷达采用线性接收机时，输出电压信号的模值 $U(t) = \sqrt{U_I^2(t) + U_Q^2(t)}$，其中 $U_I(t)$、$U_Q(t)$ 分别是同相和正交分量。对于平方律检波器，$U^2(t) = U_I^2(t) + U_Q^2(t)$。在实际硬件中，平方根运算会占用较多时间，所以对检波器有许多近似的算法。近似的结果使信号功率损耗，通常为 0.5～1 dB。

2. 恒虚警概率(CFAR)损耗

在许多情况中，为了保持恒定的虚警概率，要不断地调整雷达的检测门限，使其随着接收机噪声变化。为此，恒虚警概率(CFAR)处理器用于在未知和变化的干扰背景下，能够控制一定数量的虚警。恒虚警概率(CFAR)处理使信噪比下降约 1 dB。

3. 量化损耗

有限字长（比特数）和量化噪声使得模数(A/D)转换器输出的噪声功率增加。A/D 的量化噪声功率为 $q^2/12$，其中 q 为量化电平。

4. 距离门跨越

雷达接收信号通常包括一系列连续的距离门（单元）。每个距离门的作用如同一个与发射脉冲宽度相匹配的累加器。因为雷达接收机作用如同一个平滑滤波器对接收的目标回波滤波（平滑）。平滑后的目标回波包络经常跨越一个以上的距离门。

一般受影响的距离门有三个，分别叫前门、中门和后门。如果一个点目标正好位于一个距离门中间，那么前距离门和后距离门的样本是相等的。然而当目标开始向下一个门移动时，后距离门的样本逐渐变大而前距离门的样本不断减小。任何情况下，三个样本的幅度相加的数值是大致相等的。

图 2.23 给出了距离门跨越的概念。平滑后的目标回波包络很像高斯分布形状。在实际中，三角波包络实现起来更加简单和快速。因为目标很可能落在两个临界的距离门之间的任何地方，所以在距离门之间又会有信噪比损耗。目标回波的能量分散在三个门之间。通常距离跨越损耗大约为 2～3 dB。

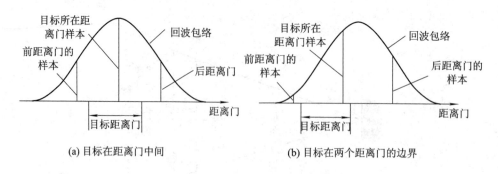

(a) 目标在距离门中间   (b) 目标在两个距离门的边界

图 2.23   距离门跨越的示意图

5. 多普勒跨越

多普勒跨越类似于距离门跨越。然而，在这种情况下，由于采用加窗函数降低副瓣电平，多普勒频谱被展宽。因为目标多普勒频率可能落在两个多普勒分辨单元之间，所以有信号损耗。如图 2.24 所示，加权后，混叠频率 f_{co} 比滤波截止频率 f_c（相应 3 dB 频率点）要小。

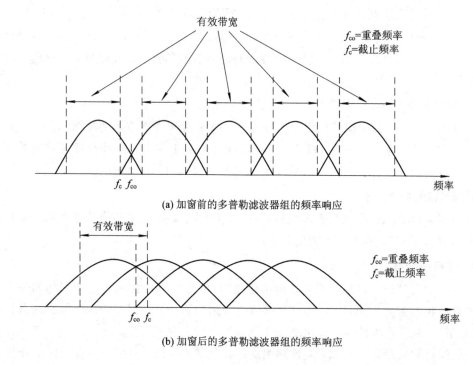

(a) 加窗前的多普勒滤波器组的频率响应

(b) 加窗后的多普勒滤波器组的频率响应

图 2.24   加窗后多普勒滤波器组的跨越损耗

2.6   雷达方程的几种形式

不同类型的雷达有不同的工作方式和特点。本节根据不同类型雷达的特点，给出双基地雷达方程、搜索雷达方程、低脉冲重复频率雷达方程和高脉冲重复频率雷达方程。

2.6.1 双基地雷达方程

发射站和接收站在同一个位置的雷达称为单基地雷达，且通常使用同一部天线(连续波雷达除外)。而双基地雷达的发射站和接收站分置在不同位置。图 2.25 给出了双基地雷达的几何关系。其中角度 β 称为双基地角。收发站之间的距离 R_d 较远，其值可与雷达的探测距离相比。双基地雷达方程主要是在基本雷达方程的基础上引入收、发两个站点与目标的距离，推导过程和单基地雷达方程完全相同。设目标与发射天线的距离为 R_t，目标经发射功率照射后在接收机方向也将产生散射功率，其散射功率的大小由双基地目标散射截面积 σ_b 来决定，如果目标与接收站的距离为 R_r，则可得到双基地雷达方程为

$$(R_rR_t)_{\max} = \left(\frac{P_tT_eG_tG_r\lambda^2F_t^2F_r^2\sigma_b}{(4\pi)^3kT_0FL_tL_rD_0} \right)^{\frac{1}{2}} \tag{2.6.1}$$

式中，F_t、F_r 分别为发、收天线的方向图传播因子，它主要考虑反射面多径效应产生的干涉现象的影响(若不考虑其影响，就取 $F_t=F_r=1$)；L_t、L_r 分别为发射通道和接收通道的损耗。

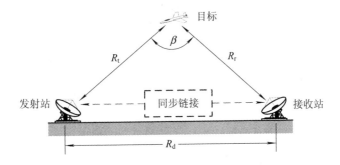

图 2.25 双基地雷达工作示意图

从式(2.6.1)可知，当 R_t 和 R_r 中一个非常小时，另一个可以任意大，事实上由于几何关系上的原因，R_t 和 R_r 受到以下两个基本限制：

$$|R_t-R_r| \leqslant R_d, \quad R_t+R_r \geqslant R_d \tag{2.6.2}$$

实际雷达观测时，目标均处于天线的远场区。

当无多径效应时，$F_r=F_t=1$，且式(2.6.1)中各项均不改变时，乘积 $R_tR_r=C$(常数)所形成的几何轮廓在任何含有发射-接收轴线的平面内都是卡西尼(Cassini)卵形线。曲线上所有点到两定点(发射站、接收站)的距离之积为常数。双基地雷达探测的几何关系较单基地雷达要复杂得多，需要解决时间、频率、空间波束这三大同步问题。

[例 2 - 2] 某 C 波段双基地雷达，参数为：工作频率 $f_0=5.6$ GHz，发射和接收天线增益 $G=45$ dB，峰值功率 $P_t=1.5$ kW，脉冲宽度 $\tau=200$ μs，噪声系数 $F=3$ dB，雷达总损耗 $L=8$ dB。假设目标散射截面积 $\sigma=2$ m^2，发射站与接收站距离 100 km，计算双基地雷达的等信噪比曲线。

该雷达的等信噪比曲线如图 2.26 所示，也称等距离线，即距离积 (R_tR_r) 相等的曲线。图中曲线上的数字表示信噪比(以 dB 为单位)。其计算见 MATLAB 程序"shuangjidi_req. m"，函数的语法如下：

$$[snr] = \text{shuangjidi\_req}(pt, freq, G, sigma, Te, r0, NF, L, range)$$

其中，各参数说明如表 2.7 所示。

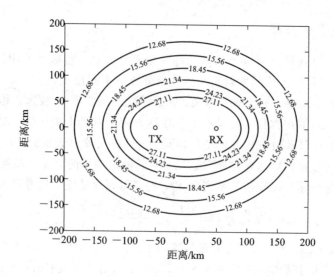

图 2.26　双基地雷达的距离等高线图

表 2.7　参 数 说 明

符号	含　　义	单位	状态	图 2.26 仿真举例
pt	峰值功率	kW	输入	1.5 kW
$freq$	频率	Hz	输入	5.6e+9 Hz
G	天线增益	dB	输入	45 dB
$sigma$	目标截面积	m²	输入	2 m²
Te	发射脉冲宽度	μs	输入	200 μs
$r0$	双基地之间的距离	km	输入	100 km
L	雷达损耗	dB	输入	8 dB
NF	噪声系数	dB	输入	3 dB
$range$	计算距离范围	km	输入	[60 : 1 : 200] km
snr	信噪比	dB	输出	

　　双基地雷达方程的另一个特点是采用了双基地目标散射截面积 σ_b。目标的单基地目标散射截面积 σ_m 是由目标的后向散射决定的，它是姿态角（即观测目标的方向）的函数，即 $\sigma_m = \sigma_m(\theta, \phi)$。双基地雷达的目标散射截面积 σ_b 不是由后向散射决定的，它是收、发两地姿态角的函数，即 σ_b 与 $(\theta_t, \phi_t; \theta_r, \phi_r)$ 有关，$(\theta_t, \phi_t; \theta_r, \phi_r)$ 分别是目标相对于发射站、接收站的方位和仰角。对于复杂目标，在双基地角很小的情况下，双基地的 RCS 与单基地的 RCS 类似；但双基地角较大时，双基地的 RCS 变化很大。

2.6.2　搜索雷达方程

　　搜索雷达的任务是在指定空域进行目标搜索。搜索雷达方程主要是引入扫描整个空域的时间。图 2.27 给出了两种常用的搜索雷达的波束搜索模式，其中图（a）为扇形波束，可以覆盖仰角维要求的工作范围，而波束在方位维上扫描；图（b）为针状波束搜索，通常在方位维机扫，而在仰角为电扫，或者在方位和仰角两维上时分波束扫描，这种模式通常应用于相控阵雷达。雷达究竟采用哪种波束搜索模式，取决于雷达的总体设计和天线。

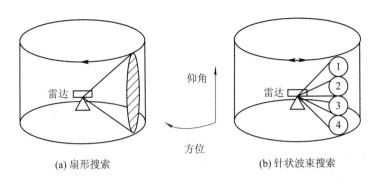

(a) 扇形搜索   (b) 针状波束搜索

图 2.27 搜索雷达的波束搜索模式

假设整个搜索空域的立体角为 $\Omega = \Theta_a \Theta_e$，（$\Theta_a$、$\Theta_e$ 分别为雷达在方位和仰角上的搜索空域范围），天线在方位和仰角维的半功率波束宽度为 θ_a 和 θ_e，天线波束所张的立体角为 $\beta = \theta_a \theta_e$，则需要覆盖立体角 Ω 的天线波束的数量 n_B 为

$$n_B = \frac{\Omega}{\beta} = \frac{\Theta_a}{\theta_a} \frac{\Theta_e}{\theta_e} \tag{2.6.3}$$

假设搜索雷达扫描整个空域的时间为 T_{sc}，而天线波束扫过目标所在波位的驻留时间为 T_i，则有

$$\frac{T_i}{T_{sc}} = \frac{\beta}{\Omega} = \frac{1}{n_B} \tag{2.6.4}$$

$$T_i = \frac{T_{sc}}{n_B} = \frac{T_{sc}}{\Omega} \theta_a \theta_e = n_p T_r \tag{2.6.5}$$

式中，n_p 为在一个波位驻留的脉冲数；$n_p = \text{int}(T_i / T_r)$；$T_r$ 为脉冲重复周期。

由此可见，当天线增益加大时，一方面使收发能量更集中，有利于提高作用距离，另一方面天线波束宽度 β 减小，扫过目标的驻留时间缩短，可利用的脉冲数 n_p 减小，这又不利于发现目标。下面具体地分析各参数之间的关系。

根据基本雷达方程，在一个波位发射的脉冲数为 n_p，理论上相干积累输出信噪比为

$$\frac{S}{N} = \text{SNR}_1 \cdot n_p = \frac{P_t G^2 \lambda^2 \sigma \cdot n_p}{(4\pi)^3 k T_0 BFLR^4} = \frac{P_t G^2 \lambda^2 \sigma}{(4\pi)^3 k T_0 BFLR^4} \frac{T_i}{T_r} \tag{2.6.6}$$

根据式（2.6.5），有 $n_p = \dfrac{T_i}{T_r} = \dfrac{T_{sc}}{T_r} \dfrac{\theta_a \theta_e}{\Omega}$，并利用关系式 $T = \dfrac{1}{B}$、$P_{av} = \dfrac{P_t T}{T_r}$ 和天线增益 $G = \dfrac{4\pi A}{\lambda^2} = \dfrac{4\pi}{\theta_a \theta_e}$，代入式（2.6.6）有

$$\frac{S}{N} = \frac{P_{av} T_r}{T} \frac{\lambda^2 \sigma}{(4\pi)^3 k T_0 BFLR^4} \frac{4\pi A}{\lambda^2} \frac{4\pi}{\theta_a \theta_e} \frac{T_{sc}}{T_r} \frac{\theta_a \theta_e}{\Omega}$$

$$= \frac{(P_{av} A) \cdot \sigma}{(4\pi) k T_0 FLR^4} \frac{T_{sc}}{\Omega} \tag{2.6.7}$$

式中的量 $P_{av} A$ 称为功率孔径积（指发射的平均功率与天线有效孔径的乘积）。实际中功率孔径积广泛用于对警戒雷达完成搜索任务的能力进行估算。对一个由搜索立体角 Ω 所限定的已知区域计算功率孔径积，以便满足一定 RCS 目标的 SNR 的要求。式（2.6.7）也可以表示为

$$P_{av} A = \frac{4\pi k T_0 FLR^4 (S/N)}{\sigma} \frac{\Omega}{T_{sc}} \tag{2.6.8}$$

— 57 —

引入检测因子 $D_0(1) = \left(\dfrac{S}{N}\right)_{o\ min}$ 和校正因子 C_B，雷达方程可表示为

$$R_{max} = \left[(P_{av}A)\frac{T_{sc}}{\Omega}\frac{\sigma}{4\pi kT_0FLC_BD_0(1)}\right]^{\frac{1}{4}} \tag{2.6.9}$$

可见，雷达的作用距离取决于发射机平均功率与天线有效面积的乘积 $(P_{av}A)$，并与搜索时间 T_{sc} 和搜索空域 Ω 的比值的四次方根成正比，而与工作波长无直接关系。这说明对搜索雷达而言，应着重考虑 $P_{av}A$ 乘积的大小。当然，雷达的功率孔径积受各种条件约束和限制，不同频段所能达到的 $P_{av}A$ 值也不相同。此外，搜索距离还与 T_{sc}、Ω 有关，允许的搜索时间加长或搜索空域减小，均能提高作用距离 R_{max}。

假设雷达采用直径为 D 的圆形孔径天线，3 dB 波束宽度为 $\theta_{3\ dB} \approx \lambda/D$，扫描时间 T_{sc} 与在目标上的驻留时间 T_i 的关系为

$$T_i = \frac{T_{sc}}{\Omega}\theta_a\theta_e = \frac{T_{sc}}{\Omega}\frac{\lambda^2}{D^2} \tag{2.6.10}$$

将式(2.6.10)代入式(2.6.6)得到

$$\frac{S}{N} = \frac{P_{av}G^2\lambda^2\sigma}{(4\pi)^3kT_0FLR^4}\frac{T_{sc}\lambda^2}{D^2\Omega} \tag{2.6.11}$$

利用圆形孔径面积的关系式 $A \approx \dfrac{\pi D^2}{4}$，$G = \dfrac{4\pi A}{\lambda^2} = \dfrac{\pi^2 D^2}{\lambda^2}$，则圆形孔径天线的搜索雷达方程为

$$\frac{S}{N} = \frac{P_{av}A \cdot \sigma}{16kT_0FLR^4}\frac{T_{sc}}{\Omega} \tag{2.6.12}$$

或者表示为功率孔径积的形式：

$$P_{av}A = \frac{16kT_0FLR^4 \cdot D_0(1)}{\sigma}\frac{\Omega}{T_{sc}} \tag{2.6.13}$$

利用 MATLAB 函数"power_aperture.m"可以计算搜索雷达的功率孔径积。函数的语法如下：

[PAP]=power_aperture(range, snr, sigma, tsc, az_angle, el_angle, NF, L)

其中，各参数说明如表 2.8 所示。

表 2.8　参　数　说　明

符号	含　义	单位	状态	图 2.28 仿真举例
range	探测距离	km	输入	[20 : 1 : 250] km
sigma	目标截面积	dBsm	输入	[−20,−10, 0] dBsm
tsc	扫描时间	s	输入	2 s
az_angle	搜索区域的方位角范围	°	输入	180°
el_angle	搜索区域的俯仰角范围	°	输入	135°
L	雷达损耗	dB	输入	6 dB
NF	噪声系数	dB	输入	8 dB
snr	检测要求的信噪比	dB	输入	20 dB
PAP	功率孔径积	dB	输出	

[例 2 - 3]　某搜索雷达的主要参数为：扫描时间 $T_{sc}=2$ s，搜索区域 $\Omega=7.4$ sr(球面弧度)，噪声系数 $F=8$ dB，损耗 $L=6$ dB，要求距离为 75 km 处的信噪比 SNR＝20 dB，计算针对不同 RCS 的目标要求的雷达的功率孔径积。

解　$\Omega=7.4$ sr$=\pi\times3\pi/4$，对应的搜索扇区是半球的四分之三，因此方位和仰角的搜索范围为 $\Theta_a=180°$，$\Theta_e=135°$。图 2.28(a)给出了该雷达在 RCS 分别为$[-20，-10，0]$ dBsm情况下功率孔径积与距离之间的关系。若目标的 RCS 为 0.1 m^2，函数"power_aperture. m"的语法如下：

$$[PAP]=power\_aperture(75，20，-10，2，180，135，8，6)$$

计算得到功率孔径积为 11.7 dB。若以探测距离为 250 km 的功率孔径积作为要求，图 2.28(b)给出了发射平均功率与孔径大小的关系曲线。

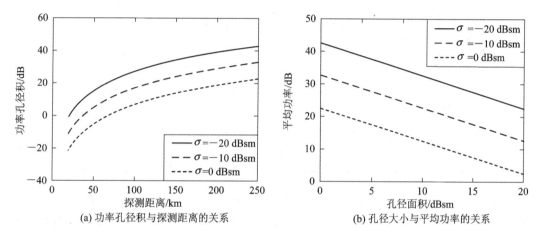

(a) 功率孔径积与探测距离的关系　　　　(b) 孔径大小与平均功率的关系

图 2.28　搜索雷达方程的计算结果

2.6.3　低脉冲重复频率的雷达方程

考虑一个脉冲雷达：其脉冲宽度为 T，脉冲重复周期为 T_r，脉冲重复频率为 f_r，发射峰值功率为 P_t，平均功率 $P_{av}=d_tP_t$，其中 $d_t=T/T_r$ 是雷达的发射工作比，也称发射占空因子。同样可以定义接收占空因子 $d_r=(T_r-T)/T_r=1-Tf_r$。对于低脉冲重复频率(简称低重频，LPRF)雷达，T 远小于 T_r，接收占空因子 $d_r\approx1$。则单个脉冲的雷达方程为

$$(\text{SNR})_1=\frac{P_tTG^2\lambda^2\sigma}{(4\pi)^3kT_0FLR^4} \tag{2.6.14}$$

假定在一个波束宽度内发射的脉冲数为 n_p，即波束照射目标的时间为 T_i，通常称之为"驻留时间"，

$$T_i=n_pT_r=\frac{n_p}{f_r}\Rightarrow n_p=T_if_r \tag{2.6.15}$$

则对 n_p 个发射脉冲的目标回波信号进行相干积累，理论上比单个脉冲回波的信噪比提高 n_p 倍，这时雷达方程为

$$(\text{SNR})_{n_p}=n_p(\text{SNR})_1=\frac{P_tTG^2\lambda^2\sigma\cdot n_p}{(4\pi)^3kT_0FLR^4}=\frac{P_tTG^2\lambda^2\sigma\cdot T_if_r}{(4\pi)^3kT_0FLR^4} \tag{2.6.16}$$

计算式(2.6.16)的低脉冲重复频率的雷达方程的 MATLAB 程序为"lprf_req. m"，函

数的语法如下：

$$[snr] = \text{lprf\_req}(pt, freq, G, sigma, tao, range, NF, L, np)$$

其中，各参数含义如表 2.9 所述。

表 2.9 参数含义

符号	含义	单位	状态	图 2.29 仿真举例
pt	峰值功率	kW	输入	1.5 kW
$freq$	频率	Hz	输入	5.6 GHz
G	天线增益	dB	输入	45 dB
$sigma$	目标截面积	m^2	输入	0.1 m^2
tao	脉冲宽度	μs	输入	100 μs
NF	噪声系数	dB	输入	3 dB
L	雷达损耗	dB	输入	6 dB
$range$	目标距离	km	输入	(25 : 5 : 300) km
np	相干积累脉冲个数		输入	1，10 或 50
snr	SNR	dB	输出	

[例 2-4] 某低 PRF 雷达的参数如下：工作频率 $f_0 = 5.6$ GHz，天线增益 $G = 45$ dB，峰值功率 $P_t = 1.5$ kW，调频信号的脉冲宽度 $T = 100~\mu s$，噪声系数 $F = 3$ dB，系统损耗 $L = 6$ dB，假设目标截面积 $\sigma = 0.1~m^2$。当目标距离 $R = 100$ km 时，计算单个脉冲的 SNR。若要求检测前的信噪比达到 15 dB，计算相干积累需要的脉冲数。

解 根据式(2.6.14)，取对数，列表计算如下：

物理量	P_t	T	G^2	λ^2	σ	$(4\pi)^3$	kT_0	F	L	R^4
数值	1500	100e$-$6		0.0536^2	0.1					$(1e5)^4$
[dB]	31.76	-40	90	-25.42	-10	33	-204	3	6	200

单个脉冲的 SNR 为

$$(\text{SNR})_1 = [P_t + T + G^2 + \lambda^2 + \sigma - (4\pi)^3 - kT_0 - F - L - R^4]_{(\text{dB})}$$

$$= 31.76 - 40 + 90 - 25.42 - 10 - 33 + 204 - 3 - 4 - 200 = 8.34~(\text{dB})$$

由于

$$(n_p)_{(\text{dB})} \geqslant (\text{SNR})_{np} - (\text{SNR})_1 = 15 - 8.34 = 6.66~(\text{dB}) \Rightarrow 4.63$$

因此，至少需要 5 个脉冲进行相干积累。

根据上面的输入参数，用函数 lprf_req.m 可以计算出相干积累脉冲数分别为 [1，10，50] 时 $(\text{SNR})_{np}$ 与距离的关系曲线如图 2.29 所示。由此可见，当目标距离 $R = 100$ km 时，单个脉冲的 SNR 只有 8.34 dB。若要求检测前的信噪比达到 15 dB，并考虑处理方便，取相干积累脉冲数为 8 个更好。

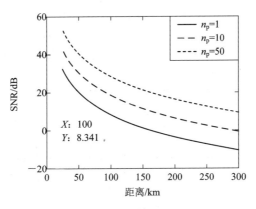

图 2.29　SNR 与距离的关系

2.6.4　高脉冲重复频率的雷达方程

针对高脉冲重复频率(简称高重频,HPRF)雷达,发射信号是周期性脉冲串,脉冲宽度为 T_e,脉冲重复周期为 T_r,脉冲重复频率为 f_r,发射占空因子 $d_t = T_e/T_r = T_e f_r$。脉冲串可以使用指数型傅里叶级数表示。这个级数的中心功率谱线(DC 分量)包含大部分信号功率,其值为 $P_t(T_e/T_r)^2 = P_t d_t^2$,$P_t$ 为单个脉冲的发射功率。高重频雷达的接收占空因子 d_r 与发射占空因子相当,即 $d_r \approx d_t$。高重频雷达通常需要对一个波位的 n_p 个脉冲进行相干积累,相干处理带宽 B_i 与雷达积累时间 T_{ci} 相匹配,即 $B_i = 1/T_{ci}$,$T_{ci} = n_p T_r$,$n_p = T_{ci}/T_r$。则高重频的雷达方程可以表示为

$$(\mathrm{SNR})_{n_p} = \frac{P_t T_e G^2 \lambda^2 \sigma \cdot n_p}{(4\pi)^3 k T_0 FLR^4} = \frac{P_t T_{ci} d_t G^2 \lambda^2 \sigma}{(4\pi)^3 k T_0 FLR^4} = \frac{P_{av} T_{ci} G^2 \lambda^2 \sigma}{(4\pi)^3 k T_0 FLR^4} \quad (2.6.17)$$

其中 $P_{av} = P_t d_t$。注意乘积 $(P_{av} T_{ci})$ 表示能量,它表示高脉冲重复频率雷达可以通过相对低的功率和较长的积累时间来增强探测性能。

利用 MATLAB 函数"hprf_req.m"可以计算式(2.6.17)对应的高脉冲重复频率下的雷达方程。函数 hprf_req.m 的语法如下:

$$[snr] = \mathrm{hprf\_req}(pt, freq, G, sigma, ti, range, NF, L, dt)$$

其中,各参数含义如表 2.10 所示。

表 2.10　参 数 含 义

符号	代表意义	单位	状态	图 2.30 的仿真举例
pt	峰值功率	kW	输入	100 kW
$freq$	工作频率	Hz	输入	5.6 GHz
G	天线增益	dB	输入	20 dB
$sigma$	目标截面积	m²	输入	0.01 m²
ti	驻留间隔	s	输入	2 s
$range$	目标距离	km	输入	[10:1:100] km
dt	占空因子	none	输入	0.3
NF	噪声系数	dB	输入	4 dB
L	雷达损耗	dB	输入	6 dB
snr	SNR	dB	输出	

[**例 2 - 5**]　高 PRF 雷达的参数为：天线增益 $G=20$ dB，工作频率 $f_0=5.6$ GHz，峰值功率 $P_t=100$ kW，驻留间隔 $T_{ci}=2$ s，噪声系数 $F=4$ dB，雷达系统损耗为 $L=6$ dB。假设目标截面积 $\sigma=0.01$ m^2。计算占空因子 $d_t=0.3$、距离 $R=50$ km 时的 SNR。

解　根据式(2.6.17)，取对数，列表计算如下：

物理量	P_t	T_{ci}	d_t	G^2	λ^2	σ	$(4\pi)^3$	kT_0	F	L	R^4
数值	100e3	2	0.3		0.0536^2	0.01					$(5e4)^4$
[dB]	50	3	-5.23	40	-25.42	-20	33	-204	4	6	187.96

$$\text{SNR}=[P_t+T_{ci}+d_t+G^2+\lambda^2+\sigma-(4\pi)^3-kT_0-F-L-R^4]_{(\text{dB})}$$
$$=50+3-5.23+40-25.42-20-33+204-4-6-187.96=15.39\ (\text{dB})$$

根据式(2.6.17)并输入上述参数，利用函数 hprf_req.m 计算在占空因子 $d_t=[0.3,$ $0.2,0.1]$ 下 SNR 与距离的关系曲线如图 2.30 所示。从图中可以看出，占空因子 $d_t=0.3$、距离 $R=50$ km 时的 SNR 约为 15 dB。

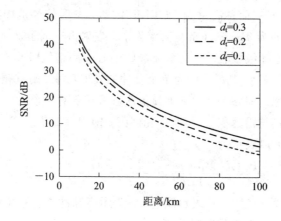

图 2.30　SNR 与距离的关系曲线

2.7　终端设备及其信息处理

传统雷达终端显示器以图像的形式表示雷达回波所包含的信息，是人和雷达联系的直接接口。显示内容不仅包括一次雷达信息，而且包括二次雷达的目标信息。现代雷达通常嵌入了以雷达位置为中心的电子地图，有的雷达还可以显示杂波轮廓图等。

终端显示器的类型主要有幅度显示器（A 显）和平面位置显示器（PPI），如图 2.31 所示。A 型显示器是最简单的一种雷达显示器，提供目标距离和信号强度信息，通常是脉压后的视频信号，或者检测后的综合视频（即检测过门限的距离单元保留，未过门限的距离单元置零）。它的 Y 轴（垂直）方向表示信号功率（dB），而 X 轴（水平）方向表示目标到雷达的距离或时间延迟。PPI 显示器是一种亮度调制的距离-方位显示器，它以极坐标形式表示雷达信息，沿径向以长度表示距离，目标方位用极坐标角度表示（通常上边为 0°，表示正北方向），各种目标是以光点的形式出现的，可以根据目标亮弧的位置，测读目标的距离和方位角两个坐标。

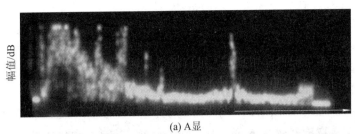

(a) A显

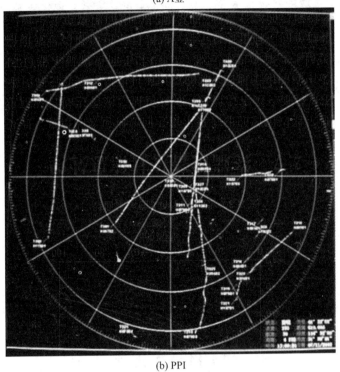

(b) PPI

图 2.31　雷达终端显示

表 2.11　雷达几种终端显示器的特征

显示类型	显示格式	特　　　征	显示内容
A 型显示器 （A 显）	距离-幅度	提供目标距离和信号强度信息，在垂直方向表示回波幅度（通常取 dB），而在水平方向表示目标的距离或时间延迟	原始视频或综合视频
PPI 显示器	极坐标的距离-方位	以极坐标形式显示雷达信息，沿径向以长度表示距离，角度表示方位，上边 0°为正北方向	点迹或航迹
B 型显示器	直角坐标的距离-方位	提供目标距离和方位信息	点迹或航迹
RHI 显示器	距离-高度	提供目标距离和高度信息	点迹或航迹
综合显示器		综合显示目标的距离、方位、信号强度等信息	原始视频或综合视频、点迹

现代雷达终端及其信息处理的主要功能包括：

（1）在信号处理的基础上检测目标回波，判定目标存在与否。

（2）数据录取。数据录取的作用是测量目标的距离、角度、径向速度及相关的目标特性。（点迹观测值或测量值是指从传感器信号处理器输出并满足一定检测准则而与目标状态有关的一组观测数据，如位置的直接估计、目标的多普勒频率或速度、信号强度等。）数据录取内容包括距离计数、方位编码、幅度、高度、时间、目标类型等，并对目标进行编批。按自动化程度，录取方式包括人工、半自动、全自动方式，现代雷达均已有自动录取功能。

（3）建立目标的航迹，实施航迹管理，即数据处理（情报综合）。航迹处理就是将同一目标点迹连成航迹的处理过程，一般包括航迹起始、相关和外推等。其作用是利用信号处理和数据录取获得的一系列测量数据，用计算机进行分类、目标截获、起始跟踪和航迹处理，求出精确的目标位置参数，并给出它们下一时刻的位置预测值。这通常是在计算机上利用数据处理软件实现的。

航迹关联就是根据雷达在每次环扫、扇扫或电扫中获得的观测值来确定目标个数、判别不同时间空间的数据是否来自同一个目标，进行点迹与航迹配对的过程，也称航迹相关。按照关联的对象不同可将关联分为三类：① 观测值与观测值互联（航迹起始）；② 观测值与已存在航迹互联（航迹维持或航迹更新）；③ 航迹与航迹互联（航迹综合）。

（4）对雷达的工作状态进行控制。

（5）执行上级的命令。

（6）显示、输出雷达数据。原始回波和处理结果以图形方式显示给操作员，并直接传输给上级和友邻部队。显示格式有 A 型、PPI 型、B 型等。显示器件有 CRT、液晶显示器等。扫描方式有随机扫描、光栅扫描等。

2.8　MATLAB 程序清单

本节给出了在本章中用到的部分 MATLAB 程序或函数。为了提高读者对书中公式的理解，读者可以改变输入参数后，再运行这些程序。所有选择的参数和变量与文中的命名一致。

程序 2.1　基本雷达方程的计算（radar_eq. m）

```
function [snr]=radar_eq(pt, freq, G, sigma, b, NF, L, range)
%这个程序是计算方程(2.2.15)，即基本雷达方程
c=3.0e+8;
lamda=c/freq;
t0=290;
num1= 10 * log10(pt * 1.0e3 * lamda^2)+2 * G + sigma;
num2= 10 * log10 ((4.0 * pi)^3 * 1.38e-23 * t0 * b)+NF+L;
range_db= 40 * log10(range * 1000);
snr=num1 −num2 −range_db;
figure;plot(range, snr);ylabel(' SNR/dB');xlabel('距离/km');
```

程序 2.2　双基地雷达方程的计算(shuangjidi_req.m)

```
function [snr]=shuangjidi_req(pt, freq, G, sigma, Te, r0, NF, L, range)
%这个程序是计算方程(2.6.1),即双基地雷达方程
c=3.0e+8;
lamda=c/freq;
sita=(0:360) * pi/180;
[r1, s1]=meshgrid(range, sita);
num1=10 * log10(pt * 1.0e3 * Te * lamda^2 * sigma)+2 * G;
num2=10 * log10((4.0 * pi)^3 * 1.38e-23 * 290)+NF+L;
Rt=(r1. * cos(s1)+r0/2).^2+(r1. * sin(s1)).^2;
Rr=(r1. * cos(s1)-r0/2).^2+(r1. * sin(s1)).^2;
range_db=10 * log10(Rt * 1.0e6 . * Rr * 1.0e6);
snr=num1 -num2 - range_db;
figure; [C, h] = contour(r1. * cos(s1), r1. * sin(s1), snr, 6); grid;
set(h, 'ShowText', 'on', 'TextStep', get(h, 'LevelStep') * 4)
colormap cool;
```

程序 2.3　搜索雷达功率孔径积的计算(power_aperture.m)

```
function PAP=power_aperture(range, snr, sigma, tsc, az_angle, el_angle, NF, L)
%这个程序计算方程(2.6.13),计算功率孔径积
omega=az_angle * el_angle/(57.296^2);
num1=10 * log10(16 * 1.38e-23 * 290 * omega)+NF+L;
num2=snr+sigma+10 * log10(tsc);
PAP = num1-num2+40 * log10(range * 1000);
figure;plot(range, PAP);xlabel('功率孔径积/dB');ylabel('探测距离/km');grid;
```

程序 2.4　低脉冲重复频率雷达方程的计算(lprf_req.m)

```
function[snr_out]=lprf_req(pt, freq, G, sigma, b, NF, L, range, np)
%这个程序计算低脉冲重复频率雷达方程(2.6.16)
c=3.0e+8;
lamda=c/freq;
num1=10 * log10(pt * 1.0e3 * tao * lamda^2 * sigma)+2 * G;
num2=10 * log10 ((4.0 * pi)^3 * 1.38e-23 * 290)+NF+L;
range_db=40 * log10(range * 1000.0);
snr=num1+10 * log10 (np) -num2 - range_db;
figure;plot(range, snr); xlabel('距离/km');ylabel('SNR/dB');grid;
```

程序 2.5　高脉冲重复频率雷达方程的计算(hprf_req.m)

```
function snr=hprf_req(pt, freq, G, sigma, ti, range, te, NF, L, dt)
%这个程序计算高脉冲重复频率雷达方程(2.6.17)
c=3.0e+8;
```

```
lamda=c/freq;
num1=10 * log10(pt * 1000.0 * lamda.^2 * sigma * ti * dt)+2. * G;
num2=10 * log10((4.0 * pi)^3 * 1.38e-23 * 290 * (range * 1000).^4)+NF+L;
snr= num1-num2;
plot(range, snr);xlabel('距离/km');ylabel('SNR/dB');
```

练 习 题

2-1　如图所示，用雷达观察同一方向的两个金属圆球，它们的雷达截面积分别为 σ_1 和 σ_2，与雷达的距离为 R_1 和 R_2，若此时两球的回波功率相等，试证明：$\dfrac{\sigma_1}{\sigma_2}=\left(\dfrac{R_1}{R_2}\right)^4$。

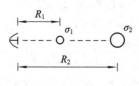

题 2-1 图

2-2　设目标距离为 R_0，当标准金属圆球（截面积为 σ）置于目标方向离雷达 $R_0/2$ 处时，目标回波的平均强度正好与金属球的回波强度相同，试求目标的雷达横截面积。

2-3　已知雷达视线方向目标入射功率密度为 S_1，在雷达接收天线处目标反射功率密度为 S_2，目标与雷达站的距离为 R。

(1) 求目标在该方向上的雷达截面积 σ。

(2) 求该视线方向目标等效球体的总散射功率。

(3) 如果入射功率提高 10 倍，求 σ 的变化。

2-4　设雷达参数为：$P_t=10^6$ W，$A_r=10$ m²，$\lambda=10$ cm，灵敏度 $S_{i,\,min}=10^{-13}$ W。

(1) 用该雷达跟踪平均截面积 $\sigma=20$ m² 的飞船，求在自由空间的最大跟踪距离。

(2) 设该飞船上装有雷达应答器，其参数为 $P_t'=1$ W，$A_r'=10$ m²，$S_{i,\,min}=10^{-7}$ W，求采用信标跟踪时自由空间的最大作用距离，即信标接收雷达信号的最大作用距离和雷达接收信标信号的最大作用距离。

2-5　假定雷达的架设高度为 100 m。

(1) 分别计算目标高度分别为 10 m、6 km、10 km 时的雷达直视距离；

(2) 画出雷达直视距离与目标高度的关系曲线。

2-6　某 L 波段雷达的各项参数如下：工作频率 $f_0=1500$ MHz，天线增益 $G=37$ dB，带宽 $B=5$ MHz，单脉冲最小可检测信噪比 D_0 为 15.4 dB，噪声系数 $F=5$ dB，温度 $T_0=290$ K，最大作用距离 $R_{max}=150$ km，目标的散射截面积 $\sigma=10$ m²，求峰值功率、脉冲宽度以及雷达的最小可检测信号功率。

2-7　一部 C 波段低重频雷达的工作频率 $f_0=5$ GHz，圆孔径天线的等效半径为 2 m，峰值功率 $P_t=1$ MW，脉冲宽度 $T_e=2$ μs，重频（PRF）$f_r=250$ Hz，接收机噪声温度 $T=600$ K，雷达损耗 $L=15$ dB，目标散射截面积（RCS）$\sigma=10$ m²。

(1) 计算雷达的无模糊距离；

(2) 当输出信噪比 SNR＝0 dB 时，计算作用距离 R_0；

(3) 当 $R=0.75R_0$ 时，计算输出信噪比 SNR。

2-8　某 C 波段雷达的各项参数如下：峰值功率 $P_t=1$ MW，工作频率 $f_0=5.6$ GHz，天线增益 $G=40$ dB，脉冲宽度 $T_e=2$ μs，噪声系数 $F=3$ dB，系统损耗 $L=5.5$ dB，雷达检测门限 $(SNR)_{o,min}=20$ dB，目标散射截面积 $\sigma=0.5$ m²。计算最大作用距离。

2-9　一部高重频(HPRF)雷达的各项参数如下：工作频率 $f_0=5.6$ GHz，天线增益 $G=20$ dB，峰值功率 $P_t=100$ kW，系统损耗 $L=5$ dB，接收机噪声温度 $T=500$ K，驻留时间 $T_i=1.5$ s，工作比 $d_t=0.3$，脉冲重复周期 $T_r=1.0$ ms，作用距离 $R=75$ km，目标截面积 $(RCS)\sigma=0.1$ m²。

(1) 计算单脉冲输出信噪比 SNR_1。

(2) 计算在一个波位 1024 个脉冲相干积累的输出信噪比(不考虑积累损失)。

(3) 画出单个脉冲输出 SNR_1 和 1024 个脉冲相干积累输出 SNR_{1024} 与距离的关系曲线。

2-10　计算某低重频(LPRF)雷达的 SNR，参数如下：工作频率 $f_0=5.6$ GHz，天线增益 $G=45$ dB，峰值功率 $P_t=1.5$ kW，调频信号的脉冲宽度 $T_e=100$ μs，噪声系数 $F=3$ dB，系统损耗 $L=6$ dB，假设目标截面积 $\sigma=0.1$ m²。计算相干积累脉冲数 N_p 分别为 [1，10，100] 时 $(SNR)_{N_p}$ 与距离的关系曲线。

第 3 章　发射与接收分系统

　　雷达发射机将激励信号进行功率放大，再经馈线传输到天线；接收机将天线接收信号进行滤波、混频、放大等。二者统称为收发系统，它是雷达系统的重要组成部分，其品质在很大程度上制约了雷达技术、战术性能的发挥。一般雷达系统中的发射机和接收机相对独立，但是随着雷达技术的发展，尤其是相控阵雷达及数字阵列雷达的兴起，发射和接收系统进行了高度集成设计和功能融合，形成了以 T/R 组件、数字 T/R 组件、数字阵列模块 (Digital Array Module，DAM)等为核心基本功能单元的雷达收发系统新架构。根据雷达检测的基本理论，雷达信噪(信杂、信干)比的大小是影响目标检测的关键，因此雷达设计的核心内容就是如何在规定的探测范围内增强目标的信号强度，消除或抑制噪声、杂波和干扰信号，从而实现信噪(信杂、信干)比最大化。为此雷达设计者们从收发系统的各个环节提出了诸如低噪声放大、匹配滤波、低相噪信号产生、大动态高分辨数字收发等技术，以提高雷达探测性能。

　　本章主要介绍与现代雷达收发系统相关的基础知识，具体介绍发射机、接收机的组成、设计方法、主要性能指标等，以及数字收发技术和现代雷达常用的中频数字正交检波技术，并给出中频数字正交检波的 MATLAB 仿真源程序。

3.1　雷达发射机

3.1.1　发射机的基本组成

　　雷达是利用物体反射电磁波的特性来发现目标并确定目标的距离、方位、高度和速度等参数的。因此，雷达工作时需要发射一种特定的大功率信号。发射机为雷达提供一个载波受到调制的大功率射频信号，经馈线和收发开关由天线辐射出去。

　　雷达发射机有单级振荡式和主振放大式两类，其中单级振荡式发射机又可分为两种：一种是初期雷达使用的三极管、四极管振荡式发射机，其工作在 VHF 或 UHF 频段；另一种为磁控管振荡式发射机。单级振荡式发射机比较简单，如图 3.1(a)所示，它所提供的大功率射频信号是直接由一级大功率射频振荡器产生的，并受脉冲调制器的控制，因此振荡器的输出是受到调制的大功率射频信号。例如，一般脉冲雷达辐射的是包络为矩形脉冲调制的大功率射频信号，所以控制振荡器工作的脉冲调制器的输出也是一个矩形的射频脉冲信号。

　　主振放大式发射机的组成如图 3.1(b)所示。它的特点是由多级组成。从各级功能来看，一是主控振荡器，用来产生低功率、高稳定的射频信号；二是射频放大，即提高发射信号的电平，达到发射所需要的功率，称为射频放大链。主振放大式的名称就是由此而来的。

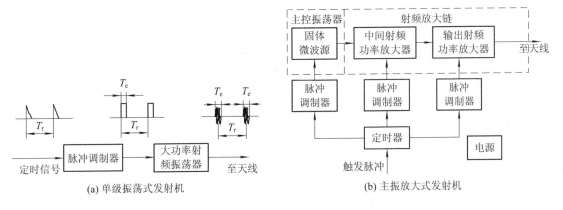

(a) 单级振荡式发射机　　　　　　(b) 主振放大式发射机

图 3.1　发射机的组成

振荡器是连续工作的。主振放大器（主振放大式发射机）的脉冲实际上是从连续波上"切"下来的，如图 3.2 所示。若键控开关的时钟是以振荡器为时钟基准产生的，则其脉冲是相参的。实际中使用微波开关（例如 PIN 二极管开关）对稳定连续波频率源的输出进行选通操作，可以获得相参的脉冲串，同时微波开关的选通操作决定了脉冲重复频率和脉冲宽度。对于脉冲信号而言，所谓相参性（也称相干性），是指从一个脉冲到下一个脉冲的相位具有一致性或连续性。若脉冲与脉冲之间的初始相位是随机的，则发射信号是不相参的。

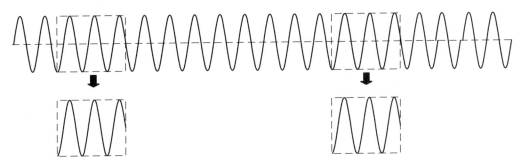

图 3.2　脉冲相参性的示意图

射频放大链如图 3.3 所示，通常采用多级放大器组成。末级的高功率放大器经常采用多个放大器并联工作，从而达到要求的发射功率。

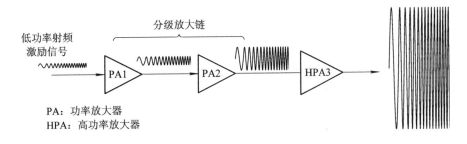

图 3.3　射频放大链

单级振荡式发射机与主振放大式发射机相比，其最大的优点是简单、经济、轻便。但是,其性能指标较低,尤其是频率稳定性差,不适合于复杂波形的应用场合,抗干扰能力弱,发射信号在每个脉冲之间不具备相干特性,这种雷达也无法利用目标回波的多普勒信息进行杂波对消、测速。当整机对发射机有较高要求时,单级振荡式发射机往往无法满足实际需要,因而必须采用主振放大式发射机。现代雷达大多采用主振放大式发射机。

主振放大式发射机的组成相对复杂,其主要特点有:

(1) 具有很高的频率稳定度。

(2) 发射相参信号,可实现脉冲多普勒测速。在要求发射相参信号的雷达系统(例如脉冲多普勒雷达等)中,必须采用主振放大式发射机。相参性是指两个信号(两个脉冲重复周期之间雷达发射的信号)的相位之间存在着确定的关系。只要主振荡器有良好的频率稳定度,射频放大器有足够的相位稳定度,发射信号就可以具有良好的相参性,而具有这些特性的发射机就称为相参发射机。发射信号、本振电压、相参振荡电压和定时器的触发脉冲等均由同一时钟基准信号提供,所有这些信号之间保持相位相参性,这样的发射系统称为全相参系统。

(3) 适用于雷达工作频率捷变的情况。

(4) 能产生复杂波形,如线性/非线性调频信号、相位编码信号等。

现代雷达对发射机的设计要求主要有:

(1) 提高发射信号频谱纯度和幅相稳定性;

(2) 提高发射机输出功率,降低损耗,提高效率;

(3) 开发更高频率、更高工作带宽的发射机;

(4) 小型化 T/R 单片微波集成电路设计;

(5) 降低制造成本,缩短研制周期,提高可靠性。

3.1.2 发射机功率放大器的主要器件

在 20 世纪 80 年代之前,雷达发射机主要采用真空微波管。真空微波管主要分两类:一类是线性电子注器件(简称线性注管),一类是正交场器件。速调管和行波管都是线性注管。近几十年微波功率晶体管也得到了快速发展。发射机功率放大器的主要器件有磁控管、正交场放大器、速调管、行波管、固态晶体管放大器等。除磁控管(Magnetron)外,其余都是功率放大器。

(1) 磁控管。这是一种大功率的非相参微波信号源,产生雷达所需的脉冲重复频率和脉宽,输出直接作为全功率发射信号,是一个由调制器启动的振荡器。但是,开始振荡时初始相位是随机的,因此不易实现脉冲之间的"相干性",难以利用多普勒(Doppler)频率来区分目标和杂波,宽带噪声分量也辐射出去。早期的雷达均采用磁控管发射机,其它四种器件常用于主控振荡器的功率放大链中。

(2) 正交场放大器(Crossed-Field Amplifier, CFA)。由于 CFA 效率高(25%~65%)和低工作电压的原因而用于很多功率较高的地面雷达系统。它是线性放大的,调制起来比较容易;不过,其增益相当低(7~16 dB),而且必须用其它 CFA、TWT 或速调管(Klystron)来激励。其噪声输出要比磁控管低得多,但比其它器件的高。

(3) 速调管放大器。速调管的特点是高功率、高增益、寿命长(几万小时)。高功率(可达兆瓦量级)和高可靠性的速调管器件可用于 3 GHz 的交通管制和远程气象雷达,数千瓦级的速调管已进入毫米波段。速调管的噪声输出非常小，适用于相干多脉冲波形。速调管的缺点是相对带宽窄(8％左右)，要达到高功率及高效率就需要更高电压。如果牺牲一些其它性能，则带宽可以增大。

（4）行波管(Traveling Wave Tube，TWT)放大器。与速调管一样，行波管也可以输出低噪声的高功率信号，工作频率可达到毫米波段。但行波管的功率、增益、效率都比速调管稍低一些。行波管还可以在非常高的带宽范围内使用。TWT 的增益往往会超过45 dB，而且相位对工作电压变化的敏感性比 CFA 高得多。稳定性问题主要涉及高性能的电源设计。

表 3.1 对常用真空微波管的主要性能进行了比较，表中主要以 L 波段为例。

表 3.1　常用真空微波管的主要性能比较

特　征	线性电子注管(LBT)				正交场管(CFT)	
	速调管	多注速调管	螺旋行波管	耦合腔行波管	正交场放大器(CFA)	磁控管
应　用	放大器	放大器	放大器	放大器	放大器	振荡器
频率范围	UHF～Ka	L～Ku	L～Ka	UHF～Ka	UHF～Ka	UHF～Ka
最大峰值功率	L 波段 5 MW	L 波段 0.8 MW	L 波段 20 kW	UHF 波段 240 kW	S 波段 5 MW	L 波段 1 MW
最大平均功率	L 波段 5 MW X 波段＞10 kW	L 波段 14 kW X 波段 17 kW	L 波段 1 kW Ka 波段 40 W	L 波段 12 kW X 波段 10 kW	L 波段 13 kW X 波段 2 kW	L 波段 1.2 kW X 波段 100 W
峰值功率下的阴极电压	L 波段 5 MW 时，达 125 kV	L 波段 0.8 MW 时，达 32 kV	L 波段 20 kW 时，达 25 kV	L 波段 0.2 MW 时，达 42 kV	L 波段 5 MW 时，达 65 kV	L 波段 1 MW 时，达 40 kV
相对带宽	窄带高增益时为 1～10％	1～10％	1～10％	10～40％	窄带高增益时为 5～15％	锁定时为 1％，机械调谐时为 15％
增益/dB	30～65	40～45	30～65	30～65	10～20，阴极激励时可达 35	10
效率/(％)*	20～65	30～45	20～65	60	80	70
调制方式	高功率时为阴极调制，中、低功率时可用栅极或阳极调制	阴极调制或控制电极调制	栅极调制、阴极调制或聚焦电极或阳极调制	阴极调制、阳极调制或栅极调制或聚焦电极	阴极调制，还可以直流加熄灭电极	阴极调制
聚焦方式	线包或 PPM	PPM 或线包	PPM	PPM 或线包	永磁铁	PPM 或线包
热噪声	典型值为－90 dBc/MHz				比线束管差约 20 dB	
钛泵需求	峰值功率大于 1 MW 时需要				需要或自带泵	大于 1 MW 时需要

注：* 在带宽较窄、频率较低时，效率较高。在线性电子注管中可采用多级降压收集极来提高效率。

（5）固态晶体管放大器。这种放大器的带宽比其它射频功率放大器的要宽。它采用硅二极管和砷化镓场效应管，单个晶体管放大器的功率和增益都低。为了提高功率，晶体管可以并联工作，而且可以用多级来提高其增益。为了提高效率，工作时的占空比 D（即发射脉宽与脉冲重复周期之比）较高，因而需要产生宽脉冲信号并且采用脉冲压缩技术。固态发射机因其工作电压低、寿命长、工作方式灵活、易于维护和故障弱化等特点，已经成为发射机设计的主流方式，尤其是近年来以 SiC 及 GaN 等为代表的第三代半导体功率器件的兴起，极大地推动了雷达技术的发展。

雷达发射机通常需要经过多级放大才能达到需要的高功率。射频放大链的组成及特点如下：

（1）行波管-行波管式放大链，具有较宽的频带，可用较少的级数提供高的增益，结构较为简单，但是输出功率不大，效率也不是很高，常用于机载雷达及要求轻便的雷达系统。

（2）行波管-速调管放大链，可以提供较大的功率，在增益和效率方面的性能也比较好，但是它的频带较窄，放大链较为笨重，所以这种放大链多用于地面雷达。

（3）行波管-前向波管放大链，是一种比较好的折衷方案。行波管虽然效率低，但可以发挥其高增益的优点。后级可以采用增益较低的前向波管，而前向波管的高效率特性提高了整个放大链的效率。这种放大链频带较宽，体积重量相对不大，应用广泛。

现代雷达对发射的射频信号的典型特性要求有：

· 高峰值功率，满足雷达作用距离的要求。

· 宽频带（脉冲、频率或相位调制），满足雷达对大时宽带宽积信号的要求。

· 频率捷变。

· 相参性（脉冲间相参和脉冲与接收机锁相本振相参）。

相参性是现代雷达非常重要的特性。来自运动目标的一串脉冲回波具有规则的相位差。该相位差是关于波长、脉冲重复频率和目标径向速度的函数。如果发射的连续脉冲之间的相位差是随机的，那么由于目标运动而引起的相位差将被掩盖，从而无法测量目标的速度，也不能利用杂波与目标多普勒频率的差异来抑制杂波。同样，如果回波脉冲在通过接收机时受到随机相移的影响，那么由于目标运动而引起的相位差将被掩盖，也无法保证目标回波脉冲的相参性，无法测量目标的速度等。因此，接收机使用的本振也必须是相参的，与发射信号进行相位锁定。这对发射脉冲串和本振的相位稳定性提出了要求。

· 低噪声（频谱纯度高）。

3.1.3 发射机的主要性能指标

根据雷达的用途不同，对发射机需提出一些具体的技术要求和性能指标。发射机的具体组成和对各部分的要求都应该从这些性能指标出发进行设计。下面对发射机的主要性能指标作简单介绍。

1. 工作频带（波段）

雷达的工作频带指放大器满足其全部性能指标的工作频率范围，通常由雷达的用途确定。为了提高雷达系统的工作性能和抗干扰能力，一般要求它能在多个频点上跳变工作或分时工作。工作频率或波段的不同对发射机的设计影响很大，它首先涉及发射管种类的选择，例如在 1000 MHz 以下（即 VHF、UHF 频段）主要采用微波三、四极管，在 1000 MHz 以上（即 L 波段、S 波段、C 波段和 X 波段等）则有多腔磁控管、大功率速调管、行波管及正交场放大管等。目前工作频率在 S 波段以下的发射机基本采用全固态发射机。

2. 输出功率

发射机的输出功率直接影响雷达的威力和抗干扰能力。通常规定发射机送至天线输入端的功率为发射机的输出功率，有时为了测量方便，也可以规定在指定负载上（馈线上一定的电压驻波比）的功率为发射机的输出功率，并且规定在整个工作频带中输出功率的最低值，或者规定在一定工作频带内输出功率的变化不得大于多少分贝。

脉冲雷达发射机的输出功率又可分为峰值功率 P_t 和平均功率 P_{av}。P_t 是指发射脉冲期间射频放大的平均输出功率（注意不要与射频正弦振荡的最大瞬时功率相混淆），P_{av} 是指在脉冲重复周期内输出功率的平均值。如果发射波形是简单的矩形脉冲调制，发射脉冲宽度为 T_e，脉冲重复周期为 T_r，则有

$$P_{av} = P_t \frac{T_e}{T_r} = P_t T_e f_r \qquad (3.1.1)$$

式中，$f_r = 1/T_r$，是脉冲重复频率；$T_e/T_r = T_e f_r = D$，称为雷达的工作比或占空比。常规的脉冲雷达工作比只有百分之几，甚至达百分之几十，连续波雷达的 $D = 1$。

单级振荡式发射机的输出功率取决于振荡管的功率容量，主振放大式发射机的则取决于输出级（末级）发射管的功率容量。考虑到耐压和高功率击穿等问题，从发射机的角度，宁愿提高平均功率而不希望过分增大它的峰值功率。

3. 总效率

发射机的总效率是指发射机的输出功率与它的输入总功率之比。因为发射机通常在整机中是最耗电和需要冷却的部分，总效率越高，不仅可以省电，而且有利于减轻整机的体积和重量。对于主振放大式发射机，要提高总效率，特别要注意改善输出级的效率。

4. 1 dB 压缩点输出功率 P_{1dB}

当输入功率比较小时，功率放大器的输出功率与输入功率成线性关系，其增益称为小信号增益 G_0，当输入功率达到一定值时功率放大器的增益开始出现压缩，输出功率最终将不再增加而出现饱和，如图 3.4 所示。

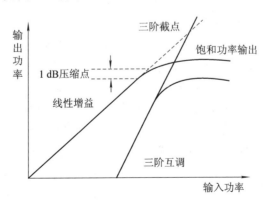

图 3.4　线性、三阶交调分量与输入功率的关系

当输出功率比理想线性放大器输出功率小 1 dB 时的功率称为 1 dB 压缩功率，通常用符号 P_{1dB} 表示。1 dB 压缩点处对应的增益记为 G_{1dB}，因此 $G_{1dB} = G_0 - 1$ dB，通常功率放大

器和晶体管都用 P_{1dB} 表示其功率输出能力，单位是 dBm，其与输入信号功率 P_{in} 的关系为

$$P_{1dB} = P_{in(1dB)} + G_0 - 1 \tag{3.1.2}$$

5. 发射脉冲顶降

常用的雷达大部分是脉冲雷达(当然也有少量的连续波雷达，一般需要收、发天线分置)，发射波形既有矩形脉冲，也有复杂编码脉冲。理想矩形脉冲参数主要是脉冲幅度和脉冲宽度，而在实际电路中，发射机输出的实际信号一般都不是理想的矩形脉冲，而是既有上升沿也有下降沿，脉冲顶部既有波动也有倾斜的脉冲波形。

6. 增益

功率增益通常是指信源和负载都是 50 Ω(匹配)时输出功率 P_{out} 和输入功率 P_{in} 之比，以 dB 表示，

$$G = 10\lg \frac{P_{out}}{P_{in}} \quad (dB) \tag{3.1.3}$$

在功率放大器设计中，与增益有关的技术指标还有增益平坦度、增益稳定度和带外抑制等。大多数功率放大器都有带宽的指标要求，且要求在一定的频带宽度内功率放大器的增益尽可能一致。增益平坦度是指工作频带内增益的起伏，通常用最高增益 G_{max} 和最低增益 G_{min} 之差表示：

$$\Delta G = G_{max} - G_{min} \quad (dB) \tag{3.1.4}$$

增益平坦度说明了功率放大器在一定频率范围内的变化大小；而增益的稳定度表征了功率放大器在正常工作条件下增益随温度以及工作环境变化的稳定性；带外抑制表述了功率放大器对带外信号的抑制程度。

另外，在脉冲雷达里，供电系统为功率放大器提供的通常是所需的发射信号的平均功率，这样供电系统增加储能电容，以补偿随着发射脉冲宽度的增加而产生的发射脉冲顶降变化。发射通道所需的储能电容按照下式计算：

$$c = \frac{I_p \cdot \tau}{d \cdot U_{cc}} \tag{3.1.5}$$

式中，I_p 为峰值电流，τ 为脉冲宽度，d 为电压顶降，U_{cc} 为工作电压。

7. 信号的稳定性和频谱纯度

信号的稳定性是指信号的各项参数，例如振幅、频率(或相位)、脉冲宽度及脉冲重复频率等是否随时间做不应有的变化。雷达信号的任何不稳定都会给雷达整机性能带来不利的影响。例如，对于动目标的显示处理，它会产生对消剩余；在脉冲压缩系统中会抬高目标的距离旁瓣以及在脉冲多普勒系统中会造成假目标等。信号参数的不稳定可分为有规律的和随机的两类，有规律的不稳定往往是由电源滤波不良而造成的；而随机性的不稳定则是由发射管的噪声和调制脉冲的随机起伏所引起的。信号的不稳定可以在时域或频域内衡量，在时域可用信号某项参数的方差来表示，例如信号的振幅方差 σ_A^2、相位方差 σ_φ^2、定时方差 σ_t^2 及脉冲宽度方差 σ_{Te}^2 等。

对于某些雷达体制可能采用信号稳定度的频域定义较为方便。信号稳定度在频域中的表示又称为信号的频谱纯度，所谓信号的频谱纯度，是指信号在应有的频谱之外的寄生输出。以典型的矩形调幅的射频脉冲信号为例，它的理想频谱(振幅谱)是以载频 f_0 为中心、包络呈 sinc 函数状、间隔为脉冲重复频率 $f_r(=1/T_r)$ 的梳齿状频谱，如图 3.5 所示，图中发

射脉宽为 T_e，sinc 函数包络(虚线)中心的第一个零点位于 $f_0 \pm \dfrac{1}{T_e}$，第二个零点位于 $f_0 \pm \dfrac{2}{T_e}$。实际上，由于发射机各部分的不完善，发射信号会在理想的梳齿状谱线之外产生寄生输出，如图 3.6 所示。图中只画出了在主谱线周围的寄生输出，有时在远离信号主频谱的地方也会出现寄生输出。从图 3.5 中还可看出，存在着两种类型的寄生输出，一类是离散的，一类是连续分布的。前者相应于信号的规律性不稳定，后者相应于信号的随机性不稳定。对于离散分量的寄生输出，信号频谱纯度定义为该离散分量的单边带功率与信号功率之比，以 dB(分贝)计。对于连续分布型的寄生输出则以偏离载频若干赫兹的每单位频带的单边带功率与信号功率之比来衡量，以 dB/Hz 计。由于连续分布型寄生输出相对于主频 f_m 的分布是不均匀的，所以信号频谱纯度是 f_m 的函数，通常用 $L(f_m)$ 表示。假如测量设备的有效带宽不是 1 Hz 而是 ΔB Hz，那么所测得的分贝值与 $L(f_m)$ 的关系可认为近似等于

$$L(f_m) = 10 \cdot \lg \frac{\Delta B \text{ 带宽内的单边带功率}}{\text{信号功率}} - 10 \cdot \lg \Delta B \quad (\text{dB/Hz}) \quad (3.1.6)$$

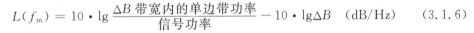

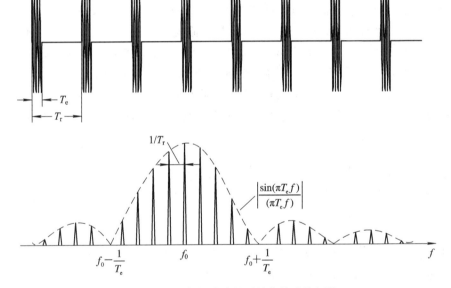

图 3.5　矩形射频脉冲的时域信号及其频谱

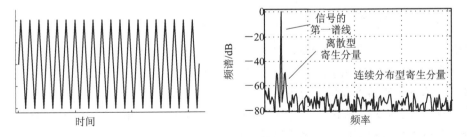

图 3.6　实际发射信号及其频谱

通常把偏离载波频率 f_m (Hz)在 1 Hz 带宽内一个相位调制边带的功率 P_{SSB} 与载波功率 P_S 之比 $L(f_m)$ 称为"单边带相位噪声"，简称"相位噪声"，即

$$L(f_m) = \frac{P_{SSB}}{P_S} = 10 \cdot \lg \frac{\text{单边带功率密度(1 Hz 带宽内)}}{\text{载波功率}} \quad (\text{dB/Hz}) \quad (3.1.7)$$

如果用 $S_{\Delta\varphi}(f_m)$ 表示相位噪声的功率谱密度，则有

$$S_{\Delta\varphi}(f_m) = \Delta\varphi_{rms}^2 = 2L(f_m) \tag{3.1.8}$$

其中，$\Delta\varphi_{rms}$ 为相位变化的均方根值。相位噪声的功率谱密度与频率起伏谱密度 $S_{\Delta f}(f_m)$ 之间的关系为

$$S_{\Delta f}(f_m) = f_m^2 \cdot S_{\Delta\varphi}(f_m) = f_m^2 \cdot \Delta\varphi_{rms}^2 = 2f_m^2 \cdot L(f_m) \tag{3.1.9}$$

现代雷达对信号的频谱纯度提出了很高的要求，例如对于脉冲多普勒雷达，典型的要求是频谱纯度优于 -80 dB。为了满足信号频谱纯度的要求，需要精心设计发射机。

除了上述对发射机的主要电性能要求外，还有结构上、使用上及其它方面的要求。在结构方面，应考虑发射机的体积和重量、通风散热方式（风冷、水冷）、三防（防震、防潮、防盐雾）等问题；就使用方面看，应考虑便于控制监视、便于检查维修、保证安全可靠等。由于发射机往往是雷达系统中最昂贵的部分，所以还应考虑到它的经济性。

8. 电压驻波比和回波损耗

电压驻波比（Voltage Standing Wave Ratio, VSWR）是波腹电压与波节电压的比值，即入射波与反射波合成行驻波的电压峰值与电压谷值之比，是设计微波功率放大器必须考虑的一项关键技术指标。因为功率管的输入、输出阻抗都比较小，与 50 Ω 阻抗特性存在较大失配，失配严重时功率放大器输出端的瞬时射频电压或电流可能会超出额定值的一倍，造成功率管损坏，并且驻波比变坏还将导致系统的增益平坦度和群时延变差。

由于用微波仪器测量反射功率比较容易，因此在微波波段通常用回波损耗来表示端口的匹配情况。回波损耗是反射功率与入射功率的比值（以 dB 为单位）。回波损耗 ρ_α 和驻波比 ρ 的关系可以用下式表示：

$$\rho_\alpha = 20\lg\left(\frac{\rho+1}{\rho-1}\right) \quad (\text{dB}) \tag{3.1.10}$$

反射系数 Γ 是反射波电压与入射波电压之比，其模值 $|\Gamma|$ 与驻波比 ρ 之间的关系为

$$|\Gamma| = \frac{\rho-1}{\rho+1}, \quad \text{VSWR} = \rho = \frac{1+|\Gamma|}{1-|\Gamma|}$$

驻波比 $\rho=1$，表示阻抗完全匹配，回波损耗 $\rho_\alpha=\infty$；$\rho=\infty$ 表示全反射，完全失配，$\rho_\alpha=0$。驻波比越小，回波损耗越大，阻抗匹配越好。一般通信、雷达系统中要求回波损耗大于 14 dB，驻波比小于 1.5。

3.1.4 全固态发射机

全固态发射机是应用先进的集成电路工艺和微波网络技术，将多个大功率晶体管的输出功率并行组合（高功率和高效率），制成固态高功率放大器模块。如图 3.7 所示，全固态发射机主要有如下两种典型的组合方式：

（1）空间合成，即分布式空间合成有源相控阵发射机。如图 3.7(a) 所示，这种方式分两级组成：第一级包括 $1:N_1$ 功率分配器、N_1 路功率放大器和 $N_1:1$ 功率合成器；第二级包括 $1:N_2$ 功率分配器、N_2 路功率放大器，N_2 路输出信号分别送给 N_2 路发射天线，若每路的发射功率是 P_1，则在空间合成的功率为 $P=N_2P_1$。这种发射机多用于相控阵雷达。由于没有微波功率合成网络的插入损耗，因此输出功率的效率高。

（2）集中合成，即集中合成式全固态发射机。如图 3.7(b) 所示，这种方式分两级组成：

第一级包括 $1:N_1$ 功率分配器、N_1 路功率放大器和 $N_1:1$ 功率合成器；第二级包括 $1:N_2$ 功率分配器、N_2 路功率放大器和 $N_2:1$ 大功率合成器，将 N_2 路功率均为 P_1 的功放输出信号经过大功率合成器后送给大功率天线。合成器输出功率为 $P=N_2P_1-L$，L 为合成器的损耗。合成器可以单独作为中、小功率的雷达发射机辐射源，也可以用于相控阵雷达。由于有微波功率合成网络的插入损耗，故它的效率比空间合成输出要低些。

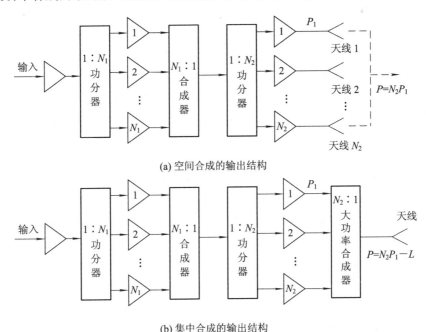

(a) 空间合成的输出结构

(b) 集中合成的输出结构

图 3.7　固态发射机的组合方式

固态发射机与电真空管发射机(速调管、行波管、正交场管发射机等)相比，其主要优点如下：

(1) 不需要阴极加热，不存在预热时间，寿命长。

(2) 具有很高的可靠性，模块的平均无故障间隔时间(MTBF)已超过十万至二十万小时。

(3) 工作电压低，一般低于 50 V。因此不像真空管发射机那样要求几千伏至几百千伏的高电压，不存在需要浸在变压器油中的高压元器件，从而降低了发射机的体积和重量。

(4) 工作频带宽、效率高，能达到 50% 或者更宽的带宽，而高功率电真空管发射机瞬时带宽能达到 10%～20% 就非常宽了。固态发射机的效率一般可高达 20%，而高功率、窄脉冲、低工作比的电真空管发射机的效率仅在 10% 左右。

(5) 固态发射机不需要电真空管发射机必需的大功率、高电压调制器，其功率器件通常工作在 C 类放大。

(6) 采用标准化、模块化、商品化的功率放大组件和 T/R 组件，系统设计灵活，互换性强，固态发射模块可以满足多种雷达使用。

(7) 体积小、重量轻，维护方便，成本较低。

现代雷达要求射频信号的频率很稳定，常用固体微波源代表主控振荡器的作用，因为用一级振荡器很难完成，所以起到主控振荡器作用的固体微波源往往是一个比较复杂的系统。例如它先在较低的频率上利用石英晶体振荡器产生频率很稳定的连续波振荡，然后再经过若干级倍频器升高到微波波段。如果发射的信号要求某种形式的调制（例如线性调频），那么还可以把它和波形发生器已经调制好的中频信号进行上变频合成。由于振荡器、倍频器及上变频器等都是由固体器件组成的，所以叫固体微波源。射频放大链一般由二至三级射频功率放大器级联组成，对于脉冲雷达而言，各级功率放大器都要受到各自的脉冲调制器的控制，并且还要有定时器协调它们的工作。

正因为全固态发射机在稳定性、可靠性、模块化等方面有诸多优点，现代雷达中大多采用全固态发射机。特别是在相控阵雷达中具有很大的灵活性。

雷达的全固态发射机在设计时需要特殊考虑如下问题：

（1）晶体管一般是平均功率器件，而高功率真空管是典型的峰值功率器件。微波晶体管的工作电压低，峰值功率输出受到一定的限制，输出平均功率取决于晶体管的热损耗。一般来说，晶体管工作脉冲宽度可分为窄脉冲（小于 $10\ \mu s$）、中脉冲（$10\sim300\ \mu s$）和宽脉冲（大于 $300\ \mu s$）三类，工作比可以从千分之几至百分之百（连续波），真空管的峰值功率与平均功率的比值可以很高，而晶体管运用在窄脉冲、低工作比情况下的峰值功率仅比连续波工作的输出功率高几倍。所以，固态发射机更适合工作于宽脉冲、大工作比的场合，这样才有利于发挥固态发射机的优点。

（2）为了提高固态功率放大器的效率，一般使其工作在 C 类放大状态，此时晶体管放大器呈现出对激励电平的敏感性。当它为单级放大时，具有窄带线性放大器的特性，只有 $1\sim3$ dB 的窗口；多级晶体管放大器串联应用时情况更为严重。因此晶体管末级放大器一定要驱动在饱和状态，使它对激励电平的变化不敏感；否则，放大器的输出脉冲将产生失真或使功率显著降低。

下边举例介绍几种全固态发射机的组成。

某集中式全固态发射机的组成及其功率放大过程如图 3.8 所示，发射机的总输出功率不小于 6.0 kW，放大链总增益约为 38 dB。图 3.9 为其激励放大组件的组成框图。1 号放大器采用两级结构相似的由混合集成电路（HMIC）做成的功率放大管，信号放大后，经功率二分配器分配后送入 2 号放大器。2 号放大器采用 125 W 功率放大管，构成双管放大电路，输出功率为 160 W，最后两通道信号在功率二合成器中合成输出。

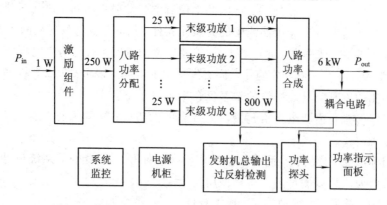

图 3.8　某集中式全固态发射机的组成及其功率放大过程

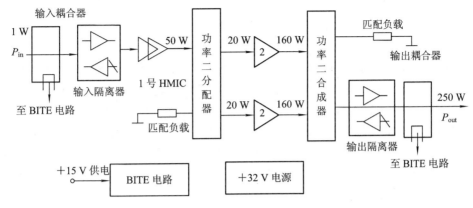

图 3.9 激励放大组件的组成框图

图 3.10 给出了某 S 波段有源相控阵雷达全固态发射机的原理框图。该发射机的设计思路为：将来自频率源的射频激励信号通过保护电路，输入到 MMIC 放大电路，当信号被放大到 1 W 后，经前级放大器放大，再经长的低损耗电缆传送至雷达天线阵面上，阵面的放大器进行放大。然后通过 1∶2 的功率分配器分成两路，这两路信号分别传送至 1∶12 的功率分配器，得到 24 路射频信号。再将这 24 路射频信号分别送给 24 个列驱动器进行放大，每个列驱动器的输出又被传送至 1∶6 的功率分配器，这样射频信号被分成了 144 路。这 144 路射频信号被分别传送至天线阵面的 144 个小舱。在每个小舱内，信号又被 1∶4 分配后，分别加到 4 个 T/R 组件的输入端，经移相器和收发开关分别进入 576 个功率放大器被放大，最后经 2268 个辐射单元向空中辐射射频信号，并在空间进行合成。

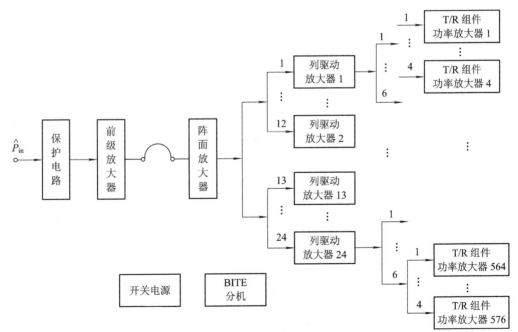

图 3.10 S 波段有源相控阵雷达全固态发射机的原理框图

该 S 波段发射机的 T/R 组件功率放大器采用同一种组件，输出功率相同，输入功率也相同，因而最大限度地实现了模块化和通用化。

3.2 雷达接收机

雷达接收机的任务是通过适当地滤波将天线上接收到的微弱高频信号从伴随的噪声和干扰中提取出来，并经过滤波、放大、混频、中放、检波，滤除对雷达无用的干扰和杂波信号，以获得最大信噪（杂）比输出，再送至信号处理机或由计算机控制的雷达终端设备。现代雷达接收机基本都是超外差式接收机，因为超外差式接收机具有灵敏度高、增益高、选择性好和适用性广等优点。超外差式接收机的关键特征是，它将射频（RF）输入信号转换到中频（IF），在中频上要比射频上更容易得到所需的滤波器形状、带宽、增益和稳定性。

3.2.1 接收机的基本组成

超外差式雷达接收机的简化框图如图 3.11 所示。它的主要组成部分有：

（1）高频部分，又称为接收机"前端"，包括接收机保护器、射频低噪声放大器、混频器和本机振荡器；

（2）中频放大器，包括匹配滤波器；

（3）检波器和视频放大器。

超外差式雷达接收机的一般组成框图如图 3.12 所示。

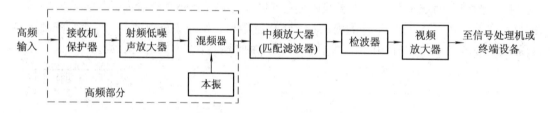

图 3.11　超外差式雷达接收机的简化框图

1. 接收机前端

由天线接收的信号通过收发开关进入接收机。收发开关是一种三端口微波器件（如环形器），在发射期间，它将发射机输出导向天线，隔离接收机，起到保护接收机的作用；在接收期间，将天线接收信号导向接收机。现代雷达大多采用基于 PIN 二极管（名称源自于它由 P 型、本征和 N 型半导体组成）的固态开关。根据发射/接收时间的切换，通过切换偏置电压使 PIN 二极管在低阻抗状态和高阻抗状态之间变换。高功率 PIN 二极管开关从高隔离状态到低插损状态的转换时间约为 20 ns。隔离度约为 20～30 dB。

经天线进入接收机的微弱信号，首先要经过射频低噪声放大器（LNA）进行放大，射频滤波器是为了抑制进入接收机的外部干扰，有时把这种滤波器称为预选器。对于不同波段的雷达接收机，射频滤波器可能放置在低噪声放大器之前或者之后。滤波器在放大器之前，对雷达抗干扰和抗饱和很有好处，但是滤波器的损耗增加了接收机的噪声；滤波器放置在低噪声放大器之后，对接收系统的灵敏度和噪声系数有好处，但是抗干扰和抗饱和能力将变差。

混频器将天线接收的射频信号变换成中频信号，中频放大器不仅比微波放大器成本低、增益高、稳定性好，而且容易对信号进行匹配滤波。当雷达工作在某一频段的不同频率时，可以通过变换本振频率使其形成固定中频频率和带宽的中频信号。

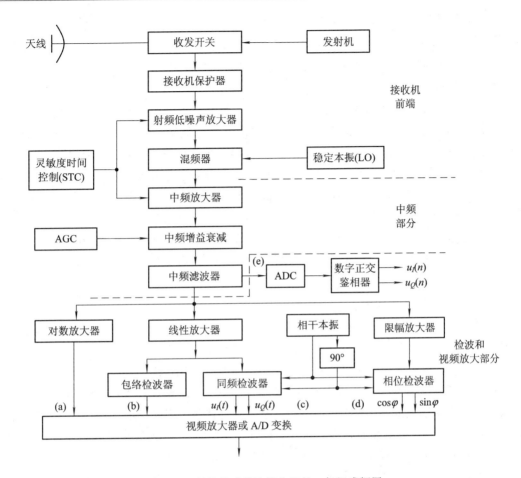

图 3.12 超外差式雷达接收机的一般组成框图

灵敏度时间控制(STC)和自动增益控制(AGC)是雷达接收机抗饱和、扩展动态及保持接收机增益稳定的主要措施。STC 是在地面的低重频探测雷达中使用的一种接收机增益受作用距离和杂波功率控制的技术,它是将接收机的增益作为时间(即对应为距离)的函数来实现的,在信号发射之后,按照 R^{-4} 的变化使接收机的增益随时间而增加,或者说使增益衰减器的衰减量随时间而减小。此技术的副作用是降低了接收机在近距离时的灵敏度,从而减小了近距离时检测小目标的概率。灵敏度时间控制可以在射频或中频实现,经常表示为 RFSTC 或 IFSTC。AGC 是一种反馈技术,用它调整接收机的增益,以便在系统跟踪环路中保持适当的增益范围,它对接收机在宽温度、宽频带工作中保持增益稳定具有重要作用,对于多路接收机系统,它还有保持多路接收机增益平衡的作用,此时 AGC 也常称为 AGB(自动增益平衡)。

本机振荡器(LO)是雷达接收机的重要组成部分。在非相干雷达中,本机振荡器(简称本振)是一个自由振荡器,通过自动频率控制(AFC)电路将本振的频率调谐到接收射频信号所需的频率上,所以 AFC 有时也称为自动频率微调,简称自频调。自频调电路首先通过搜索和跟踪、测定发射信号频率,然后把本机振荡器的频率调谐到比发射信号频率低(或高)一个中频的频率上,以便通过混频,使发射信号的回波信号能落入接收机的中频带宽之内。在相干接收机(也称为相参接收机)中,稳定本机振荡器(STALO)是与发射信号相参的。在现代雷达接收机中，稳定的本机振荡器和发射信号以及相干振荡器、全机时钟都是通过频率合成器产生的，频率合成器的频率则是以一个高稳定的晶体振荡器为基准的，此时自频调就不需要了。

2. 中频部分

混频器将射频信号变换成中频信号。中频信号通常需要通过一级或多级放大器进行放大。中频放大器的成本比射频放大器低，且增益高，稳定性好，容易实现信号的匹配滤波。即使雷达工作在不同的载频，都是通过改变本振频率，使得中频信号的频率和带宽固定的。

在中频放大过程中，还要插入中频滤波器和中频增益控制电路。在许多情况下，混频器和第一级中放电路组成一个部件（通常称混频前中），以使混频-放大器的性能最佳。前置中放后面的中频放大器经常称为主中放。对于 P、L、S、C 和 X 波段的雷达接收机而言，典型的中频范围在 30～1000 MHz 之间，由于考虑器件成本、增益、动态范围、保真度、稳定性和选择性等原因，一般希望使用的中频低一些。但当需要信号宽频带时，便要使用较高的中频频率，比如成像雷达要求有较高的中频和较宽的中频带宽。

3. 检波和视频放大部分

中频放大之后，可采用几种方法来处理中频信号。图 3.12 所示的检波或视频放大部分有五种情况：(a)(b)两种情况只保留了信号的幅度信息，而没有相位信息，称之为非相参雷达接收机。非相参雷达接收机通常需要采用自动频率微调（AFC）电路，把本机振荡器调谐到比发射频率高或低一个中频的频率。其中情况(a)采用对数放大器作为检波器，增大接收机的瞬时动态范围。对数放大器是一种输入输出信号呈对数关系的瞬时压缩动态范围的放大器。在雷达、通信和遥测等系统中，接收机输入信号的动态范围通常很宽，信号幅度常会在很短的时间间隔内变化 70～120 dB，但若要求输出信号保持在 20～40 dB 范围内，对数放大器正好可以满足这种要求，对数放大器能提供大于 80 dB 的有效动态范围。

情况(b)采用线性放大器和包络检波器，为后继检测电路和显示设备提供目标幅度信息。包络检波器只适用于调幅信号，主要用于标准调幅信号的解调，从接收信号中检测出包络信息，它的输出信号与输入信号包络呈线性关系。

情况(c)和情况(d)均保留了回波信号的相位信息，称之为相参接收机。在相参接收机中，稳定本机振荡器（STALO）的输出是由产生发射信号的相参源（频率合成器）提供的。输入的高频信号与稳定本机振荡信号或本机振荡器输出相混频，将信号频率降为中频。经过多级中频放大和匹配滤波后，有两种处理方法：情况(c)是对信号线性放大后再通过正交相干检波，得到信号的同相分量 $u_I(t)$ 和正交分量 $u_Q(t)$，既包含信号的幅度信息又包含信号的相位信息，也称之为模拟正交检波器；情况(d)是将信号经过限幅放大（幅度恒定）后再进行相位检波，此时正交相位检波器只能保留回波信号的相位信息而不包含幅度信息，它通常应用于比相单脉冲测角只需要相位信息的场合。

情况(e)是对中频信号先进行 A/D 变换，再进行数字正交鉴相，在数字域进行数字正交相位检波，得到接收信号的基带同相分量和正交分量，也称为数字正交采样或数字正交检波。这种数字正交检波与情况(c)的模拟正交检波相比，可以得到更高的镜频抑制比，提高雷达的改善因子，改善雷达的性能，因此，现代雷达基本都是采用这种对中频输出信号直接进行中频采样的工作方式。

3.2.2　接收机的主要性能指标

超外差式雷达接收机的主要性能指标如下：

1. 噪声系数与噪声温度

雷达接收机的噪声主要分为两种，即内部噪声和外部噪声。内部噪声主要由接收机中的馈线、放电保护器、高频放大器或混频器等产生。接收机内部噪声在时间上是连续的，而振幅和相位是随机的，通常称为"起伏噪声"，或简称为噪声。外部噪声是指从雷达天线进入接收机的各种人为干扰，以及天电干扰、工业干扰、宇宙干扰和天线热噪声等，其中以天线热噪声影响最大。天线热噪声也是一种起伏噪声。

1）电阻热噪声

电阻热噪声是由于导体中自由电子的无规则热运动形成的噪声。因为导体具有一定的温度，导体中每个自由电子的热运动方向和速度不规则地变化，因而在导体中形成了起伏噪声电流，在导体两端呈现起伏电压。

根据奈奎斯特定律，电阻产生的起伏噪声电压均方值为

$$\overline{u_n^2} = 4k \cdot T \cdot R \cdot B_n \tag{3.2.1}$$

式中：k 为玻尔兹曼常数，$k = 1.38 \times 10^{-23}$（J/K）；T 为电阻的热力学温度，以绝对温度（K）计量，对于室温 17℃，$T = T_0 = 290$ K，称为标准噪声温度；R 为电阻的阻值；B_n 为测试设备的通带，在这里就是接收机的带宽。

式（3.2.1）表明电阻热噪声的大小与电阻的阻值 R、温度 T 和测试设备的通带 B_n 成正比。电阻热噪声的功率谱密度 $P(f)$ 是表征噪声频谱分布的重要统计特性，其表示式为

$$P(f) = 4kTR \tag{3.2.2}$$

显然，电阻热噪声的功率谱密度是与频率无关的常数。通常把功率谱密度为常数的噪声称为"白噪声"，电阻热噪声在无线电频率范围内就是白噪声的一个典型例子。

2）额定噪声功率

根据电路基础理论，信号电动势为 E_s 而内阻抗为 $Z = R + jx$ 的信号源，当其负载阻抗 Z_L 与信号源内阻匹配，即其值为 $Z_L = Z^* = R - jx$（匹配）时，信号源输出的信号功率最大，此时输出的最大信号功率称为"额定"信号功率（有时也称为"资用"功率，或"有效"功率），用 S_a 表示，其值是

$$S_a = \left(\frac{E_s}{2R}\right)^2 R = \frac{E_s^2}{4R} \tag{3.2.3}$$

将 E_s 用噪声电压均方值 $\overline{u_n^2} = 4kTRB_n$ 代替，额定噪声功率 $N_0 = \frac{\overline{u_n^2}}{4R} = kTB_n$，显然额定噪声功率只与电阻的热力学温度和测试设备的通带有关。

说明：任何无源二端网络输出的额定噪声功率只与 T（温度）和通带 B 有关。

3）天线噪声

天线噪声是外部噪声，它包括天线的热噪声和宇宙噪声，前者是由天线周围介质微粒的热运动产生的噪声，后者是由太阳及银河星系产生的噪声，这种起伏噪声被天线吸收后进入接收机，就呈现为天线的热起伏噪声。天线噪声的大小用天线噪声温度 T_A 表示，其电

压均方值为 $\overline{u_{nA}^2} = 4kT_A B_n R_A$，$R_A$ 为天线等效电阻。

4）噪声带宽

功率谱均匀的白噪声，通过具有频率选择性的接收线性系统后，输出的功率谱 $P_{no}(f)$ 就不再是均匀的了，如图3.13所示。为了分析和计算方便，通常把这个不均匀的噪声功率谱等效为在一定频带 B_n 内是均匀的功率谱。这个频带 B_n 称为"等效噪声功率谱宽度"，一般简称"噪声带宽"。因此，噪声带宽可由下式求得

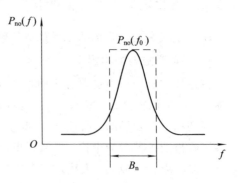

图 3.13　噪声带宽的示意图

$$\int_0^\infty P_{no}(f)df = P_{no}(f_0)B_n \qquad (3.2.4)$$

即

$$B_n = \frac{\int_0^\infty P_{no}(f)df}{P_{no}(f)} = \frac{\int_0^\infty |H(f)|^2 df}{H^2(f_0)} \qquad (3.2.5)$$

其中 $H^2(f_0)$ 为线性电路在谐振频率 f_0 处的功率传输函数，噪声带宽 B_n 与信号带宽（即半功率带宽）B 一样，只由电路本身的参数决定。由表3.2可见，当谐振电路级数越多时，B_n 就越接近于 B。在雷达接收机中，通常可用信号带宽 B 直接代替噪声带宽 B_n。

表 3.2　噪声带宽与信号带宽的比较

电路形式	级　数	B_n/B
单调谐	1	1.571
	2	1.220
	3	1.155
	4	1.129
	5	1.114
双调谐或两级参差调谐	1	1.110
	2	1.040
三级参差调谐	1	1.048
四级参差调谐	1	1.019
五级参差调谐	1	1.010
高斯型	1	1.065

5）噪声系数和噪声温度

内部噪声对检测信号的影响，可以用接收机输入端的信号功率与噪声的功率之比（简称输入信噪比 $SNR_i = S_i/N_i$）通过接收机后的相对变化来衡量。假如接收机中没有内部噪声，称为"理想接收机"，则其输出信噪比 $SNR_o (= S_o/N_o)$ 与输入信噪比 SNR_i 相同。实际接收机总是有内部噪声的，将使 $SNR_o < SNR_i$，如果内部噪声越大，输出信噪比减小得越多，则表明接收机性能越差。通常用噪声系数和噪声温度来衡量接收机的噪声性能。

（1）噪声系数。噪声系数是指接收机输入端信噪比 SNR_i 与输出端信噪比 SNR_o 的比

值。它的物理意义是表示由于接收机内部噪声的影响，使接收机输出端的信噪比相对其输入端的信噪比变坏的倍数。噪声系数可表示为

$$F = \frac{SNR_i}{SNR_o} = \frac{S_i/N_i}{S_o/N_o} = \frac{N_o}{N_i G_a} \qquad (3.2.6)$$

式中，$N_i = kT_0 B$，为输入噪声功率；G_a 为接收机的额定功率增益，$G_a = S_o/S_i$。假设接收机内部噪声的额定功率为 ΔN，输出噪声功率为

$$N_o = N_i G_a + \Delta N = kT_0 B_n G_a + \Delta N \qquad (3.2.7)$$

将式(3.2.7)代入式(3.2.6)，得

$$F = 1 + \frac{\Delta N}{kT_0 B_n G_a} \geqslant 1 \qquad (3.2.8)$$

说明：① 噪声系数只适用于接收机的线性电路或准线性电路，即检波器以前部分。检波器是非线性电路，而混频器可看成准线性电路，因其输入信号和噪声都比本振电压小很多，输入信号与噪声间的相互作用可以忽略。

② 为使噪声系数 F 具有单值性，规定输入噪声以天线等效电阻 R_A 在室温 $T_0 = 290$ K（开尔文）时产生的热噪声为标准，噪声系数只由接收机本身参数确定。

③ 噪声系数 F 是没有量纲的数值，通常用分贝(dB)表示，$F = 10 \lg F$(dB)。

④ 噪声系数是由接收机的附加热噪声而产生的信噪比损失，输出信噪比为

$$(SNR)_o = (SNR)_i - F \quad (dB)$$

⑤ 噪声系数的概念与定义可推广到任何无源或有源的四端网络。

(2) 等效噪声温度。接收机外部噪声可用天线噪声温度 T_A 表示，通常取室温值 $T_A = T_0 = 290$ K。额定功率 $N_A = kT_A B_n$。

接收机内部噪声 ΔN 等效到输入端，可看成天线电阻 R_A 在 T_e 时产生的热噪声，$\Delta N = kT_e B_n G_a$，T_e 为接收机"等效噪声温度"或"噪声温度"。

$$F = 1 + \frac{kT_e B_n G_a}{kT_0 B_n G_a} = 1 + \frac{T_e}{T_0} \Rightarrow T_e = (F-1)T_0 = (F-1) \times 290 \text{ K} \qquad (3.2.9)$$

系统总噪声温度 $T_s = T_A + T_e$。

[例 3 - 1] 一个放大器的噪声系数为 $F = 4$ dB，带宽为 $B = 500$ kHz，输入电阻为 50 Ω，$T_0 = 290$ K，计算：

(1) 输入噪声功率及其均方电压；

(2) 当输出信噪比 $SNR_o = 1$ 时，输入信号功率及其电压的均方根值。

解 (1) 输入噪声功率为

$$N_i = kT_0 B = 1.38 \times 10^{-23} \times 290 \times 500 \times 10^3 = 2.0 \times 10^{-15} \quad (W)$$

输入噪声的均方电压为

$$\langle u_n^2 \rangle = 4kT_0 BR = 4N_i R = 8.0 \times 10^{-15} \times 50 = 4 \times 10^{-13} \quad (V^2)$$

(2) 根据噪声系数的定义，当输出信噪比 $SNR_o = 1$ 时，

$$\frac{S_i}{N_i} = SNR_o \cdot F = F, \quad F = 10^{4/10} = 2.51$$

则输入信号功率为

$$S_i = F \cdot N_i = 2.51 \times 2.0 \times 10^{-15} = 5.02 \times 10^{-15} \quad (W)$$

输入信号的均方电压为

$$\langle u_s^2\rangle = F\langle u_n^2\rangle = 2.51\times4\times10^{-13} = 10^{-12}\quad (V^2)$$

所以输入信号电压的均方根值为

$$\sqrt{\langle u_s^2\rangle} = 1\quad (\mu V)$$

(3) 级联电路的噪声系数。对于图 3.14 所示的两级级联电路，噪声系数和增益分别为 (F_1, G_1) 和 (F_2, G_2)，输入噪声 $N_i = kT_0B_n$ 经该级联电路后的输出噪声功率为 $N_{o12} = kT_0B_nG_1G_2F_1$，由于内部噪声的影响，输出总的噪声功率为 $N_o = N_{o12} + \Delta N_2$，其中 $\Delta N_2 = (F_2-1)kT_0B_nG_2$。

Ni=kT0Bn
F1, G1, Te1
F2, G2, Te2
No=No12+ ΔN2

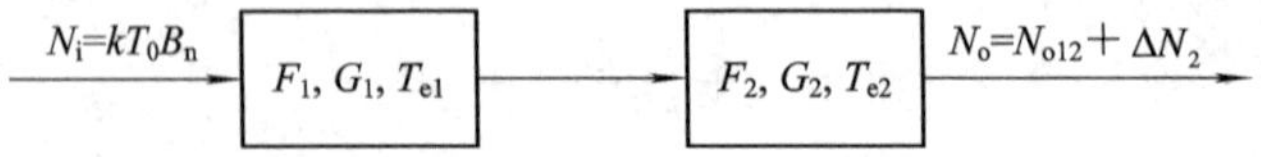

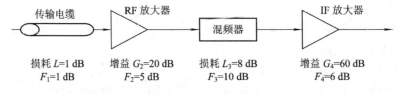

图 3.14　两级电路的级联

由式(3.2.6)得总的噪声系数为

$$F_0 = \frac{N_o}{N_iG_a} = \frac{N_{o12}+\Delta N_2}{N_iG_1G_2} = \frac{kT_0B_nG_1G_2F_1 + k(F_2-1)T_0B_nG_2}{kT_0B_nG_1G_2} = F_1 + \frac{F_2-1}{G_1} \tag{3.2.10}$$

一般接收机是由多级放大器、混频器和滤波器等连接起来组成的，若有 n 级电路级联，则 n 级电路级联时的总噪声系数和等效噪声温度分别为

$$F_0 = F_1 + \frac{F_2-1}{G_1} + \frac{F_3-1}{G_1G_2} + \cdots + \frac{F_n-1}{G_1G_2\cdots G_{n-1}} \tag{3.2.11}$$

$$T_e = T_{e1} + \frac{T_{e2}}{G_1} + \frac{T_{e3}}{G_1G_2} + \cdots + \frac{T_{en}}{G_1G_2\cdots G_{n-1}} \tag{3.2.12}$$

式中 G_i 表示各级电路的增益或损耗的倒数。由此可以看出，前级放大器对噪声系数的影响最大，因此，接收机的前级通常采用低噪声高增益的射频放大器。

[例 3-2]　一个雷达接收机组成如图 3.15 所示，包括传输电缆、射频放大器、混频器、中频放大器。计算总的噪声系数 F_0。

传输电缆
RF 放大器
混频器
IF 放大器
损耗 L=1 dB
F1=1 dB
增益 G2=20 dB
F2=5 dB
损耗 L3=8 dB
F3=10 dB
增益 G4=60 dB
F4=6 dB

图 3.15　雷达接收机组成框图

解　将图中参数列入下表：

参数	G_1	G_2	G_3	G_4	F_1	F_2	F_3	F_4
dB 值	−1	20	−8	60	1	5	10	6
数值	0.7943	100	0.1585	10^6	1.2589	3.1623	10	3.9811

由于第一级为无源网络，则总的噪声系数为

$$F_0 = \frac{1}{G_1}\left(F_2 + \frac{F_3-1}{G_2} + \frac{F_4-1}{G_1G_2}\right)$$

$$= \frac{1}{0.7943}\left(3.1623 + \frac{10-1}{100} + \frac{3.9811-1}{100\times0.1585}\right) = 4.3313$$

转化为分贝表示：
$$F_0 = 10\lg(4.3320) = 6.367 \quad (\text{dB})$$

2. 灵敏度

灵敏度表示接收机接收微弱信号的能力。能接收的信号越微弱，接收机的灵敏度就越高，雷达的作用距离也就越远。

雷达接收机的灵敏度通常用最小可检测信号功率 $S_{i\,min}$ 来表示。当接收机的输入信号功率达到 $S_{i\,min}$ 时，接收机就能正常接收并在输出端检测出这一信号。如果信号功率低于此值，信号将被淹没在噪声干扰之中，不能被可靠地检测出来。由于雷达接收机的灵敏度受噪声电平的限制，因此要想提高它的灵敏度，就必须尽力减小噪声电平，同时还应使接收机有足够的增益。目前，超外差式雷达接收机的灵敏度一般约为 $10^{-12} \sim 10^{-14}$ W，保证这个灵敏度所需幅度增益约为 $10^6 \sim 10^8 (120 \sim 160$ dB$)$，这主要由中频放大器来完成。

根据噪声系数的定义式(3.2.6)，接收信号的功率为
$$S_i = N_i F_0 \left(\frac{S_o}{N_o}\right) = kT_0 B_n F_0 \left(\frac{S_o}{N_o}\right) \tag{3.2.13}$$

为了保证检测系统发现目标的性能，要求 (S_o/N_o) 大于等于最小输出信噪比 $(S_o/N_o)_{min}$，接收机实际灵敏度为
$$S_{i,\,min} = kT_0 B_n F_0 \left(\frac{S_o}{N_o}\right)_{min} = kT_0 B_n F_0 M \tag{3.2.14}$$

式中 $M = (S_o/N_o)_{min}$，为识别系数，即达到一定检测性能所要求的接收机输出信号的最小信噪比。为了提高接收机的灵敏度，即减少最小可检测信号功率 $S_{i\,min}$，应做到：

① 尽量降低接收机的总噪声系数 F_0，所以通常采用高增益，低噪声高放；

② 接收机中频放大器采用匹配滤波器，以便得到白噪声背景下输出最大信号噪声比；

③ 式中的识别系数 M 与所要求的检测性能、天线波瓣宽度、扫描速度、雷达脉冲重复频率及检测方法等因素均有关系，在保证整机性能的前提下，应尽量减小 M 的值。

当 $M = 1$ 时，$S_{i\,min} = kT_0 B_n F_0$，这时接收机的灵敏度称为"临界灵敏度"。灵敏度用额定功率表示，常以相对 1 mW 的分贝数计值，即
$$S_{i\,min} = 10 \cdot \lg \frac{S_{i\,min}(\text{W})}{10^{-3}} \quad (\text{dBmW}) \tag{3.2.15}$$

一般超外差式接收机的灵敏度为 $-90 \sim -110$ dBmW（或写成 dBm）。由于 $kT_0 = 1.38 \times 10^{-23} \times 290 = 4 \times 10^{-21}$，临界灵敏度用 dB 表示为
$$S_{i\,min} = -114 + 10\lg B_n + F_0 \quad (\text{dBm}) \tag{3.2.16}$$

式中，B_n 的单位为 MHz；F_0 的单位为 dB。若输入阻抗为 R_i，则最小可检测电压（有效值）为 $U_{i\,min} = \sqrt{S_{i\,min}/R_i}$，通常大约在 $10^{-6} \sim 10^{-7}$ V 量级。

3. 选择性和接收机的工作频带宽度

选择性表示接收机选择所需要的信号而滤除邻频干扰的能力。选择性与接收机内部频率的选择（如中频频率和本振频率的选择）以及接收机高频、中频部分的频率特性有关。在保证可以接收所需信号的条件下，带宽越窄或谐振曲线的矩形系数越好，滤波性能就越好，邻频干扰也就越小，即选择性好。

接收机的工作频带宽度表示接收机的瞬时工作频率范围。在复杂的电子对抗和干扰环

境中，要求雷达发射机和接收机具有较宽的工作带宽，例如频率捷变雷达要求接收机的工作频带宽度为 $10\%\sim20\%$。接收机的工作频带宽度主要取决于高频部件（馈线系统、高频放大器和本机振荡器）的性能。但是，接收机的工作频带较宽时，必须选择较高的中频，以减少混频器输出的寄生响应对接收机性能的影响。在单载频的脉冲雷达中，若脉冲宽度为 T，对于监视雷达（或称为警戒雷达）而言，接收机的通频带 $B \approx 1/T$；对于跟踪雷达而言，为了使输出的脉冲边沿陡直以及提高测距精度，通频带通常取 $2/T$。在现代雷达中，由于信号的时宽带宽积远大于1，接收机的带宽则要与信号的频谱宽度相匹配。

4. 增益和动态范围

增益表示接收机对回波信号的放大能力，定义为输出信号功率 S_o 与输入信号功率 S_i 之比，一般用符号 G 表示，即 $G = S_o/S_i$。接收机的增益并不是越大越好，它是由接收机设计时的具体要求确定的，在工程设计中，增益与噪声系数、动态范围等指标都有直接的相互制约关系，需要综合考虑。

动态范围表示接收机正常工作所容许的输入信号强度变化的范围。动态范围包括接收机的总动态范围和线性动态范围。总动态范围是线性动态范围与 RFSTC（射频灵敏度时间控制）和 IFSTC（中频灵敏度时间控制）范围的总和。一般对动态范围的测量是指线性动态范围的测量。

最小输入信号强度通常取为最小可检测信号功率 $S_{i\,min}$，允许最大的输入信号强度则根据正常工作的要求而定。当输入信号太强时，接收机将发生饱和而失去放大作用，这种现象称为过载。如图 3.16，使接收机开始出现过载时的输入功率与最小可检测功率之比，叫作动态范围，它表示接收机抗过载性能的好坏。动态范围是当接收机不发生过载时允许接收机输入信号强度的变化范围，即最大功率与最小功率之比，其定义式如下：

$$D(\mathrm{dB}) = 10\lg\frac{P_{i\,max}}{P_{i\,min}} = 20\lg\frac{U_{i\,max}}{U_{i\,min}} \tag{3.2.17}$$

式中：$P_{i\,min}$、$U_{i\,min}$ 为最小可检测信号功率、电压；$P_{i\,max}$、$U_{i\,max}$ 为接收机不发生过载时允许接收机输入的最大信号功率、电压。

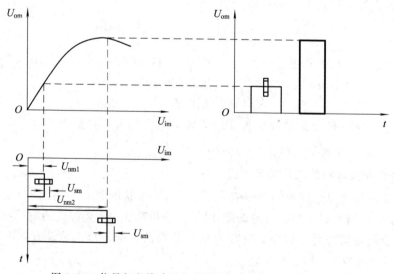

图 3.16　信号与宽脉冲干扰共同通过中频放大器的示意图

接收机线性动态范围有两种表征方法：1 dB 增益压缩点动态范围和无失真信号动态范围。

1 dB 增益压缩点动态范围 DR_{-1} 的定义为：当接收机的输出功率大到产生 1 dB 增益压缩时，输入信号的功率与最小可检测信号功率或等效噪声功率之比，即

$$DR_{-1} = \frac{P_{i\text{-}1}}{P_{i\,min}} = \frac{P_{o\text{-}1}}{P_{i\,min}G} \qquad (3.2.18)$$

式中，$P_{i\text{-}1}$ 和 $P_{o\text{-}1}$ 分别为产生 1 dB 压缩时接收机输入和输出端信号的功率；G 为接收机的增益。根据式(3.2.16)，将灵敏度的计算公式代入式(3.2.18)，有

$$DR_{-1} = P_{i\text{-}1} + 114 - 10\lg B_n(MHz) - F_0 (dB)$$
$$= P_{o\text{-}1} + 114 - 10\lg B_n(MHz) - F_0 - G (dB) \qquad (3.2.19)$$

无失真信号动态范围 DR_{sf} 又称无虚假信号动态范围(Spurious Free Dynamic Range, SFDR)或无杂散动态范围，是指接收机的三阶互调分量的功率等于最小可检测信号功率时，接收机输入或输出与三阶互调信号功率之比，即

$$DR_{sf} = \frac{P_{isf}}{P_{i\,min}} = \frac{P_{osf}}{P_{i\,min}G} \qquad (3.2.20)$$

式中 P_{isf}、P_{osf} 分别是当三阶互调分量的功率等于最小可检测信号功率时接收机输入和输出信号的功率。

三阶互调是一个与器件(如放大器、混频器)和接收机的动态范围都有关的量。图 3.17 给出了三阶互调的虚假信号分量示意图，在接收机通带范围内有两个幅度相同、频率分别为 f_1 和 f_2 的输入信号进入接收机，如果这两个信号增大到放大器的饱和电平，将产生两个频率分别为 $2f_1 - f_2$ 和 $2f_2 - f_1$ 的输出信号分量，这就是三阶互调。当两个频率接近时，三阶互调分量难以通过滤波器来消除。

计算三阶互调分量的常用方法是利用三阶截点。三阶截点可以从输入与输出以及输入与三阶互调的对应关系中获得，图 3.18 给出了无虚假动态范围的示意图。由于基波频率信号的输出与输入关系曲线是一条斜率为 1 的直线，而三阶互调产物与输入信号间的关系曲线是一条斜率为 3(3∶1)的直线，两条直线的交点就是三阶互调截点。图中，P_3 是三阶互调的功率；P_{osf} 是三阶互调分量的功率等于最小可检测信号功率时接收机输出的最大信号功率；Q_3 是接收机的三阶截点的功率。

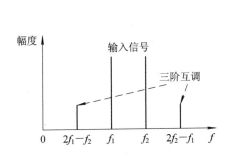

图 3.17　三阶互调示意图

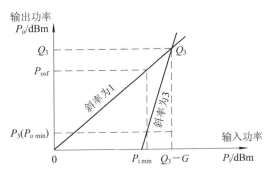

图 3.18　无虚假动态范围示意图

从理论上讲，当三阶互调分量很小时，输入信号增加 1 dB，则三阶互调相应增加 3 dB。

但是，在实际中 3：1 的比例很难得到，有时在某一数据点上获得三阶截点。三阶互调分量一般在接近基底噪声的电平上测量，所画的直线是通过该点并以 3：1 的斜率达到三阶截点的。

从图 3.18 中的几何关系可以看出，三阶互调的功率 P_3 与输入信号的功率线性相关，

$$\frac{P_3 - Q_3}{P_{i\,min} - (Q_3 - G)} = 3 \qquad (3.2.21)$$

$$P_3 = 3(P_{i\,min} + G) - 2Q_3 = 3P_o - 2Q_3$$

无失真信号动态范围为

$$\begin{cases} \mathrm{DR}_{sf} = \dfrac{2}{3}(Q_3 - P_{o\,min}) = \dfrac{2}{3}(Q_3 - P_{i\,min} - G) \\ P_{osf} = P_{o\,min} + \mathrm{DR}_{sf} \end{cases} \qquad (3.2.22)$$

若忽略高阶分量和非线性所产生的相位失真到幅度失真的转换，则

$$Q_3 = P_{o-1} + 10.65 \text{ (dBm)}$$

$$\mathrm{DR}_{sf} = \frac{2}{3}(P_{o-1} - P_{i\,min} - G + 10.65) = \frac{2}{3}(\mathrm{DR}_{-1} + 10.65) \quad \text{(dB)} \qquad (3.2.23)$$

例如，当 1 dB 增益压缩点动态范围为 80 dB 时，无失真信号动态范围则为 60 dB。

假设一部空中监视雷达检测飞机的距离从 4 海里（1 海里＝1.852 km）到 200 海里，相当于回波信号功率变化为 $40\lg(200/4) = 68$ dB。飞机的平均 RCS 可以从 2 m² 到 100 m² 变化 17 dB，而 RCS 的波动范围可能超过 30 dB。则目标回波信号功率总的变化值可达 115 dB 左右。对于更小 RCS 的目标，则要求更大的动态范围。

雷达接收机的增益是由接收机的灵敏度、动态范围以及接收机输出信号的处理方式所决定的。在现代雷达接收机中，接收机输出的是中频信号或基带信号（基带信号是指零中频的输出信号，即信号的载波已混频至零，但信号中包含了回波信号的幅度和相位信息），一般都要经过 A/D 变换器转换成数字信号再进行信号处理，所以，要根据动态范围和噪声系数的需要，为接收机选择适当的 A/D 变换器后，接收机的系统增益就确定了。接收机的系统增益确定以后，就要对增益进行分配，增益分配首先要考虑接收机的噪声系数。一般来说，高频低噪声放大器的增益要比较高，以减少高频放大器后面的混频器和中频放大器的噪声对系统噪声系数的影响。但是，高频放大器的增益也不能太高，如果太高，一方面会影响放大器的工作稳定性，另一方面会影响接收机的动态范围。所以，增益、噪声系数和动态范围是三个相互关联而又相互制约的参数。下面举例说明增益、噪声系数和动态范围三者之间的关系。

[例 3 - 3] 某 S 波段雷达接收机的组成及其增益分配方式如图 3.19 所示，其噪声系数 F_0 为 2 dB，线性动态范围为 60 dB，采用 14 位 A/D 变换器 AD9240，A/D 变换器最大输入信号电压的峰峰值 U_{pp} 为 2 V（负载为 50 Ω），接收机的信号匹配带宽为 3.3 MHz。计算接收机的临界灵敏度、最大输入信号的功率、最大输出信号的功率、增益。

解 接收机的临界灵敏度为

$$S_{i\,min} = -114 + 10\lg B_n (\mathrm{MHz}) + F_0 \approx -107 \quad \text{(dBm)}$$

接收机输入端的最大信号（即 1 dB 增益压缩点输入信号）的功率为

$$P_{in-1} = S_{i\,min} + \mathrm{DR}_{-1} = -107 + 60 = -47 \quad \text{(dBm)}$$

接收机最大输出信号的功率为

$$P_{\text{out-1}} = \frac{1}{50}\left(\frac{U_{\text{pp}}}{2\sqrt{2}}\right)^2 = 0.01\,(\text{W}) = 10\,(\text{mW}) = 10 \cdot \lg(10)\,(\text{dBm}) = 10\,(\text{dBm})$$

则接收机的增益为 57 dB。

接收机中各功能模块电路的增益及信号电平关系如图 3.19 所示。在该图中，各功能模块电路输出连接线上方的 dBm 值为信号的最大功率值，下方为信号的最小功率值，两者的差值为动态范围。

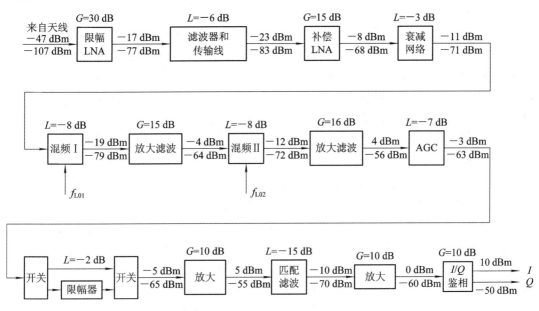

图 3.19　接收机增益和信号电平关系示意图

5. 中频的选择和滤波特性

接收机中频的选择和滤波特性与接收机的工作带宽以及所能提供的高频部件和中频部件的性能有关。在现代雷达接收机中，中频的选择可以从 30 MHz 到 4 GHz。当需要在中频增加某些信号处理部件时，例如脉冲压缩滤波器、对数放大器和限幅器等，从技术实现来说，中频选择在 30～500 MHz 更合适。对于宽频带工作的接收机，应选择较高的中频，以便使虚假的寄生响应降至最小。

减小接收机噪声的关键参数是中频的滤波特性，如果中频滤波特性的带宽大于回波信号带宽，则有过多的噪声进入接收机；反之，如果所选择的带宽比信号带宽窄，信号能量将会损失。这两种情况都会使接收机输出端信噪比减小。在白噪声（即接收机热噪声）背景下，接收机的频率特性为"匹配滤波器"时，输出的信噪比最大。

6. 工作稳定性和频率稳定度

一般来说，工作稳定性是指当环境条件（例如温度、湿度、机械振动等）和电源电压发生变化时，接收机的性能参数（振幅特性、频率特性和相位特性等）受到影响的程度，希望影响越小越好。

频率稳定度主要针对接收机本振信号，本振的频率稳定度主要指短期（一般在 ms 量级）频率稳定度，短期频率稳定度常用单边带相位噪声功率谱密度来表征，一般采用频谱分析仪或相位噪声测量仪直接进行测量。单边带相位噪声功率谱密度为

$$L(f_{\mathrm{m}}) = N - S + C - 10 \cdot \lg B_{\mathrm{n}} \quad (\mathrm{dB/Hz}) \tag{3.2.24}$$

式中，N 为偏离载频 f_{m} 处的噪声电平(dBm)；S 为载频信号电平(dBm)；C 为频谱仪测量随机噪声的修正值，一般取 2 dB 左右；B_{n} 为频谱仪的等效噪声带宽。

大多数现代雷达系统需要对多个脉冲回波进行相参处理，对本机振荡器的短期频率稳定度有极高的要求，一般高达 -100 dB/Hz 或者更高，因此必须采用频率稳定度和相位稳定度极高的本机振荡器，简称为"稳定本振"，如恒温晶振、原子钟等。

7. 抗干扰能力

在现代电子战和复杂的电磁干扰环境中，抗有源干扰和无源干扰是雷达系统的重要任务之一。有源干扰为敌方施放的各种压制或欺骗式干扰和邻近雷达的同频异步脉冲干扰，无源干扰主要是从海浪、雨雪、地物等反射的杂波干扰和敌机施放的箔片干扰等。这些干扰严重影响对目标的正常检测，甚至使整个雷达系统无法工作。现代雷达接收机必须具有抗各种干扰的能力。当雷达系统用频率捷变方法抗干扰时，接收机的本振应与发射机频率同步跳变。同时接收机应有足够大的动态范围，以保证后面的信号处理器有高的处理精度。

8. 微电子化和模块化结构

在现代有源相控阵雷达和数字波束形成(DBF)系统中，通常需要几十路甚至几千路接收通道。如果采用常规的接收机工艺结构，无论在体积、重量、耗电、成本和技术实现上都有很大困难。微电子化和模块化的接收机结构可以解决上述困难，优选方案是采用单片集成电路，包括微波单片集成电路(MMIC)、中频单片集成电路(IMIC)和专用集成电路(ASIC)，其主要优点是体积小、重量轻，另外采用批量生产工艺可使芯片电路电性能一致性好，成本也比较低。用上述几种单片集成电路实现的模块化接收机，特别适用于要求数量很大、幅相一致性严格的多路接收系统，例如，某有源相控阵接收系统和数字多波束形成系统，采用由砷化镓(GaAs)单片制成的 C 波段微波单片集成电路，包括完整的接收机高频电路，即五级高频放大器、可变衰减器、移相器、环行器和限幅开关电路等，噪声系数为 2.5 dB，可变增益为 30 dB。

3.2.3　接收机的增益控制

接收机的动态范围表示接收机能够正常工作所容许的输入信号强度范围。信号太弱，不能被检测出来；信号太强，接收机会发生饱和过载。因此动态范围是雷达接收机的一个重要性能指标。

为了防止强信号引起的过载，需要增大接收机的动态范围，就必须要有增益控制电路，一般雷达都有增益控制电路。跟踪雷达需要得到归一化的角误差信号，使天线正确地跟踪运动目标，因此必须采用自动增益控制。

另外，由海浪等地物反射的杂波干扰、敌方干扰机施放的噪声调制等干扰，往往远大于有用信号，更会使接收机过载而不能正常工作。为使雷达具有良好的抗干扰性能，通常都要求接收机应有专门的抗过载电路，例如瞬时自动增益控制电路、灵敏度时间控制电路、对数放大器等。

雷达接收机的增益控制有如下三种类型：

1. 自动增益控制(Automatic Gain Control，AGC)

在跟踪雷达中，为了保证对目标的方向自动跟踪，要求接收机输出的角误差信号强度只与目标偏离天线轴线的夹角(称为误差角)有关,而与目标距离的远近、目标反射面积的大小等因素无关。为了得到这种归一化的角误差信号,使天线正确地跟踪运动目标,必须采用自动增益控制(AGC)电路。

自动增益控制采用反馈技术,根据信号的幅度(功率)自动调整接收机的增益,以便在雷达系统跟踪环路中保持适当的增益范围。图 3.20 为一种简单的 AGC 电路方框图,它由一级峰值检波器和低通滤波器组成。接收机输出的视频脉冲信号经过峰值检波,再由低通滤波器滤除高频成分之后,得到自动增益控制电压 E_{AGC},将它加到被控的中频放大器中,就完成了增益的自动控制作用。当输入信号增大时,视频放大器输出 u_o 也随之增大,则控制电压 E_{AGC} 也增加,使受控中频放大器的增益降低。当输入信号减小时,则起相反作用,中频放大器的增益将增大,所以自动增益控制电路是一个负反馈系统。

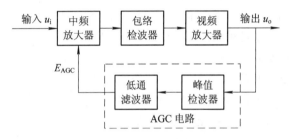

图 3.20　一种简单的 AGC 电路方框图

2. 瞬时自动增益控制(Instantaneous Automatic Gain Control, IAGC)

这是一种有效的中频放大器的抗过载电路,它能够防止等幅波干扰、宽脉冲干扰和低频调幅波干扰等引起的中频放大器过载。

图 3.21 是瞬时自动增益控制电路的组成方框图,它和一般的 AGC 电路原理相似,也是利用负反馈原理将输出电压检波后去控制中放级,自动地调整放大器的增益。

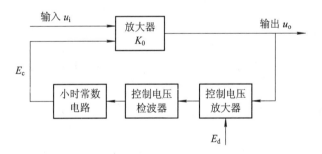

图 3.21　瞬时自动增益控制电路的组成方框图

瞬时自动增益控制的目的是使干扰电压受到衰减(即要求控制电压 E_c 能瞬时地随着干扰电压而变化),而维持目标信号的增益尽量不变。因此,电路的时常数应这样选择:为了保证在干扰电压的持续时间 τ_n 内能迅速建立起控制电压 E_c,要求控制电路的时间常数 $\tau_i < \tau_n$;为了维持目标回波的增益尽量不变,必须保证在目标信号的脉宽 τ 内使控制电压来不及建立,即 $\tau_i \geqslant \tau$,为此,电路时间常数一般选为 $\tau_i = (5 \sim 20)\tau$。

干扰电压一般都很强,所以中频放大器不仅末级有过载的危险,前几级也有可能发生过载。为了得到较好的抗过载效果,增大允许的干扰电压范围,可以在中放的末级和相邻的前几级都加上瞬时自动增益控制电路。

3. 灵敏度时间控制(Sensitivity Time Control, STC)

灵敏度时间控制电路又称时间增益控制电路或近程增益控制电路,它用来防止近程杂波所引起的放大器过载。

灵敏度时间控制的基本原理是:当发射机每次发射信号之后,接收机产生一个与杂波功率随时间的变化规律相"匹配"的控制电压 E_c,控制接收机的增益按此规律变化。所以灵敏度时间控制电路实际上是一个使接收机灵敏度随时间而变化的控制电路,它可以使接收机不受近距离的杂波干扰而过载。

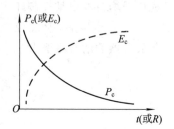

由于杂波(如地物杂波或海浪杂波等)主要出现在近距离内,杂波功率随着距离的增加而相对平滑地减小,如图 3.22 所示。图中实线表示干扰功率与时间的关系,虚线表示控制电压与时间的关系。如果把发射信号时刻作为距离的起点,则横轴实际上就是时间轴(或距离)。在现代雷达中,STC 通常采用数控衰减器来实现。

图 3.22 杂波干扰功率及控制电压与时间的关系

根据试验,地/海杂波功率 P_c 随距离 R 的变化规律为 $P_c = K \cdot R^{-a}$,其中,K 为比例常数,它与雷达的发射功率等因素有关;a 为由试验条件所确定的系数,它与天线波瓣形状等有关,按雷达方程,$a=4$,一般取 $a=2.7 \sim 4.7$。实际中可以根据雷达架设阵地的杂波情况进行调整。

杂波功率可能比噪声高出 $60 \sim 70$ dB,甚至更高。采用 STC 使雷达接收机增益随时间(距离)而变化。但是,不是所有雷达都能采用,例如脉冲多普勒雷达在高重频工作时,由于距离模糊,就不能采用 STC 技术。

3.2.4　滤波和接收机带宽

1. 匹配滤波器

匹配滤波器(Match Filter,MF)是当输入端出现信号与加性白噪声时,使其输出信噪比最大的滤波器,也就是一个与输入信号相匹配的最佳滤波器。此噪声不必是高斯的。针对接收机而言,匹配滤波器是指接收机的频率特性与发射信号的频谱特性相匹配。

设线性时不变滤波器的系统函数为 $H(\omega)$,脉冲响应为 $h(t)$。若滤波器的输入信号 $x(t)$ 为

$$x(t) = s(t) + n(t) \tag{3.2.25}$$

其中,$s(t)$ 是能量为 E_s 的确知信号;$n(t)$ 是零均值平稳加性噪声。利用线性系统叠加定理,滤波器的输出信号 $y(t)$ 为

$$y(t) = s_o(t) + n_o(t) \tag{3.2.26}$$

其中,输出 $s_o(t)$ 和 $n_o(t)$ 分别是滤波器对输入 $s(t)$ 和 $n(t)$ 的响应,如图 3.23 所示。

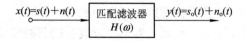

图 3.23　匹配滤波器

由于滤波器是线性的，并且信号 $s(t)$ 和噪声 $n(t)$ 在输入端是相加的，所以首先分别考虑它们在滤波器上输出的响应 $s_o(t)$ 和 $n_o(t)$，然后讨论获得最大输出信噪比的滤波器设计问题。

若输入信号 $s(t)$ 的能量有限，

$$E_s = \int_{-\infty}^{\infty} s^2(t)\,dt < \infty \tag{3.2.27}$$

信号 $s(t)$ 的傅里叶变换存在，且为

$$S(\omega) = \mathrm{FT}[s(t)] = \int_{-\infty}^{\infty} s(t)\,e^{-j\omega t}\,dt \tag{3.2.28}$$

则输出信号 $s_o(t)$ 的傅里叶变换为

$$S_o(\omega) = H(\omega)S(\omega) \tag{3.2.29}$$

于是，输出信号 $s_o(t)$ 为

$$s_o(t) = \mathrm{IFT}[S_o(\omega)] = \frac{1}{2\pi}\int_{-\infty}^{\infty} H(\omega)S(\omega)\,e^{j\omega t}\,d\omega \tag{3.2.30}$$

式中，$S(\omega)$ 和 $S_o(\omega)$ 分别是滤波器输入信号 $s(t)$ 和输出信号 $s_o(t)$ 的频谱函数。

滤波器的输入加性平稳噪声为 $n(t)$，其输出平稳噪声为 $n_o(t)$。若 $P_n(\omega)$ 为输入噪声 $n(t)$ 的功率谱密度，根据线性系统对随机过程的响应，输出噪声 $n_o(t)$ 的功率谱密度 $P_{n_o}(\omega)$ 为

$$P_{n_o}(\omega) = |H(\omega)|^2 P_n(\omega) \tag{3.2.31}$$

这样，滤波器输出噪声 $n_o(t)$ 的平均功率为

$$E[n_o^2(t)] = \frac{1}{2\pi}\int_{-\infty}^{\infty} P_{n_o}(\omega)\,d\omega = \frac{1}{2\pi}\int_{-\infty}^{\infty} |H(\omega)|^2 P_n(\omega)\,d\omega \tag{3.2.32}$$

设滤波器输出信号 $s_o(t)$ 在 $t = t_0$ 时刻出现峰值，则有

$$s_o(t_0) = \frac{1}{2\pi}\int_{-\infty}^{\infty} H(\omega)S(\omega)\,e^{j\omega t_0}\,d\omega \tag{3.2.33}$$

滤波器的输出功率信噪比定义为输出信号 $s_o(t)$ 的峰值功率与输出噪声 $n_o(t)$ 的平均功率之比，记为 SNR_o，即

$$\mathrm{SNR}_o = \frac{\text{输出信号 } s_o(t) \text{ 的峰值功率}}{\text{输出噪声 } n_o(t) \text{ 的平均功率}} = \frac{|s_o(t_0)|^2}{E[n_o^2(t)]} \tag{3.2.34}$$

将式(3.2.32)和式(3.2.33)代入式(3.2.34)，得

$$\mathrm{SNR}_o = \frac{\left|\dfrac{1}{2\pi}\displaystyle\int_{-\infty}^{\infty} H(\omega)S(\omega)\,e^{j\omega t_0}\,d\omega\right|^2}{\dfrac{1}{2\pi}\displaystyle\int_{-\infty}^{\infty} |H(\omega)|^2 P_n(\omega)\,d\omega} \tag{3.2.35}$$

要得到使输出信噪比 SNR_o 达到最大的条件，可利用施瓦兹(Schwarz)不等式，

$$\left|\frac{1}{2\pi}\int_{-\infty}^{\infty} F^*(t)Q(t)\,dt\right|^2 \leqslant \frac{1}{2\pi}\int_{-\infty}^{\infty} F^*(t)F(t)\,dt\ \frac{1}{2\pi}\int_{-\infty}^{\infty} Q^*(t)Q(t)\,dt \tag{3.2.36}$$

其中 $F(t)$ 和 $Q(t)$ 为两个复数函数；"$*$"表示复共轭。当且仅当满足

$$Q(t) = \alpha F(t) \tag{3.2.37}$$

时，不等式(3.2.36)的等号才成立，其中 α 为任意非零常数。

为了将施瓦兹不等式用于式(3.2.35)，令

$$F^*(\omega) = \frac{S(\omega)\mathrm{e}^{\mathrm{j}\omega t_0}}{\sqrt{P_n(\omega)}} \tag{3.2.38}$$

$$Q(\omega) = \sqrt{P_n(\omega)}\, H(\omega) \tag{3.2.39}$$

根据帕斯瓦尔定理，输入信号 $s(t)$ 的能量 E_s 为

$$E_s = \int_{-\infty}^{\infty} |s(t)|^2 \mathrm{d}t = \frac{1}{2\pi}\int_{-\infty}^{\infty} |S(\omega)|^2 \mathrm{d}\omega \tag{3.2.40}$$

这样，式(3.2.35)变为

$$\mathrm{SNR_o} = \frac{\left|\dfrac{1}{2\pi}\displaystyle\int_{-\infty}^{\infty}\left[H(\omega)\sqrt{P_n(\omega)}\right]\left[\dfrac{S(\omega)\mathrm{e}^{\mathrm{j}\omega t_0}}{\sqrt{P_n(\omega)}}\mathrm{e}^{\mathrm{j}\omega t_0}\right]\mathrm{d}\omega\right|^2}{\dfrac{1}{2\pi}\displaystyle\int_{-\infty}^{\infty}|H(\omega)|^2 P_n(\omega)\mathrm{d}\omega}$$

$$\leqslant \frac{\dfrac{1}{2\pi}\displaystyle\int_{-\infty}^{\infty}|H(\omega)|^2 P_n(\omega)\mathrm{d}\omega \, \dfrac{1}{2\pi}\displaystyle\int_{-\infty}^{\infty}\dfrac{|S(\omega)|^2}{P_n(\omega)}\mathrm{d}\omega}{\dfrac{1}{2\pi}\displaystyle\int_{-\infty}^{\infty}|H(\omega)|^2 P_n(\omega)\mathrm{d}\omega}$$

即

$$\mathrm{SNR_o} \leqslant \frac{1}{2\pi}\int_{-\infty}^{\infty}\frac{|S(\omega)|^2}{P_n(\omega)}\mathrm{d}\omega \tag{3.2.41}$$

式(3.2.41)表明，该式取等号时，滤波器的输出信噪比 $\mathrm{SNR_o}$ 最大。根据施瓦兹不等式取等号的条件，当且仅当

$$H(\omega) = \frac{\alpha S^*(\omega)}{P_n(\omega)}\mathrm{e}^{-\mathrm{j}\omega t_0} \tag{3.2.42}$$

时，式(3.2.41)中的等号成立。

在一般情况下，噪声是非白的，即为色噪声，其功率谱密度为 $P_n(\omega)$。这时，式(3.2.42)表示的滤波器即为色平稳噪声时的匹配滤波器，通常称为广义匹配滤波器，它能使输出信噪比最大，即为

$$\mathrm{SNR_o} = \frac{1}{2\pi}\int_{-\infty}^{\infty}\frac{|S(\omega)|^2}{P_n(\omega)}\mathrm{d}\omega \tag{3.2.43}$$

当滤波器输入为功率谱密度 $P_n(\omega) = N_0/2$ 的白噪声时，匹配滤波器的传递函数为

$$H(\omega) = kS^*(\omega)\mathrm{e}^{-\mathrm{j}\omega t_0} \tag{3.2.44}$$

其中，$k = \dfrac{2\alpha}{N_0}$。最大输出信噪比为

$$\mathrm{SNR_o} = \frac{1}{2\pi}\int_{-\infty}^{\infty}\frac{|S(\omega)|^2}{N_0/2}\mathrm{d}\omega = \frac{2E_s}{N_0} \tag{3.2.45}$$

由此可见，匹配滤波器输出端的峰值瞬时信号功率与噪声的平均功率之比 $\mathrm{SNR_o}$ 等于两倍的输入信号能量除以输入噪声功率。也就是说，匹配滤波器输出最大信噪比仅依赖于信号能量和输入噪声功率，而与雷达使用的波形无关。

滤波器的脉冲响应 $h(t)$ 和传递函数 $H(\omega)$ 构成一对傅里叶变换对。所以，在白噪声条件下，匹配滤波器的脉冲响应 $h(t)$ 为

$$h(t) = \text{IFT}[H(\omega)] = \frac{1}{2\pi} \int_{-\infty}^{\infty} H(\omega) e^{j\omega t} d\omega$$

$$= \frac{1}{2\pi} \int_{-\infty}^{\infty} kS^*(\omega) e^{-j\omega t_0} e^{j\omega t} d\omega$$

$$= \left[\frac{k}{2\pi} \int_{-\infty}^{\infty} S^*(\omega) e^{j\omega(t_0 - t)} d\omega \right]^*$$

$$= ks^*(t_0 - t) \tag{3.2.46}$$

式中 $s^*(t_0 - t)$ 为输入信号的镜像，并有相应的时移 t_0，它与输入信号 $s(t)$ 的波形相同。

白噪声情况下，匹配滤波器的传递函数 $H(\omega)$ 和脉冲响应 $h(t)$ 的表达式中，非零常数 k 表示滤波器的相对放大量。因为我们关心的是滤波器的频率特性形状，而不是它的相对大小，所以在讨论中通常取 $k=1$。这样就有

$$H(\omega) = S^*(\omega) e^{-j\omega t_0}$$
$$h(t) = s^*(t_0 - t) \tag{3.2.47}$$

当 $s(t)$ 为实信号时，脉冲响应为 $h(t) = s(t_0 - t)$。

在讨论匹配滤波器时，时延 t_0 可以不予考虑，因此上述匹配滤波器的方程式可以简化为

$$\begin{cases} H(\omega) = S^*(\omega) \\ h(t) = s^*(-t) \end{cases} \tag{3.2.48}$$

对于幅度为 A、脉宽为 τ 的矩形脉冲信号，

$$s(t) = \begin{cases} A\cos(\omega_0 t), & |t| \leqslant \dfrac{\tau}{2} \\ 0, & |t| > \dfrac{\tau}{2} \end{cases} \tag{3.2.49}$$

匹配滤波器的传递函数为

$$H(\omega) = s^*(\omega) = \frac{A\tau}{2} \left[\text{sinc}(\omega - \omega_0) \frac{\tau}{2} + \text{sinc}(\omega + \omega_0) \frac{\tau}{2} \right] \tag{3.2.50}$$

由式(3.2.45)可得匹配滤波器的最大输出信噪比为

$$(\text{SNR}_\text{o})_\text{max} = \frac{2E_\text{s}}{N_0} = \frac{A^2\tau}{N_0} \tag{3.2.51}$$

像式(3.2.50)一样的理想滤波器的频率特性一般难以实现，因此需要考虑它的近似实现，即采用准匹配滤波器。

准匹配滤波器实际上是指利用容易实现的几种频率特性，如矩形、高斯形或其它形状的频率特性，近似实现理想匹配滤波器特性。通常适当选择该频率特性的通频带，可获得准匹配条件下的"最大信噪比"。

设矩形特性滤波器的角频率带宽为 W，传输函数为

$$H_\approx(\omega) = \begin{cases} 1, & |\omega - \omega_0| \leqslant W/2 \\ 0, & |\omega - \omega_0| > W/2 \end{cases} \tag{3.2.52}$$

其频率特性如图 3.24 中的实线所示，图中虚线为准匹配滤波器的频率特性。

准匹配滤波器的最大输出信噪比与理想匹配滤波器的最大输出信噪比的比值定义为失配损失 ρ。上述矩形近似的准匹配滤波器的失配损失经过计算可求得：

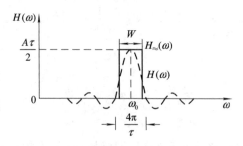

图 3.24　矩形特性近似的准匹配滤波器

$$\rho = \frac{(S/N)_{\approx\max}}{(S/N)_{\max}} = \frac{8}{\pi W\tau} S_i^2 \left(\frac{W\tau}{4}\right) \tag{3.2.53}$$

几种不同信号形状和不同滤波器通带特性的失配损失如表 3.3 所示(表中 B 为 3 dB 带宽)。由表 3.3 可以看出,矩形脉冲通过带宽为 $B = \dfrac{1.37}{\tau}$ 的矩形特性滤波器时,这种准滤波器相对于理想匹配滤波器,其输出信噪比损失 0.85 dB;若采用高斯型滤波器,其信噪比损失只有 0.49 dB。

表 3.3　各种准匹配滤波器的失配损失

脉冲信号形状	准匹配滤波器通带特性	最佳时宽带宽积 $B\tau$	失配损失 $\rho_{\max}$/dB
矩形	矩形	1.37	0.85
矩形	高斯	0.72	0.49
高斯	矩形	0.72	0.49
高斯	高斯	0.44	0
矩形	单调谐	0.40	0.88
矩形	两级参差调谐	0.61	0.56
矩形	五级参差调谐	0.67	0.56

对于输入信号 $s(t)$ 的匹配滤波器,其特性可以总结如下:

- 频率响应函数:$H(f) = S^*(f)$,$S(f)$ 为 $s(t)$ 的傅里叶变化。
- 最大输出信噪比:$2E/N_0$。
- 频率响应的幅度:$|H(f)| = |S(f)|$。
- 频率响应的相位:$\varphi_H(f) = -\varphi_S(f)$。
- 冲激响应函数:$h(t) = s(-t)$。
- 大信噪比的输出信号波形:$s(t)$ 的自相关函数。
- 对类似矩形脉冲和传统滤波器的带宽 B 与时宽 τ 的关系:$B\tau = 1$。
- 非白噪声下匹配滤波器的频率响应函数:$H(f) = \dfrac{S^*(f)}{P_n(f)}$,$P_n(f)$ 为噪声的功率谱。

匹配滤波器使雷达信号的检测不同于通信系统中的检测。匹配滤波器接收机的信号可检测性只是接收信号能量 E 和输入噪声频谱密度 N_0 的函数。雷达的检测能力和作用距离不依赖于信号的波形或接收机的带宽。因此可以选择不同发射信号的波形和带宽,用来优化信息的提取,而且理论上不影响检测。

2. 接收机带宽的选择

对于不同工作体制的雷达，接收机带宽的选择也大不相同。以一般脉冲雷达接收机为例，接收机带宽会影响接收机输出信噪比和波形失真，选用最佳带宽时，灵敏度可以最高，但这时波形失真较大，会影响测距精度。因此，接收机频带宽度的选择应该根据雷达的不同用途而定。一般警戒雷达要求接收机的灵敏度高，而对波形失真的要求不严格，因此要求接收机线性部分(检波器之前的高、中频部分)的输出信噪比最大，即高、中频部分的通频带 B_{RI} 应取为最佳带宽 B_{opt}，通频带需要增加约 0.5 MHz。跟踪雷达(含精确测距雷达)要求波形失真小、接收机灵敏度高，要求接收机的总带宽 B_0(含视频部分带宽 B_v)大于最佳带宽。

考虑到目标速度会引起多普勒频移，接收机滤波器本身响应也会有些误差，这些都会使回波频谱与滤波器通带之间产生某些偏差，因此雷达接收机的带宽一般都要稍微超过最佳值。接收机带宽取宽后，虽然会使雷达容易受到雷达工作频率附近频带上窄带干扰的影响，但却减小了信号的波形失真，可以降低从脉冲干扰中恢复雷达正常工作所需要的时间。

3.3 数字收发技术

软件无线电(Software Radio)是多频段、多功能的无线电系统，具有宽带的天线、射频前端、模数/数模变换，能够支持多个空中接口和协议，通过软件来实现无线电的功能。软件无线电是一种新型的无线电体系结构，它通过硬件和软件的结合使无线网络和用户终端具有可重配置能力。软件无线电提供了一种建立多模式、多频段、多功能无线设备的有效而且相当经济的解决方案，可以通过软件升级实现功能提高。软件无线电可以将整个系统(包括用户终端和网络)采用动态的软件编程对设备特性进行重新配置，换句话说，相同的硬件可以通过软件定义来完成不同的功能。对应到雷达领域，软件无线电雷达是一种现代雷达的先进设计理念，它的核心思想是设计一种具有开放式架构、规模可扩展，并以公用构建模块(Common Building Blocks)为基础的通用平台，尽可能多地支持通过软件定义方式来升级或重构雷达系统，提升其技术、战术指标及功能。

显然，为了使雷达系统满足软件无线电理想模型的要求，就要尽量提升雷达系统的软件化水平：在纵向信号流程方面，需要使 ADC/DAC 尽量靠近天线，简化收发通道的纵向拓扑结构；在横向信号流程方面，需要尽量对每个天线单元对应收发信号都进行数字化，以此来提高后端处理的自由度。因此，在现代雷达系统设计中，数字收发技术将扮演越来越重要的角色。

在介绍数字接收机之前，先简单介绍模拟正交相干检波器。

3.3.1 模拟正交相干检波器

传统雷达对接收信号经过模拟混频、滤波得到中频信号，在中频放大、滤波后再经过模拟正交相干检波器得到基带 I、Q 信号。模拟正交相干检波器如图 3.25 所示。再利用两路模-数变换器(ADC)同时对 I、Q 分量进行采样。根据 Nyquist 采样定理，要求采样频率 f_s 至少是信号最高频率 f_{max} 的 2 倍。然而，如果信号的频率分布在某一有限频带上，而且

信号的最高频率 $f_{\max}$ 远大于信号的带宽，此时仍按 Nyquist 定理采样的话，其采样频率会很高，以致难以实现，或是后续处理的速度不能满足要求。另外，由于模拟正交相干检波器需要两路完全正交的本振源、两个混频器和滤波器，如果这两路模拟器件的幅度和相位特性不一致，将导致 I、Q 不平衡，产生镜频分量，影响改善因子等。

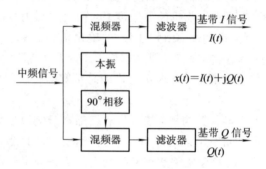

图 3.25　模拟正交相干检波器

若中频输入信号模型为 $s(t)=\cos(2\pi(f_0+f_d)t)$，$f_0$ 为中频频率，则在理想情况下，正交两路混频器的参考信号和输出的基带信号为

$$\begin{cases} h_I(t) = \cos(2\pi f_0 t) \\ h_Q(t) = -\sin(2\pi f_0 t) \end{cases} \rightarrow \begin{cases} I(t) = \cos(2\pi f_d t) \\ Q(t) = \sin(2\pi f_d t) \end{cases} \tag{3.3.1}$$

若两个本振信号存在幅度相对误差 ε_A 和正交相位误差 ε_φ（即相位差不等于 $90°$），正交两路混频器的参考信号和输出的基带信号为

$$\begin{cases} h_I(t) = (1+\varepsilon_A)\cos(2\pi f_0 t) \\ h_Q(t) = -\sin(2\pi f_0 t + \varepsilon_\varphi) \end{cases} \rightarrow \begin{cases} I(t) = (1+\varepsilon_A)\cos(2\pi f_d t) \\ Q(t) = \sin(2\pi f_d t + \varepsilon_\varphi) \end{cases} \tag{3.3.2}$$

则在输出信号 $x(t)$ 单边带频谱的频率 f_d 相对称的位置（$-f_d$）产生一个频谱分量，称为镜频分量。镜频分量与理想频谱分量的功率之比称为镜频抑制比，用 IR 表示，当幅度和相位误差分别为 ε_A 或 ε_φ 时，IR 可以近似计算为

$$\text{IR} = 10\lg\left(\frac{\varepsilon_\varphi^2 + \varepsilon_A^2}{4}\right) - 4.3\,|\varepsilon_A| \quad \text{(dB)} \tag{3.3.3}$$

假设多普勒频率 $f_d = 1000$ Hz，图 3.26 给出了幅相误差对 IR 的影响，其中图 3.26(a)

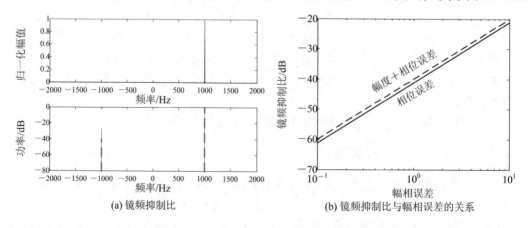

(a) 镜频抑制比　　　　　　　　　　　(b) 镜频抑制比与幅相误差的关系

图 3.26　幅相误差对镜频抑制比的影响

上边是不存在幅相误差的基带复信号的功率谱，下边是相位误差 ε_φ 分别为 1°、5°时的功率谱，可见这时的 IR 分别为 $-41.2\ \mathrm{dB}$、$-27.2\ \mathrm{dB}$；图 3.26(b)是镜频抑制比与幅相误差的关系，图中实线表示只有相位误差（单位：°(度)），虚线表示同时存在幅度和相位误差，例如，横坐标的幅相误差为"1"表示相位误差为 1°和幅度相对误差为 1%。

为了达到较高的镜频抑制比，要使得图 3.25 中模拟正交相干检波器的同相和正交两通道的相位误差小于 1°，这是非常困难的。因此，模拟正交相干检波器的镜频抑制比受到限制。现代雷达大多采用数字正交相干检波的方法得到基带 I、Q 信号。

3.3.2　数字接收机

软件无线电的中心思想是：构造一个具有开放性、标准化、模块化的通用平台，使高速宽带 A/D 转换器尽可能地靠近接收前端乃至天线，将各种无线电功能用软件来完成。在软件雷达发射机和接收机中，软件无线电主要体现在雷达的发射波形产生和接收回波信号的解调(正交鉴相)等功能上采用标准化、模块化的通用平台和软件来实现。软件雷达的组成原理框图如图 3.27 所示，软件雷达接收机(包括软件雷达发射激励)的核心部分是用数字信号处理的方法来完成的，所以这种技术也叫雷达数字接收机。

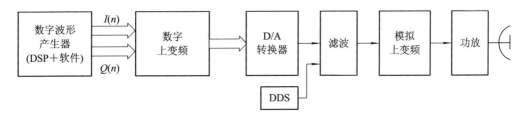

(a) 软件雷达发射部分原理框图

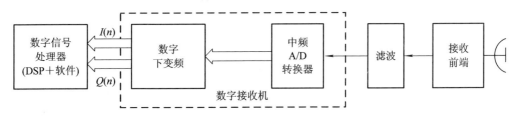

(b) 软件雷达接收部分原理框图

图 3.27　软件雷达组成原理框图

随着超高速数字电路技术的迅速发展，雷达接收机的数字化水平越来越高。特别是高速高精度(采样速率在数百兆赫以上，精度在 12 bit 以上)中频 A/D 转换器(与过去在基带采样的 A/D 转换器的区别在于，中频 A/D 转换器允许输入信号的频率大于采样频率)和 DDS 技术的发展，以及高速数字信号处理芯片 DSP 和现场可编程门阵列(FPGA)的普遍使用，为雷达数字接收机提供了良好的硬件基础。由于使用 FPGA、DSP 芯片设计的数字接收机具有体积小、重量轻、易于算法实现、性能稳定、抗干扰能力强、灵活性强等优点，数字化接收机已经逐步取代传统模拟接收机。

图 3.27 中数字接收机大多在中频进行，只有在 L 波段及其以下频段是在射频直接进行采样的。它将经过低噪声放大和混频后的中频信号直接进行 A/D 采样，随后进行数字正

交变换(即数字下变频,也称为数字正交检波或鉴相),得到数字基带 I、Q 信号,并送信号处理机进行数字信号处理。与传统的模拟 I、Q 解调相比,数字接收机进行中频正交采样的优点有:

(1) 信号在射频或中频直接采样并得到 I 和 Q 两路信号,不须通过模拟检波,I 和 Q 两路信号的不平衡(直流电平漂移、通道不一致)几乎消除,正交性(两路信号的相位差为 $90°$)良好,有利于提高雷达的改善因子。

(2) 高速高精度 A/D 转换器的应用,不仅提高了数字接收机的工作频率,扩展了工作频带,而且 A/D 转换器有效位数的增加,也大大扩展了接收机的瞬时动态范围,线性度更好。

(3) 数字滤波器误差范围小,相位线性、抗混叠滤波性能更好。

(4) 数字信号可以被长期存储,可用更灵活的信号处理方法从数字信号中提取有用信息。

(5) 开放性、标准化、模块化的通用平台和软件,使数字接收机具有更高的灵活性、开放性和通用性。

3.3.3 数字中频正交采样的原理

为了克服模拟正交相干检波器的不足,通常采用数字正交采样的方法得到基带 I、Q 信号,而且由于通常需要处理的信号的带宽是有限的,因此可以直接对中频信号进行带通采样。带通采样的采样频率与低通采样不一样,它与信号的最高频率没有关系,只与信号带宽有关,最小可等于信号带宽的 2 倍,实际中常取信号带宽的 4 倍或更高。

带通采样定理:设一个频带有限信号 $x(t)$,其频带限制在 (f_L, f_H) 内,如果采样速率满足:

$$f_s = \frac{2(f_L + f_H)}{2m - 1} = \frac{4f_0}{2m - 1} \tag{3.3.4}$$

$$f_s \geqslant 2(f_H - f_L) = 2B \tag{3.3.5}$$

式中,$f_0 = \dfrac{f_L + f_H}{2}$ 为带限信号的中心频率;$B = f_H - f_L$ 为信号频宽;m 取能满足以上两式的正整数,则利用 f_s 进行等间隔采样所得到的信号采样值就能准确地获得基带 I、Q 信号。

上述带通采样只允许在其中一个频带上存在信号,而不允许在不同的频带上同时存在信号,否则将会引起信号混叠。为满足这个前提条件,可以采用跟踪滤波的办法,即当需要对某一个中心频率的带通信号进行采样时,就先把跟踪滤波器调到与之对应的中心频率 f_{0n} 上,滤出所感兴趣的带通信号,然后再进行采样,以防止信号混叠。该跟踪滤波器也称之为抗混叠滤波器。

一个带通信号可表示为

$$x(t) = a(t)\cos[\omega_0 t + \varphi(t)] = x_I(t)\cos\omega_0 t - x_Q(t)\sin\omega_0 t \tag{3.3.6}$$

其中,$x_I(t)$、$x_Q(t)$ 分别是 $x(t)$ 的同相分量和正交分量;ω_0 为载频或中频;$a(t)$、$\varphi(t)$ 分别为包络和相位调制函数。它们有如下关系:

$$x_I(t) = a(t)\cos\varphi(t) \tag{3.3.7}$$

$$x_Q(t) = a(t)\sin\varphi(t) \tag{3.3.8}$$

构成的复包络信号为 $\widetilde{X}(t)=x_I(t)+\mathrm{j}x_Q(t)=a(t)\mathrm{e}^{\mathrm{j}\varphi(t)}$。若采样频率 f_s 满足：

$$f_s = \frac{4f_0}{2m-1}, \quad f_s > 2B \tag{3.3.9}$$

并以采样周期 $t_s=1/f_s$ 对此信号采样，则采样后的输出为

$$
\begin{aligned}
x(n) &= a(nt_s)\cos(2\pi f_0 nt_s + \varphi(nt_s)) \\
&= a(nt_s)\cos\left(\frac{2\pi f_0 n(2m-1)}{4f_0}\right)\cos(\varphi(nt_s)) - a(nt_s)\sin\left(\frac{2\pi f_0 n(2m-1)}{4f_0}\right)\sin(\varphi(nt_s)) \\
&= a(nt_s)\cos(\varphi(nt_s))\cos\left(n\frac{\pi}{2}(2m-1)\right) - a(nt_s)\sin(\varphi(nt_s))\sin\left(n\frac{\pi}{2}(2m-1)\right) \\
&= I(n)\cos\left(mn\pi - \frac{n\pi}{2}\right) - Q(n)\sin\left(mn\pi - \frac{n\pi}{2}\right) \\
&= \begin{cases} (-1)^{n/2}I(n), & n \text{ 为偶数} \\ (-1)^m(-1)^{(n+1)/2}Q(n), & n \text{ 为奇数} \end{cases}
\end{aligned} \tag{3.3.10}
$$

由上式可以看出，可直接由采样值交替得到信号的同相分量 $I(n)$ 和正交分量 $Q(n)$，不过在符号上需要进行修正。另外 I、Q 两路输出信号在时间上相差一个采样周期 t_s，但在信号处理中，要求得到的是同一时刻的 I 和 Q 值，所以需要对其进行时域插值或频域滤波，二者是等效的。下面就低通滤波法、插值法和多相滤波法这三种方法进行简单介绍。

3.3.4　数字中频正交采样的实现方法

1. 低通滤波法

低通滤波法是一种仿照传统的模拟正交采样的实现方法，只是将频移放在了 A/D 变换之后，这样混频和滤波都是由数字系统来实现的，其原理框图如图 3.28 所示。

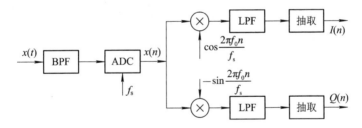

图 3.28　低通滤波法实现数字正交采样的原理框图

将中频输出信号 $x(n)$ 分别与 $-\sin(2\pi f_0 n/f_s)$ 和 $\cos(2\pi f_0 n/f_s)$ 相乘，即数字混频，得到

$$
\begin{aligned}
x(n)\cos\left(\frac{2\pi f_0 n}{f_s}\right) &= a(nt_s)\cos(2\pi f_0 nt_s + \varphi(nt_s))\cos(2\pi f_0 nt_s) \\
&= \frac{a(nt_s)}{2}\left[\cos(4\pi f_0 nt_s + \varphi(nt_s)) + \cos(\varphi(nt_s))\right]
\end{aligned} \tag{3.3.11}
$$

$$
\begin{aligned}
x(n)\sin\left(\frac{2\pi f_0 n}{f_s}\right) &= -a(nt_s)\cos(2\pi f_0 nt_s + \varphi(nt_s))\sin(2\pi f_0 nt_s) \\
&= \frac{a(nt_s)}{2}\left[-\sin(4\pi f_0 nt_s + \varphi(nt_s)) + \sin(\varphi(nt_s))\right]
\end{aligned} \tag{3.3.12}
$$

在频域上等同于将频谱左移 $\pi/2$（归一化频率为 $1/4$），这样就将正频谱的中心移到了

零频，时域信号也相应地分解为实部和虚部，再让混频后的信号经过低通滤波器，滤除高频分量，即可得到所需的基带正交双路信号 $I(n)$ 和 $Q(n)$。

由于滤波器的输入数据交替为 0，因此可以对滤波器进行简化，I、Q 支路的滤波器系数分别为

$$\begin{cases} h_I(n) = h(2n) \\ h_Q(n) = h(2n+1) \end{cases}, \quad n = 0, 1, \cdots, \frac{N}{2} - 1 \qquad (3.3.13)$$

式中，$h(n)$ 为 FIR 原型滤波器的系数，N 为 $h(n)$ 的阶数。这样滤波器的阶数降低了一半，同时完成了数据的 1/2 抽取。

低通滤波法对两路信号同时做变换，所用的滤波器系数相同，这样两路信号通过低通滤波器时由于非理想滤波所引起的失真是一致的，对 I、Q 两路信号的幅度一致性和相位正交性没有影响，从而具有很好的负频谱对消功能，可以达到很高的精度。

为获得较高的镜频抑制比，设计的低通滤波器阻带衰减要有一定的深度，最好使衰减后的镜频分量不大于量化噪声，同时过渡带要窄，这样在同样的采样率下，就可以允许更宽的输入信号。

2. 插值法

由式(3.3.10)可以看出，同向分量 $I(n)$ 和正交分量 $Q(n)$ 在时域上表现为相差半个采样点。要得到同一时刻的 $I(n)$ 和 $Q(n)$ 的值，从时域处理的角度来看，最简单的办法就是采用插值法，即采用一个 N 阶的 FIR 滤波器对其中一路进行插值滤波，另一路做相应的延时处理。这样的处理相当于频域上的滤波，完成插值后，负频谱的分量就被滤除掉了，此后的采样率可以再降低，由此可得到插值法的结构框图，如图 3.29 所示。

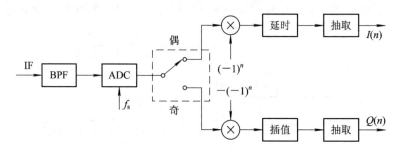

图 3.29　插值法实现数字正交采样的原理框图

插值函数有多种形式，按照香农(shannon)采样定理可选用辛克函数 $\sin x / x$ 作为插值函数，而在数学上，还可以采用多项式插值，其中应用较多的是 Bessel 插值。Bessel 插值是用多项式来逼近一个带限函数，可以根据已有的奇数项 $Q(n)$ 的值进行 Bessel 内插得出偶数项 $Q(n)$ 的值。

$n(n$ 为偶数$)$阶 Bessel 中点插值公式为

$$f\left(x_0 + \frac{h}{2}\right) = \frac{y_0 + y_1}{2} - \frac{1}{2! \, 2^2} \times \frac{\Delta^2 y_0 + \Delta^2 y_{-1}}{2} + \frac{1^2 \times 3^2}{4! \, 2^4} \times \frac{\Delta^4 y_{-1} + \Delta^4 y_{-2}}{2} \cdots$$
$$+ (-1)^n \frac{1^2 \times 3^2 \times 5^2 \times \cdots \times (2n-1)^2}{(2n)! \, 2^{2n}} \times \frac{\Delta^{2n} y_{-n+1} + \Delta^{2n} y_{-n}}{2}$$

$$(3.3.14)$$

式中，$h = x_i - x_{i-1}$，为两个已知点之间的间隔，$\Delta^n y_i$ 为 $y = f(x)$ 在 y_i 点的 n 阶差分，且

$$\Delta^n y_i = \sum (-1)^j C_n^j y_{i+n-j} \tag{3.3.15}$$

式(3.3.14)中各项的系数正好为 $(a-b)^n$ 展开的二项式系数。实际上，只要用 $Q(2i-1)$ 代替式中的 y_i，用 $f_s/2$ 代替 h，就可以得到对 $Q(2i)$ 的内插值。平移内插数据，就可以实现对所有的偶数项 $Q(2i)$ 的内插。N 阶 Bessel 内插实际上只有 $N/2$ 个不同的系数，且其分母为 2 的整数次幂，见表 3.4。因此，Bessel 插值在具体实现中很简单。

表 3.4　常用的 Bessel 插值相应的系数

阶　　数	Bessel 插值的系数
4 阶	$[-1, 9, 9, -1]/16$
6 阶	$[3, -25, 150, 150, -25, 3]/256$
8 阶	$[-5, 49, -245, 1225, 1225, -245, 49, -5]/2048$
10 阶	$[35, -405, 2268, -8820, 39\,690, 39\,690,$ $-8820, 2268, -405, 35]/65\,536$

假设式(3.3.4)中 $m = 3$，则采样频率 $f_s = \dfrac{4f_0}{2m-1} = \dfrac{4}{5}f_0$，对窄带中频信号采样，则第 n 个采样点的离散形式为

$$S(nT_s) = a(nT_s)\cos(2\pi f_0 nT_s + \varphi(nT_s)) \tag{3.3.16}$$

式中，$T_s = \dfrac{1}{f_s}$ 为采样间隔。将 $f_0 = \dfrac{5}{4}f_s$ 代入式(3.3.16)，得到

$$
\begin{aligned}
S(nT_s) &= a(nT_s)\cos\left[2\pi \times \frac{5}{4}f_s \times nT_s + \varphi(nT_s)\right] \\
&= a(nT_s)\cos\left[\frac{5}{2}\pi \times n + \varphi(nT_s)\right] \\
&= \begin{cases}
a(nT_s)\cos\varphi(nT_s), & n = 4K(=0, 4, 8, \cdots) \\
-a(nT_s)\sin\varphi(nT_s), & n = 4K+1(=1, 5, 9, \cdots) \\
-a(nT_s)\cos\varphi(nT_s), & n = 4K+2(=2, 6, 10, \cdots) \\
a(nT_s)\sin\varphi(nT_s), & n = 4K+3(=3, 7, 11, \cdots)
\end{cases}, \quad 0 \leqslant nT_s \leqslant \tau
\end{aligned}
\tag{3.3.17}
$$

式中，$K = 0, 1, 2, \cdots, M$。

由 Bessel 内插公式知，8 点中值公式可化简为

$$\hat{I}_5 = \frac{1}{2}(I_4 + I_6) + \frac{1}{8}\left[\frac{1}{2}(I_4 + I_6)\right] - \frac{1}{16}(I_2 + I_8) \tag{3.3.18}$$

式中，I_2、I_4、I_6、I_8 为采样点，$\hat{I}_5$ 为 I_2、I_4、I_6、I_8 的中值点。

对于下列时间序列：Q_1、I_2、Q_3、I_4、Q_5、I_6、Q_7、I_8，按式(3.3.18)求出 $\hat{I}_5$，则 $\hat{I}_5$ 和 Q_5 即为一组正交信号。由此得到利用内插运算进行数字正交采样的实现框图，如图 3.30(a)所示，但考虑到运算精度，实际上求 $\hat{I}_5$ 的逻辑图按图 3.30(b)完成。这里主要考虑了数

字信号的特点和具体器件的使用技巧，即不需要采用乘法器，只需要进行简单的移位加法运算即可完成正交通道的插值。

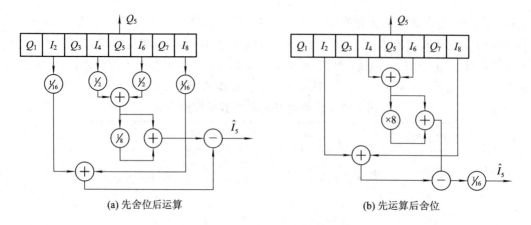

图 3.30　内插法进行数字正交采样的实现框图

3. 多相滤波法

一种更具实用性的中频正交采样方法是多相滤波法，其实现方法如图 3.31 所示。

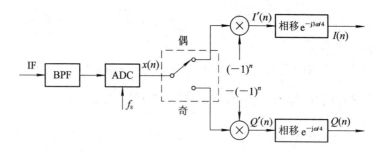

图 3.31　多相滤波法进行数字正交采样的原理框图

先对中频采样输出信号 $x(n)$ 进行奇、偶抽选，所得到的偶数项记为 $I'(n)$，奇数项记为 $Q'(n)$。$I'(n)$ 和 $Q'(n)$ 是两路采样周期为 $T=2T_s(T_s=1/f_s)$ 的基带正交信号，两者在时间上相差一个中频采样周期 T_s，即 $T/2$。内插法由于只对一路信号做变换，所得到的两路信号的幅度一致性和相位正交性受滤波器阶数的影响很大，而多相滤波法则不存在这种缺陷。在这种处理方法中，首先设计一个低通滤波器，从滤波器系数中选择一部分来对 $I'(n)$ 进行滤波，再选择一部分来对 $Q'(n)$ 进行滤波，适当选取这两部分滤波器系数，可使得后者的滤波延时比前者少半个样本周期。这样，$I'(n)$ 和 $Q'(n)$ 经滤波输出后将得到标准的正交双路信号。而且，这两个滤波器的系数是从同一个低通滤波器的系数中有规律地选取出来的，具有相似的频响特性，即使所设计的低通滤波器的特性是非理想的，也不会给 I、Q 两路信号的正交性带来很大影响。

设计的低通滤波器实质上是一个插值滤波器。对于一个 L 倍内插滤波器而言，对其冲激响应进行 L 分选，可得到 L 路滤波器系数。将每一路滤波器系数单独作为冲激响应，即可构成 L 个滤波器。由插值理论可知，其中每一个滤波器实质上都是一个分数相移滤波器。这样每一个滤波器的滤波延时较前一个多 $1/L$ 个样本，则第 m 个和第 n 个滤波器的滤

波延时相差 $(m-n)/L$ 个样本。如果要使两个滤波器的滤波延时相差半个样本，则 L 必须为 2 的整数倍。以 $L=4$ 为例，将抽选出的第二路滤波器的系数作为 $h_Q(n)$，$Q'(n)$ 经过滤波器后延时 $\dfrac{N-1}{2}+\dfrac{1}{4}$ 个样本（其中 N 为抽选出的滤波器阶数），第四路滤波器的系数作为 $h_I(n)$，$I'(n)$ 经过滤波器后延时 $\dfrac{N-1}{2}+\dfrac{3}{4}$ 个样本，这样经多相滤波后，恰好修正了 I、Q 两路信号在时间上的不一致性。

4. 三种方法的性能比较

为了分析比较上述三种方法的镜频抑制性能及其对宽带信号的适应性，对低通滤波法、插值法和多相滤波法进行计算机仿真。为了使结果具有可比性，支路滤波器的阶数统一为 16 阶，三种方法原型滤波器分别为 32 阶、16 阶和 64 阶。对于低通滤波法，其理想的滤波器应该具有较陡的过渡带（较尖锐的截止特性）和较大的阻带衰减。低通滤波器的设计可以采用窗函数法或者最佳等波纹法。最佳等波纹法具有很高的阻带衰减，对镜频的抑制性能好，同时可以实现较尖锐的截止特性，因此选用此法进行低通滤波器的设计。滤波器的归一化通带截止频率和阻带起始频率分别为 0.25 和 0.60，利用雷米兹（Remez）方法设计的低通滤波器的频率响应如图 3.32 所示，可见其具有一定的过渡带，阻带衰减可达 180 dB，在很大范围内都满足线性相位特性，因此可以获得较好的镜频抑制比。将滤波器系数按式（3.3.13）分别抽取偶数项和奇数项，作为 I、Q 两路的滤波器系数。

插值法采用 16 点的 Bessel 插值，具有 8 个非零的系数，由于这 8 个系数呈左右对称，故实际上只有 4 个不同的系数。而对于多相滤波法，利用凯塞（Kaiser）窗函数先设计一个 $1:4$ 的内插低通滤波器（64 阶的 FIR 原型滤波器，归一化通带截止频率为 0.25），其频率响应如图 3.33 所示，分别取 2、4 支路作为 Q、I 两路的滤波器系数（支路滤波器系数 16 阶）。可以证明两路滤波器的幅度响应完全一致，误差主要在相位失真上。

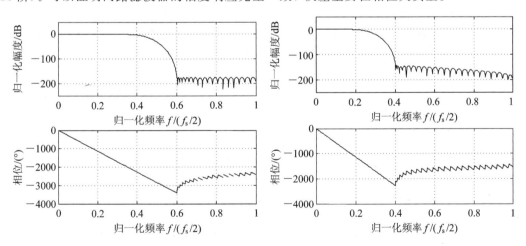

图 3.32　Remez 方法设计的低通滤波器的幅相特性　　图 3.33　Kaiser 窗设计的低通滤波器的幅相特性

假设输入中频信号带宽 $B=4$ MHz，$f_0=10$ MHz，$f_s=8$ MHz（相当于 $f_s=\dfrac{4f_0}{2m-1}$ 中 $m=3$）。信号形式为 $s(n)=\cos\left[2\pi(f_0+f_d)\dfrac{n}{f_s}\right]$，式中 f_d 为输入信号频率相对于采样频率 f_s

的频偏，$f_d \in (-2\ \text{MHz}, 2\ \text{MHz})$。对输入信号分别用三种方法进行正交分解，对其输出结果进行 FFT 变换得到其频谱，然后分别计算镜频抑制比 $\text{IR} = 20\lg |X(-f_d)/X(f_d)|$，结果如图 3.34 所示。图中横坐标为信号的频率偏移分量 f_d 与采样频率 f_s 之比，即归一化带宽的一半（假设信号的中心在载频 f_0 上），纵坐标为镜频抑制比 IR。由图可见，Bessel 插值法在较窄的频偏时具有很高的镜频抑制效果，最高可达到 280 dB，但其有效带宽比较小，在信号归一化带宽超过 10％ 时，镜频抑制比很快就衰减到较低的水平，故插值法适用于信号带宽较窄、信号的能量集中在频谱中心的情况，此时实现起来较为容易一些。

与插值法相比，多相滤波法的带宽较宽，当归一化带宽超过 20％ 时，其镜频抑制特性才会明显下降，而且实现时支路滤波器的阶数为原型滤波器的 $1/L$（L 为偶数，一般取 $L=4$），能够以较低的滤波器阶数得到较高的镜频抑制比，故对于一定带宽内（20％ 以内）的宽带信号，多相滤波法是一种较为理想的实现方法。

低通滤波法在整个频带内都具有相对较平坦的镜频抑制比，即使信号的归一化带宽在 40％ 左右时镜频抑制比也可以达到 170 dB 左右，因此它适用于边带频谱较强的信号，故对宽带信号而言更适合采用低通滤波法进行正交变换。

另外，考虑到实际实现时有限字长的影响，对输入、输出和滤波器系数进行量化，取 A/D 采样后输入信号字长为 12 bit，滤波器系数和输出信号字长为 16 bit，所得结果如图 3.35 所示。由图可以看出，受有限字长的影响镜频抑制都有所下降，但在一定的范围内，三种方法都可以达到 90 dB 左右的镜频抑制效果，能够满足工程实现的需要。

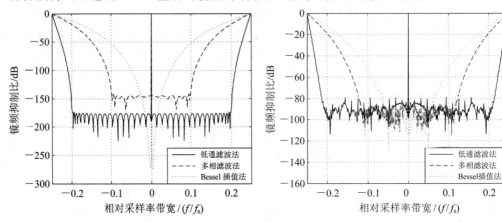

图 3.34　理想情况下三种方法的镜频抑制比　　图 3.35　考虑量化噪声时的镜频抑制比

3.3.5　雷达接收机中 A/D 变换器的选取

雷达接收机后面一般采用 A/D 变换器，如图 3.36 所示。A/D 变换器的功能是接收机的回波模拟信号变换成二进制的数字信号。A/D 变换器的主要性能指标有 A/D 变换位数、变换灵敏度、变换速率、信噪比、无杂散动态范围（SFDR）、孔径抖动、非线性误差等。

接收机输入端的噪声功率 $N_i (= kT_0 B_R)$ 和输出端的噪声功率 N_o 为

$$N_i = N_1 + B_R \quad (\text{dBm}), \qquad N_o = N_i + F + G \quad (\text{dBm}) \tag{3.3.19}$$

式中，$N_1 = kT_0 = -174\ \text{dBm}$，为室温下单位带宽内的噪声功率。

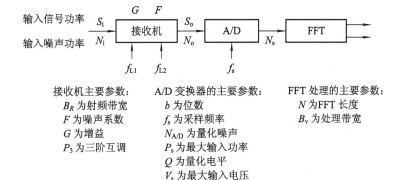

图 3.36 接收机与 A/D 变换器的连接

对于一个位数为 b 位的 A/D 变换器，输入电压峰峰值为 V_{pp}，变换灵敏度（又称量化电平）为 $Q = V_{pp}/2^b$，输入阻抗为 R（通常取 50 Ω），量化噪声的功率为 $N_{A/D} = Q^2/(12R)$。显然 A/D 变换的位数越多，电压输入范围越小，灵敏度越高。

对于一个理想的 A/D 变换器，当输入正弦波的幅度与 A/D 的最大输入电平一致时，最大功率为

$$P_{max} = \frac{1}{R} \left(\frac{V_{pp}}{2\sqrt{2}} \right)^2 = \frac{1}{R} \frac{2^{2b}Q^2}{8} \tag{3.3.20}$$

在没有噪声的情况下，最小输入电压被认为是量化电平，最小功率为

$$P_{min} = \frac{1}{R} \left(\frac{Q}{2\sqrt{2}} \right)^2 = \frac{1}{R} \frac{Q^2}{8} \tag{3.3.21}$$

故 A/D 的动态范围为

$$DR_{ADC} = 10\lg \frac{P_{max}}{P_{min}} = 20 \cdot \lg 2 \cdot b = 6 \cdot b \quad (dB) \tag{3.3.22}$$

假设噪声是带限的，并且没有噪声通过 A/D 变换器反射回接收机，则 A/D 变换器的输出噪声 N_s 是接收机输出端的噪声 N_o 和量化噪声 N_b 之和。因此系统总的噪声系数为

$$F_s = \frac{N_s}{G \cdot N_i} = \frac{N_o + N_{A/D}}{G \cdot N_i} = F + \frac{N_{A/D}}{G \cdot N_i} \tag{3.3.23}$$

式中，$\dfrac{N_{A/D}}{G \cdot N_i}$ 为 A/D 变换器对噪声系数的恶化量。通常用接收机输出的噪声功率与 A/D 的量化噪声功率的比值来计算噪声系数，定义 $M = N_o/N_{A/D}$，其含义是利用量化噪声的功率来度量接收机输出的噪声功率，且定义 $M' = M + 1$，代入上式有

$$F_s = \frac{N_o + N_o/M}{G \cdot N_i} = \frac{N_o}{G \cdot N_i} \left(1 + \frac{1}{M} \right) = F \left(\frac{M+1}{M} \right) = \frac{F \cdot M'}{M} \tag{3.3.24}$$

用对数表示，系统总的噪声系数为

$$F_s = F + 10\lg(M+1) - 10\lg M = F + \Delta F_{A/D} \quad (dB) \tag{3.3.25}$$

其中，$\Delta F_{A/D} = 10\lg(M+1) - 10\lg M$（dB），为 A/D 对噪声系数的恶化量。

从式(3.3.24)可以看出：

(1) 如果 $M = 1$，则意味着量化噪声功率等于接收机输出的噪声功率，系统总的噪声系数为接收机噪声系数的 2 倍，即噪声系数增大了 3 dB。M 越大，噪声系数的恶化程度

越小。

(2) 如果 $M<1$，则意味着量化噪声使得噪声系数将会较大，这是不希望的。为了增大 M 的值，放大器的增益必须要高。

(3) 如果 $M=9$，则 $M'=10$，$\Delta F_{A/D}=10\lg10-10\lg9=0.46$（dB），这意味着噪声系数将恶化 0.46 dB。当 M 增大到一个较大的时值，$M'(dB)-M(dB)$ 的差值将变得很小。这时，系统噪声系数将接近接收机噪声系数，量化噪声可以忽略。

[例 3 - 4] 针对图 3.36 所示的雷达接收机和 A/D 变换器，该雷达接收机的指标为：瞬时动态不小于 60 dB，系统带宽 $B=2$ MHz，灵敏度为 -108 dBm，中频信号频率 $f_0=60$ MHz，增益 $G=52$ dB，噪声系数 $F=3.5$ dB。A/D 输入电阻为 200 Ω。

接收机前端到 A/D 输入端的噪声功率为 $P_{nR}=-108$ dB$+52$ dB$=-56$ dBm，折算到 $R=200$ Ω 的 A/D 输入阻抗上的均方噪声电压为

$$V_{nR}^2 = P_{nR}R = 10^{(-56/10)} \times 0.001 \times 200 = 5.0238 \times 10^{-7} \quad (V^2)$$

A/D 的均方噪声电压为 $V_{nA/D}^2 = \left(\dfrac{V_{pp}}{2\sqrt{2}} \times 10^{-\frac{SNR}{20}}\right)^2$，SNR 为 A/D 的信噪比。

根据中频正交采样定理，要求 A/D 的采样频率 $f_s = \dfrac{4}{2m-1}f_0 = \dfrac{240}{2m-1}$（MHz），且大于 $2B$。因此取 $f_s=16$ MHz。考虑选取如下两种不同位数的 A/D 变换器：

(1) 选取 12 位 A/D 变换器 AD10242 或 AD9042 时，实际 A/D 变换器的 SNR 为 62 dB，则 A/D 的均方噪声电压为

$$V_{nA/D}^2 = \left(\frac{2}{2\sqrt{2}} \times 10^{-\frac{62}{20}}\right)^2 = 3.1548 \times 10^{-7} \quad (V^2)$$

$$M = \frac{V_{nR}^2}{V_{nA/D}^2} = \frac{5.0238 \times 10^{-7}}{3.1548 \times 10^{-7}} = 1.5924$$

A/D 对系统噪声系数的恶化量为 $\Delta F_{A/D}=10\lg(M+1)-10\lg M=2.1165$（dB），显然此值太大，这是不可取的。

(2) 选取 14 位 A/D 变换器 AD6644 或 AD9244 时，实际 A/D 变换器的 SNR 为 72 dB，则 A/D 的均方噪声电压为

$$V_{nA/D}^2 = \left(\frac{2}{2\sqrt{2}} \times 10^{-\frac{72}{20}}\right)^2 = 3.1548 \times 10^{-8} \quad (V^2)$$

$$M = \frac{V_{nR}^2}{V_{nA/D}^2} = \frac{5.0238 \times 10^{-7}}{3.1548 \times 10^{-8}} = 15.924$$

A/D 对系统噪声系数的恶化量为 $\Delta F_{A/D}=0.265$（dB），可以忽略。因此，需要选取 14 位的 A/D 变换器，才能使量化噪声对系统的噪声系数影响最小。

由此可见，由于雷达目标回波信号非常弱，雷达信号采样时尽量选择高精度、低噪声的 A/D 变换器。

3.4 正交相参检波的 MATLAB 程序

这里给出了三种中频正交采样的仿真程序。假设中频频率 $f_0=60$ MHz，带宽 $B=2$ MHz，输入中频信号的变量为"ss"。

```
％％正交采样仿真——三种方法的性能比较          ％％％％％％％％％％
％波形参数
N＝1024 ＊ 8；N2＝N/2；N4＝N/4；              ％信号采样点数
N1＝64；
f0＝60e6；                                  ％中心频率 60 MHz
B＝2e6；                                    ％频偏，即信号带宽
m＝8；
fs＝4 ＊ f0/(2 ＊ m－1)；                      ％采样速率，16 MHz(M＝8)
Ts＝1/fs；                                  ％采样间隔
tts＝0:Ts:((N＋N1－1) ＊ Ts)；
quantize_en＝0；                            ％是否添加量化噪声标志，1——量化
％％％％％％滤波器设计   ％％％％％％％％％％％％％％％％％％％％％％％
Nf＝63；                                    ％滤波器的阶数
ff＝[0 0.4 0.60 1]；
aa＝[1 1 0 0]；
bb_lp＝remez(Nf, ff, aa)；                  ％remez 法，低通滤波法
bb_mp＝fir1(Nf, 0.25, kaiser(Nf＋1, 15))；  ％Kaiser 窗函数，多相滤波法
if quantize_en＝＝0
    bb_lp＝round(bb_lp. ＊ 2^15/max(bb_lp))； ％normalize 16bit
    bb_mp＝round(bb_mp. ＊ 2^15/max(bb_mp))； ％normalize 16bit
end
figure；freqz(bb_lp)；                      ％图 3.32
figure；freqz(bb_mp)；                      ％图 3.33
b1＝bb_lp(1:2:Nf＋1)；b2＝bb_lp(2:2:Nf＋1)；  ％低通滤波法的系数
b3＝bb_mp(3:4:Nf＋1)；b4＝bb_mp(1:4:Nf＋1)；  ％多相滤波法的系数
％％模拟信号产生、符号变换
fd＝1.0e6；                                 ％信号的多普勒频率；
ss＝1000 ＊ cos(2 ＊ pi ＊ (f0＋fd) ＊ tts)；     ％模拟输入信号
ii1＝ss(1:2:N＋N1)；                        ％2 倍抽取
qq1＝ss(2:2:N＋N1)；
if rem(m, 2)＝＝0
    sa＝ss. ＊ kron(ones(1, (N＋N1)/4), [1 1 －1 －1])；％m＝偶数 符号修正
else
    sa＝ss. ＊ kron(ones(1, (N＋N1)/4), [－1 1 1 －1])；％m＝奇数 符号修正
end
ii1＝ii1. ＊ kron(ones(1, (N＋N1)/4), [1 －1])；
qq1＝qq1. ＊ kron(ones(1, (N＋N1)/4), [1 －1])；％m＝偶数，[1 －1]；m＝奇数，[－1 1]
％％低通滤波法，得到基带 I、Q 信号
ii＝filter(b2, 1, ii1)；qq＝filter(b1, 1, qq1)；％低通滤波法，两路滤波器从同一个滤波器中抽取
Z1＝ii((N1/2):((N＋N1)/2－1))＋1j ＊ qq((N1/2):((N＋N1)/2－1))；
Z1f＝db(fftshift(fft(z1, N2)))；            ％正交采样后的信号频谱
```

```
fff = (-N2/2:N2/2-1) * fs/N2 * 1e-6;
%%多相滤波法,得到基带 I、Q 信号
ii=filter(b3, 1, ii1); qq=filter(b4, 1, qq1);%多相滤波法,两路滤波器从同一个滤波器中抽取
Z2=ii((N1/2):((N+N1)/2-1))+1j*qq((N1/2):((N+N1)/2-1));
Z2f=db(fftshift(fft(z2, N2)));           %正交采样后的信号频谱
%%Bessel 插值法                %  8 阶、16 点 Bessel 插值,得到基带 I、Q 信号
W_Bessel=[-5, 49, -245, 1225, 1225, -245, 49, -5]/2048;
ii_bessel=sa(8:2:end);
qq1 = sa(1:2:end);
qq2=filter(W_Bessel, 1, qq1);
qq_bessel = qq2((1:N2)+7);
Z3=qq_bessel(1:N2)+1j*ii_bessel(1:N2);
Z3f=db(fftshift(fft(z3, N2)));           %正交采样后的信号频谱
```

图 3.37(a)为中频信号,在图 3.37 的(b)(c)中分别给出了基带 I、Q 信号及其频谱,根据频谱可以得到三种方法的镜频抑制比。仿真程序的主要变量说明及三种方法的镜频抑制比见表 3.5。读者可以根据该程序改写成三个函数,在后继仿真中直接调用。

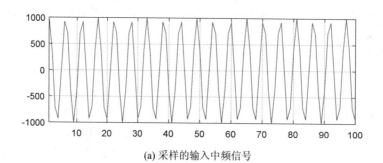

(a) 采样的输入中频信号

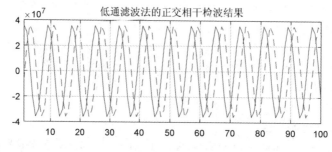

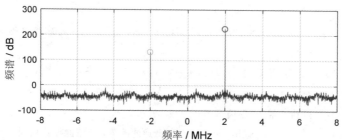

(b) 低通滤波法得到的基带复信号及其频谱

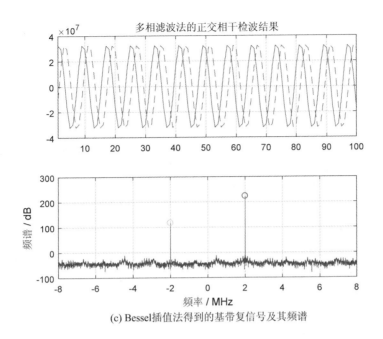

多相滤波法的正交相干检波结果

(c) Bessel插值法得到的基带复信号及其频谱

图 3.37　中频正交检测的处理结果

表 3.5　主要变量及三种方法的镜频抑制比

方　法	低通滤波法	多相滤波法	Bessel 插值法
滤波器系数	bb_lp	bb_mp	W_Bessel
输出基带复信号变量名	Z1	Z2	Z3
输出基带复信号频谱变量名	Z1f	Z2f	Z3f
结果作图	见图 3.37(b)	与图 3.37(b)类似	见图 3.37(c)
镜频抑制比	-92.8 dB	-105.4 dB	-83.6 dB

练　习　题

3-1　某雷达发射机峰值功率为 800 kW，矩形脉冲宽度为 3 μs，脉冲重复频率为 1000 Hz，求该发射机的平均功率和工作比。

3-2　在什么情况下选用主振放大式发射机？在什么情况下选用单级振荡式发射机？

3-3　用带宽为 10 Hz 的测试设备测得某发射机在距主频 1 kHz 处的分布型寄生输出功率为 10 μW，信号功率为 100 mW，求该发射机在距主频 1 kHz 处的频谱纯度。

3-4　接收机输入端短接时测得接收机输出端的额定功率为 0.1 W，额定功率增益为 10^{12}，测试带宽为 5 MHz，求等效输入噪声温度和接收机噪声系数。

3-5　某雷达接收机噪声系数为 6 dB，接收机带宽为 2 MHz，求其临界灵敏度。

3-6　某雷达发射矩形脉冲宽度为 3 μs，接收机采用矩形频率特性匹配滤波，系统组成和参数如下图，图中 t_c 为相对噪声温度(噪声比)，$t_c = F \times G$。求：

(1) 接收机总噪声系数；

题 3-6 图

（2）当天线噪声温度为 380 K 时计算系统噪声温度；

（3）识别系数 $M=3$ dB 时计算接收机灵敏度。

3-7　某雷达脉冲宽度 1 μs，重复频率为 600 Hz，发射脉冲包络和接收机准匹配滤波器均为矩形特性，接收机噪声系数为 3，天线噪声温度为 290 K，求接收机临界灵敏度 $S_{i,min}$、等效噪声温度 T_e、最大的单值测距范围。

3-8　已知某雷达对于 $\sigma=5$ m² 的大型歼击机最大探测距离为 100 km，

（1）如果该机采用隐身技术，使 σ 减小到 0.1 m²，此时的最大探测距离为多少？

（2）在（1）条件下，如果雷达仍然要保持 100 km 最大探测距离，并将发射功率提高到 10 倍，则接收机灵敏度还将提高到多少？

3-9　假设雷达接收中频信号为 $x(t)=\cos(2\pi f_{IF}t+2\pi f_d t)$，其中中频频率 f_{IF} 为 60 MHz。目标回波的多普勒频率 f_d 最大值为 1 MHz。

（1）采用模拟正交检波器，假设正交双通道的相位差 $\Delta\varphi=10°$，写出模拟正交检波器输出信号 $I(t)$、$Q(t)$ 的表达式；

（2）假设多普勒频率为 1 MHz，对 $I(t)$、$Q(t)$ 两路信号的采样频率为 16 MHz，画出（1）中两路信号的时域波形、李沙育图（正交圆图），以及输出复信号的频谱，并计算镜频抑制比；

（3）采用数字中频正交检波处理方式，选取中频采样频率，设计一种数字中频正交检波的滤波器，给出滤波器的系数（画图或列表），画出该滤波器的频率响应曲线；

（4）画出数字中频正交检波后 I、Q 两路输出信号的时域波形、李沙育图（正交圆图），以及输出复信号的频谱，并计算镜频抑制比；

（5）比较两种正交检波器的优缺点。

第 4 章　雷达信号波形与脉冲压缩

与通信系统发射的信号不同，雷达发射的信号只是信息的载体，它并不包含目标的任何信息，所有的目标信息都蕴含在发射信号经目标反（散）射的接收回波中。雷达发射的信号波形不仅决定了信号的处理方法，而且直接影响雷达的距离分辨率、测量精度以及杂波抑制（抗干扰）能力等主要性能。因此，信号波形设计已成为现代雷达系统设计的重要方面之一。

早期的脉冲雷达所用信号为简单矩形脉冲信号，这时信号能量 $E = P_t T$，P_t 为脉冲功率，T 为脉冲宽度。当要求增加雷达探测目标的作用距离时，需要增大信号能量 E。在发射管的峰值功率受限的情况下，可以通过增加脉冲宽度来提高信号能量。同时，简单矩形脉冲信号的时宽带宽积近似为 1（即 $BT \approx 1$），脉冲宽度 T 直接决定距离分辨率，增加脉冲宽度就不能保证距离分辨率。要解决增加雷达探测能力和保证必需的距离分辨率这对矛盾，在简单脉冲信号中很难实现，因此雷达必须采用时宽带宽积远大于 1 的较为复杂的信号形式。

本章首先给出雷达信号的数学表示及其分类；然后介绍模糊函数的概念和雷达分辨理论；接着分别介绍调频脉冲信号、相位编码脉冲信号、步进频率脉冲信号及其脉冲压缩；介绍距离和多普勒模糊与解模糊问题，以及连续波雷达；最后介绍利用 DDS 产生雷达常用波形的原理和工程实现方法，并给出本章主要插图的 MATLAB 程序代码。

4.1　雷达信号的数学表示与分类

4.1.1　信号的数学表示

信号可以用时间的实函数 $s(t)$ 来表示，称为实信号，其特点是具有有限的能量或有限的功率。能量有限的信号称为能量信号；能量无限但功率有限的信号称为功率信号。通常采用能量谱密度（Energy Spectrum Density，ESD）函数（实际应用中常用振幅谱 $|S(\omega)|$）来描述能量信号的频谱特性；对于功率信号，则常用功率谱密度（Power Spectrum Density，PSD）函数来描述能量信号的频谱特性。

设信号为 $s(t)$，对于能量信号，能量谱密度（ESD）函数定义为

$$|S(\omega)|^2 = \left| \int_{-\infty}^{\infty} s(t) e^{-j\omega t} dt \right|^2 \tag{4.1.1}$$

对于功率信号，功率谱密度（PSD）函数定义为

$$R_s(\omega) = \int_{-\infty}^{\infty} r_s(t) e^{-j\omega t} dt \tag{4.1.2}$$

其中，$r_s(t) = \int_{-\infty}^{\infty} s^*(\tau) s(t + \tau) d\tau$，为信号 $s(t)$ 的自相关函数。

按照信号的频率组成，可将信号划分为低通(Low Pass)信号和带通(Band Pass)信号。通常雷达信号的带宽比载频小很多，称为窄带(通)信号。

一个实带通信号可表示为

$$x(t) = a(t)\cos(2\pi f_0 t + \psi_x(t)) \tag{4.1.3}$$

其中，$a(t)$为信号的幅度调制或包络；$\psi_x(t)$为相位调制函数(不含载波项)；f_0为载频。与相位调制和载波相比，信号包络$a(t)$为时间的慢变化过程。对于低分辨率雷达，在一个波位上发射的多个脉冲的目标回波的包络$a(t)$通常近似认为不变。

信号$x(t)$的频率调制函数$f_m(t)$和瞬时频率$f_i(t)$分别为

$$f_m(t) = \frac{1}{2\pi}\frac{d}{dt}\psi_x(t) \tag{4.1.4}$$

$$f_i(t) = \frac{1}{2\pi}\frac{d}{dt}(2\pi f_0 t + \psi_x(t)) = f_0 + f_m(t) \tag{4.1.5}$$

实信号具有对称的双边频谱。对于窄带信号来说，由于其带宽远小于载频，两个边带频谱互不重叠，此时用一个边带的频谱就能完全确定信号波形及其特征。为了简化信号和系统的分析，通常采用具有单边频谱的复信号。常用的复信号，即实信号的复数表示有两种：希尔伯特(Hilbert)变换表示法和指数表示法。对于窄带信号来说，这两种表示方法是近似相同的。

1. 希尔伯特(Hilbert)变换表示法

复信号可表示为

$$s(t) = x(t) + jy(t) \tag{4.1.6}$$

如果要求复信号具有单边频谱，那么就要对虚部有所限制。

如果实信号$x(t)$的傅里叶变换为$X(f)$，定义其复解析信号为

$$s_a(t) \xrightarrow{\text{FT}} S_a(f) = 2X(f) \cdot U(f) = \begin{cases} 2X(f), & f \geqslant 0 \\ 0, & f < 0 \end{cases} \tag{4.1.7}$$

其中，$U(f)$为频域的阶跃函数。利用傅里叶变换的性质可知

$$s_a(t) = 2\left(\frac{1}{2}\delta(t) - \frac{1}{j2\pi t}\right) \otimes x(t) = \int_{-\infty}^{\infty} x(\tau)\delta(t-\tau)d\tau - \frac{1}{j\pi}\int_{-\infty}^{\infty}\frac{x(\tau)}{t-\tau}d\tau$$

$$= x(t) + j\tilde{x}(t) \tag{4.1.8}$$

其中，$\tilde{x}(t) = \frac{1}{\pi}\int_{-\infty}^{\infty}\frac{x(\tau)}{t-\tau}d\tau$为$x(t)$的 Hilbert 变换。这样，由式(4.1.8)构成的复信号的频谱就可以满足式(4.1.7)的要求，即使得原实信号的负频分量相抵消，而正频分量加倍。实信号$x(t)$的能量和复解析信号$s_a(t)$的能量分别为

$$E = \int_{-\infty}^{\infty} x^2(t)dt = \int_{-\infty}^{\infty}|X(f)|^2 df \tag{4.1.9}$$

$$E_a = \int_{-\infty}^{\infty}|s_a(t)|^2 dt = 2\int_{-\infty}^{\infty} x^2(t)dt = 2E \tag{4.1.10}$$

2. 指数表示法

复解析信号在推导信号的一般特性时是有效的表示方式，但在分析具体信号时又极不方便，故常采用指数形式的复信号来代替复解析信号。

实信号用指数形式的复信号实部表示为

$$x(t) = a(t)\cos(2\pi f_0 t + \psi_x(t)) = \mathrm{Re}[s_e(t)] = \frac{1}{2}[s_e(t) + s_e^*(t)] \quad (4.1.11)$$

其中，$s_e(t) = a(t)\mathrm{e}^{\mathrm{j}[2\pi f_0 t + \psi_x(t)]} = u(t)\mathrm{e}^{\mathrm{j}2\pi f_0 t}$ 为实信号的复指数形式，而 $u(t) = a(t)\mathrm{e}^{\mathrm{j}\psi_x(t)}$ 为复信号的复包络。

窄带实信号、复信号和复包络之间的关系归纳如表 4.1 所示。

表 4.1　窄带实信号、复信号和复包络之间的关系

信号	时 域 表 示	频谱	频谱特征	能量
实信号	$x(t) = a(t)\cos(2\pi f_0 t + \psi_x(t)) = \mathrm{Re}[s(t)]$	$X(f) = X^*(-f)$	对称谱	E
复信号	$s(t) = x(t) + \mathrm{j}\widetilde{x}(t) \approx u(t)\mathrm{e}^{\mathrm{j}2\pi f_0 t}$	$S(f) = \begin{cases} 2X(f), & f \geqslant 0 \\ 0, & f < 0 \end{cases}$	单边谱	$E_s = 2E$
复包络	$u(t) = a(t)\mathrm{e}^{\mathrm{j}\psi_x(t)}$	$S(f) = U(f - f_0)$	单边谱	$E_u = 2E$

窄带实信号、复信号和复包络之间的能量关系为

$$E = \frac{1}{2}E_s = \frac{1}{2}E_u \quad (4.1.12)$$

其中，$E = \displaystyle\int_{-\infty}^{\infty} x^2(t)\mathrm{d}t$，$E_s = \displaystyle\int_{-\infty}^{\infty} |s(t)|^2\mathrm{d}t$，$E_u = \displaystyle\int_{-\infty}^{\infty} |u(t)|^2\mathrm{d}t$。

有时为了分析方便，通常对信号能量进行归一化，即令

$$\int_{-\infty}^{\infty} |u(t)|^2\mathrm{d}t = \int_{-\infty}^{\infty} |U(f)|^2\mathrm{d}f = 1 \quad (4.1.13)$$

窄带实信号 $x(t)$ 的频谱为 $|X(f)|$，其对应的复解析信号的频谱 $|S_a(f)|$ 和信号复包络频谱 $|U(f)|$ 之间的关系如图 4.1 所示。

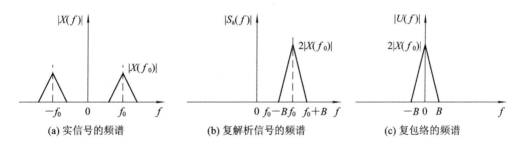

(a) 实信号的频谱　　(b) 复解析信号的频谱　　(c) 复包络的频谱

图 4.1　窄带实信号、复解析信号及复包络频谱的关系

4.1.2　雷达信号的分类

雷达的发射信号一般是除初相外其余参量(包括载频、调制方式、带宽、脉宽、脉冲重复周期等)均已知的确知信号，相参雷达的发射信号须与某一基准信号保持严格的相位关系。而回波信号则是由目标、噪声、干扰叠加而成的随机信号。

雷达信号形式多种多样，按照不同的分类原则有不同的分类方法，如按照雷达体制、调制方式、模糊图等进行分类。

按照雷达体制分类，雷达信号划分为脉冲信号和连续波信号(与之对应的雷达分别为脉冲雷达和连续波雷达)。它们可以是非调制的简单波形，也可以是调制的复杂波形。进一

步按调制方式分类，连续波信号包括：① 单频连续波；② 多频连续波；③ 间歇式连续波；④ 线性或非线性调频连续波；⑤ 二相编码连续波。脉冲信号包括：① 单载频的普通脉冲信号；② 脉内、脉间或脉组间编码（相位、频率编码）脉冲信号；③ 相参脉冲串（均匀脉冲串、参差脉冲串）信号等。

按照调制方式，雷达信号的分类如图 4.2 所示。此外，还有不同于正弦载波波形的特殊雷达信号，如沃尔什函数信号、冲激信号、噪声信号等。

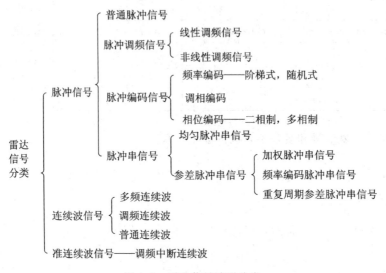

图 4.2　雷达信号波形分类

按照信号的模糊函数形式来划分，雷达信号有四种类型：A 类——正刀刃型、B1 类——图钉型、B2 类——剪切刀刃型和 C 类——钉床型（详见 4.2 节表 4.4）。显然，从信号分辨特性的角度来考虑，按照信号的模糊函数来分类是雷达中最为合理的一种分类方法。

雷达有各种不同的用途，如预警雷达、监视雷达、搜索与跟踪雷达、导航雷达等。不同用途的雷达往往采用不同的信号形式。多用途的雷达通常有多种可用的信号波形，可根据需要随时予以更换，以达到最佳的工作效果。现代雷达为了提高抗干扰能力，可以采取脉冲与脉冲之间的波形捷变或频率捷变等。综合雷达的实际任务和工作要求，表 4.2 列出了雷达常用的信号及其特点。

表 4.2　常用雷达信号的种类和特点

信号种类	信号特点	适用场合
简单脉冲信号	载频、重复频率和脉冲宽度不变	早期雷达常用信号
双脉冲信号	在每个 PRI 内有两个相邻脉冲（载频和/或调制方式不同）	用于抗回答式干扰信号
两路信号	具有一定相关性的两路不同 PRI 的脉冲同时发射，两路信号的频率可以相同也可以不相同	用于反侦察及抗干扰信号
脉冲压缩信号	具有较大的时宽带宽积，包括线性和非线性调频信号、二(多)相编码信号、频率编码信号等	用于远程预警雷达和高分辨率雷达

信号种类	信 号 特 点	适 用 场 合
脉冲编码信号	多为脉冲串形式，采用脉冲位置和脉冲幅度编码	用于航管、敌我识别和指令系统等
相参脉冲串信号	在每个 CPI 内发射多个相邻脉冲，包括均匀脉冲串（称为等 T）、非均匀脉冲串（称为变 T）和频率编码脉冲串	近程补盲或与脉压信号组合使用，用于中远程预警雷达
频率捷变信号	载频在脉内、脉间、脉组之间快速变化	频率捷变用于雷达抗干扰
频率分集信号	同时或接近同时发射具有两个以上载频的信号	多频率用于雷达抗干扰、MIMO 雷达等
PRI 捷变信号	PRI（脉冲间或脉冲组间）快速变化，包括 PRI 参差、PRI 滑变、PRI 抖动等多种形式	用于动目标显示、脉冲多普勒和仰角扫描等雷达
极化捷变信号	发射电磁波的极化方式在脉内、脉间、脉组之间快速变化	用于雷达抗干扰的极化方式快速变化的信号
连续波信号	波形在时间上连续，包括单频连续波、多频连续波、调频连续波、二相编码连续波等	可用于目标速度的测量、汽车雷达和防撞雷达等

根据雷达体制的不同，可能选用各种各样的信号形式。图 4.3 给出了三种典型雷达信号和调制波形，其中(a)表示简单的固定载频矩形脉冲调制信号波形；(b)为线性调频脉冲信号；(c)为相位编码脉冲信号（图中所示为 5 位巴克码信号）。

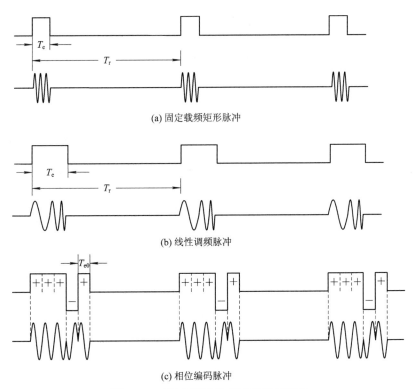

(a) 固定载频矩形脉冲

(b) 线性调频脉冲

(c) 相位编码脉冲

图 4.3　三种典型雷达信号和调制波形

4.2 模糊函数与雷达分辨率

模糊函数(Ambiguity Function)是分析雷达信号和进行波形设计的有效工具。通过研究模糊函数，可以得到在采用最优信号处理技术和发射某种特定信号的条件下，雷达系统所具有的距离分辨率、模糊度、测量精度。

4.2.1 模糊函数的定义及其性质

1. 模糊函数的定义

模糊函数是为了研究雷达分辨率而提出的，目的是通过这一函数定量描述当系统工作于多目标环境下，发射一种波形并采用相应的滤波器时，系统对不同距离、不同速度目标的分辨能力。如图 4.4 所示，假设在一个波束宽度内有两个目标：目标 1 和目标 2。两个目标的距离差异对应的时延差为 τ，速度差异对应的多普勒频率差为 f_d。若其中一个目标为观测目标，另一个目标为干扰目标，模糊函数定量地描述了干扰目标(即临近的目标)对观测目标的干扰程度。下面从分辨两个不同的目标出发，以最小均方差为最佳分辨准则，推导模糊函数的定义式。

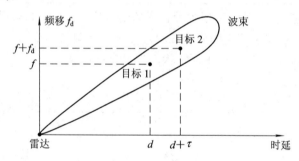

图 4.4　目标分辨示意图

若雷达的发射信号为一单载频的窄带脉冲信号，用复信号可表示为

$$s_t(t) = u(t)e^{j2\pi f_0 t} \tag{4.2.1}$$

其中，$u(t)$ 为信号的复包络；f_0 为载频。

若采用理想的点目标模型，假设在同一个波束内目标 1 和目标 2 的时延分别为 d 和 $d+\tau$，多普勒频移分别为 f 和 $f+f_d$，且功率相同，两个目标的回波信号可表示为

$$\begin{cases} s_{r1}(t) = u(t-d)e^{j2\pi(f_0+f)(t-d)} \\ s_{r2}(t) = u(t-(d+\tau))e^{j2\pi(f_0+(f+f_d))(t-(d+\tau))} \end{cases} \tag{4.2.2}$$

于是，两个目标回波的均方差可表示为

$$\begin{aligned} \varepsilon^2 &= \int_{-\infty}^{\infty} \left| s_{r1}(t) - s_{r2}(t) \right|^2 dt \\ &= \int_{-\infty}^{\infty} \left| u(t-d)e^{j2\pi(f_0+f)(t-d)} - u(t-(d+\tau))e^{j2\pi(f_0+(f+f_d))(t-(d+\tau))} \right|^2 dt \\ &= \int_{-\infty}^{\infty} \left| u(t-d) \right|^2 dt + \int_{-\infty}^{\infty} \left| u(t-(d+\tau)) \right|^2 dt - \\ &\quad 2\mathrm{Re}\int_{-\infty}^{\infty} u^*(t-d)u(t-(d+\tau))e^{j2\pi(f_d(t-d)-(f_0+f+f_d)\tau)} dt \end{aligned} \tag{4.2.3}$$

作变量代换，令 $t' = t - (d + \tau)$，并将 $\int_{-\infty}^{\infty} |u(t-d)|^2 dt$ 和 $\int_{-\infty}^{\infty} |u(t-(d+\tau))|^2 dt$ 用 $2E$ 代换，上式可简化为

$$\varepsilon^2 = 2\left\{2E - \mathrm{Re}\left(\mathrm{e}^{-\mathrm{j}2\pi(f_0+f)\tau}\int_{-\infty}^{\infty} u(t')u^*(t'+\tau)\mathrm{e}^{\mathrm{j}2\pi f_\mathrm{d}t'}\,\mathrm{d}t'\right)\right\} \tag{4.2.4}$$

将上式中积分项定义为

$$\chi(\tau, f_\mathrm{d}) = \int_{-\infty}^{\infty} u(t)u^*(t+\tau)\mathrm{e}^{\mathrm{j}2\pi f_\mathrm{d}t}\,\mathrm{d}t \tag{4.2.5}$$

这就是模糊函数的表达式。有的文献从匹配滤波器的输出出发，定义了不同形式的模糊函数

$$\chi(\tau, f_\mathrm{d}) = \int_{-\infty}^{\infty} u(t)u^*(t-\tau)\mathrm{e}^{\mathrm{j}2\pi f_\mathrm{d}t}\,\mathrm{d}t \tag{4.2.6}$$

这两种定义的形式不同，物理含义也不完全相同。按照国际上的统一建议，称从分辨角度出发定义的模糊函数为正型模糊函数，而称从匹配滤波器输出得到的定义式为负型模糊函数。可见射频信号 $s_\mathrm{t}(t)$ 的模糊函数取决于其复包络 $u(t)$ 的模糊函数。式(4.2.4)可改写为

$$\varepsilon^2 = 2\{2E - \mathrm{Re}(\mathrm{e}^{-\mathrm{j}2\pi(f_0+f)\tau}\chi(\tau, f_\mathrm{d}))\} \geqslant 2[2E - |\chi(\tau, f_\mathrm{d})|] \tag{4.2.7}$$

考虑到分辨目标一般是在检波之后进行的，式(4.2.7)表明：$|\chi(\tau, f_\mathrm{d})|$ 为两个相邻目标回波信号的均方差提供了一个保守的估计。也就是说，$|\chi(\tau, f_\mathrm{d})|$ 是决定相邻目标距离-速度联合分辨率的唯一因素。

在没有噪声的情况下，最优滤波器的输出为模糊函数图的再现，不同之处在于，最优滤波器输出信号的峰值点不在原点，峰值点对应的时延与频移发生了偏移。模糊函数图的峰值在原点；对目标回波而言，最优滤波器输出的峰值对应的位置为目标的距离和多普勒频率。

一般匹配滤波器的输出都经过线性检波器得到包络值，所以用 $|\chi(\tau, f_\mathrm{d})|$（取绝对值）来表示包络检波器的作用。而在实际分辨目标时，常采用功率响应 $|\chi(\tau, f_\mathrm{d})|^2$ 更方便。也就是说，波形的分辨特性由匹配滤波器响应的模平方决定。因而有的文献也把 $|\chi(\tau, f_\mathrm{d})|$ 和 $|\chi(\tau, f_\mathrm{d})|^2$ 统一称为模糊函数。若不加特别说明，本书中所说的模糊函数均指 $|\chi(\tau, f_\mathrm{d})|$。

利用帕塞瓦尔(Parseval)定理及傅里叶变换性质，式(4.2.5)还可以表示为

$$\chi(\tau, f_\mathrm{d}) = \int_{-\infty}^{\infty} U(f-f_\mathrm{d})U^*(f)\mathrm{e}^{-\mathrm{j}2\pi f\tau}\,\mathrm{d}f \tag{4.2.8}$$

式中，$U(f)$ 为 $u(t)$ 的频谱。用三维图形表示的模糊函数 $|\chi(\tau, f_\mathrm{d})|$ 称为模糊函数图，它描述了相邻目标的模糊度。模糊度图是幅度归一化模糊函数图在某一高度上（通常为 -6 dB，即幅度在 0.5 的位置）的二维截面图，即模糊函数主瓣的轮廓图，也称为模糊椭圆，常用来表示模糊函数。

2. 模糊函数的性质

模糊函数的性质主要有：

① 关于原点的对称性，即 $\left|\chi(\tau, f_{\mathrm{d}})\right| = \left|\chi(-\tau, -f_{\mathrm{d}})\right|$。

② 在原点取最大值，即 $\left|\chi(\tau, f_{\mathrm{d}})\right| \leqslant \left|\chi(0, 0)\right| = 2E$，且在原点取值为 1，即归一化幅值。

③ 模糊体积不变性，即 $\int_{-\infty}^{\infty} \int_{-\infty}^{\infty} \left|\chi(\tau, f_{\mathrm{d}})\right|^{2} \mathrm{d}\tau \mathrm{d}f_{\mathrm{d}} = \left|\chi(0, 0)\right|^{2} = (2E)^{2}$。该性质说明了模糊函数的曲面以下的总容积只决定于信号能量，而与信号形式无关。

④ 自变换特性，即 $\int_{-\infty}^{\infty} \int_{-\infty}^{\infty} \left|\chi(\tau, f_{\mathrm{d}})\right|^{2} \mathrm{e}^{\mathrm{j}2\pi(f_{\mathrm{d}}x-\tau y)} \mathrm{d}\tau \mathrm{d}f_{\mathrm{d}} = \left|\chi(x, y)\right|^{2}$。该性质说明了模糊函数的二维傅里叶变换式仍为某一波形的模糊函数。但是，这个性质并不能用来反证具有自变换性质的函数为模糊函数。

⑤ 模糊体积分布的限制，即

$$
\begin{cases}
\int_{-\infty}^{\infty} \left|\chi(\tau, f_{\mathrm{d}})\right|^{2} \mathrm{d}\tau = \int_{-\infty}^{\infty} \left|\chi(\tau, 0)\right|^{2} \mathrm{e}^{-\mathrm{j}2\pi\tau f_{\mathrm{d}}} \mathrm{d}\tau \\
\int_{-\infty}^{\infty} \left|\chi(\tau, f_{\mathrm{d}})\right|^{2} \mathrm{d}f_{\mathrm{d}} = \int_{-\infty}^{\infty} \left|\chi(0, f_{\mathrm{d}})\right|^{2} \mathrm{e}^{\mathrm{j}2\pi\tau f_{\mathrm{d}}} \mathrm{d}f_{\mathrm{d}}
\end{cases}
\tag{4.2.9}
$$

该性质表明了模糊体积沿 f_{d} 轴的分布完全取决于发射信号复包络的自相关函数或信号的能量谱，而与信号的相位谱无关；模糊体积沿 τ 轴的分布完全取决于发射信号复包络的模值，而与信号的相位调制无关。

⑥ 组合性质：若 $c(t) = a(t) + b(t)$，则有

$$
\chi_{c}(\tau, f_{\mathrm{d}}) = \chi_{a}(\tau, f_{\mathrm{d}}) + \chi_{b}(\tau, f_{\mathrm{d}}) + \chi_{ab}(\tau, f_{\mathrm{d}}) + \mathrm{e}^{-\mathrm{j}2\pi f_{\mathrm{d}}\tau} \chi_{ab}^{*}(-\tau, -f_{\mathrm{d}})
\tag{4.2.10}
$$

该性质表明了两个信号相加的合成信号的模糊函数除了两个信号本身的模糊函数外，还包括这两个信号的互模糊函数分量 $\chi_{ab}(\tau, f_{\mathrm{d}})$。

⑦ 时间和频率变化的影响：$u(t)$ 的模糊函数为 $\chi_{u}(\tau, f_{\mathrm{d}})$，$u(t)$ 的频谱为 $U(f)$，

$$
v(t) = u(t)\mathrm{e}^{\mathrm{j}\pi b t^{2}} \rightarrow \chi_{v}(\tau, f_{\mathrm{d}}) = \mathrm{e}^{-\mathrm{j}\pi b\tau^{2}} \chi_{u}(\tau, f_{\mathrm{d}}-b\tau) \quad \text{（时域平方相位调制的影响）}
\tag{4.2.11a}
$$

$$
V(f) = U(f)\mathrm{e}^{\mathrm{j}\pi b f^{2}} \rightarrow \chi_{v}(\tau, f_{\mathrm{d}}) = \mathrm{e}^{\mathrm{j}\pi b f_{\mathrm{d}}^{2}} \chi_{u}(\tau+b f_{\mathrm{d}}, f_{\mathrm{d}}) \quad \text{（频域平方相位调制的影响）}
\tag{4.2.11b}
$$

$$
v(t) = u(\alpha t) \rightarrow \chi_{v}(\tau, f_{\mathrm{d}}) = \frac{1}{|\alpha|} \chi_{u}\left(\alpha\tau, \frac{f_{\mathrm{d}}}{\alpha}\right) \quad \text{（时间比例变化的影响）}
\tag{4.2.11c}
$$

$$
V(f) = U(\alpha f) \rightarrow \chi_{v}(\tau, f_{\mathrm{d}}) = \frac{1}{|\alpha|} \chi_{u}\left(\frac{\tau}{\alpha}, \alpha f_{\mathrm{d}}\right) \quad \text{（频率比例变化的影响）}
\tag{4.2.11d}
$$

$$
v(t) = u(t-t_{0})\mathrm{e}^{\mathrm{j}2\pi\xi(t-t_{0})} \rightarrow \chi_{v}(\tau, f_{\mathrm{d}}) = \mathrm{e}^{\mathrm{j}2\pi(f_{\mathrm{d}}t_{0}-\xi\tau)} \chi_{u}(\tau-t_{0}, f_{\mathrm{d}}+\xi) \tag{4.2.11e}
$$

⑧ 信号周期重复的影响：如果单个脉冲信号 $u(t)$ 的模糊函数为 $\chi_{u}(\tau, f_{\mathrm{d}})$，将信号 $u(t)$ 重复 N 个周期得到的信号 $v(t) = \sum_{i=0}^{N-1} c_{i}u(t-iT_{\mathrm{r}})$，其中，$c_{i}$ 表示复加权系数，T_{r} 为脉冲重复周期，则 $v(t)$ 的模糊函数为

$$\chi_v(\tau,\,f_{\mathrm{d}}) = \sum_{m=1}^{N-1} \mathrm{e}^{\mathrm{j}2\pi f_{\mathrm{d}}mT_{\mathrm{r}}}\,\chi_u(\tau+mT_{\mathrm{r}},\,f_{\mathrm{d}}) \sum_{i=0}^{N-1-m} c_i^*\,c_{i+m}\,\mathrm{e}^{\mathrm{j}2\pi f_{\mathrm{d}}iT_{\mathrm{r}}} +$$

$$\sum_{m=0}^{N-1} \chi_u(\tau-mT_{\mathrm{r}},\,f_{\mathrm{d}}) \sum_{i=0}^{N-1-m} c_i c_{i+m}^*\,\mathrm{e}^{\mathrm{j}2\pi f_{\mathrm{d}}iT_{\mathrm{r}}} \qquad (4.2.12)$$

若 $c_i\equiv1$，则 N 个脉冲的模糊函数 $v(t)$ 为

$$\chi_v(\tau,\,f_{\mathrm{d}}) = \sum_{m=-(N-1)}^{N-1} \mathrm{e}^{\mathrm{j}2\pi f_{\mathrm{d}}mT_{\mathrm{r}}}\,\chi_u(\tau+mT_{\mathrm{r}},\,f_{\mathrm{d}}) \sum_{i=0}^{N-1-m} \mathrm{e}^{\mathrm{j}2\pi f_{\mathrm{d}}iT_{\mathrm{r}}} \qquad (4.2.13)$$

因此，模糊函数的性质主要用来分析一些复杂信号的分辨性能。

4.2.2　单载频脉冲信号的模糊函数

单载频脉冲信号是最基本的雷达信号。下面推导矩形包络和高斯包络脉冲信号的模糊函数及其分辨率参数。

1. 矩形脉冲

矩形脉冲信号的归一化包络可写为

$$u(t) = \begin{cases} \dfrac{1}{\sqrt{T}}, & -\dfrac{T}{2} < t < \dfrac{T}{2} \\[2mm] 0, & \text{其它} \end{cases} \qquad (4.2.14)$$

式中，T 为脉冲宽度。将上式代入模糊函数定义式(4.2.5)可得

$$\chi(\tau,\,f_{\mathrm{d}}) = \int_{-\infty}^{\infty} u(t)u^*(t+\tau)\mathrm{e}^{\mathrm{j}2\pi f_{\mathrm{d}}t}\mathrm{d}t = \frac{1}{T}\int_a^b \mathrm{e}^{\mathrm{j}2\pi f_{\mathrm{d}}t}\mathrm{d}t \qquad (4.2.15)$$

对上式分段进行积分计算：

① 当 $0<\tau<T$ 时，积分限 $a=-\dfrac{T}{2}$，$b=-\tau+\dfrac{T}{2}$，则

$$\begin{aligned}
\chi(\tau,\,f_{\mathrm{d}}) &= \frac{1}{T}\int_{-\frac{T}{2}}^{-\tau+\frac{T}{2}} \mathrm{e}^{\mathrm{j}2\pi f_{\mathrm{d}}t}\mathrm{d}t = \frac{1}{T}\frac{\mathrm{e}^{\mathrm{j}2\pi f_{\mathrm{d}}t}}{\mathrm{j}2\pi f_{\mathrm{d}}}\bigg|_{-\frac{T}{2}}^{-\tau+\frac{T}{2}} \\[2mm]
&= \frac{1}{T}\frac{\mathrm{e}^{\mathrm{j}\pi f_{\mathrm{d}}(T-2\tau)} - \mathrm{e}^{-\mathrm{j}2\pi f_{\mathrm{d}}T}}{\mathrm{j}2\pi f_{\mathrm{d}}} \\[2mm]
&= \frac{1}{T}\mathrm{e}^{-\mathrm{j}\pi f_{d}\tau}\left(\frac{\mathrm{e}^{\mathrm{j}\pi f_{\mathrm{d}}(T-\tau)} - \mathrm{e}^{-\mathrm{j}\pi f_{\mathrm{d}}(T-\tau)}}{\mathrm{j}2\pi f_{\mathrm{d}}}\right) \\[2mm]
&= \mathrm{e}^{-\mathrm{j}\pi f_{d}\tau}\left(\frac{\sin\pi f_{\mathrm{d}}(T-\tau)}{\pi f_{\mathrm{d}}(T-\tau)}\right)\frac{T-\tau}{T} \qquad (4.2.16)
\end{aligned}$$

② 当 $-T<\tau<0$ 时，积分限 $a=-\dfrac{T}{2}-\tau$，$b=\dfrac{T}{2}$，则

$$\begin{aligned}
\chi(\tau,\,f_{\mathrm{d}}) &= \frac{1}{T}\int_{-\frac{T}{2}-\tau}^{\frac{T}{2}} \mathrm{e}^{\mathrm{j}2\pi f_{\mathrm{d}}t}\mathrm{d}t = \frac{1}{T}\frac{\mathrm{e}^{\mathrm{j}2\pi f_{\mathrm{d}}t}}{\mathrm{j}2\pi f_{\mathrm{d}}}\bigg|_{-\frac{T}{2}-\tau}^{\frac{T}{2}} \\[2mm]
&= \frac{1}{T}\frac{\mathrm{e}^{\mathrm{j}\pi f_{\mathrm{d}}T} - \mathrm{e}^{-\mathrm{j}2\pi f_{\mathrm{d}}\left(\frac{T}{2}+\tau\right)}}{\mathrm{j}2\pi f_{\mathrm{d}}} \\[2mm]
&= \frac{1}{T}\mathrm{e}^{-\mathrm{j}\pi f_{d}\tau}\left(\frac{\mathrm{e}^{\mathrm{j}\pi f_{\mathrm{d}}(T+\tau)} - \mathrm{e}^{-\mathrm{j}\pi f_{\mathrm{d}}(T+\tau)}}{\mathrm{j}2\pi f_{\mathrm{d}}}\right) \\[2mm]
&= \mathrm{e}^{-\mathrm{j}\pi f_{d}\tau}\left(\frac{\sin\pi f_{\mathrm{d}}(T+\tau)}{\pi f_{\mathrm{d}}(T+\tau)}\right)\frac{T+\tau}{T} \qquad (4.2.17)
\end{aligned}$$

③ 当 $|\tau|>T$ 时，因 $u(t)u^*(t+\tau)=0$，所以 $\chi(\tau,f_d)=0$。

综合以上三种情况，可得

$$\chi(\tau,f_d)=\begin{cases} e^{-j\pi f_d\tau}\left(\dfrac{\sin\pi f_d(T-|\tau|)}{\pi f_d(T-|\tau|)}\right)\left(1-\dfrac{|\tau|}{T}\right), & |\tau|\leqslant T \\ 0, & |\tau|>T \end{cases} \quad (4.2.18)$$

所以，矩形脉冲信号的模糊函数可表示为

$$|\chi(\tau,f_d)|=\begin{cases} \left|\dfrac{\sin\pi f_d(T-|\tau|)}{\pi f_d(T-|\tau|)}\left(1-\dfrac{|\tau|}{T}\right)\right|, & |\tau|\leqslant T \\ 0, & |\tau|>T \end{cases} \quad (4.2.19)$$

脉宽 $T=1~\mu\mathrm{s}$ 的矩形脉冲信号的模糊图及模糊度图如图 4.5 所示。

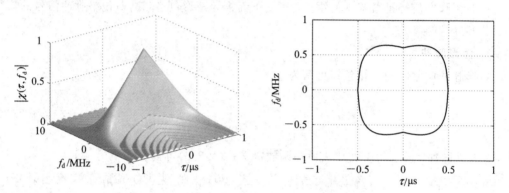

图 4.5　矩形脉冲信号的模糊函数图和模糊度图（—6 dB）

式(4.2.19)中，若令 $f_d=0$，可得到信号的距离模糊函数，即信号的自相关函数

$$|\chi(\tau,0)|=\begin{cases} \dfrac{T-|\tau|}{T}, & |\tau|<T \\ 0, & \text{其它} \end{cases} \quad (4.2.20)$$

同样，若令 $\tau=0$，则可得到信号的速度(多普勒)模糊函数

$$|\chi(0,f_d)|=\left|\dfrac{\sin\pi f_d T}{\pi f_d T}\right| \quad (4.2.21)$$

图 4.6 给出了矩形脉冲信号(脉宽 $T=1~\mu\mathrm{s}$)的距离和速度模糊函数图。

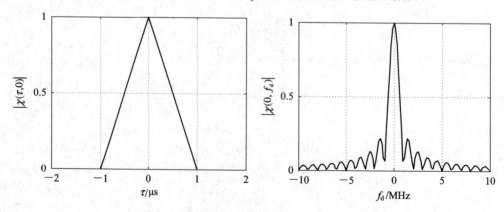

图 4.6　距离模糊函数图与速度模糊函数图

2. 高斯包络

高斯包络单载频脉冲信号的复包络可写为

$$u(t) = \mathrm{e}^{-\frac{t^2}{2\sigma^2}}, \qquad -\infty < t < \infty \tag{4.2.22}$$

其中，σ^2 表征高斯脉冲的均方时宽，其值越大，脉冲越宽。将上式代入模糊函数定义式 (4.2.5) 可得

$$\chi(\tau, f_d) = \int_{-\infty}^{\infty} \mathrm{e}^{-t^2/(2\sigma^2)} \, \mathrm{e}^{-(t+\tau)^2/(2\sigma^2)} \, \mathrm{e}^{\mathrm{j}2\pi f_d t} \, \mathrm{d}t = \mathrm{e}^{-\tau^2/(4\sigma^2)} \int_{-\infty}^{\infty} \mathrm{e}^{-(t+\tau/2)^2/\sigma^2} \, \mathrm{e}^{\mathrm{j}2\pi f_d t} \, \mathrm{d}t \tag{4.2.23}$$

作变量代换：

$$p = \frac{t + \tau/2}{\sqrt{\pi \sigma^2}}$$

可得

$$\begin{aligned}
\chi(\tau, f_d) &= \sqrt{\pi \sigma^2}\, \mathrm{e}^{-\tau^2/(4\sigma^2)} \, \mathrm{e}^{-\mathrm{j}\pi f_d \tau} \int_{-\infty}^{\infty} \mathrm{e}^{-\pi p^2} \, \mathrm{e}^{\mathrm{j}2\pi(\sqrt{\pi \sigma^2}\, f_d) p} \, \mathrm{d}p \\
&= \sqrt{\pi \sigma^2}\, \mathrm{e}^{-(\tau^2/(4\sigma^2) + \pi^2 \sigma^2 f_d^2)} \, \mathrm{e}^{-\mathrm{j}\pi f_d \tau}
\end{aligned} \tag{4.2.24}$$

上式的计算中利用了傅里叶变换对：

$$\mathrm{e}^{-\pi t^2} \xrightarrow{\mathrm{FT}} \mathrm{e}^{-\pi f^2}$$

注意：这里 $f = \sqrt{\pi \sigma^2}\, f_d$。

该信号的归一化模糊函数为

$$\left| \chi(\tau, f_d) \right| = \mathrm{e}^{-(\tau^2/(4\sigma^2) + \pi^2 \sigma^2 f_d^2)} \tag{4.2.25}$$

$\sigma = 1\ \mu\mathrm{s}$ 的高斯脉冲的模糊函数和模糊度图如图 4.7 所示，图中 σ 分别为 $1\ \mu\mathrm{s}$ 和 $0.2\ \mu\mathrm{s}$。可见，脉宽越窄，距离分辨性能越好，而多普勒分辨性能越差。

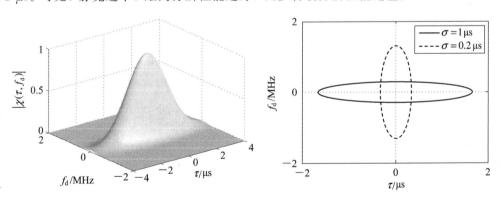

图 4.7　高斯脉冲的模糊函数 ($\sigma = 1\ \mu\mathrm{s}$) 和模糊度图 ($-6$ dB)

令 $\tau = 0$ 或 $f_d = 0$，高斯脉冲的距离和多普勒模糊函数分别为

$$\left| \chi(\tau, 0) \right| = \mathrm{e}^{-\tau^2/(4\sigma^2)} \tag{4.2.26}$$

$$\left| \chi(0, f_d) \right| = \mathrm{e}^{-\pi^2 \sigma^2 f_d^2} \tag{4.2.27}$$

高斯脉冲信号的距离模糊函数和多普勒模糊函数如图 4.8 所示，为图 4.7 模糊函数中 $\tau = 0$、$f_d = 0$ 的两个主截面。

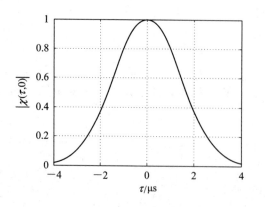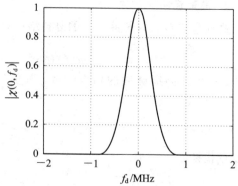

图 4.8　高斯脉冲的距离模糊函数和多普勒模糊函数($\sigma=1\ \mu s$)

4.2.3　雷达分辨理论

雷达分辨率是指在各种工作环境下区分两个或两个以上的邻近目标的能力。雷达分辨邻近目标的能力主要从距离、速度、方位和仰角四个方面考虑，其中方位和仰角的分辨率取决于波束宽度。一般雷达难以在这四维同时分辨出目标，在其中任意一维能分辨出目标就认为具有目标分辨的能力。通常只讨论雷达的时延-多普勒频率(即距离-速度)两维模糊函数，而在 MIMO 雷达、稀布阵综合脉冲孔径雷达中需要讨论距离、速度、方位和仰角的四维模糊函数。这里主要分析距离分辨率和速度分辨率与波形参数的关系，通过分辨常数和模糊函数来分析几种波形的分辨性能。

1. 距离分辨率

假定两个目标的方位、仰角、径向速度相同，但处在不同的距离，在不考虑相邻目标的多普勒频移时，由式(4.2.7)得到

$$\varepsilon^2 \geqslant 2(2E - |\chi(\tau,0)|) \tag{4.2.28}$$

令式(4.2.5)中 $f_d=0$ 可知，信号的距离模糊函数(即自相关函数)为

$$|\chi(\tau,0)| = \left| \int_{-\infty}^{\infty} u(t)u^*(t+\tau)\mathrm{d}t \right| \tag{4.2.29}$$

当 $\tau=0$ 时，$|\chi(\tau,0)|$ 有最大值。距离分辨率由 $|\chi(\tau,0)|^2$ 的大小来衡量。若存在一些非零的 τ 值，使得 $|\chi(\tau,0)| = |\chi(0,0)|$，那么两个目标是不可分辨的。当 $\tau \neq 0$ 时，$|\chi(\tau,0)|$ 随 τ 增大而下降的越快，距离分辨性能越好；若要求系统具有高距离分辨率，就要选择合适的信号形式使其通过匹配滤波器(或脉冲压缩处理(简称脉压))输出很窄的尖峰，而实际滤波器的输出包络可能具有图 4.9 所示的三种典型形式。

图 4.9(a)的响应是单瓣的，但如果主瓣很宽，临近目标就难以分辨。图 4.9(b)的响应主瓣很窄，对临近目标的分辨能力较好，但存在间断离散型旁瓣(也称栅瓣)，若其间距为 $\Delta\tau$，则当目标间距相当于 $\Delta\tau$ 的整数倍时，分辨就很困难。图 4.9(c)的响应主瓣也很尖，但存在类似噪声的基底型旁瓣；虽然基底旁瓣不高，但强目标的响应基底有可能掩盖弱目标的响应主瓣；在多目标环境中，多个目标响应基底的合成甚至可能掩盖较强目标的主瓣，

造成临近目标不能分辨。因此，雷达脉压过程中，一般通过加窗处理，使得副瓣比主瓣低 35 dB 以上。

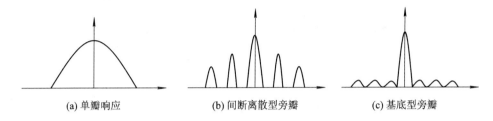

图 4.9 距离模糊函数类型

通常利用距离模糊函数和速度模糊函数主瓣的 -3 dB 宽度（半功率宽度）来定义信号的固有分辨率，分别称为名义距离分辨率 τ_{nr}（简称距离分辨率）和名义速度分辨率 f_{nr}（简称速度分辨率）。名义分辨率（Nominal Resolution）只表示主瓣内邻近目标的分辨能力，而没有考虑旁瓣干扰对目标分辨的影响。有时为了方便，如遇到 sinc 函数，也采用 -4 dB 宽度来表示名义分辨率。

当目标时延差较大时，为了全面考虑主瓣和旁瓣对分辨性能的影响，定义另一种反映分辨特性的参数——时延分辨常数（Time Resolution Constant，TRC），其表达式为

$$
\text{TRC} = \frac{\int_{-\infty}^{\infty} \left| \chi(\tau, 0) \right|^2 \mathrm{d}\tau}{\left| \chi(0, 0) \right|^2} = \frac{\int_{-\infty}^{\infty} \left| U(f) \right|^4 \mathrm{d}f}{\left(\int_{-\infty}^{\infty} \left| U(f) \right|^2 \mathrm{d}f \right)^2}
\tag{4.2.30}
$$

在第二个等式里利用了傅里叶变换式 $\left| \chi(\tau, 0) \right|^2 \Leftrightarrow \left| U(f) \right|^4$ 以及 Parseval 定理，$U(f)$ 为信号复调制函数 $u(t)$ 的频谱。可见，距离分辨率取决于信号的频谱结构。上式将距离模糊函数 $\chi(\tau, 0)$ 的主瓣、旁瓣和模糊瓣的能量全部计算在内，作为衡量距离分辨率和测量多值性（与分辨模糊相对应）的参数。参数 TRC 的缺点是没有表明分辨能力降低是主瓣还是旁瓣引起的。

显然，从距离分辨角度出发，信号距离模糊函数 $\chi(\tau, 0)$ 的最佳形式是冲激函数。因此可用模糊函数 $\chi(\tau, 0)$ 与冲激函数 $\delta(t)$ 的相似程度来衡量信号的固有分辨率。由于冲激函数 $\delta(t)$ 的频谱密度为 1，是功率有限信号。$\chi(\tau, 0)$ 的信号频谱与 $\delta(t)$ 的均匀谱的相似程度，称为频谱持续宽度（Frequency SPan，FSP），有的文献也称为有效相关带宽 β_f，其定义式为

$$
\text{FSP} = \beta_f = \frac{\left(\int_{-\infty}^{\infty} \left| U(f) \right|^2 \mathrm{d}f \right)^2}{\int_{-\infty}^{\infty} \left| U(f) \right|^4 \mathrm{d}f} = \frac{1}{\text{TRC}}
\tag{4.2.31}
$$

因此，表示距离分辨率的距离分辨常数 C_R 就可以表示为

$$
C_R = \frac{c \cdot \text{TRC}}{2} = \frac{c}{2 \cdot \text{FSP}}
\tag{4.2.32}
$$

不难看出，时延分辨常数 TRC 越小，或频谱持续宽度 FSP 越宽，则距离分辨率越好。因此，只要信号具有大的持续带宽（有效相关带宽）就能获得高的距离分辨率，而不必具有

很窄的脉冲宽度(窄脉冲信号限制辐射的能量)。例如,针对式(4.2.14)时宽为 T 的简单矩形脉冲,将式(4.2.20)代入式(4.2.30),计算得到时延分辨常数 $\text{TRC}=2T/3$。

2. 速度分辨率

与距离分辨率类似,信号的速度分辨率取决于速度模糊函数

$$\left| \chi(0, f_{\mathrm{d}}) \right| = \int_{-\infty}^{\infty} \left| u(t) \right|^2 \mathrm{e}^{\mathrm{j}2\pi f_{\mathrm{d}}t} \mathrm{d}t \tag{4.2.33}$$

当目标的多普勒频率差较大时,为了全面考虑主瓣和旁瓣的分辨问题,可分别定义频率分辨常数(Frequency Resolution Constant,FRC)或多普勒分辨率 Δf_{d}、时间持续宽度(Time SPan,TSP)为

$$\text{FRC} = \Delta f_{\mathrm{d}} = \frac{\int_{-\infty}^{\infty} \left| \chi(0, f_{\mathrm{d}}) \right|^2 \mathrm{d}f_{\mathrm{d}}}{\left| \chi(0, 0) \right|^2} = \frac{\int_{-\infty}^{\infty} \left| u(t) \right|^4 \mathrm{d}t}{\left(\int_{-\infty}^{\infty} \left| u(t) \right|^2 \mathrm{d}t \right)^2} \tag{4.2.34}$$

$$\text{TSP} = \frac{\left(\int_{-\infty}^{\infty} \left| u(t) \right|^2 \mathrm{d}t \right)^2}{\int_{-\infty}^{\infty} \left| u(t) \right|^4 \mathrm{d}t} = \frac{1}{\text{FRC}} \tag{4.2.35}$$

由上可得到速度分辨率 Δv 及速度分辨常数为

$$\Delta v = \frac{c\Delta f_{\mathrm{d}}}{2f_0} = \frac{\lambda}{2}\Delta f_{\mathrm{d}} \tag{4.2.36}$$

$$C_v = \frac{c \cdot \text{FRC}}{2f_0} = \frac{\lambda}{2 \cdot \text{TSP}} \tag{4.2.37}$$

TSP 表明信号的频率自相关函数与冲激函数 $\delta(f)$ 的相似程度或信号包络与直流的相似程度。所以,频率分辨常数 FRC 越小,或时间持续宽度 TSP(也称为有效相关时间)越宽,信号的速度分辨率越好。速度分辨率取决于信号的时域结构,时域上持续时间越长,频率上的速度分辨率越高。

3. 距离-速度联合分辨率

如前所述,速度相同、距离不同的目标分辨用信号的距离模糊函数表示;距离相同、速度不同的目标分辨用信号的速度模糊函数表示。类似地,可以用 $\dfrac{\left| \chi(\tau, f_{\mathrm{d}}) \right|^2}{\left| \chi(0, 0) \right|^2}$ 来表示距离-速度联合分辨率。

定义模糊面积(Area of Ambiguity,AA)为

$$\text{AA} = \frac{\int_{-\infty}^{\infty}\int_{-\infty}^{\infty} \left| \chi(\tau, f_{\mathrm{d}}) \right|^2 \mathrm{d}\tau\mathrm{d}f_{\mathrm{d}}}{\left| \chi(0, 0) \right|^2} \tag{4.2.38a}$$

作为距离-速度(或时延-多普勒)联合分辨常数。

由模糊函数性质③可知,只要信号的能量一定,模糊面积即为定值。这就说明了时延与多普勒联合分辨率的限制。无论怎样使时延 τ 或多普勒 f_{d} 分辨率的某一方减小,其结果都将带来另一方的增大。这就是雷达模糊原理(Radar Ambiguity Principle)。设计雷达信号时,只能在模糊原理的约束下通过改变模糊曲面的形状,使之与特定的目标环境相匹配。

将式(4.2.19)代入式(4.2.38a),模糊面积为

$$\mathrm{AA} = \int_{-T}^{T} \mathrm{d}\tau \left(1 - \frac{|\tau|}{T}\right)^2 \int_{-\infty}^{\infty} \mathrm{d}f \mathrm{sinc}^2 \left[\pi f T \left(1 - \frac{|\tau|}{T}\right)\right]$$

$$= 2T \int_{0}^{1} \mathrm{d}x \,(1-x)^2 \frac{1}{\pi T} \int_{-\infty}^{\infty} \mathrm{d}y \mathrm{sinc}^2 \left[y(1-x)\right]$$

$$= \frac{2}{\pi} \int_{0}^{1} \mathrm{d}x \frac{(1-x)^2}{(1-x)} \int_{-\infty}^{\infty} \mathrm{d}z \mathrm{sinc}^2 (z) = \frac{2}{\pi} \times \frac{1}{2} \times \pi = 1 \quad （定值）$$

$$(4.2.38\mathrm{b})$$

表 4.3 对矩形脉冲和高斯脉冲的分辨性能进行了对比。这里将高斯脉冲按能量等效为矩形脉冲，则矩形脉冲的时宽 T 与高斯脉冲的均方时宽 σ^2 之间的关系为

$$T = \int_{-\infty}^{\infty} u^2(t)\,\mathrm{d}t = \sqrt{\pi\sigma^2} \tag{4.2.39}$$

表 4.3　矩形脉冲和高斯脉冲的分辨性能比较

性　　能	矩形脉冲（时宽 T）	高斯脉冲（均方时宽 σ^2）
复包络	$u(t) = \begin{cases} \dfrac{1}{\sqrt{T}}, & -\dfrac{T}{2} < t < \dfrac{T}{2} \\ 0, & \text{其它} \end{cases}$	$u(t) = \mathrm{e}^{-\frac{t^2}{2\sigma^2}}, \quad -\infty < t < \infty$
等效时宽	$T = \sqrt{\pi\sigma^2}$	
模糊函数 $|\chi(\tau, f_\mathrm{d})|$	$\left\| \dfrac{\sin\pi f_\mathrm{d}(T-|\tau|)}{\pi f_\mathrm{d}(T-|\tau|)} \dfrac{T-|\tau|}{T} \right\|, \; |\tau| < T;$ 否则为零	$\mathrm{e}^{-\left(\frac{\tau^2}{4\sigma^2} + \pi^2\sigma^2 f_\mathrm{d}^2\right)}$
距离模糊函数 $|\chi(\tau, 0)|$	$\dfrac{T-|\tau|}{T}, \; |\tau| < T;$ 否则为零	$\mathrm{e}^{-\tau^2/(4\sigma^2)}$
多普勒模糊函数 $|\chi(0, f_\mathrm{d})|$	$\left\| \dfrac{\sin\pi f_\mathrm{d} T}{\pi f_\mathrm{d} T} \right\|$	$\mathrm{e}^{-\pi^2\sigma^2 f_\mathrm{d}^2}$
3 dB 带宽 B	$\dfrac{0.844}{T} \approx \dfrac{1}{T}$	$\dfrac{\sqrt{2\ln 2}}{\pi\sigma} = \dfrac{\sqrt{2\ln 2/\pi}}{T} = \dfrac{0.6643}{T}$
时延分辨常数（TRC）	$\dfrac{2}{3}T = \dfrac{0.563}{B}$	$\sqrt{2}T = \dfrac{0.664}{B}$
持续带宽（FSP）	$\dfrac{1.5}{T} \approx 1.776B$	$\dfrac{0.707}{T} = 1.5B$
频移分辨常数（FRC）	$\displaystyle\int_{-\infty}^{\infty} \left\| \dfrac{\sin(\pi f_\mathrm{d} T)}{\pi f_\mathrm{d} T} \right\|^2 \mathrm{d}f_\mathrm{d}$ $= \dfrac{1}{T} = 1.185B$	$\displaystyle\int_{-\infty}^{\infty} \left\| \chi(0, f_\mathrm{d}) \right\|^2 \mathrm{d}f_\mathrm{d}$ $= \dfrac{1}{\sqrt{2}T} \approx 1.5B$
持续时宽（TSP）	$\dfrac{0.844}{B}$	$\sqrt{2}T = \dfrac{0.664}{B}$
模糊面积 AA	1	

由前面的分析可以看出，单载频脉冲信号模糊图呈正刀刃形，其重要特征是模糊体积集中于与轴线重合的"山脊"上。窄脉冲沿频率轴取向，具有良好的距离分辨率；而宽脉冲

沿时延轴取向，具有良好的速度分辨率。单载频脉冲信号的不足之处是不能同时提供距离和速度参量的高分辨率。因此单载频脉冲信号只有在目标测量精度以及多目标分辨率要求不高、作用距离比较近(例如末制导雷达在末端的几公里以内)时才采用，或者在对多通道进行标校时才采用，在雷达实际工作时一般不采用。

从分辨特性角度来看，模糊函数有四种类型：A 类——正刀刃型、B1 类——图钉型、B2 类——剪切刀刃型和 C 类——钉床型。相应地，常用的雷达信号按模糊函数被划分成四类，如表 4.4 所示。

表 4.4　雷达信号按模糊函数分类

类　型	A 类	B1 类	B2 类	C 类
时宽带宽乘积（TB）	1	$\gg 1$	$\gg 1$	> 1
模糊函数	正刀刃型	图钉型	剪切刀刃型	钉床型
信号形式	单个恒载频信号	非线性调频信号；伪随机相位编码脉冲信号；频率编码脉冲信号	线性调频信号；阶梯调频脉冲信号；脉间线性频移的相参脉冲串信号	均匀间距的相参脉冲串信号
名义分辨单元	1	$1/(TB)$	$1/(TB)$	$1/(TB)$
多普勒敏感性	不敏感	敏感	不敏感	不敏感
旁瓣	低	高，不能通过加窗处理降低脉压的副瓣	加窗处理可以得到较低的副瓣	较低
信号的特点	**优点**：信号简单、处理简单。**缺点**：不能同时提供距离和速度两个参量的高分辨率，不能同时保证大的信号能量和良好的距离分辨率	**优点**：能够同时提供高的距离分辨率、速度分辨率和测量精度。**缺点**：多普勒失谐影响脉冲压缩处理；在强杂波环境下，或者 RCS 相差很大的多目标情况下，高旁瓣影响弱小目标的检测	**优点**：多普勒失谐不大于信号带宽时，滤波器仍能起脉冲压缩作用，即多普勒频率不影响脉压处理。**缺点**：脉压输出的主峰时延与多普勒失谐成正比，即多普勒对距离的耦合有影响	在中心主峰周围有最大的清晰区面积，消除了 B1 类信号的基底旁瓣干扰，但出现了严重的测量模糊和尖峰干扰
适用场合	近区或雷达测试用	伪随机相位编码信号适用于慢速目标或目标速度大致已知的场合	应用最广泛	相参雷达均可

多普勒敏感性也称为多普勒失谐，表示由于目标的多普勒频率，导致不能直接采用发

射信号的样本进行脉冲压缩处理。例如，相位编码信号在脉冲压缩之前，需要通过其它途径获取目标的速度，并进行速度补偿；或者针对慢速目标的应用场合，速度对相位的影响没有导致回波信号中码型的变化。

在实现最佳处理并保证一定信噪比的前提下，距离分辨率主要取决于信号的频率结构，为了提高距离分辨率，要求信号具有大的带宽；而速度分辨率则取决于信号的时间结构，为了提高速度分辨率，要求信号具有大的时宽；测量精度和分辨率对信号有一致的要求。此外，为了提高雷达发现目标的能力，要求辐射信号具有大的能量。

因此，为了提高雷达系统的探测能力、测量精度和分辨能力，要求雷达信号具有大的时宽、带宽、能量之乘积。但在系统的发射和馈电设备峰值功率受限制的情况下，大的信号能量只能靠加大信号的时宽来得到。单载频脉冲信号的时宽带宽积接近于 1，大的时宽和带宽不可兼得，测距精度和距离分辨率同测速精度和速度分辨率以及作用距离之间是相互限制的。解决此问题的方法之一是采用脉内非线性相位调制技术来提高信号的带宽，而同时又不减小信号的时宽。常用的脉内非线性相位调制技术有线性调频、非线性调频、相位编码以及频率编码，采用这种方法能获得大的时宽带宽积。相参脉冲串信号则是通过脉冲调幅，通过增大信号持续时间而不减小信号带宽的方法来得到大的时宽带宽积的。下面几节分别对这些信号进行介绍。

4.3 线性与非线性调频脉冲信号及其脉冲压缩

调频脉冲压缩信号通过非线性相位调制来获得大时宽带宽积。该信号包括线性调频信号和非线性调频信号。其中线性调频有正调频（频率递增）、负调频（频率递减）之分；非线性调频脉冲压缩信号有多种调制方式，如 V 形调频、正弦调频、平方律调频等。

4.3.1 线性调频脉冲信号

线性调频（LFM）信号是应用最广泛的一种脉冲压缩信号。这种信号的突出优点是匹配滤波器对回波信号的多普勒频移不敏感，即使回波信号有较大的多普勒频移，匹配滤波器仍能起到脉冲压缩的作用，其缺点是输出响应将产生与多普勒频移成正比的附加时延。

功率归一的线性调频脉冲的复信号表达式可写为

$$s(t) = u(t)\mathrm{e}^{\mathrm{j}2\pi f_0 t} = \frac{1}{\sqrt{T}}\mathrm{rect}\left(\frac{t}{T}\right)\mathrm{e}^{\mathrm{j}(2\pi f_0 t + \pi\mu t^2)} \tag{4.3.1}$$

其中，T 为脉冲宽度；$\mu = B/T$ 为调频斜率，B 为调频带宽，也称频偏。信号的复包络为

$$u(t) = \frac{1}{\sqrt{T}}\mathrm{rect}\left(\frac{t}{T}\right)\mathrm{e}^{\mathrm{j}\pi\mu t^2}, \quad \mathrm{rect}\left(\frac{t}{T}\right) = \begin{cases} 1, & |t| \leqslant T/2 \\ 0, & |t| > T/2 \end{cases} \tag{4.3.2}$$

信号的瞬时频率为

$$f_i(t) = \frac{1}{2\pi}\frac{\mathrm{d}}{\mathrm{d}t}[2\pi f_0 t + \pi\mu t^2] = f_0 + \mu t \tag{4.3.3}$$

线性调频脉冲信号波形示意图如图 4.10 所示，其中图（a）（b）（c）分别给出了调制包络、时频关系和时域波形。

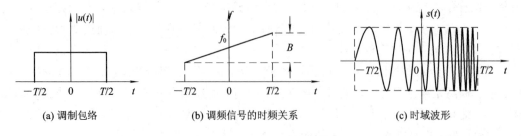

(a) 调制包络   (b) 调频信号的时频关系   (c) 时域波形

图 4.10　线性调频信号的波形示意图

1. 信号的频谱特性

线性调频信号的频谱由信号的复包络完全决定。对式(4.3.2)作傅里叶变换可得

$$U(f) = \frac{1}{\sqrt{T}} \int_{-T/2}^{T/2} e^{j\pi\mu t^2} e^{-j2\pi ft} dt = \frac{1}{\sqrt{T}} e^{-j\pi f^2/\mu} \int_{-T/2}^{T/2} e^{j(\pi/2)2\mu(t-f/\mu)^2} dt \tag{4.3.4}$$

作变量代换 $x = \sqrt{2\mu}(t-f/\mu)$，上式即可化为

$$U(f) = \frac{1}{\sqrt{2\mu T}} e^{-j\pi f^2/\mu} \left(\int_{-v_2}^{v_1} \cos\frac{\pi x^2}{2} dx + j\int_{-v_2}^{v_1} \sin\frac{\pi x^2}{2} dx \right) \tag{4.3.5}$$

其中积分限为

$$v_1 = \sqrt{2\mu}\left(\frac{T}{2} - \frac{f}{\mu}\right), \quad v_2 = \sqrt{2\mu}\left(\frac{T}{2} + \frac{f}{\mu}\right) \tag{4.3.6}$$

采用菲涅尔(Fresnel)积分公式

$$c(v) = \int_0^v \cos\left(\frac{\pi x^2}{2}\right) dx, \quad s(v) = \int_0^v \sin\left(\frac{\pi x^2}{2}\right) dx \tag{4.3.7}$$

并考虑其对称性

$$c(-v) = -c(v), \quad s(-v) = -s(v) \tag{4.3.8}$$

式(4.3.5)的信号频谱可表示为

$$U(f) = \frac{1}{\sqrt{2\mu T}} e^{j\left(-\frac{\pi f^2}{\mu} + \frac{\pi}{4}\right)} \left\{ [c(v_1) + c(v_2)] + j[s(v_1) + s(v_2)] \right\} \tag{4.3.9}$$

根据菲涅尔积分的性质，当 $BT \gg 1$ 时，信号 95% 以上的能量集中在 $-\frac{B}{2} \sim \frac{B}{2}$ 的范围内，频谱接近于矩形，因此，式(4.3.9)的频谱可近似表示为

$$U(f) \approx \frac{1}{\sqrt{2\mu T}} e^{j\left(-\frac{\pi f^2}{\mu} + \frac{\pi}{4}\right)}, \quad |f| \leqslant \frac{B}{2} \tag{4.3.10}$$

图 4.11 分别给出了 BT 等于 20、80、160 的频谱。可见 BT 越大，频谱的矩形系数越高。

2. 线性调频信号的模糊函数

将式(4.3.2)信号的复包络代入模糊函数定义式(4.2.5)，可得

$$\begin{aligned}
\chi(\tau, f_d) &= \int_{-\infty}^{\infty} u(t)u^*(t+\tau) e^{j2\pi f_d t} dt \\
&= \frac{1}{T} \int_{-\infty}^{\infty} \text{rect}\left(\frac{t}{T}\right) e^{j\pi\mu t^2} \text{rect}\left(\frac{t+\tau}{T}\right) e^{-j\pi\mu(t+\tau)^2} e^{j2\pi f_d t} dt \\
&= e^{-j\pi\mu\tau^2} \frac{1}{T} \int_{-\infty}^{\infty} \text{rect}\left(\frac{t}{T}\right) \text{rect}\left(\frac{t+\tau}{T}\right) e^{j2\pi(f_d - \mu\tau)t} dt
\end{aligned} \tag{4.3.11}$$

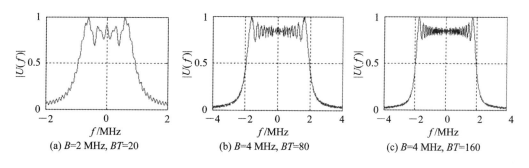

| (a) B=2 MHz, BT=20 | (b) B=4 MHz, BT=80 | (c) B=4 MHz, BT=160 |

图 4.11　线性调频信号的频谱

式中积分项为单载频矩形脉冲的模糊函数(参考单载频脉冲信号模糊函数的推导)，只是这里的频移项有一个偏移，即$(f_\mathrm{d}-\mu\tau)$。线性调频信号的模糊函数可表示为

$$\left|\chi(\tau,\,f_\mathrm{d})\right|=\begin{cases}\left|\left(1-\dfrac{|\tau|}{T}\right)\dfrac{\sin\left[\pi(f_\mathrm{d}-\mu\tau)(T-|\tau|)\right]}{\pi(f_\mathrm{d}-\mu\tau)(T-|\tau|)}\right|,&|\tau|\leqslant T\\[2mm]0,&|\tau|>T\end{cases}$$

(4.3.12)

假设调频带宽 B=4 MHz，时宽 T=2 μs，图 4.12 和图 4.13 分别给出了线性调频矩形脉冲信号的模糊图和模糊度图。可见模糊函数的主瓣在$(\tau,\,f_\mathrm{d})$平面呈剪切刀刃型，即峰值在直线 $f_\mathrm{d}=\mu\tau$ 上。-6 dB 切割的模糊度图近似呈椭圆形，不过其长轴偏离 τ、f_d 轴且倾斜一个角度 θ，θ 的正切为该直线的斜率，即

$$\tan\theta=\frac{f_\mathrm{d}}{\tau}=\mu=\frac{B}{T}$$

(4.3.13)

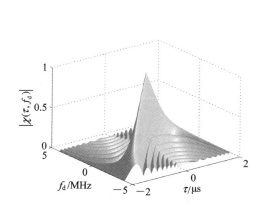

图 4.12　线性调频信号的模糊函数图

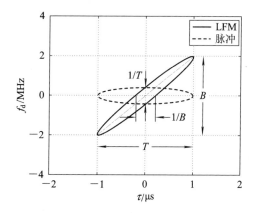

图 4.13　线性调频信号的模糊度图(-6 dB)

根据式(4.3.12)，线性调频脉冲信号的距离模糊函数或自相关函数为

$$\left|\chi(\tau,\,0)\right|=\begin{cases}\left|\left(1-\dfrac{|\tau|}{T}\right)\dfrac{\sin\left[\pi\mu\tau(T-|\tau|)\right]}{\pi\mu\tau(T-|\tau|)}\right|,&|\tau|<T\\[2mm]0,&\text{其它}\end{cases}$$

(4.3.14)

不难得到信号的时延分辨率(在 -4 dB 处)为

$$\Delta \tau = \frac{\int_{-\infty}^{\infty} |U(f)|^4 \mathrm{d}f}{\left[\int_{-\infty}^{\infty} |U(f)|^2 \mathrm{d}f\right]^2} \approx \frac{1}{\mu T} = \frac{1}{B} \tag{4.3.15}$$

则其距离分辨率为

$$\Delta R = \frac{c \cdot \Delta \tau}{2} = \frac{c}{2B} \tag{4.3.16}$$

因此,线性调频信号的距离分辨率只由调频带宽 B 决定,与脉冲宽度 T 无关,只要调频带宽 B 很大,就可以获得较高的距离分辨率。显然,信号带宽越宽,距离分辨率越高。例如:若信号带宽为 1 MHz,则距离分辨率为 150 m;若信号带宽为 100 MHz,则距离分辨率为 1.5 m。一般警戒雷达的距离分辨率为几十米至百米量级,而成像雷达的距离分辨率在米级以下。

由图 4.13 不难看出,线性调频信号的模糊度图是单载频矩形脉冲信号的模糊度图旋转了一个角度。由此可知线性调频信号的主要优点如下:

(1) 当目标的距离已知时,可以有很高的测速精度;当目标速度已知时,可以有很高的测距精度。

(2) 在多目标环境中,当目标速度相同时,可以有很高的距离分辨率;当目标距离相同时,可以有很高的速度分辨率。

(3) 多普勒不敏感。尽管多普勒频率可能会导致脉压的距离发生位移,但是不影响脉压处理。

(4) 产生简单,工程实现方便。

线性调频信号的主要缺点如下:

(1) 模糊图的主瓣为斜刀刃,即存在距离与多普勒之间的耦合。对于距离和速度都不知道的目标,只能测出其联合值。

(2) 匹配滤波器输出波形的旁瓣较高,当频移为零时,第一旁瓣约为 -13.2 dB。可以通过加权来降低旁瓣,但会导致主瓣的展宽。这在 4.3.3 小节介绍。

(3) 当调频带宽较大时,接收通道的宽带要求较宽,A/D 的采样速率要求较高。

4.3.2 非线性调频脉冲信号

虽然线性调频信号通过脉压在一定程度上解决了现代雷达对大时宽带宽的要求,但是它仍存在主副瓣比较高的问题。匹配滤波处理时需要通过加权窗来降低副瓣,但加窗处理又带来了信噪比降低和主瓣展宽的问题。为了解决以上问题,现代雷达也经常采用非线性调频(NLFM)信号。

NLFM 信号有多种类型,下面主要介绍 V 型调频信号和运用逗留相位原理进行近似求解的非线性调频信号。

1. V 型调频信号

V 型调频信号的表达式可写为

$$u(t) = \begin{cases} u_1(t) + u_2(t), & |t| \leqslant T \\ 0, & |t| > T \end{cases} \tag{4.3.17}$$

式中

$$u_1(t) = \begin{cases} e^{-j\pi\mu t^2}, & -T \leqslant t < 0, \\ 0, & \text{其它} \end{cases} \quad u_2(t) = \begin{cases} e^{j\pi\mu t^2}, & 0 \leqslant t < T \\ 0, & \text{其它} \end{cases} \quad (4.3.18)$$

信号的波形及其时频关系如图 4.14 所示。

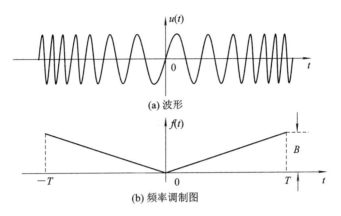

(a) 波形

(b) 频率调制图

图 4.14 V 型调频信号的波形及其时频关系

由模糊函数的组合性质可得 V 型调频信号的模糊函数为

$$\chi(\tau, f_d) = \chi_{11}(\tau, f_d) + \chi_{22}(\tau, f_d) + \chi_{12}(\tau, f_d) + e^{-j2\pi f_d \tau}\chi_{12}^*(\tau, f_d) \quad (4.3.19)$$

其中：$\chi_{11}(\tau, f_d)$ 和 $\chi_{22}(\tau, f_d)$ 分别为 $u_1(t)$ 和 $u_2(t)$ 的模糊函数；而 $\chi_{12}(\tau, f_d)$ 表示 $u_1(t)$ 和 $u_2(t)$ 的互模糊函数。由于 $u_1(t) = u_2^*(-t)$，所以有

$$\chi_{11}(\tau, f_d) = \chi_{22}^*(-\tau, f_d) \quad (4.3.20)$$

具体表达式可参考式(4.3.11)。

互模糊函数 $\chi_{12}(\tau, f_d)$ 按下式计算：

$$\chi_{12}(\tau, f_d) = e^{-j\pi f_d \tau} \int_{-\infty}^{\infty} u_1\left(t - \frac{\tau}{2}\right) u_2^*\left(t + \frac{\tau}{2}\right) e^{j2\pi f_d t} dt \quad (4.3.21)$$

参照线性调频信号的模糊函数推导过程，可以求出

$$\chi_{12}(\tau, f_d) = \begin{cases} 0, & \tau \leqslant 0 \\ \dfrac{1}{\sqrt{4\mu}} \exp\left[-j\pi\left(f_d\tau + \dfrac{\mu\tau^2}{2} - \dfrac{f_d^2}{2\mu}\right)\right] \cdot \\ \quad \{[c(x_1) + c(x_2)] - j[s(x_1) + s(x_2)]\}, & 0 < \tau < 2T \\ 0, & \tau > 2T \end{cases} \quad (4.3.22)$$

其中，当 $0 < \tau < T$ 时

$$x_1 = 2\sqrt{\mu}\left(\frac{\tau}{2} - \frac{f_d}{2\mu}\right), \quad x_2 = 2\sqrt{\mu}\left(\frac{\tau}{2} + \frac{f_d}{2\mu}\right) \quad (4.3.23)$$

当 $T < \tau < 2T$ 时

$$x_1 = 2\sqrt{\mu}\left(T - \frac{\tau}{2} - \frac{f_d}{2\mu}\right), \quad x_2 = 2\sqrt{\mu}\left(T - \frac{\tau}{2} + \frac{f_d}{2\mu}\right) \quad (4.3.24)$$

由式(4.3.19)可以看出，V 型调频信号的模糊函数是 $\chi_{11}(\tau, f_d)$、$\chi_{22}(\tau, f_d)$ 和 $\chi_{12}(\tau, f_d)$ 的矢量叠加。结果使原点处的主瓣高度增大一倍，倾斜刀刃的绝大部分由于取

向不同，互不影响，形成旁瓣基台。图 4.15 为 V 型调频信号的模糊图。从图中也可以看出，模糊图接近图钉型，解决了距离、速度联合测量的模糊问题。但对于多目标环境，仍有一定的测量模糊。

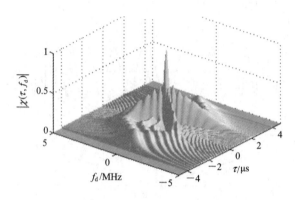

图 4.15　V 型调频信号的模糊图

2. 运用逗留相位原理进行近似求解的非线性调频信号

运用逗留相位原理来进行近似求解非线性调频信号，首先给定一个频域窗函数，这里采用 Hamming 窗，其表达式为

$$W(f) = \begin{cases} 0.54 - 0.46\cos\dfrac{2\pi f}{B}, & |f| \leqslant \dfrac{B}{2} \\ 0, & |f| > \dfrac{B}{2} \end{cases} \tag{4.3.25}$$

对给定的窗函数 $W(f)$，按式(4.3.26)求得信号的群时延函数 $T(f)$，其中常系数 K_1 则根据具体的时延和频率偏移确定。

$$T(f) = K_1 \int_{-\infty}^{f} W(x)\mathrm{d}x, \quad -\frac{B}{2} \leqslant f \leqslant \frac{B}{2} \tag{4.3.26}$$

通常，$T(f)$ 是非线性函数，令 $t = T(f)$，可采用迭代或内插等数值计算方法确定 $T(f)$ 的反函数，即非线性调频信号的调频函数 $f(t)$，有

$$f(t) = T^{-1}(f), \quad 0 \leqslant t \leqslant T \tag{4.3.27}$$

对该调频函数进行积分即可计算相位 $\theta(t)$ 为

$$\theta(t) = 2\pi \int_{0}^{t} f(x)\mathrm{d}x, \quad 0 \leqslant t \leqslant T \tag{4.3.28}$$

则该非线性调频信号为

$$S(t) = \mathrm{e}^{\mathrm{j}[2\pi f_0 t + \theta(t)]}, \quad 0 \leqslant t \leqslant T \tag{4.3.29}$$

利用 MATLAB 工具，根据调频带宽确定的采样率，可以用下列方法产生非线性调频信号，该方法适用于任何窗函数的综合，其实现过程如下：

（1）将瞬时频率按照调频带宽离散化，采样间隔 T_s 大于两倍带宽的倒数。

（2）将调频时间按照采样频率的整数倍离散化，即时间向量 $t = 0 : T_s : T$，或 $-T/2 : T_s : T/2$，T 为脉冲宽度。

（3）根据所选择的窗函数，由式(4.3.26)计算群时延 $T(f)$。

（4）采用数值计算方法确定 $T(f)$ 的反函数 $f(t)$（可直接调用 MATLAB 中内插函数

interp1）。

（5）利用直接累加的方法求出离散点上的相位值。

图 4.16 为由 Hamming 窗函数得到的 NLFM 信号的时频关系图和频谱，其时宽为 200 μs，调频带宽为 1 MHz。

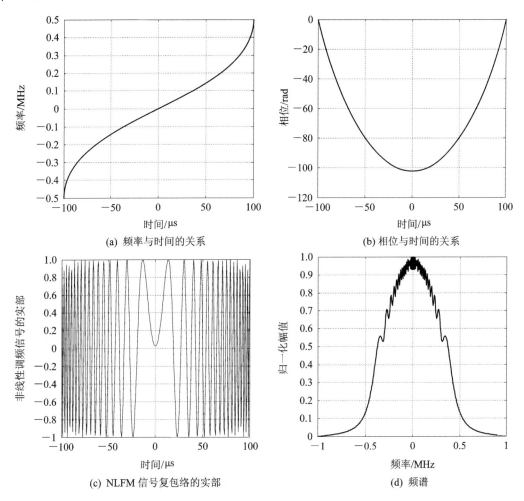

（a）频率与时间的关系　　　　　　（b）相位与时间的关系

（c）NLFM 信号复包络的实部　　　　　　（d）频谱

图 4.16　非线性调频信号

4.3.3　调频脉冲信号的压缩处理

假设雷达发射线性调频脉冲信号为

$$s_1(t) = \mathrm{rect}\left(\frac{t}{T}\right)\cos(2\pi f_0 t + \pi\mu t^2), \quad -\frac{B}{2} \leqslant f \leqslant \frac{B}{2} \tag{4.3.30}$$

式中，$\mathrm{rect}\left(\dfrac{t}{T}\right)=1$，$t \leqslant \dfrac{T}{2}$，$T$ 为发射脉冲宽度；f_0 为中心载频；$\mu = \dfrac{B}{T}$ 为调频斜率，B 为调频带宽。

假定目标初始距离 R_0 对应的时延为 t_0，即 $t_0 = 2R_0/c$；目标的径向速度为 v。若不考虑幅度的衰减，则接收信号及其相对于发射信号的时延分别为

$$s_{r1}(t) = s_1(t - \tau(t)) \tag{4.3.31}$$

$$\tau(t) = t_0 - \frac{2v}{c}(t - t_0) \tag{4.3.32}$$

其中 c 是光速。将式(4.3.32)代入式(4.3.31)，得

$$s_{r1}(t) = s_1\left(t - t_0 + \frac{2v}{c}(t - t_0)\right) = s_1(\gamma(t - t_0)) \tag{4.3.33}$$

其中

$$\gamma = 1 + \frac{2v}{c} \tag{4.3.34}$$

接收信号与 $\cos(2\pi f_0 t)$ 和 $\sin(2\pi f_0 t)$ 分别进行混频、滤波，得到接收的基带复信号模型为

$$s_r(t) = \text{rect}\left(\frac{\gamma(t - t_0)}{T}\right) e^{j2\pi f_0(\gamma-1)(t-t_0)} e^{j\pi\mu\gamma^2(t-t_0)^2} e^{-j2\pi f_0 t_0} \tag{4.3.35}$$

由于 $v \ll c$，$\gamma \approx 1$，目标的多普勒频率 $f_d = \dfrac{2v}{c} f_0 = (\gamma - 1)f_0$，时延对应的相位项 $e^{-j2\pi f_0 t_0}$ 与时间 t 无关，包络检波时为常数。因此，式(4.3.35)可简写为

$$s_r(t) \approx \text{rect}\left(\frac{t - t_0}{T}\right) e^{j2\pi f_d(t-t_0)} e^{j\pi\mu(t-t_0)^2} = e^{j2\pi f_d(t-t_0)} u(t - t_0) \tag{4.3.36}$$

其中 $u(t)$ 为发射信号的复包络，且

$$u(t) = \text{rect}\left(\frac{t}{T}\right) e^{j\pi\mu t^2} \tag{4.3.37}$$

现代雷达几乎都是在数字域进行脉压处理，脉冲压缩本身就是实现信号的匹配滤波，只是在模拟域一般称匹配滤波，而在数字域称为脉冲压缩。因此，令匹配滤波器的冲激响应 $h(t) = s^*(-t)$，则匹配滤波器的输出为

$$s_o(t) = h(t) \otimes s_r(t) = \int_{-\infty}^{\infty} h(u)s_r(t - u)\mathrm{d}u = \int_{-\infty}^{\infty} s^*(-u)s_r(t - u)\mathrm{d}u \tag{4.3.38}$$

式中 $\otimes$ 表示卷积。将式(4.3.36)代入式(4.3.38)，可得匹配滤波器输出为

$$s_o(t) = (T - |t - t_0|) e^{j\pi\mu(-t^2 - t_0^2 - 2f_d t_0)} e^{j2\pi(\mu(t-t_0)+f_d)\left(t_0 + \frac{t}{2}\right)} \cdot$$
$$\text{sinc}[\pi(\mu|t - t_0| + f_d)(T - |t - t_0|)], \qquad |t - t_0| < T \tag{4.3.39}$$

其模值为

$$|s_o(t)| = (T - |t - t_0|)|\text{sinc}\{\pi(\mu|t - t_0| + f_d)(T - |t - t_0|)\}|, \qquad |t - t_0| < T \tag{4.3.40}$$

可见，输出信号在 $\mu|t - t_0| + f_d = 0$，即 $t = t_0 \pm \dfrac{f_d}{\mu}$ 处取得最大值。

脉压输出结果具有 sinc 函数的包络形状，其 $-4\,\text{dB}$ 主瓣宽度 T' 约为 $1/B$，与输入脉冲宽度 T 相比，脉冲压缩(简称脉压比)$D = T/T' = BT$，为发射信号的时宽带宽积。

在脉冲持续时间 T 内输入信号的平均功率 $S_i = E/T$，E 为信号能量，脉压输入信噪比为 $(\text{SNR})_i = \dfrac{S_i}{N_i} = \dfrac{2E}{N_0 BT}$，$N_0$ 为噪声功率密度。根据匹配滤波理论，在 t_0 时刻输出信噪比为 $\text{SNR}(t_0) = \dfrac{2E}{N_0}$，因此，匹配滤波增益或称为脉压增益为

$$G_s = \frac{\mathrm{SNR}(t_0)}{(\mathrm{SNR})_i} = BT \tag{4.3.41}$$

一般未调制脉冲的时宽带宽积约等于 1。通过使用频率或者相位调制，脉冲的时宽带宽积(BT)远大于 1。如果脉压过程中采用理想的匹配滤波器，则脉压增益等于 BT，即信噪比增加 $10\lg(BT)$ dB。现代雷达为了增大作用距离，降低发射信号的峰值功率，基本都采用大时宽带宽积的信号。

式(4.3.40)表明线性调频信号通过脉冲压缩后，输出信号的包络近似为 $\mathrm{sinc}(x)$ 形状。其中峰值旁瓣比主瓣电平小 -13.2 dB，其它旁瓣随其离主瓣的间隔 x 按 $1/x$ 的规律衰减，旁瓣零点间隔为 $1/B$。由于旁瓣电平高，在多目标环境中，强目标回波的旁瓣会埋没附近较小目标的主瓣，导致目标丢失。为了提高分辨多目标的能力，脉压时必须采用窗函数来降低旁瓣电平。

由式(4.3.40)可以看出，对于 LFM 信号，脉压对回波信号的多普勒频移不敏感，因而可以用一个匹配滤波器来处理具有不同多普勒频移的信号，这将大大简化信号处理系统。另外这类信号的产生和处理都比较容易。

现代雷达的脉冲压缩处理均采用数字信号处理的方式，实现方法有两种：当脉压比不太大时，经常采用时域相关的处理方式；当脉压比较大时，通常利用 FFT 在频域实现。工程中若采用 FPGA 实现脉压，大多采用时域脉压处理，对接收信号通过流水的方式进行。

由于匹配滤波器是线性时不变系统，匹配滤波器的传递函数 $h(t)$、接收信号 $s_r(t)$ 的傅里叶变换分别为 $H(f)$、$S_r(f)$。根据傅里叶变换的性质：

$$\mathrm{FFT}\{h(t) \otimes s_r(t)\} = H(f) \cdot S_r(f) \tag{4.3.42}$$

频域脉冲压缩输出信号可以表示为

$$s_o(t) = \mathrm{IFFT}\{H(f) \cdot S_r(f)\} \tag{4.3.43}$$

脉冲压缩处理实际均在数字域实现。假设对接收的基带信号 $s_r(t)$ 的采样周期为 T_s，$h(t)$ 离散化的脉压系数为 $h(n)$，实际中为了降低旁瓣，脉冲压缩时需要加窗函数，也就是将匹配滤波器系数 $h(n)$ 与窗函数 $w(n)$ 时域相乘(时域加窗)，即 $h_w(n) = h(n) \odot w(n)$，或者频域加窗，即

$$H_w(f) = \mathrm{FFT}\{h(n) \odot w(n)\} \tag{4.3.44}$$

图 4.17 为时域和频域调频信号数字脉压处理的方框图。可以根据需要选取合适的窗函数。在 MATLAB 中计算 $H_w(f)$，并将其预先存入 DSP 或 CPU 的脉压系数表中，不需要增加 $H_w(f)$ 的运算量。如果雷达每个脉冲重复周期的发射信号相同，则脉压系数 $H_w(f)$ 相同；如果雷达每个脉冲重复周期的发射信号不同，则每个周期需要调用对应的脉压系数 $H_w(f)$。但是需要注意的是，FFT/IFFT 的点数不是任意选取的。假设输入信号的时域采样点数为 N_R，滤波器阶数(即脉压系数的长度)为 L，那么经过滤波后的输出信号点数应为

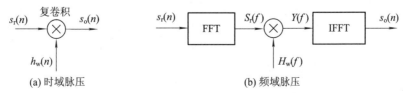

(a) 时域脉压　　　　　　　　　　　(b) 频域脉压

图 4.17　调频脉冲信号脉压处理框图

$N_R + L - 1$，则对于 FFT 处理的点数必须大于等于 $N_R + L - 1$，通常取 2 的幂对应的数值大于等于 $N_R + L - 1$。因此，在对滤波器系数及输入信号 $s_r(n)$ 进行 FFT 之前，要先对序列进行补零处理，使其长度为对应的 2 的幂。

实际中脉压不一定需要在整个距离段上进行。假定雷达脉冲压缩处理的距离窗定义为

$$R_{rec} = R_{max} - R_{min} \tag{4.3.45}$$

其中，R_{max} 和 R_{min} 分别表示雷达探测或感兴趣的最大和最小作用距离。单基地雷达在发射期间不接收，因此雷达的最小作用距离（即发射期间存在遮挡的距离）取决于发射脉冲宽度，例如，若脉冲宽度 $T = 200\ \mu s$，则 $R_{min} = 30$ km，表明在近距离存在 30 km 的盲区。实际中脉压距离窗的最小距离单元取大于等于该盲区对应的距离单元，即 $R_{min} \geqslant \dfrac{Tc}{2}$。

对于带宽为 B 的基带复信号而言，假定复信号的采样频率 $f_s(\geqslant B)$，采样周期 $T_s = 1/f_s$，对应的距离量化间隔为 $\Delta R' = T_s c / 2$（通常小于或等于距离分辨率 $\Delta R = c/(2B)$），则式 (4.3.45) 对应的距离单元数为 $N_R = R_{rec} / \Delta R'$，因此，完成接收窗 R_{rec} 信号的频域脉压需要的数据长度为

$$N = N_R + N_{min} = \frac{2R_{rec}}{T_s c} + \frac{T_e}{T_s} \tag{4.3.46}$$

实际中为了更好地实现 FFT，通过补零将 N 扩展为 2 的幂，即 FFT 的点数为

$$N_{FFT} = 2^m \geqslant N, \quad m\ \text{为正整数} \tag{4.3.47}$$

MATLAB 函数"LFM_comp.m"可以产生线性调频脉冲的目标回波信号，并给出脉压结果。语法如下：

$$[y] = \text{LFM\_comp}(Te, Bm, Ts, R0, Vr, SNR, Rmin, Rrec, Window, bos)$$

其中参数说明见表 4.5。

表 4.5　函数 LFM_comp.m 的参数说明

符号	描　述	单位	状态	图 4.18 的示例
Te	发射脉冲宽度	s	输入	$200\ \mu s$
Bm	调频带宽	Hz	输入	1 MHz
Ts	采样时钟	s	输入	$0.5\ \mu s$
$R0$	目标的距离矢量（$> R_{min}$，在接收窗内）	m	输入	$[80, 85]$ km
Vr	目标的速度矢量	m/s	输入	$[0, 0]$ m/s
SNR	目标的信噪比矢量	dB	输入	$[20, 10]$ dB
$Rmin$	采样的最小距离	m	输入	20 km
$Rrec$	接收距离窗的大小	m	输入	150 km
$Window$	窗函数矢量	—	输入	泰勒窗
bos	波数，$\text{bos} = 2\pi/\lambda$	—	输入	$2\pi/0.03$
y	脉压结果	—	输出	

图 4.18 给出了线性调频信号的目标回波及其脉压结果，参数见表 4.5，其中图（a）为匹配滤波系数的实部（未加窗）；图（b）为脉压输入信号的实部；图（c）是加泰勒窗后的脉压

结果；图(d)是未加窗的脉压结果，副瓣比主瓣低－13.2 dB，为辛克函数的副瓣电平。

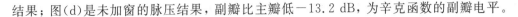

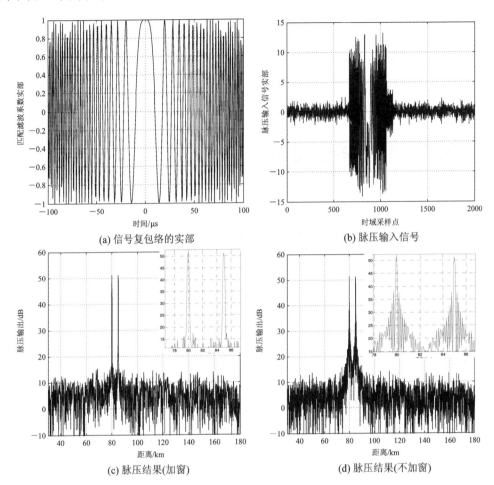

图 4.18　线性调频脉冲信号及其脉压结果

4.3.4　LFM 信号的距离-多普勒测不准原理

式(4.3.40)表明，当 $f_d \neq 0$ 或 $f_d = 0$ 时，脉压输出结果均具有 sinc 函数的包络形状。只是当 $f_d = 0$ 时，包络没有平移，峰值对应于真实目标位置。而当 $f_d \neq 0$ 时，sinc 包络将产生位移，引起测距误差；而且输出脉冲幅度下降，宽度加大，信噪比和距离分辨率有所下降。

图 4.19(a)、(b)是分别假设两个目标的速度为[100,0] m/s、[170,－340] m/s 的脉压结果，尽管速度并不影响线性调频信号的脉压处理，但是，目标的距离发生了位移。这就是线性调频信号的"测不准原理"。根据式(4.3.13)和式(4.3.14)，脉压的峰值出现在 $f_d = \mu\tau$ 的位置，其中 $f_d = 2v_r/\lambda$，$\tau = 2R/c$，因此，当目标的径向速度为 v_r 时，由于速度测不准(未知)而产生的距离误差为

$$\varepsilon_R = -\frac{c}{2\mu}f_d = -\frac{c}{\lambda\mu}v_r \tag{4.3.48}$$

在图 4.19(b)中两目标的速度为[170,－340] m/s，产生的测距误差为[－340,680] m。

当然，实际中如果根据航迹估计目标的速度，就可以按式(4.3.48)补偿后减小测距误差。

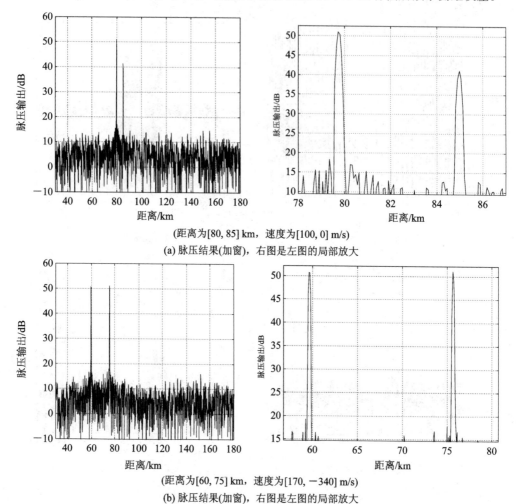

(距离为[80, 85] km，速度为[100, 0] m/s)

(a) 脉压结果(加窗)，右图是左图的局部放大

(距离为[60, 75] km，速度为[170, −340] m/s)

(b) 脉压结果(加窗)，右图是左图的局部放大

图 4.19　线性调频脉冲信号的脉压结果(运动目标)

4.4　相位编码脉冲信号

相位编码信号是另一种大时宽带宽积的脉冲压缩信号，其相位调制函数是离散的有限状态，称为离散编码脉冲压缩信号。由于相位编码采用伪随机序列，故又称为伪随机编码信号。

按照相位取值数目的不同，相位编码信号可以分为二相编码信号和多相编码信号。本节只介绍二相编码信号，并以巴克码序列和最大长度序列(M序列)编码信号为例进行分析。

4.4.1　二相编码信号波形及其特征

1. 二相编码信号的波形

一般编码信号的复包络函数可写为

$$u(t) = a(t) e^{j\varphi(t)} \tag{4.4.1}$$

其中 $\varphi(t)$ 为相位调制函数。对于二相编码信号来说，$\varphi(t)$ 只有 0 和 π 两种取值，对应序列用 $\{c_k = 1, -1\}$ 表示。取信号的包络为矩形，且码长为 P，每个码元的时宽为 T_1，P 个码元的总时宽为 $T = PT_1$，即

$$a(t) = \begin{cases} \dfrac{1}{\sqrt{PT_1}}, & 0 \leqslant t < T = PT_1 \\ 0, & \text{其它} \end{cases} \tag{4.4.2}$$

若 $u_1(t)$ 为每个子脉冲的时域函数，利用 δ 函数的性质，则二相编码信号的复包络可写为

$$u(t) = \begin{cases} \dfrac{1}{\sqrt{P}} \displaystyle\sum_{k=0}^{P-1} c_k u_1(t - kT_1), & 0 \leqslant t < T \\ 0, & \text{其它} \end{cases}$$

$$= u_1(t) \otimes \dfrac{1}{\sqrt{P}} \sum_{k=0}^{P-1} c_k \delta(t - kT_1) = u_1(t) \otimes u_2(t) \tag{4.4.3}$$

其中，

$$u_1(t) = \text{rect}\left(\dfrac{t}{T_1}\right) = \begin{cases} \dfrac{1}{\sqrt{T_1}}, & 0 \leqslant t < T_1 \\ 0, & \text{其它} \end{cases} \tag{4.4.4}$$

$$u_2(t) = \dfrac{1}{\sqrt{P}} \sum_{k=0}^{P-1} c_k \delta(t - kT_1) \tag{4.4.5}$$

2. 二相编码信号的频谱

应用傅里叶变换对 $\text{rect}\left(\dfrac{t}{T_1}\right) \xrightarrow{\text{FT}} T_1 \text{sinc}(\pi f T_1)$ 和 $\delta(t - kT_1) \xrightarrow{\text{FT}} \mathrm{e}^{-\mathrm{j}2\pi f k T_1}$，不难得到二相编码信号的频谱为

$$U(f) = \sqrt{\dfrac{T_1}{P}} \text{sinc}(\pi f T_1) \mathrm{e}^{-\mathrm{j}\pi f T_1} \sum_{k=0}^{P-1} c_k \mathrm{e}^{-\mathrm{j}2\pi f k T_1} \tag{4.4.6}$$

其能量谱为

$$|U(f)|^2 = |U_1(f)|^2 |U_2(f)|^2 \tag{4.4.7}$$

式中

$$|U_1(f)|^2 = T_1 \cdot |\text{sinc}(\pi f T_1)|^2 \tag{4.4.8a}$$

$$
\begin{aligned}
|U_2(f)|^2 &= \dfrac{1}{P}\left[\sum_{k=0}^{P-1} c_k \mathrm{e}^{-\mathrm{j}2\pi f k T_1} \right]\left[\sum_{i=0}^{P-1} c_i \mathrm{e}^{\mathrm{j}2\pi f i T_1} \right] = \dfrac{1}{P}\left[\sum_{k=0}^{P-1} c_k^2 + \sum_{i=0}^{P-1} \sum_{\substack{k=0 \\ i \neq k}}^{P-1} c_i c_k \mathrm{e}^{\mathrm{j}2\pi f(i-k)T_1} \right] \\
&= \dfrac{1}{P}\left[P + 2 \sum_{i=0}^{P-1} \sum_{\substack{k=0 \\ k<i}}^{P-1} c_k c_i \cos 2\pi f(i-k)T_1 \right] \\
&= \dfrac{1}{P}\left[P + 2 \sum_{n=1}^{P-1} \sum_{k=0}^{P-1-n} c_k c_{k+n} \cos 2\pi f n T_1 \right] \\
&= \dfrac{1}{P}\left[P + 2 \sum_{n=1}^{P-1} x_{\mathrm{b}}(n) \cos 2\pi f n T_1 \right]
\end{aligned} \tag{4.4.8b}
$$

这里 $x_b(n) = \sum_{k=0}^{P-1-n} c_k c_{k+n}$ 表示二相伪随机序列的非周期自相关函数。

通常，当 $P \gg 1$ 时伪随机序列的非周期自相关函数具有性质：

$$x_b(n) = \begin{cases} P, & n=0 \\ a \ll P, & n=1,2,\cdots,P-1 \end{cases} \tag{4.4.9}$$

因此有

$$|U(f)|^2 \approx |U_1(f)|^2 \tag{4.4.10}$$

上式说明，二相编码信号的频谱主要取决于子脉冲的频谱。若伪随机序列具有良好的非周期自相关特性，则得到的二相编码信号的频谱与子脉冲的频谱基本相同。

二相编码信号的带宽与子脉冲带宽相近，即 $B = \frac{1}{T_1} = \frac{P}{T}$，信号的脉冲压缩比或时宽带宽积为 $D = T \cdot B = P$。所以，采用较长的二相编码序列就能够得到大的脉冲压缩比。

3. 二相编码信号的模糊函数

利用模糊函数的卷积性质，可得到二相编码信号的模糊函数为

$$\chi(\tau,f_d) = \chi_1(\tau,f_d) \otimes \chi_2(\tau,f_d) = \sum_{m=1-P}^{P-1} \chi_1(\tau-mT_1,f_d)\chi_2(mT_1,f_d) \tag{4.4.11}$$

其中 $\chi_1(\tau,f_d)$ 为子脉冲（矩形脉冲）的模糊函数。而 $\chi_2(\tau,f_d)$ 可按下式计算：

$$\chi_2(mT_1,f_d) = \begin{cases} \frac{1}{P}\sum_{i=0}^{P-1-m} c_i c_{i+m} e^{j2\pi f_d iT_1}, & 0 \le m \le P-1 \\ \frac{1}{P}\sum_{i=-m}^{P-1} c_i c_{i+m} e^{j2\pi f_d iT_1}, & -(P-1) \le m < 0 \end{cases} \tag{4.4.12}$$

令 $f_d=0$，可得到信号的距离模糊函数即自相关函数为

$$\chi(\tau,0) = \sum_{m=1-P}^{P-1} \chi_1(\tau-mT_1,0)\chi_2(mT_1,0) \tag{4.4.13}$$

其中，$\chi_1(\tau,0) = \frac{T_1-|\tau|}{T_1}$，$|\tau|<T_1$，为单个矩形脉冲的自相关函数；而 $\chi_2(mT_1,0) = \frac{1}{P}\sum_{i=0}^{P-1-m} c_i c_{i+m}$，为二相伪随机序列的归一化非周期自相关函数。

显然，二相编码信号的自相关函数主要取决于所用二相序列的自相关函数。

二相编码信号的速度模糊函数为

$$|\chi(0,f_d)| = \left| \int_{-\infty}^{\infty} |u(t)|^2 e^{j2\pi f_d t} dt \right| = |\mathrm{sinc}(\pi f_d PT_1)| \tag{4.4.14}$$

下面介绍两种典型的伪随机序列编码信号。

4.4.2 巴克码

巴克码（Barker）序列具有理想的非周期自相关函数，即码长为 P 的巴克码的非周期自相关函数为

$$\chi(m,0) = \sum_{i=0}^{P-1-|m|} c_i c_{i+m} = \begin{cases} P, & m=0 \\ 0,\pm 1, & m \ne 0 \end{cases} \tag{4.4.15}$$

它的副瓣电平等于 1，是最佳的有限二相序列，但是目前只找到 7 种巴克码（如表 4.6 所示），最长的是 13 位。长度为 n 的巴克码表示为 B_n。

表 4.6　巴 克 码 序 列

码标识	长度 P	序列 $\{c_n\}$	自相关函数	主旁瓣比 (dB)
B_2	2	++；−+	2，1；2，−1	6
B_3	3	++−	3，0，−1	9.6
B_4	4	++−+；+++−	4，−1，0，1；4，1，0，−1	12
B_5	5	+++−+	5，0，1，0，1	14
B_7	7	+++−−+−	7，0，−1，0，−1，0，−1	17
B_{11}	11	+++−−−+−−+−	11，0，−1，0，−1，0，−1，0，−1，0，−1	20.8
B_{13}	13	+++++−−++−+−+	13，0，1，0，1，0，1，0，1，0，1，0，1	22.2

长度 $P=13$、$T_1=1\ \mu s$ 的巴克码序列编码信号的包络和频谱如图 4.20 所示。

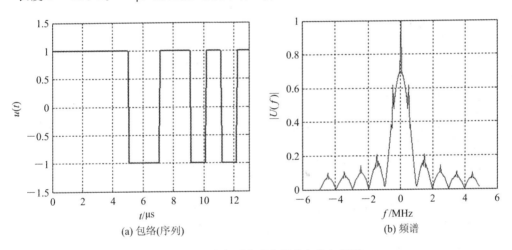

(a) 包络(序列)　　　　　　　　　(b) 频谱

图 4.20　巴克序列编码信号的包络与频谱

图 4.21 与图 4.22 为 13 位巴克编码信号的模糊函数图及模糊度图（$P=13$、$T_1=1\ \mu s$），图 4.23 为其距离模糊函数和速度模糊函数。

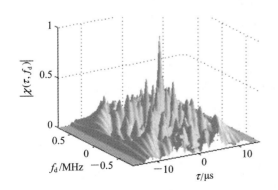

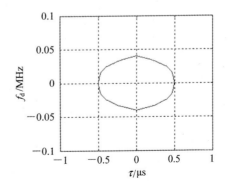

图 4.21　巴克编码信号的模糊图　　　　　图 4.22　巴克序列的模糊度图(−6 dB)

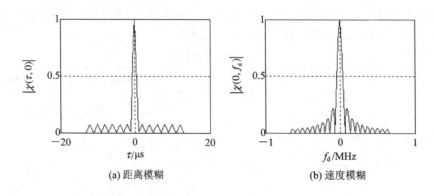

(a) 距离模糊　　　　　　　　(b) 速度模糊

图 4.23　巴克码的距离模糊函数和速度模糊函数

目前所知的巴克序列的长度都太短,巴克码提供的最好副瓣衰减是$-22.2\ \mathrm{dB}$,因而限制了它的应用。为了满足实际需要,人们提出了多项巴克序列和组合巴克序列。但是,组合巴克码的自相关函数的副瓣不再等于 1。

4.4.3　M 序列编码信号

伪随机编码也称最大长度序列(MLS)编码。这些码之所以称为伪随机的,原因在于其码元{$+1$,-1}出现的概率统计特性与掷硬币序列类似。但最大长度序列又是周期性的,通常称为 M 序列。M 序列为二相周期序列

$$X_0 = \{x_0, x_1, \cdots, x_{P-1}\}, \quad x_i \in (0, 1) \tag{4.4.16}$$

且满足下列关系式

$$(I \oplus D \oplus D^2 \oplus \cdots \oplus D^n)X_0 = 0 \tag{4.4.17}$$

其中,$\oplus$表示模 2 加;D 表示移位单元;n 为移位寄存器的位数。当($I \oplus D \oplus D^2 \oplus \cdots \oplus D^n$)为不可分解的多项式且又是原本多项式时,序列 X_0 具有最大长度,其长度(周期)为 $P = 2^n - 1$,所以称之为最大长度序列。实际应用中,通常采用线性逻辑反馈移位寄存器来产生 M 序列。下面举例说明 M 序列的产生方法。

如果取 $n = 4$,则序列长度 $P = 15$。该序列码产生器框图如图 4.24 所示,包括四个同步级联的 D 触发器和一个异或门,反馈系数[1, 0, 0, 1],即反馈连接为 $D_1 = Q_1 \oplus Q_4$。假设寄存器初始值为{1, 1, 1, 1}(初始值可以是除全零以外的任意值),则在移位时钟脉冲的作用下,输出端将产生长度为 15 的 M 序列:$Q = \{1, 1, 1, 1, 0, 1, 0, 1, 1, 0, 0, 1, 0, 0, 0, \cdots\}$,或者写为 $\boldsymbol{\Phi} = \exp(\mathrm{j}\pi Q) = \{-1, -1, -1, -1, +1, -1, +1, -1, -1, +1, +1, -1, +1, +1, +1, \cdots\}$。

图 4.25(a)为长度 $P = 15$ 的 M 序列编码信号的模糊图。信号的自相关函数($f_d = 0$ 的主截面)和多普勒模糊函数($\tau = 0$ 的主截面)见图 4.25(b)和(c)。

M 序列具有许多重要的性质,下面列出与波形设计相关的几条:

(1) 在一个周期内,"-1"的个数为$(P+1)/2$;"1"的个数为$(P-1)/2$。

(2) M 序列与其移位序列相乘,可得另一移位序列,即

$$(x_i)(x_{i+k}) = (x_{i+h}), \quad k \neq 0 (\mathrm{mod} P) \tag{4.4.18}$$

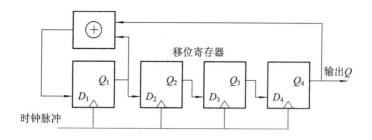

图 4.24 M 序列产生器框图

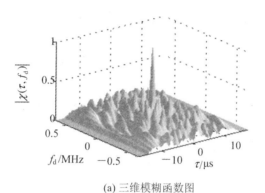

(a) 三维模糊函数图

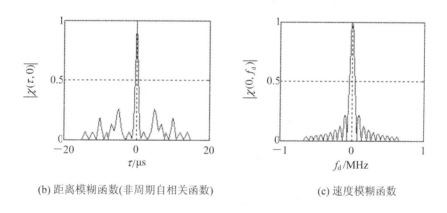

(b) 距离模糊函数(非周期自相关函数)　　　　(c) 速度模糊函数

图 4.25 M 序列的模糊函数图及其主截面

（3）M 序列的周期自相关函数为

$$x(m,0) = \sum_{i=0}^{P-1} x_i x_{i+m} = \begin{cases} P, & m = 0 \pmod{P} \\ -1, & m \neq 0 \pmod{P} \end{cases} \qquad (4.4.19)$$

长度 $P=15$ 的 M 序列的自相关函数如图 4.26 所示。可以看出，周期自相关函数的副瓣均为 -1，而非周期自相关函数的峰值副瓣电平可以大于 1。雷达实际工作的过程中，在一个脉冲重复周期内发射一个周期的 M 序列信号，再对回波进行相关处理，只能得到非周期自相关函数，因此，在雷达中希望非周期自相关函数的峰值副瓣电平尽可能低一些。（本书中提到自相关函数时若未特别指出，均为非周期自相关函数。）

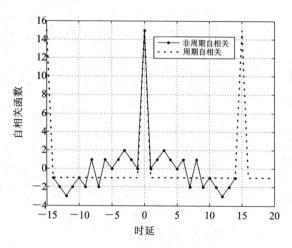

图 4.26　M 序列自相关函数（$P=15$）

（4）M 序列的模糊函数为

$$\chi_{ks} = b_{ks}^2 = \left| \sum_n x_n x_{n+k}^* e^{j\frac{2\pi}{P}ns} \right|^2 = \begin{cases} P^2, & k = 0(\bmod P); s = 0(\bmod P) \\ 0, & k = 0(\bmod P); s \neq 0(\bmod P) \\ 1, & k \neq 0(\bmod P); s = 0(\bmod P) \\ P+1, & k \neq 0, 0(\bmod P); s \neq 0(\bmod P) \end{cases}$$

$$(4.4.20)$$

（5）n 级移位寄存器改变反馈连接，能获得的 M 序列总数为

$$N_L = \frac{\varphi(2^n - 1)}{n} \tag{4.4.21}$$

其中，$\varphi(p)$ 为欧拉-斐（Eulor-phi）函数，即

$$\varphi(p) = \begin{cases} p \prod_i \left(1 - \dfrac{1}{p_i}\right), & p \text{ 为合数}(p_i \text{ 为 } p \text{ 的质因数时，每个因数只用一次}) \\ p - 1, & p \text{ 为质数} \end{cases}$$

$$(4.4.22)$$

表 4.7 给出了 n 取不同值时的一种 M 序列反馈连接方式，由此可以产生不同长度的 M 序列。

表 4.7　M 序列的反馈连接

级数 n	长度 P	M 序列总个数 N_L	寄存器反馈连接
2	3	1	2，1
3	7	2	3，2
4	15	2	4，3；4，1
5	31	6	5，3
6	63	6	6，5
7	127	18	7，6
8	255	16	8，6，5，4
9	511	48	9，5
10	1023	60	10，7

M 序列具有理想的周期自相关函数，而且模糊函数呈各向均匀的钉耙型。但是非周期

工作时，自相关函数有较高的旁瓣。

　　二相伪随机序列除了巴克码序列以外，其它序列（L 序列、M 序列等）的非周期自相关函数都不太理想。二相序列以外，弗兰克（Frank）序列和郝夫曼（Huffman）序列等复数多相序列具有良好的非周期自相关特性，它们属于多相编码信号。限于篇幅，本书不进行讲述。

　　与线性调频脉冲压缩信号不同，对相位编码信号来说，如果回波信号与匹配滤波器存在多普勒失谐，滤波器不能有效地进行脉冲压缩，所以伪随机编码信号常用于目标多普勒较小或目标速度大致已知的场合。

　　相位编码脉冲信号的距离分辨率主要取决于每个码元的带宽。在雷达中若采用相位编码脉冲信号，应综合考虑作用距离和分辨率的要求，选择适当长度、合适带宽的伪随机编码脉冲信号。

4.4.4　相位编码信号的脉冲压缩处理

　　相位编码信号的脉冲压缩与 LFM 信号类似，也包括时域和频域脉压处理。在数字脉冲压缩过程中则采用移位寄存器来代替抽头延迟线。时域脉压的系数为

$$h(n) = a(n)\exp(j\varphi(n)), \quad n = 1 \sim P \tag{4.4.23}$$

其中，$\varphi(t) \in \{0, \pi\}$ 为所采用的二相编码序列对应的相位。

　　相位编码信号在频域脉冲压缩与 LFM 信号的频域脉冲压缩处理类似（如图 4.18），也是利用正-反离散傅里叶变化的方法实现的。设 $S(\omega)$、$H(\omega)$ 分别为输入信号 $s(n)$ 和匹配滤波系数 $h(n)$ 的傅里叶变换，则脉压处理输出信号 $y(n)$ 为

$$y(n) = \mathrm{IFFT}[S(\omega)H(\omega)] \tag{4.4.24}$$

　　在进行采样时，通常每个码元采样 1～2 个点。由于相位编码信号是多普勒敏感信号，脉压处理时需要根据目标的大致速度进行补偿。下面结合实例进行解释。

　　MATLAB 函数"PCM_comp.m"用来产生二相编码脉冲的目标回波信号，并给出其脉冲压缩结果。语法如下：

$$[y] = \mathrm{PCM\_comp}(Te, code, Ts, R0, Vr, SNR, Rmin, Rrec, bos)$$

函数中各变量的描述见表 4.8.

表 4.8　函数 PCM_comp.m 的参数说明

符号	描　　述	单位	状态	图 4.27 的示例
Te	每个码元的脉冲宽度	s	输入	$1\ \mu s$
$code$	二相编码序列		输入	码长 127 的 M 序列
Ts	采样时钟周期	s	输入	$0.5\ \mu s$
$R0$	目标的距离矢量（$>R_{\min}$，在接收窗内）	m	输入	$[60, 90]$ km
Vr	目标的速度矢量	m/s	输入	$[0, 0]$ 或 $[100, 0]$ m/s
SNR	目标的信噪比矢量	dB	输入	$[20, 10]$ dB
$Rmin$	采样的最小距离	m	输入	20 km
$Rrec$	接收距离窗的大小	m	输入	150 km
bos	波数，$\mathrm{bos} = 2\pi/\lambda$		输入	$2\pi/0.03$
y	脉压结果		输出	

　　图 4.27 给出了二相编码脉冲信号及其脉冲压缩结果，参数见上表，其中图（a）为码长

127 的 M 序列，即匹配滤波系数的实部；图(b)是图(a)的 M 序列的非周期自相关函数，可见副瓣电平较高；图(c)为脉压输入信号的实部，包括两个目标；图(d)是两目标速度为零时的脉压结果，其峰值对应目标的距离，SNR 提高约 20 多 dB；图(e)是两目标速度为 $[0，100]$ m/s 时的脉压结果，可见距离在 90 km 位置的目标几乎看不到，这是由于速度对脉压的影响，表明二相编码脉冲信号是多普勒敏感信号。

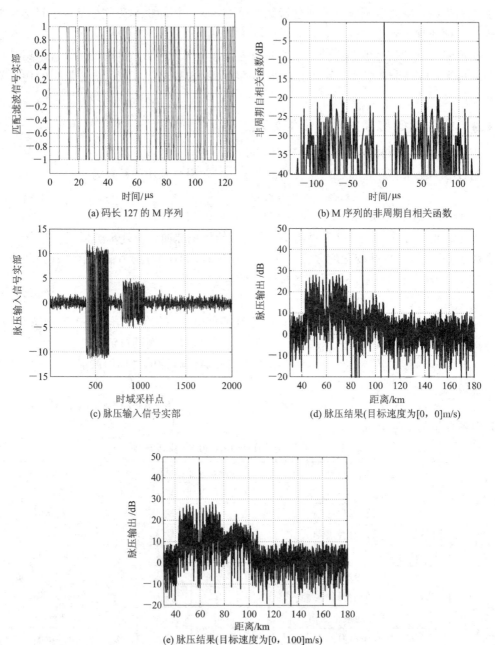

(a) 码长 127 的 M 序列

(b) M 序列的非周期自相关函数

(c) 脉压输入信号实部

(d) 脉压结果(目标速度为[0，0]m/s)

(e) 脉压结果(目标速度为[0，100]m/s)

图 4.27　二相编码脉冲信号的脉冲压缩结果

二相编码脉冲信号的脉压处理时不能像线性调频信号那样，通过加窗处理降低副瓣电平。这种信号降低副瓣电平的措施主要有：

（1）增加系列码的长度。例如，GPS、北斗定位系统的每颗卫星均发射码长为 65 535 的 M 序列，接收站进行相关处理时可以得到 65 535 倍的增益，同时有利于降低副瓣电平。

（2）采用互补码。雷达的每个脉冲重复周期交替发射两个互补码，以降低副瓣电平。

（3）雷达在每个脉冲重复周期依次发射不同的 M 序列码。由于每个周期脉压后的副瓣不同，在对一个波位内各距离单元回波的相干积累过程中，相当于副瓣电平被"白化"，从而降低副瓣电平。

假设雷达在一个波位发射 32 组相同或不同的 M 序列，码长均为 127，输入信噪比都为 0 dB，图 4.28(a) 为某一个脉冲重复周期的时域回波信号，图 (b) 和图 (c) 分别给出了 32 个周期的脉冲压缩结果，图 (d) 为 32 个周期的相干积累结果。由此可见，脉间编码捷变可以降低二相编码信号的副瓣电平。尤其是对于海上观测雷达或反舰导弹上的末制导雷达，由于海面目标的速度较低，可以采用脉间编码捷变技术降低其副瓣电平。

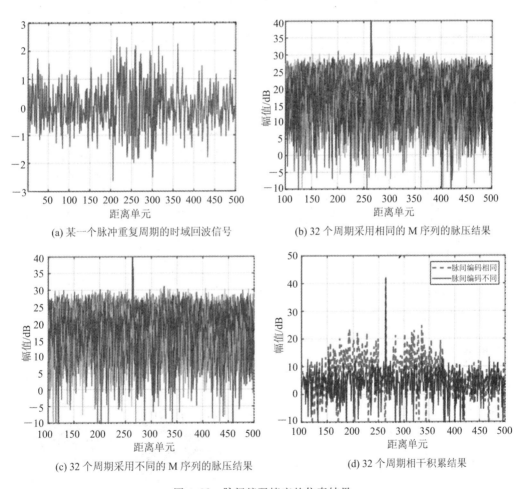

(a) 某一个脉冲重复周期的时域回波信号

(b) 32 个周期采用相同的 M 序列的脉压结果

(c) 32 个周期采用不同的 M 序列的脉压结果

(d) 32 个周期相干积累结果

图 4.28　脉间编码捷变的仿真结果

4.4.5　相位编码信号的多普勒敏感性

假定雷达发射的二相编码脉冲信号模型为

$$s_{\mathrm{e}}(t) = a(t)\cos(2\pi f_0 t + \varphi(t)) \tag{4.4.25}$$

其中，$\varphi(t) \in \{0, \pi\}$，为所采用的二相编码序列对应的相位。假设目标相对雷达的径向速度为 v_{r}，雷达工作波长为 λ，目标的多普勒频率为 $f_{\mathrm{d}} = 2v_{\mathrm{r}}/\lambda$，目标距离对应的延时为 τ，则目标回波的基带复信号模型为

$$s_{\mathrm{r}}(t) = a(t-\tau)\exp(\mathrm{j}\varphi(t-\tau))\exp(\mathrm{j}2\pi f_{\mathrm{d}}t) \tag{4.4.26}$$

在 $t-\tau$ 时刻该信号的相位为

$$\phi(t) = \varphi(t-\tau) + 2\pi f_{\mathrm{d}}t \tag{4.4.27}$$

例如，若雷达采用 $P=127$ 的 M 序列，每个码元的时宽为 $1~\mu\mathrm{s}$，总的发射脉冲宽度 T 为 $127~\mu\mathrm{s}$，目标的速度为 $300~\mathrm{m/s}$，$\lambda = 0.03~\mathrm{m}$，则目标回波在整个脉冲宽度期间由于多普勒频率而产生的总的相移为

$$\varphi_{f_{\mathrm{d}}} = 2\pi f_{\mathrm{d}}T = 2\pi \times \left(2 \times \frac{300}{0.03}\right) \times 127 \times 10^{-6} = 5.08\pi > \frac{\pi}{2} \tag{4.4.28}$$

因此，在脉冲压缩处理时就不能与发射信号的调制相位相匹配，导致脉压损失，甚至无法压缩出目标。下面结合仿真实例进行说明。

▲ **仿真实例**：雷达发射 $P=127$ 的 M 序列，发射脉冲宽度为 $127~\mu\mathrm{s}$，$\lambda = 0.03~\mathrm{m}$，目标的速度分别为 $[25, 50, 300]~\mathrm{m/s}$，目标的距离分别为 $[60, 90, 120]~\mathrm{km}$，SNR 均为 $20~\mathrm{dB}$。

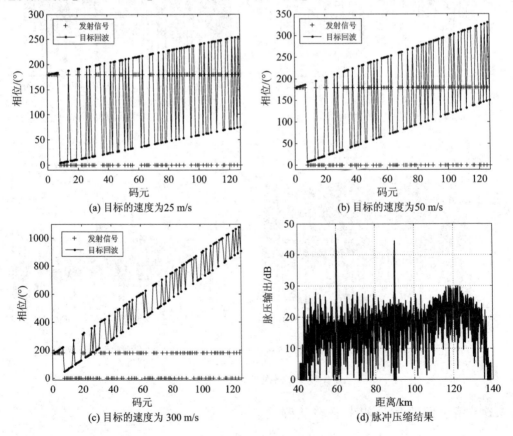

图 4.29　目标回波的相位及其脉冲压缩结果

图 4.29 给出了目标回波的相位及其脉冲压缩结果，其中图(a)、(b)、(c)分别为三个目标回波的相位，图(a)中目标回波的相位变化不超过 90°，不会对脉压造成损失；图(b)中目标回波的相位变化有部分超过 90°，会对脉压造成一定的损失；图(c)中目标回波的相位变化较大，会对脉压造成影响；图(d)为对这三个目标回波的脉压结果。由此可见，速度为 25 m/s 的目标回波进行脉压处理的 SNR 约提高 20 dB，速度为 50 m/s 的目标脉压处理的 SNR 改善比第 1 个目标低约 2 dB，速度为 300 m/s 的目标就不能压缩出来。

图 4.30 给出了不同速度引起的脉压损失。当目标的速度小于 40 m/s 时，脉压损失不到 2 dB。因此，二相编码脉冲信号需要在脉压之前对目标径向运动速度进行补偿。或者说，二相编码脉冲信号只适合于慢速运动目标的场合(例如对海面舰船目标的探测)。

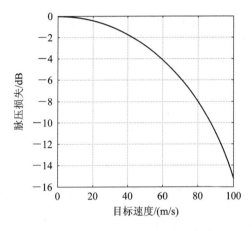

图 4.30　目标速度产生的脉压损失

4.4.6　LFM 信号与相位编码信号的比较

上面介绍了线性调频脉冲和二相编码脉冲这两种典型且常用的大时宽带宽积信号及其脉压处理，表 4.9 对这两种信号及其脉压处理进行了比较。

表 4.9　LFM 和二相编码脉冲信号及其脉压处理的比较

特　　征	LFM 脉冲信号	二相编码脉冲信号
调制方式	频率调制	相位调制
距离分辨率	取决于调频带宽	取决于每个码元时宽对应的带宽
多普勒敏感性	不敏感，尽管速度会引起脉压的距离发生位移，但并不影响脉压处理	敏感，速度引起脉压损失，甚至不能脉压
模糊函数主瓣	斜刀刃型	图钉型
距离与多普勒耦合	存在距离与多普勒的测不准问题	不存在，但需要对速度进行补偿
降低副瓣措施	利用窗函数降低副瓣	码长越长，副瓣越低；采用互补码；脉间相位编码捷变
适用场合	使用广泛	目标速度较小或目标速度大致已知的场合(否则需要对目标速度进行搜索)

4.5 步进频率脉冲信号及其脉冲综合处理

步进频率信号(Stepped-Frequency Waveform，SFW)是另一类宽带雷达信号。

步进频率脉冲信号包括若干个子脉冲，每个脉冲的工作频率是在中心频率基础上以 Δf 均匀步进，且每个子脉冲可以是单载频脉冲，也可以是频率调制脉冲。子脉冲为单载频脉冲的步进频率信号往往称为步进频率(跳频)脉冲信号，而子脉冲采用线性频率调制的步进频率信号则称为调频步进信号(也有的文献把这两种信号归为一类信号)。步进频率脉冲信号属于相参脉冲串信号。

下面分别对这两种步进频率脉冲信号作一简单介绍。

4.5.1 步进频率(跳频)脉冲信号

1. 信号波形及表示

步进频率(跳频)脉冲信号可表示为

$$u(t) = \frac{1}{\sqrt{N}} \sum_{i=0}^{N-1} u_1(t - iT_r) e^{j2\pi(f_0 + i\Delta f)t} \tag{4.5.1}$$

其中 $u_1(t) = \dfrac{1}{\sqrt{T_1}} \mathrm{rect}\left(\dfrac{t}{T_1}\right)$ 为子脉冲包络，T_1 为子脉冲宽度，T_r 为脉冲重复周期；N 为子脉冲个数；步进频率信号的第 i 个子脉冲的载频为

$$f_i = f_0 + i\Delta f, \quad i = 0 \sim N-1 \tag{4.5.2}$$

f_0 是一个固定频率，且频率步进量 $\Delta f = 1/T_1 \ll f_0$，这种波形的时宽带宽积为

$$D = B \cdot T = N\Delta f \cdot NT_1 = N^2 \tag{4.5.3}$$

图 4.31 所示为步进频率信号的频率随时间的变化规律。

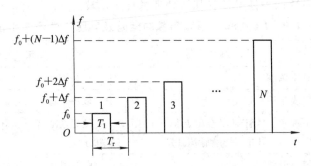

图 4.31 步进频率脉冲信号的时频关系

2. 模糊函数

将信号的复包络代入模糊函数的定义式(4.2.5)，经化简得到步进频率信号的模糊函数为

$$\chi(\tau, f_d) = \frac{1}{N} \sum_{n=0}^{N-1} \sum_{m=0}^{N-1} e^{j2\pi m\Delta f\tau} e^{j2\pi nT_r[f_d - (m-n)\Delta f]} \chi_1\left[-\tau - (m-n)T_r, f_d - (m-n)\Delta f\right]$$

$$\tag{4.5.4}$$

取 $p=m-n$，进一步化简上式，可得步进频率脉冲信号的模糊函数为

$$\left|\chi(\tau,\,f_{\mathrm d})\right|=\frac{1}{N}\sum_{p=1-N}^{N-1}\left|\frac{\sin\{(N-|p|)\pi[(f_{\mathrm d}-p\Delta f)T_{\mathrm r}+\Delta f\tau]\}}{\sin\{\pi[(f_{\mathrm d}-p\Delta f)T_{\mathrm r}+\Delta f\tau]\}}\right|\cdot$$
$$\left|\chi_1[-\tau-pT_{\mathrm r},\,f_{\mathrm d}-p\Delta f]\right| \tag{4.5.5}$$

其中 $\chi_1(\tau,\,f_{\mathrm d})$ 为子脉冲的负型模糊函数，为

$$\chi_1(\tau,\,f_{\mathrm d})=\begin{cases}\mathrm{e}^{\mathrm j\pi f_{\mathrm d}(T_1+\tau)}\,\dfrac{\sin[\pi f_{\mathrm d}(T_1-|\tau|)]}{\pi f_{\mathrm d}(T_1-|\tau|)}\,\dfrac{(T_1-|\tau|)}{T_1},&|\tau|\leqslant T_1\\[2mm]0,&\text{其它}\end{cases} \tag{4.5.6}$$

图 4.32 为 $N=4$、$\Delta f=1/T_1$、$T_{\mathrm r}=5T_1$ 的步进频率脉冲信号的模糊图及模糊度图。

在实际应用中，目标回波的时延 $\tau<T_{\mathrm r}$，即目标位于雷达的无模糊探测距离内。为考察信号的高分辨性能，人们更关心的是模糊带中心，特别是模糊图中心主瓣的形状。令式 (4.5.5) 中的 $p=0$，即可得到步进频率信号模糊函数中心模糊带的表达式

$$\left|\chi(\tau,\,f_{\mathrm d})\right|=\frac{1}{N}\left|\frac{\sin[N\pi(f_{\mathrm d}T_{\mathrm r}+\Delta f\tau)]}{\sin[\pi(f_{\mathrm d}T_{\mathrm r}+\Delta f\tau)]}\right|\left|\chi_1(-\tau,\,f_{\mathrm d})\right| \tag{4.5.7}$$

步进频率信号的模糊函数主瓣类似线性调频信号，为斜刀刃型，因而存在距离-多普勒耦合现象。

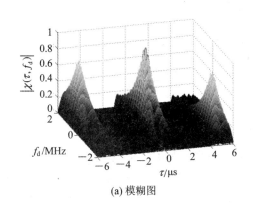

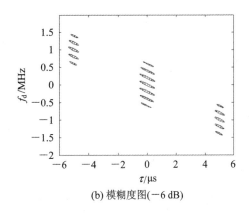

(a) 模糊图　　　　　　　　　　　　　　(b) 模糊度图(−6 dB)

图 4.32　步进频率脉冲信号的模糊图与模糊度图

令式 (4.5.5) 中 $f_{\mathrm d}=0$，信号的距离模糊函数为

$$\left|\chi(\tau,\,0)\right|=\frac{1}{N}\sum_{p=1-N}^{N-1}\left|\frac{\sin\{(N-|p|)\pi[(-p\Delta f)T_{\mathrm r}+\Delta f\tau]\}}{\sin\{\pi[(-p\Delta f)T_{\mathrm r}+\Delta f\tau]\}}\right|\left|\chi_1(-\tau-pT_{\mathrm r},\,-p\Delta f)\right|$$
$$\tag{4.5.8}$$

当 $p=0$ 时，其主瓣为

$$\left|\chi(\tau,\,0)\right|=\frac{1}{N}\left|\frac{\sin(\pi N\Delta f\tau)}{\sin(\pi\Delta f\tau)}\right|\cdot\left|\chi_1(-\tau,\,0)\right| \tag{4.5.9}$$

由上式可见，其主瓣包络近似为 sinc 函数，主瓣的 −4 dB 宽度为 $\tau_{\mathrm{nr}}=1/(N\Delta f)$。因此，步进频率信号的距离分辨率取决于跳频总带宽 $(N\Delta f)$。

步进频率信号的距离模糊函数主瓣和多普勒模糊函数主瓣如图 4.33 所示。

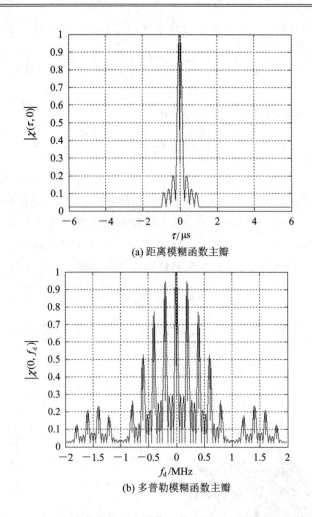

图 4.33　步进频率信号的距离模糊函数主瓣和多普勒模糊函数主瓣

从图 4.32 可以看出，步进频率脉冲信号的模糊函数主瓣存在距离-多普勒耦合现象。为了使得模糊函数的主瓣接近于理想的图钉型的响应，一种方式是采用科斯塔斯（Costas）编码打乱这 N 个频点的发射顺序，关于此可以参考相关文献。

4.5.2　调频步进脉冲信号

调频步进脉冲信号的子脉冲为线性调频脉冲，其频率变化规律如图 4.34 所示。调频步进脉冲信号的数学表达式为

$$u(t) = \frac{1}{\sqrt{N}} \sum_{i=0}^{N-1} u_1(t - iT_r) \mathrm{e}^{\mathrm{j}2\pi(f_0 + i\Delta f)t} \tag{4.5.10}$$

其中，$u_1(t) = \frac{1}{\sqrt{T_1}} \mathrm{rect}\left(\dfrac{t}{T_1}\right) \exp(\mathrm{j}\pi\mu t^2)$ 为线性调频子脉冲，μ 为调频系数，T_1 为子脉冲宽度；T_r 为脉冲重复周期；为简单起见，记 $f_0 + i\Delta f$ 为第 i 个子脉冲的调频初始频率，N 为子脉冲个数。

调频步进脉冲信号的模糊函数的推导与步进频率（跳频）脉冲信号相类似，区别仅在于

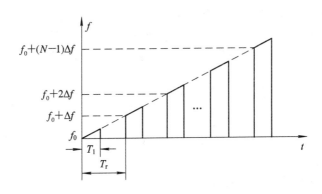

图 4.34　调频步进脉冲信号的时频关系

子脉冲的模糊函数形式，这里不再详细推导，请读者参考步进频率（跳频）脉冲信号的模糊函数推导该信号的模糊函数表达式，并计算其分辨参数。

4.5.3　步进频率信号的综合处理

步进频率信号作为一种宽带雷达信号，是通过相参脉冲合成的方法来实现其高距离分辨率的，其基本过程为：依次发射一组窄带单载频脉冲，其中每个脉冲的载频均匀步进；在接收时对这组脉冲的回波信号用与其载频相应的本振信号进行混频，混频后的零中频信号通过正交采样可得到一组目标回波的复采样值，对这组复采样信号进行离散傅里叶逆变换（IDFT），则可得到目标的高分辨率距离像（High-Range-Resolution Profile，HRRP）。这种获得高距离分辨率的实质是对目标回波进行频域采样，然后求其时域回波，而时域采样是通过发射离散化的频率步进信号来实现的。由于多个脉冲的相参合成处理的单个脉冲信号为带宽较窄的信号，对系统带宽、采样率的要求可大大降低，有利于工程实现。步进频率雷达系统的组成如图 4.35 所示。

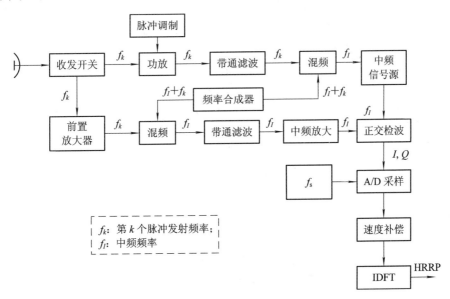

图 4.35　步进频率雷达系统组成原理框图

前面讨论的线性调频脉冲和相位编码脉冲宽带雷达信号都是通过脉压处理的，为了区别起见，多个脉冲的步进频率信号的相参处理称为步进频率脉冲综合处理。对于线性调频脉冲，当对距离分辨率要求较高时，信号带宽 B 就很大，这不但要求整个发射和接收系统具有相应的带宽，而且对采样率的要求也较高。对于相位编码信号，高距离分辨率也要求高的采样率。因此，当对距离分辨率要求很高时，基于匹配滤波器的脉冲压缩体制存在系统带宽大、采样及处理困难等问题。而对于步进频率信号，由于每个脉冲的发射信号带宽窄，每个脉冲采用不同的载频进行混频，因此可以大幅降低高距离分辨时对发射、接收以及对 A/D 采样率的要求。

设第 k 个发射脉冲的信号模型为

$$s_{ek}(t) = a_{ek}\exp(\mathrm{j}(2\pi f_k t + \theta_k)), \quad kT_r \leqslant t \leqslant kT_r + T \tag{4.5.11}$$

其中，a_{ek} 和 θ_k 分别为第 k 个脉冲的幅度和初相；$f_k = f_0 + k\Delta f$ 为载频，取步进频率 $\Delta f = 1/T$；T 和 T_r 分别为脉冲时宽和发射重复周期。

考虑静止点目标的情况（对于运动目标，经运动补偿后情况类似）。对应第 k 个脉冲的目标回波为

$$s_k(t) = a_k\exp[\mathrm{j}2\pi f_k(t - \tau) + \theta_k], \quad kT_r + \tau \leqslant t \leqslant kT_r + \tau + T \tag{4.5.12}$$

其中，a_k 为第 k 个脉冲回波的幅度；$\tau = 2R/c$ 为目标时延。

第 k 个脉冲的回波信号与 $\exp(\mathrm{j}2\pi f_k t + \theta_k)$ 进行复混频、低通滤波后，在 $t_k = kT_r + \tau + T/2$ 时刻（假设采样周期 $T_s = T$，在快时间目标所在距离单元 $N_R = \dfrac{\tau}{T_s} = \dfrac{2R}{C \cdot T_s}$，距离单元量化大小为 $\Delta R_s = \dfrac{C \cdot T_s}{2}$），即目标所在距离单元的采样信号为

$$\begin{aligned} S(k) &= A_k\exp(-\mathrm{j}2\pi f_k\tau) \\ &= A_k\exp(-\mathrm{j}2\pi f_0\tau)\exp(-\mathrm{j}2\pi k\Delta f\tau), \quad k = 0, 1, \cdots, N-1 \end{aligned} \tag{4.5.13}$$

其中，A_k 为第 k 个脉冲回波混频后的幅度。

从上式可以看出，N 个发射脉冲的目标回波相当于一组逆傅氏基，因此 N 个发射脉冲回波信号的相参处理可以利用 IDFT 来实现。假设各脉冲回波的幅度相等，且 $A_k = 1$，则在目标距离单元，对接收的 N 个回波信号采样值做 IDFT 处理，得归一化的时域合成脉冲输出为

$$\begin{aligned} y(n) &= \frac{1}{N}\sum_{k=0}^{N-1}\exp(-\mathrm{j}2\pi f_k\tau) \cdot \exp\left(\mathrm{j}\frac{2\pi}{N}k \cdot n\right) \\ &= \frac{1}{N}\exp(\mathrm{j}\Phi_n)\frac{\sin\left[\pi\left(n - \dfrac{2NR \cdot \Delta f}{c}\right)\right]}{\pi\left(n - \dfrac{2NR \cdot \Delta f}{c}\right)}, \quad n = 0, 1, \cdots, N-1 \end{aligned} \tag{4.5.14}$$

其中，$\Phi_n = \dfrac{N-1}{N}\left(n - \dfrac{2NR \cdot \Delta f}{c}\right) - 2\pi f_0\dfrac{2R}{c}$。对上式取模得

$$|y(n)| = \frac{1}{N}\left|\frac{\sin\left[\pi\left(n - \dfrac{2NR \cdot \Delta f}{c}\right)\right]}{\pi\left(n - \dfrac{2NR \cdot \Delta f}{c}\right)}\right|, \quad n = 0, 1, \cdots, N-1 \tag{4.5.15}$$

至此，就完成了一次脉冲相参合成处理。由式(4.5.15)知，脉冲合成的结果是目标回

波合成为一个主瓣宽度为 $\dfrac{1}{N\Delta f}=\dfrac{T}{N}$ 的 sinc 函数型窄脉冲。显然，目标距离分辨率是单个脉冲测量时的 N 倍。

由式 (4.5.15) 可知，合成窄脉冲的最大值位于 $\left(n-\dfrac{2NR\cdot\Delta f}{c}\right)=0$ 处。设最大值所在的高分辨距离单元序数为 n_0，则相应的目标距离为

$$R=(N_R-1)\Delta R_s+\frac{n_0 c}{2N\cdot\Delta f} \tag{4.5.16}$$

在实际应用中为了降低 sinc 函数脉冲响应的旁瓣，还须在进行 IDFT 处理前，对 N 个序贯回波信号采样值进行加权处理。

前面提到，当目标相对于雷达存在径向运动时，步进频率脉冲相参合成处理的间隔会受到影响，必须进行补偿。

假设目标以速度 v_t 相对于雷达作径向运动，则第 k 个脉冲回波的复采样信号的相位为

$$\varphi_k=-2\pi f_k\frac{2}{c}(R_0-v_t t_k) \tag{4.5.17}$$

其中，R_0 为目标的起始位置；t_k 为回波零中频信号采样时间，若以回波包络中点为基准，可取 $t_k=kT_r$。

忽略式 (4.5.17) 中的常数项，则相位关系可表示为

$$\varphi_k=-\frac{4\pi}{c}\Delta f R_0 k+\frac{4\pi}{c}f_0 T_r v_t k+\frac{4\pi}{c}\Delta f T_r v_t k^2,\quad k=0,1,\cdots,N-1 \tag{4.5.18}$$

上式中，第一项为获得目标距离信息的有效相位项；第二项为目标速度产生的线性相位项，在进行 IDFT 处理后将耦合为距离，使合成目标距离像产生距离徙动，徙动的高分辨单元数为 $2Nf_0 T_r v_t/c$；第三项为目标速度因频差而产生的二次相位项，将导致合成目标距离像波形失真，表现为峰值降低和波形展宽。

因此，必须在相参合成之前，对目标的运动速度加以补偿，以消除目标速度对相参合成处理的影响。可通过对采样序列乘以复补偿因子 $C(k)$ 来实现速度补偿，为

$$C(k)=\exp\left(-\mathrm{j}2\pi f_k\frac{2\hat{v}_t}{c}t_k\right) \tag{4.5.19}$$

其中，$\hat{v}_t$ 为目标速度的估计值。

对于子脉冲为线性调频脉冲的调频步进信号的处理，国内很多学者进行了研究。调频步进信号处理的基本过程可概括为：首先对子脉冲进行脉冲压缩（基于匹配滤波器），然后再对多脉冲进行相参积累的合成处理（也称为二次脉冲压缩），得到目标的高分辨距离像。

应该指出，用步进频率相参合成的方法实现高距离分辨率，发射的脉冲之间应保持严格的相位关系，这就要求雷达应具有良好的相参性。另外，由于多脉冲相参积累的处理时间较长，考虑到目标姿态变化的影响，脉冲重复周期 PRI 的取值一般不宜太大，雷达应工作在高重频状态。

步进频率脉冲信号在不增加信号的发射瞬时带宽的前提下，通过多个脉冲的相参合成处理实现高距离分辨率（High Range Resolution，HRR）。而接收机的瞬时带宽只需与子脉冲带宽相匹配，这要比线性调频信号的带宽小得多，因此，步进频率信号对雷达的工作带宽要求相对于线性调频信号可大大降低。但多脉冲相参合成需要脉冲之间保持严格的相位

关系，这就要求雷达具有良好的相参性。

由于步进频率脉冲信号具有很高的距离分辨率，因而常用于对目标进行成像与识别。特别是利用一维高分辨距离像的应用场合，例如，反坦克导弹利用坦克上炮筒的长度，通过一维高分辨距离像识别地面坦克一类的目标。

4.6 距离与多普勒模糊

前面讨论的信号都属于调制（相位或频率调制）的或非调制的脉冲信号，发射脉冲信号的雷达称为脉冲雷达。脉冲雷达的发射信号除功率外，可以由以下参量完全描述：

（1）载频（CF），取决于具体设计要求和雷达的工作任务。

（2）脉宽（Pulse Width），与带宽紧密相关，决定信号的距离分辨率。

（3）调制（Modulation），包括相位调制和幅度调制（如加权脉冲串）。

（4）重频（PRF），即脉冲重复频率，分类（高、中、低）取决于雷达的工作模式。

脉冲重复频率的选择必须考虑避免产生距离和多普勒模糊，并使得雷达的平均发射功率降到最低。不同的脉冲重复频率对应的距离和多普勒模糊如表 4.10 所示。

表 4.10 脉冲重复频率的模糊性能

性　能	PRF		
	低（Low）重频	中（Medium）重频	高（High）重频
距离模糊（RA）	无模糊	模糊	严重模糊
多普勒模糊（DA）	严重模糊	模糊	无模糊
测速精度	很低	高	最高
主瓣杂波抑制	可以采用 STC、MTI、MTD	MTD，不能采用 STC	MTD，不能采用 STC
分辨地面动目标和空中目标的能力	差	良	优
主要应用场合	中、远距离的地面警戒雷达	制导雷达等	机载雷达、制导雷达

应该指出，脉冲重复频率的高、中、低之分并不是绝对的，即使是同样的 PRF，在不同的工作模式下，结果也可能是不同的。例如 PRF＝3 kHz，无模糊距离 R_u＝50 km，当雷达的最大作用距离 R 不超过 30 km 时，$R_u > R_{max}$，被认为是低的 PRF；而当 R 大于 30 km 时，就被认为是中等 PRF。

一般脉冲重复频率 f_r 的选择应遵循以下原则：

（1）天线扫描引起的干扰背景起伏为 $\left| \dfrac{\Delta U_a}{U_a} \right| = 1.43 \dfrac{\Omega_a}{\theta_{0.5} f_r} = \dfrac{1.43}{n}$，$\Omega_a$ 为天线转速，n 为积累脉冲数。为了减小背景起伏，f_r 应选择高一些。对于 MTI 雷达，雷达的"盲速"为

$v_{\mathrm{rbn}} = n\dfrac{\lambda f_{\mathrm{r}}}{2} > v_{\mathrm{r}}(n=1,2,3,\cdots)$，所以 f_{r} 应选择高一些。

(2) 为了保证测距的单值性，f_{r} 又不能太高，通常取 $f_{\mathrm{r\,max}} = \dfrac{c}{(2.4\sim 2.5)R_{\mathrm{max}}}$。

(3) 在同样的发现概率下，n 越大，信噪比的改善越大，R_{max} 越大，而 n 和 f_{r} 的关系为 $n = \dfrac{\theta_{0.5}}{\Omega_{\mathrm{a}}}f_{\mathrm{r}}$。

(4) 从发射管允许的最大平均功率来看，平均功率 $P_{\mathrm{av}} = P_{\mathrm{t}}T_{\mathrm{e}}f_{\mathrm{r}}$，$P_{\mathrm{av}}$ 越高，温度上升越快。若最大平均功率为 $P_{\mathrm{av\,max}}$，则 $f_{\mathrm{r\,max}} = P_{\mathrm{av\,max}}/(P_{\mathrm{t}}T_{\mathrm{e}})$。

而脉冲宽度 T 的选择主要考虑以下因素：

(1) 对于非脉压的单载频脉冲信号，为了提高接收机的灵敏度，T 要选择宽一些。因为要使接收机的性能最佳，则要求接收机通频带 $B = 1/T$，而灵敏度与 B 成反比，故灵敏度与 T 成正比。

(2) 从雷达距离分辨率和最小作用距离出发，脉冲雷达在每个发射脉冲期间，不允许接收任何信号，直到该脉冲已经完全发射。这就限制了雷达的最小作用距离 R_{min}，R_{min} 定义为

$$R_{\mathrm{min}} = \frac{cT}{2} \qquad (4.6.1)$$

因此，T 可按下式选择：

$$T = \frac{2R_{\mathrm{min}}}{c} - t_{\mathrm{r}}' \qquad (4.6.2)$$

其中，t_{r}' 为收发开关恢复时间，一般取 $(1\sim 2)\ \mu\mathrm{s}$。例如，若要求 $R_{\mathrm{min}} \leqslant 15\ \mathrm{km}$，则要求脉宽 T 不超过 $100\ \mu\mathrm{s}$。

(3) 从雷达的作用距离及其对能量的要求出发，对远距离的探测通常使用带调制的宽脉冲信号。为了解决近距离盲区的问题，经常发射窄脉冲补盲。也就是在发射宽脉冲之前，先发射一个窄脉冲，对近距离范围进行探测，再发射宽脉冲，对远距离范围进行探测。

图 4.36 给出了某雷达的发射信号的时间关系。该雷达的最大作用距离要求为 70 km，距离分辨率要优于 15 m。将雷达全部作用距离范围按由近到远分为近、中、远三个作用距离段，分别为 $0.5\sim 7\ \mathrm{km}$、$7\sim 15\ \mathrm{km}$ 以及 $15\sim 70\ \mathrm{km}$。在这三个距离段上分别采用窄脉冲、中脉冲(相对于窄脉冲和宽脉冲而言，发射时宽为中等宽度的脉冲，简称为中脉冲)和宽脉冲的工作方式。其中窄脉冲为简单脉冲，脉冲宽度为 $0.1\ \mu\mathrm{s}$，负责探测近距离段；中、宽脉冲为线性调频信号，时宽分别为 $20\ \mu\mathrm{s}$、$100\ \mu\mathrm{s}$，负责探测中距离段和远距离段。根据脉宽和雷达方程可分别计算出三段脉冲的最小可测距离和最大作用距离，如表 4.11 所示。当然，三个作用距离段之间相互有一定的重叠。

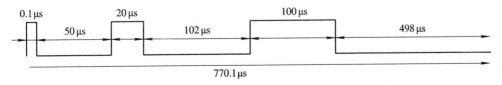

图 4.36　三段发射脉冲的时间关系

表 4.11　各段脉冲的作用距离

距离段	近距离段	中距离段	远距离段
发射脉宽/μs	0.1	20	100
最小可测距离/m	15	3000	15 000
无模糊距离/m（无遮挡）	7500	15 300	74 700
按雷达方程计算的最大作用距离/m	12 071	54 200	81 000

由表 4.11 可以看出，由于窄脉冲的时宽很小，因此测距盲区很小，仅为 15 m。与此同时其测距范围超过了中脉冲的测距盲区，同样中脉冲的测距范围也超过了宽脉冲的测距盲区，并且三段脉冲的最大作用距离都超出了设定的距离探测范围。这样将三段脉冲的测距范围进行互补，从而可以在雷达全部作用距离范围内消除测距盲区。

下面分析距离和多普勒模糊的产生机理和解决的方法。

4.6.1　距离模糊及其消除方法

一般雷达是通过计算发射信号和目标回波的时间差（即时延）来测量目标距离的。但如果雷达发射的第二个脉冲在接收到第一个脉冲的回波之前，就无法分辨回波信号对应的原发射脉冲，也就无法估计时延，这时就产生了距离模糊。

如图 4.37 所示，其中图(a)为 10 个均匀脉冲的发射信号，脉冲重复频率 f_r 对应的无模糊距离为 $R_u = \dfrac{c}{2f_r}$；图(b)为距离 r_1 处的目标回波信号，且有 $r_1 < \dfrac{c}{2f_r}$，不存在距离模糊；图(c)为 r_2 处的目标回波，且有 $\dfrac{c}{2f_r} < r_2 < 2\dfrac{c}{2f_r}$；图(d)为 r_3 处的目标回波，且 $2\dfrac{c}{2f_r} < r_3 < 3\dfrac{c}{2f_r}$，

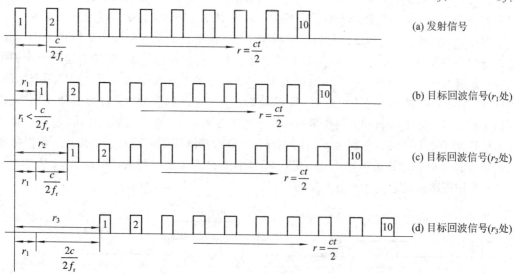

图 4.37　不同距离目标的回波脉冲

r_2 和 r_3 均大于 R_u，存在距离模糊。比较图(b)、(c)、(d)三种情况可以看出，距离 r_2 处目标的第 k 个发射脉冲的回波将与距离 r_1 处目标的第 $k+1$ 个发射脉冲的回波有着同样的位置；而距离 r_3 处目标的第 k 个发射脉冲的回波信号将与距离 r_2 处的第 $k+1$ 个脉冲的回波和距离 r_1 处目标的第 $k+2$ 个发射脉冲的回波具有同样的位置（相对于发射脉冲的时延）。此时，我们就无法判断目标的确切位置，这就是所谓的距离模糊现象。

理论上讲，距离满足下式：

$$r' = r + k\frac{c}{2f_r}, \quad k = 1, 2, \cdots \tag{4.6.3}$$

的目标与距离为 $r(r < c/(2f_r))$ 处的目标都会产生模糊。但是，如果设雷达的最大作用距离为 R_{max}，在发射信号的 PRF 一定时，由图(b)可知，只要 $R_{max} < c/(2f_r)$，就不会产生距离模糊。

因此，当发射信号的 PRF 确定时的最大无模糊距离为

$$R_u = \frac{c}{2f_r} = \frac{T_r c}{2} \tag{4.6.4}$$

一般来说，PRF 的选择应使得最大的无模糊距离充分满足雷达工作的要求。因此，远距离搜索（监视）雷达就要求相对较低的脉冲重复频率。

为了解决距离模糊问题，需采用多重频（Multiple PRF）即间隔发射不同 PRF 信号的方法来消除模糊。图 4.38 为考虑采用二种 PRF 信号的情况。

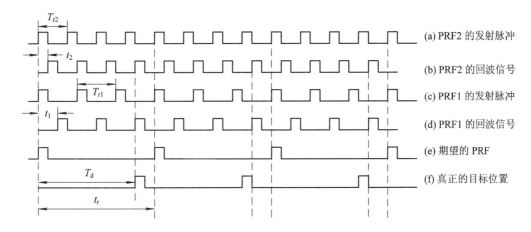

图 4.38　距离模糊的消除

设雷达发射信号的 PRF 分别为 f_{r1} 和 f_{r2}（脉冲重复周期为 T_{r1} 和 T_{r2}，且 $f_{r1} < f_{r2}$，$T_{r1} > T_{r2}$），对应的无模糊距离分别为 $R_{u1} = c/(2f_{r1})$ 和 $R_{u2} = c/(2f_{r2})$，并且小于期望的无模糊距离 R_u（可以认为是一定工作模式下的最大无模糊距离），对应的 PRF 为 f_{rd}，$R_u = c/(2f_{rd})$。

由于 f_{r1} 和 f_{r2} 都可能存在距离模糊，为了保证在一个期望的脉冲重复周期 PRI（$T_{rd} = 1/f_{rd}$）内不存在距离模糊，选取 f_{r1} 和 f_{r2} 具有公约频率 f_{rd}，即

$$f_{rd} = \frac{f_{r1}}{N} = \frac{f_{r2}}{N+a} \tag{4.6.5}$$

式中，N 和 a 都为正整数，常取 $a=1$，使 N 和 $N+a$ 为互质数。如选取 $f_{r1} = N \cdot f_{rd}$，$f_{r2} = (N+1) \cdot f_{rd}$。在一个期望的脉冲重复周期（PRI）$T_{rd}$ 内，两种发射信号的回波仅在一个时

延位置上重合，这就是真正的目标位置。假设雷达的重频为 f_{r1} 和 f_{r2} 时的距离模糊数分别为 M_1 和 M_2，也就是在一个期望的脉冲重复周期内，两种重频分别发射了 M_1 和 M_2 个脉冲，则目标的实际时延为

$$t_r = M_1 T_{r1} + t_1 = M_2 T_{r2} + t_2 = \frac{M_1}{f_{r1}} + t_1 = \frac{M_2}{f_{r2}} + t_2 \tag{4.6.6}$$

式中，t_1 和 t_2 分别为模糊的时延，为相对于当前发射脉冲的时延，如图 4.37 所示。

在一个期望的脉冲重复周期内，有 $M_1 = M_2 = M$ 或 $M_1 + 1 = M_2$ 两种可能，只需测出两种回波信号相对于当前发射脉冲的时延 t_1 和 t_2，即可求出目标的距离。由于两种 PRF 下发射的脉冲数目 M_1 和 M_2 互质，有下面三种情况：

（1）当 $t_1 < t_2$ 时，$M_1 = M_2 = M$ 成立，目标的实际时延为

$$t_r = M T_{r1} + t_1 = M T_{r2} + t_2 \tag{4.6.7}$$

可以求得

$$M = \frac{t_2 - t_1}{T_{r1} - T_{r2}} \tag{4.6.8}$$

所以，目标的时间距离为

$$R = \frac{c t_r}{2} = \frac{c}{2} \cdot \frac{t_2 T_{r1} - t_1 T_{r2}}{T_{r1} - T_{r2}} \tag{4.6.9}$$

（2）当 $t_1 > t_2$，$M_1 + 1 = M_2$ 时，目标回波的实际时延为

$$t_r = M_1 T_{r1} + t_1 = (M_1 + 1) T_{r2} + t_2 \tag{4.6.10}$$

可求得

$$M_1 = \frac{(t_2 - t_1) + T_{r2}}{T_{r1} - T_{r2}} \tag{4.6.11}$$

因此，目标距离为

$$R = \frac{c t_r}{2} = \frac{c}{2} \cdot \frac{(t_2 + T_{r2}) T_{r1} - t_1 T_{r2}}{T_{r1} - T_{r2}} \tag{4.6.12}$$

（3）如果 $t_1 = t_2$ 时，即不存在距离模糊，目标回波的时延为

$$t_{r2} = t_1 = t_2 \tag{4.6.13}$$

目标距离为

$$R = \frac{c t_{r2}}{2} \tag{4.6.14}$$

因此，只要得到这两种 PRF 可能模糊的时延 t_1 和 t_2，就可以计算得到目标实际的距离。

由于单基地雷达在发射信号时无法接收信号，若这段时间内有目标回波，就会产生"盲距"现象（雷达无法发现此距离上的目标）。这种现象可以通过发射三种重频的信号来消除。同采用两重频一样，脉冲重复频率的选取要保证在期望的脉冲重复周期内发射的脉冲数互质。如取 $f_{r1} = N(N+1) f_{rd}$，$f_{r2} = N(N+2) f_{rd}$ 与 $f_{r3} = (N+1)(N+2) f_{rd}$，$N$ 为整数。

4.6.2 速度模糊及其消除方法

均匀脉冲串信号的速度模糊函数具有梳齿状的尖峰（称为速度模糊瓣），其间隔为脉冲重复频率 PRF，这是由下式的幅度因子决定的：

$$F(f_d) = \left| \frac{\sin(N \pi f_d / f_r)}{\sin(\pi f_d / f_r)} \right| \tag{4.6.15}$$

如图 4.39 所示，如果目标的多普勒频移不超过单个滤波器带宽的一半，即 $f_d \in (-f_r/2, +f_r/2)$，多普勒滤波器组就可以分辨出目标的多普勒频移，否则就会产生多普勒模糊。也就是说，雷达发射脉冲的重复频率 PRF 不能低于目标的最大多普勒频移的 2 倍，否则雷达无法分辨目标的多普勒信息。

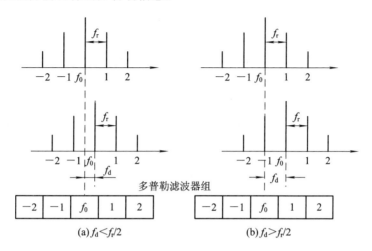

图 4.39　发射和接收信号的频谱及多普勒滤波器组

因此，若目标可能的最大径向速度及其对应的最大多普勒频移为 $v_{r\,max}$ 和 $f_{d\,max}$，则 PRF 应按下式选取

$$f_r \geqslant 2f_{d\,max} = \frac{2v_{r\,max}}{\lambda} \tag{4.6.16}$$

因此，要检测到高速目标且不至于产生多普勒模糊，就应该选择高的脉冲重复频率。如前所述，要提高雷达的作用距离且不产生距离模糊，就需要选择低的脉冲重复频率。显然，同时避免距离和多普勒模糊就产生了矛盾。

消除多普勒模糊的方法与消除距离模糊大致相同，也是采用多重频的方法。只不过这里要用 f_{d1} 和 f_{d2} 替换 t_1 和 t_2，分析方法则完全相同。

若 $f_{d1} > f_{d2}$，有

$$M = \frac{(f_{d2} - f_{d1}) + f_{r2}}{f_{r1} - f_{r2}} \tag{4.6.17}$$

若 $f_{d1} < f_{d2}$，有

$$M = \frac{f_{d2} - f_{d1}}{f_{r1} - f_{r2}} \tag{4.6.18}$$

可以得到真正的多普勒频移为

$$f_d = Mf_{r1} + f_{d1} = Mf_{r2} + f_{d2} \tag{4.6.19}$$

最后，若 $f_{d1} = f_{d2}$，则多普勒频移为

$$f_d = f_{d1} = f_{d2} \tag{4.6.20}$$

综上所述，特别是中重频雷达，容易出现距离模糊和速度模糊。当使用多个脉冲重复频率 f_{r1}、f_{r2}、f_{r3}、…对目标观测时，目标的实际距离 R_{true} 可以表示为

$$R_{true} = R_{a1} + M_1 R_{u1} = R_{a2} + M_2 R_{u2} = R_{a3} + M_3 R_{u3} = \cdots \tag{4.6.21}$$

式中，R_{a1}、R_{a2}、R_{a3} 分别是当前发射脉冲下对应的模糊距离；R_{u1}、R_{u2}、R_{u3} 分别是当前重频

下对应的无模糊距离，$R_{ui}=c/(2f_{ri})$，$i=1\sim3$；M_1、M_2、M_3 分别是当前重频下距离模糊的次数。

同样，目标的实际速度或多普勒频率 f_{d_true} 可以表示为

$$f_{d\_true} = f_{d1} + N_1 f_{r1} = f_{d2} + N_2 f_{r2} = f_{d3} + N_3 f_{r3} = \cdots \qquad (4.6.22)$$

式中，f_{d1}、f_{d2}、f_{d3} 分别是当前发三种重频下对应的模糊的多普勒频率；N_1、N_2、N_3 分别是当前重频下多普勒频率模糊的次数。

解模糊的约束有两种：一种适用于距离，另一种适用于多普勒频移。这些约束可总结为

$$\text{LCM}(T_{r1}, T_{r2}, T_{r3}, \cdots, T_{rM}) \geqslant \frac{2R_u}{c} \qquad (4.6.23)$$

$$\text{LCM}(f_{r1}, f_{r2}, f_{r3}, \cdots, f_{rM}) \geqslant f_d = \frac{2v_{r,\text{第一盲速}}}{\lambda} \qquad (4.6.24)$$

式中，LCM(Lowest Common Multiple)是最小公倍数，$v_{r,\text{第一盲速}}$ 为第一盲速。下面举例加以说明。

[例 4 - 1] 某雷达采用三种脉冲重复频率 $f_{r1}=15$ kHz、$f_{r2}=18$ kHz 和 $f_{r3}=21$ kHz 来消除多普勒模糊和"盲速"现象。设 $f_0=9$ GHz，试计算：

(1) 若目标速度为 550 m/s，三种 PRF 下各自的频移位置；

(2) 若已知三种 PRF 下目标的频移分别为 8 kHz、2 kHz 和 17 kHz，对应的目标实际的频移 f_d 和速度。

解 (1) 目标的多普勒频移为

$$f_d = 2\frac{vf_0}{c} = \frac{2 \times 550 \times 9 \times 10^9}{3 \times 10^8} = 33 \text{ (kHz)}$$

由式(4.6.18)可得

$$f_d = 15n_1 + f_{d1} = 18n_2 + f_{d2} = 21n_3 + f_{d3} = 33$$

由于 $f_{di} < f_{ri}$，$f_{di} < f_d$，$i=1,2,3$，所以不难得到 $n_1=2$，$n_2=n_3=1$；于是就有：$f_{d1}=3$ kHz，$f_{d2}=15$ kHz，$f_{d3}=12$ kHz。

(2) 由式(4.6.18)可得如下方程：

$$f_d = \begin{cases} 15n_1 + 8 \text{ (kHz)} \\ 18n_2 + 2 \text{ (kHz)} \\ 21n_3 + 17 \text{ (kHz)} \end{cases}$$

通过列表来求满足上式的最小整数 n_1、n_2、n_3 和 f_d。

n	0	1	2	3	4
$f_d(n_1)$	8	23	<u>38</u>	53	68
$f_d(n_2)$	2	20	<u>38</u>	56	
$f_d(n_3)$	17	<u>38</u>	59		

所以有：$n_1=n_2=2$，$n_3=1$，目标的多普勒频移为 $f_d=38$ kHz。从而求得目标的速度为

$$v_r = 38\,000 \times \frac{0.0333}{2} = 632.7 \text{ m/s}$$

[例 4 - 2] 某雷达使用双重频来测量距离，第一种重频 f_{r1} 为 14.706 kHz，第二种重

频 f_{r2} 为 13.158 kHz。一个距离单元(距离门)为 150 m。在第一种 PRF 的回波中目标位于第 56 个距离门,第二种 PRF 的回波中目标位于第 20 个距离门。

(1) 两种重频下的最大无模糊距离分别是多少?

(2) 目标的真实距离是多少?

解 (1) 两种重频下的最大不模糊距离分别是

$$R_{u1} = \frac{c}{2f_{r1}} = \frac{300}{2 \times 14.706} = 10.2 \text{ (km)}$$

$$R_{u2} = \frac{c}{2f_{r2}} = \frac{300}{2 \times 13.158} = 11.4 \text{ (km)}$$

(2) **方法 1**:列举计算在不同模糊数 n 的情况下两种重频下的距离,然后选取距离误差最小的一对距离作为目标所处距离范围。

两种重频下目标的真实距离计算公式如下:

$$R_1 = n \times R_{u1} + 56 \times 0.150 = n \times 10.2 + 56 \times 0.150 \text{ (km)}$$

$$R_2 = n \times R_{u2} + 20 \times 0.150 = n \times 11.4 + 20 \times 0.150 \text{ (km)}$$

具体计算结果如下表:

n	0	1	2	3	4	5	6
R_1/km	8.4	18.6	28.8	39.0	49.2	59.4	69.6
R_2/km	3.0	14.4	25.8	37.2	48.6	60.0	71.4
$\|R_2 - R_1\|$/km	5.4	4.2	3.0	1.8	0.6	0.6	0.8

通过上表可以看出,当 n 取值为 4 或者 5 时,距离误差达到最小。因此目标距离可能为 48.6~49.2 km 或者 59.4~60.0 km 两个距离范围内,产生两个距离范围的原因是目标可能接近或者远离雷达。

方法 2:两种重频下模糊距离之差对应的距离门数为

$$N = \frac{R_{u2} - R_{u1}}{\Delta R} = \frac{11.4 - 10.2}{0.15} = 8$$

距离模糊数为

$$n = \frac{M_1 - M_2}{N} = \frac{56 - 20}{8} = 4.5$$

因此,距离模糊数 n 应取 4 或 5。当目标接近雷达时,则 n 取 4,目标的真实距离为

$$R_1 = 4 \times 10.2 + 56 \times 0.150 = 49.2 \text{ (km)}$$

$$R_2 = 4 \times 11.4 + 20 \times 0.150 = 48.6 \text{ (km)}$$

此时目标距离范围为 48.6~49.2 km。

当目标远离雷达时,则 n 取 5,目标的真实距离为

$$R_1 = 5 \times 10.2 + 56 \times 0.150 = 59.4 \text{ (km)}$$

$$R_2 = 5 \times 11.4 + 20 \times 0.150 = 60.0 \text{ (km)}$$

此时目标距离范围为 59.4~60.0 km。可见,中、高重频时测距精度有限。

当然,在解距离或速度模糊时,需要对同一个目标的距离和速度配对,因此,希望没有杂波剩余或者目标个数较少的应用场合。

4.7　调频连续波信号及其拉伸信号处理

单频连续波信号不能测距，通常只是应用于公路旁边的测速雷达。连续波信号通常采用线性调频连续波，特别是需要大带宽、高分辨率的应用场合，例如成像雷达、汽车自动驾驶雷达。合成孔径雷达对地成像，由于载机的速度已知，地面静止，只需要距离的高分辨而不需要测速，因此只需要采用单调制的调频连续波，其时频关系如图 4.40(a)所示，在连续调频周期 T_m 以内，发射信号频率由 f_0 增加到 $f_0+\Delta f$，Δf 为调频带宽。而汽车自动驾驶雷达需要同时测量目标的距离和速度，通常采用正、负调制的调频连续波，如图 4.40(b)所示。图中实线为发射信号的时频关系；点线为混频用参考信号的时频关系，实际为发射的耦合信号，图中错开只是为了观察，参考信号的调频率与发射信号相同；点画线为目标回波信号的时频关系以及回波信号与参考信号混频、滤波后信号的时频关系。f_b 为发射信号与接收信号的频率差，与目标的距离相对应，也称位置频率(beat frequency)。

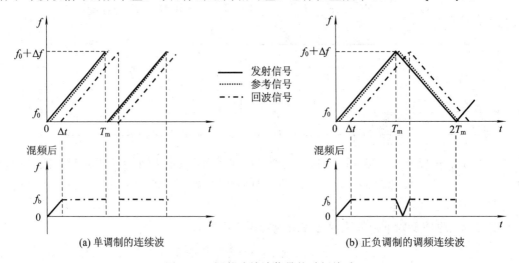

图 4.40　调频连续波信号的时频关系

这种利用调频信号作为参考信号进行混频，称为拉伸(Stretch)处理，也叫作有源相关，通常用于处理带宽很宽的 LFM 信号。这种处理技术的流程如图 4.41 所示，图中给出了三个点目标或散射点的回波在处理过程中的时频变化关系。其处理过程为：首先，雷达回波与一个发射信号波形的复制品(作为参考信号)混频；随后进行低通滤波和相干检波；再进行数/模变换；最后，采用一组窄带滤波器(即 FFT)进行谱分析，提取与目标距离成正比的频率信息。这种拉伸处理有效地将目标距离对应的时延转换成了频率，相同距离单元上接收的回波信号具有同样的频率。参考信号是一个 LFM 信号，具有与发射的 LFM 信号相同的线性调频斜率。参考信号存在于雷达的"接收窗"的持续时间内，而持续时间由雷达的最大和最小作用距离的差值计算得到。

拉伸处理与 LFM 脉冲信号的主要区别之一是混频的参考信号不同。针对 LFM 脉冲信号，接收机中混频器是采用单载频信号作为参考信号，因此采样速率要求为调频带宽的两倍。例如，若距离分辨率为 0.3 m，则要求调频带宽为 500 MHz，采样速率要求达 1 GHz。而拉伸处理过程中，接收机中混频器是采用 LFM 信号(发射信号的耦合信号)作

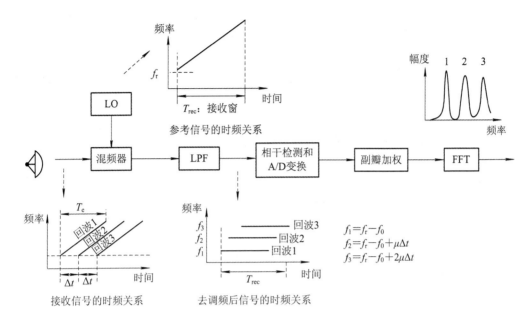

图 4.41　拉伸处理框图

为参考信号，这时采样速率主要取决于目标最大距离对应的位置频率和接收窗的大小。接收窗的大小通常只有数千米甚至更小。

雷达的发射信号模型可表示为

$$s_1(t) = \cos(2\pi f_0 t + \pi\mu t^2), \qquad 0 \leqslant t \leqslant T_m \tag{4.7.1}$$

式中，$\mu = B/T_m$ 为 LFM 斜率，B 为调频带宽，T_m 为脉冲宽度；f_0 为线性调频脉冲的起始频率。

假设在距离为 R 位置有一个点目标，雷达接收其回波的信号为

$$s_r(t) = a\cos[2\pi f_0(t - \Delta t) + \pi\mu(t - \Delta t)^2], \qquad 0 \leqslant t - \Delta t \leqslant T_m \tag{4.7.2}$$

式中，a 为信号幅值，与目标 RCS、距离、天线增益等有关；$\Delta t = 2R/c$，为时延。

混频器输入的参考信号为

$$s_{ref}(t) = \cos(2\pi f_{r0} t + \pi\mu t^2), \qquad 0 \leqslant t \leqslant T_{rec} \tag{4.7.3}$$

式中，T_{rec} 为接收窗对应的时间；f_{r0} 为参考信号 LFM 的起始频率，由于参考信号一般为发射信号的耦合分量，则 $f_{r0} = f_0$，$T_{rec} \leqslant T_m$。

接收信号与参考信号经混频、低通滤波后的复信号模型为

$$
\begin{aligned}
s_0(t) &= a\exp[j(2\pi\mu\Delta t \cdot t + 2\pi f_0\Delta t - \pi\mu(\Delta t)^2)] \\
&= a\exp\left[j\frac{4\pi\mu R}{c}t + j\frac{2R}{c}\left(2\pi f_0 - \frac{2\pi\mu R}{c}\right)\right]
\end{aligned} \tag{4.7.4}
$$

该信号的瞬时频率为

$$f_i = \frac{1}{2\pi}\frac{d}{dt}\left[\frac{4\pi\mu R}{c}t + \frac{2R}{c}\left(2\pi f_0 - \frac{2\pi\mu R}{c}\right)\right] = \frac{2\mu R}{c} = f_b \tag{4.7.5}$$

上式表明，目标的距离与瞬时频率成正比。所以，对接收信号进行采样并对采样序列进行 FFT，在频率为 f_i 的峰值位置对应的目标距离为

$$R = \frac{f_b c}{2\mu} = \frac{f_b c T_m}{2B} \tag{4.7.6}$$

假设在距离为 R_1、R_2、$\cdots$、R_I 上有 I 个目标，根据式(4.7.4)，总的接收信号可表示为

$$s_0(t) = \sum_{i=1}^{I} a_i \exp\left[\mathrm{j} \frac{4\pi\mu R_i}{c} t + \mathrm{j} \frac{2R_i}{c}\left(2\pi f_0 - \frac{2\pi\mu R_i}{c} \right) \right] \tag{4.7.7}$$

由此可见，不同距离的目标回波出现在不同的频率上。图 4.41 中给出了三个目标的回波信号示意图，对应的频率分别为 f_1、f_2、f_3。为了在 FFT 后能区分开不同散射点的频率，下面讨论采样率和 FFT 点数的确定方法。

根据采样定理，采样频率 f_s 应大于等于最大距离 $R_{\max}$ 对应的位置频率 $f_{b\max}$ 的两倍，即

$$f_s \geqslant 2f_{b\max} = \frac{4\mu R_{\max}}{c} \tag{4.7.8}$$

在一个调频周期 T_m 内采样数据的长度 $N = f_s T_m$。根据位置频率 $f_b = 2\mu R/c$，N 点傅氏变换的频率分辨率为 $\Delta f_s = f_s/N$，对应的距离量化间隔为

$$\Delta R_s = \frac{\Delta f_s c}{2\mu} = \frac{f_s c T_m}{2NB} = \frac{c}{2B} \tag{4.7.9}$$

可以满足距离量化间隔应小于等于距离分辨率，即 $\Delta R_s \leqslant \Delta R = c/(2B)$，因此选取 FFT 的点数为

$$N_{\mathrm{FFT}} = 2^m \geqslant N \geqslant 2BT_{\mathrm{rec}} \tag{4.7.10}$$

式中，m 是一个非零的正整数。

实际中为了减少 FFT 的点数，不一定将一个调频周期 T_m 内的采样数据都进行 FFT 处理，只是从中选取一部分数据。假设感兴趣的接收窗 T_{rec} 所对应的距离范围为 $(R_{\min}, R_{\max})$，$T_{\mathrm{rec}} = \dfrac{2(R_{\max}-R_{\min})}{c} = \dfrac{2R_{\mathrm{rec}}}{c}$。在 T_{rec} 期间采样点数为 $N_1 = f_s T_{\mathrm{rec}}$，这导致 FFT 的频率分辨率对应的距离量化单元大于距离分辨率。

例如，某成像雷达采用调频连续波，要求距离分辨率 ΔR 为 0.15 m，则调频带宽 B 为 1 GHz，调频时宽 T_m 为 0.1 s。若要求成像距离区域为 (3 km，15 km)，则可以选取 f_s 为 2 MHz，在一个调频周期 T_m 内采样数据的长度 $N = 2 \times 10^5$。若 FFT 的点数仅 65 536，则频率分辨单元大小为 30.5176 Hz，对应的距离量化单元大小为 0.4578 m。当然，这只是为了减少运算量而牺牲距离分辨的折中方案。

MATLAB 函数"stretch_comp.m"用来产生 stretch 处理的目标回波信号，并给出脉压结果。语法如下：

$$[y] = \text{stretch\_comp}(Te, Bm, R0, Vr, SNR, Rmin, Rrec, f_0)$$

其中，各参数说明见表 4.12。

表 4.12　stretch_comp 的参数说明

符号	描　　述	单位	状态	图 4.42～图 4.44 的仿真参数
Te	调频周期	s	输入	10 ms
Bm	调频带宽	Hz	输入	1 GHz
$R0$	目标相对于 $R_{\min}$ 的距离矢量（在接收窗内）	m	输入	[5，6.5，15] m

续表

符号	描 述	单位	状态	图 4.42～图 4.44 的仿真参数
Vr	目标的速度矢量	m/s	输入	[0, 0, 0] m/s
SNR	目标的信噪比矢量	dB	输入	[10, 10, 20] dB
$Rmin$	采样的最小距离	m	输入	3 km
$Rrec$	接收距离窗的大小	m	输入	30 m
f_0	载频(起始频率)	Hz	输入	5.6 GHz
y	脉压结果	dB	输出	

图 4.42～图 4.44 给出了不同情况下的 Stretch 处理结果,有关参数见表 4.12 和 4.13。

表 4.13 图 4.42～图 4.44 中相关参数说明

图号	目标相对距离	速度	结 果 分 析
图 4.42	[5, 6.5, 15]m	[0, 0, 0] m/s	3 个目标可以分辨
图 4.43	[5, 5.15, 15]m	[0, 0, 0] m/s	尽管理论上距离分辨率为 $\Delta R = c/(2B_m) = 0.15$ m,但由于 FFT 加窗后主瓣展宽,使得两个目标相距 0.15 m 就不能分辨开
图 4.44	[5, 6.5, 15]m	[0, 50, 100] m/s	由于速度的影响,两个目标的距离发生了位移且主瓣被展宽,因此 Stretch 处理前需要对目标的速度进行补偿

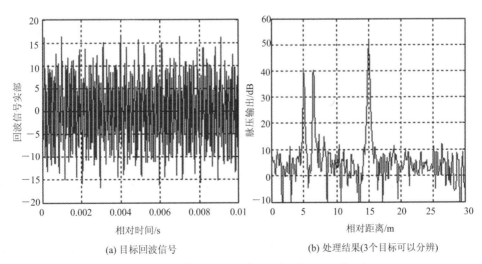

(a) 目标回波信号

(b) 处理结果(3个目标可以分辨)

(目标相对距离[5, 6.5, 15] m,速度[0, 0, 0] m/s)

图 4.42 Stretch 处理结果(一)

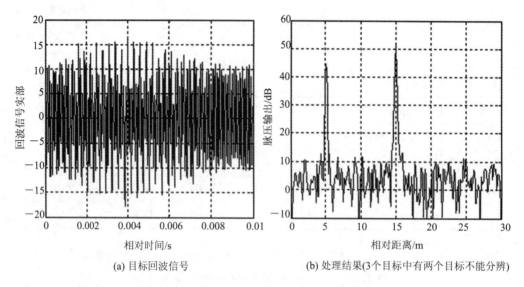

(a) 目标回波信号

(b) 处理结果(3个目标中有两个目标不能分辨)

（目标相对距离[5，5.15，15]m，速度[0，0，0] m/s）

图 4.43　Stretch 处理结果（二）

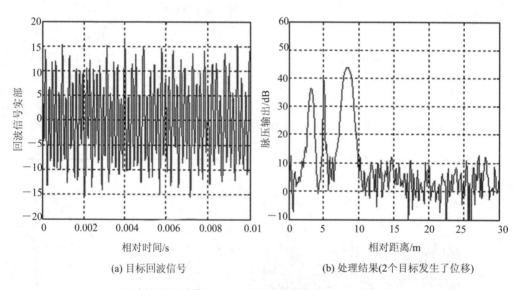

(a) 目标回波信号

(b) 处理结果(2个目标发生了位移)

（目标相对距离[5，6.5，15]m，速度[0，50，100] m/s）

图 4.44　Stretch 处理结果（三）

4.8　基于 DDS 的任意波形产生方法

随着高速数字电路技术的发展，以前模拟波形的产生方法已逐渐被数字波形的产生方法所取代。模拟方法的最大缺点是不能实现波形捷变，而数字的方法不仅能实现多种波形的捷变，而且还可以实现幅相补偿，以提高波形的质量，良好的灵活性和重复性（一致性）使得数字波形的产生方法越来越受到人们的重视。而基于 DDS 技术的波形产生方法就是近些年来数字产生方法的典型代表。

4.8.1　直接数字频率合成技术简介

直接数字频率合成(Direct Digital Frequency Synthesis，DDS)是继直接频率合成技术和锁相环式频率合成技术之后的第三代频率合成技术，是从相位角度直接合成所需波形的频率合成技术。DDS 产生信号的主要优点有：频率切换快；频率分辨率高、频点数多；频率捷变时相位保持连续；低相位噪声和低漂移；输出波形灵活；易于集成、易于程控。当然，DDS 也有一定的局限性，表现在输出频带范围有限、杂散大。

DDS 一般由相位累加器、加法器、波形存储器(ROM)、D/A 转换器和低通滤波器(LPF)构成。DDS 的原理框图如图 4.45 所示。其中 K 为频率控制字，P 为相位控制字，W 为波形控制字，f_c 为参考时钟频率，N 为相位累加器的字长，D 为 ROM 数据位及 D/A 转换器的字长。相位累加器在时钟 f_c 的控制下以步长 K 作累加，输出的 N 位二进制码与相位控制字 P、波形控制字 W 相加后作为波形 ROM 的地址，对波形 ROM 进行寻址，波形 ROM 输出 D 位的幅度码 $S(n)$ 经 D/A 转换器变成模拟信号 $S(t)$，再经过低通滤波器平滑后就可以得到合成的信号波形。合成的信号波形形状取决于波形 ROM 中存放的幅度码，因此用 DDS 可以产生任意波形。

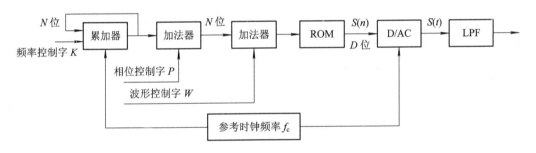

图 4.45　DDS 的基本原理框图

由图 4.45 可知，在每一个时钟沿，相位累加器与频率控制字 K 累加一次，当累加器大于 2^N 时，相位累加器相当于做一次模余运算。正弦查找表 ROM 在每一个时钟周期内，根据送给 ROM 的地址(相位累加器的前 P 位相位值)取出 ROM 中已存储的与该地址相对应的正弦幅值，最后将该值送给 DAC 和 LPF 实现量化幅值到正弦信号间的转换。由此可得到输出频率与时钟频率之间的关系为

$$f_o = \frac{K f_c}{2^N} \tag{4.8.1}$$

DDS 的最小频率分辨率为 $f_c/2^N$；DDS 的最小相位分辨率为 $2\pi/2^P$。

DDS 在相对带宽、频率转换时间、频率和相位分辨率、相位连续性、正交输出以及集成化程度等一系列性能指标方面远远超过了传统频率合成技术所能达到的水平，为电子系统提供了优于模拟信号源的性能。但在实际的 DDS 电路中，为了达到足够小的频率分辨率，通常将相位累加器的位数取得较大，如 $N=32$、48 等。但是，ROM 的容量远小于此，于是就引入了相位舍位误差。同时，在存储波形的二进制数据时也不能用无限的代码精确表示，即存在幅度量化误差。另外，DAC 的有限分辨率也会引起误差。所有这些误差不可避免会产生杂散分量，使得降低杂散成为 DDS 应用的一个主要问题。

由于 DDS 采用全数字结构，这就不可避免地引入了杂散。其来源主要有三个方面：相位累加器相位舍位误差造成的杂散；由存储器有限字长引起幅度量化误差所造成的杂散；DAC 非理想特性造成的杂散。

4.8.2　基于 DDS 的波形产生器的设计

根据 DDS 可以进行灵活控制的特点，利用 DDS 既可以产生射频激励信号，也可以模拟雷达接收机的中频输出信号。当模拟雷达接收机的中频输出信号时，可以对目标的距离、速度、调制方式等进行灵活的设置。DDS 产生信号的主要类型有：

（1）单频信号（主要用于验证系统工作的正确性和分析带外杂散的特征）；

（2）调制信号：调制方式（ASK、FSK、PSK）和调制位数（2、4、8、16 位）都可以控制；

（3）线性调频信号：中心频率、带宽、脉宽、重频、时延都可以由程序控制；

（4）多普勒信号：回波信号在含有线性调频分量的同时含有多普勒分量和距离分量（即时延）。

目前市场上 DDS 器件较多，表 4.14 对 ADI 公司生产的 DDS 器件的主要性能和特点进行了比较。下面结合 DDS 芯片 AD9959 进行介绍。

表 4.14　ADI – DDS 器件主要功能比较

器件型号	调制功能	扫频功能	其 他 功 能	数据接口
AD9959	16 电平相位幅度频率调制	线性幅度相位频率扫描	4 个同步 DDS 信道可独立进行频率、相位、幅度调制，信道隔离度 65 dB	800 Mb/s，串行 SPI
AD9956	相位调制	线性扫描	鉴相鉴频器 655 MHz，CML 驱动 8 个频率相位偏移组	25 Mb/s，串行 SPI
AD9954	相位幅度调制	线性或非线性扫描	超高速模拟比较器，集成 1024×32RAM	串行 I/O
AD9858	—	线性扫描	集成 2 GHz 混频器，4 个频率相位偏移组	8 bit 并行，串行 SPI
AD9854	FSK，BPSK PSK，AM	线性或非线性扫描，自动双向检测	超高速比较器，3 ps 的 RMS 抖动 $\frac{\sin x}{x}$ 修正，两路正交 DAC 输出	10 MHz，串行 SPI；100 MHz，8 bit 并行
AD9852	FSK，BPSK PSK，AM	线性或非线性扫描，自动双向检测	超高速比较器，3 ps 的 RMS 抖动 $\frac{\sin x}{x}$ 修正，两路正交 DAC 输出	10 MHz，串行 SPI；100 MHz，8 bit 并行

AD9959 包括四个独立的通道，可以同时产生四路不同的信号。AD9959 除提供四个独立 DDS 通道之外，每个通道的频率、相位和幅度都可以独立地控制。这种灵活性可用于校正正交信号之间由于模拟信号处理（如滤波、放大或 PCB 布线等）造成的不平衡，还可以通过自动同步专用管脚来实现多个 AD9959 芯片的同步工作。系统时钟最高可达 500 MHz，理论上可以输出信号的最高频率为 250 MHz。频率控制字为 32 位，频率分辨率达 $500 \text{ MHz}/2^{32} \approx 0.12 \text{ Hz}$。

基于 DDS 的某雷达波形产生器实现方案如图 4.46 所示。主机通过 USB 接口向 FPGA 发送控制命令和控制参数，再由 FPGA 给 DDS 提供时钟、复位、写控制、数据更新等控制信号。为了提高输出信号的质量，采用对称设计、差分方式输出，然后经过差分放大器转换为单端方式。参数设置界面和雷达扫描界面分别如图 4.47 和图 4.48 所示，不仅可以对雷达的工作参数（如载频）进行设置，而且可以同时模拟 8 个目标的回波信号，且对每个目标的距离、速度、方位、幅度等分别进行设置。

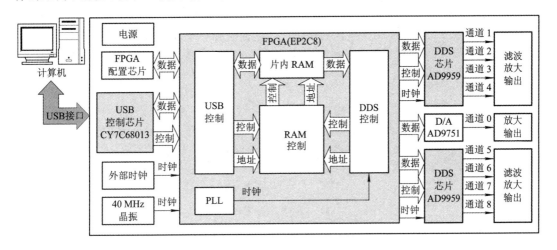

图 4.46 DDS 波形产生器的实现方案

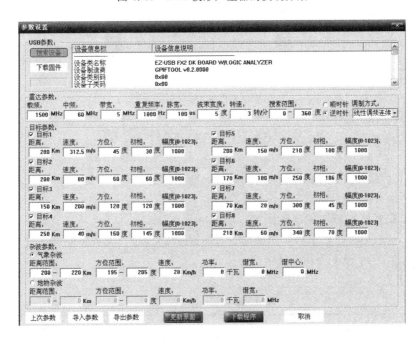

图 4.47 参数设置界面

图 4.49 给出了所产生的线性调频脉冲信号并利用示波器观测的时域信号。

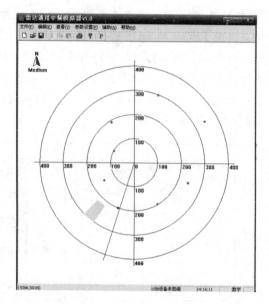

图 4.48　雷达扫描界面

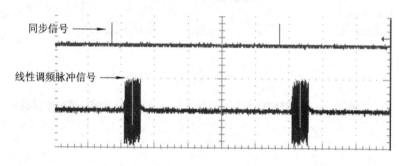

图 4.49　脉冲信号时域波形图

4.9　MATLAB 程序清单

下面给出本章部分插图的 MATLAB 函数文件代码。

程序 4.1　单载频矩形脉冲的模糊函数(af_sp.m)

函数"af_sp.m"为计算单载频矩形脉冲模糊函数的程序。语法如下：

$$[amf] = af\_sp(Te, Grid)$$

其中参数说明见表 4.15。

表 4.15　参　数　说　明

符号	说明	单位	状态	图 4.5 和图 4.6 的参数设置
Te	脉冲宽度	s	输入	1e−6
$Grid$	坐标轴点数	无	输入	64
amf	模糊函数值	无	输出	

```
function amf＝af_sp(Te，Grid)
％ function af_sp is the ambiguity function of single pulse；
t＝－Te：Te/Grid：Te；
f＝－10/Te：10/Te/Grid：10/Te；
[tau，fd]＝meshgrid(t，f)；
tau1＝(Te－abs(tau)) /Te；
mul＝pi * fd. * tau1；
mul＝mul＋eps；
amf＝abs(sin(mul). /mul. * tau1)；
figure(1)；surfl(tau * 1e6，fd * 1e－6，amf)；
figure(2)；contour(tau * 1e6，fd * 1e－6，amf，1，'b')；
figure(3)；plot(t * 1e6，tau1(Grid＋1，:))；
ff＝abs(sin(mul). /mul)；
ffd＝ff(:，Grid＋1)；
figure(4)；plot(fd * 1e－6，ffd)；
```

程序 4.2　单载频高斯脉冲的模糊函数(af_gauss. m)

函数"af_gauss. m"为计算单载频高斯脉冲模糊函数的程序。语法如下：

$$[amf]＝af\_gauss(sigma，Te，Grid)$$

其中参数说明见表 4.16。

表 4.16　参　数　说　明

符号	说　明	单位	状态	图 4.7、图 4.8 的参数设置
$sigma$	高斯函数的均方根误差	s	输入	1e－6
Te	脉冲宽度	s	输入	4e－6
$Grid$	坐标轴点数	无	输入	64
amf	模糊函数值	无	输出	

```
function amf＝af_gauss(sigma，Te，Grid)
％ function af_gauss is the ambiguity function of single gauss pulse；
％sigma is the variance of gauss function
％ Te is the width of pulse；Grid is grid number of positive part.
t＝－Te：Te/Grid：Te；
f＝－8/Te：8/Te/Grid：8/Te；
[tau，fd]＝meshgrid(t，f)；
tau1＝exp(－(tau.^2. /(4 * sigma.^2)))；
mul＝exp(－(pi.^2. * sigma.^2. * fd.^2))；
mul＝mul＋eps；
amf＝tau1. * mul；
figure(1)；surfl(tau * 1e6，fd * 1e－6，amf)；grid on；
```

figure(2)；contour(tau * 1e6, fd * 1e−6, amf, 1, ′b′)；grid on；

figure(3)；plot(t * 1e6, tau1(Grid+1, :))；grid on；

figure(4)；plot(fd * 1e−6, mul(:, Grid+1))；grid on；

程序 4.3　线性调频脉冲信号的模糊函数(af_lfm. m)

函数"af_lfm. m"为计算线性调频脉冲信号模糊函数的程序。语法如下：

$$\text{function}[amf]=\text{af\_lfm}(B, Te, Grid)$$

其中参数说明见表 4.17。

表 4.17　参　数　说　明

符号	说　明	单位	状态	图 4.12、图 4.13 的参数设置
B	信号带宽	Hz	输入	4e6
Te	脉冲宽度	s	输入	2e−6
$Grid$	坐标轴点数	无	输入	64
amf	模糊函数值	无	输出	

```
function amf＝af_lfm(B, Te, Grid)
% function af_LFM is the ambiguity function of LFM signal;
u＝B/Te；
t＝−Te:Te/Grid:Te；
f＝−B:B/Grid:B；
[tau, fd]＝meshgrid(t, f)；
var1＝Te−abs(tau)；
var2＝pi * (fd−u * tau). * var1；var2＝var2＋eps；
amf＝abs(sin(var2). /var2. * var1/Te)；
amf＝amf/max(max(amf))；
var3＝pi * u * tau. * var1；
tau1＝abs(sin(var3). /var3. * var1)；
tau1＝tau1/max(max(tau1))；          ％归一化距离模糊
mul＝Te. * abs(sin(pi * fd. * Te). /(pi * fd. * Te))；
mul＝mul/max(max(mul))；             ％归一化速度模糊
figure(1)；surfl(tau * 1e6, fd * 1e−6, amf)；
figure(2)；contour(tau * 1e6, fd * 1e−6, amf, 1, ′b′)；grid on；
figure(3)；plot(t * 1e6, tau1(Grid+1, :))；grid on；
figure(4)；plot(fd * 1e−6, mul(:, Grid+1))；grid on；
```

程序 4.4　巴克码序列的波形、频谱图及模糊函数(af_barker. m)

函数"af_barker. m"为计算巴克码序列模糊函数的程序。语法如下：

$$[amf]= \text{af\_barker}(Barker\_code, T)$$

其中参数说明见表 4.18。

表 4.18　参　数　说　明

符号	说　明	单位	状态	图 4.20 至图 4.23 的参数设置
Barker_code	输入的巴克码序列	无	输入	[1 1 1 1 1 −1 −1 1 1 −1 1 −1 1]
T	子脉冲宽度	s	输入	1e−6
amf	模糊函数值	无	输出	

```
function [amf] = af_barker (Barker_code, T)
%Compute and plot the ambiguity function for a Barker code by utilizing the FFT
N = length(Barker_code);
tau = N * T;
samp_num = size(Barker_code, 2) * 10;
n = ceil(log(samp_num)/log(2));
nfft = 2^n;
u(1:nfft) = 0;
u(1:samp_num) = kron(Barker_code, ones(1, 10));
delay = linspace(−tau, tau, nfft);
figure(1);plot(delay * 1e6+N, u, );grid on;                    %画图
sampling_interval = tau/nfft;
freqlimit = 0.5/sampling_interval;
f = linspace(−freqlimit, freqlimit, nfft);
freq = fft(u, nfft);
vfft = freq;
freq = abs(freq)/max(abs(freq));
figure(2);plot(f * 1e−6, fftshift(freq));grid on;
freq_del = 12/tau/100;
freq1 = −6/tau:freq_del:6/tau;
for k=1:length(freq1)
    sp=u. * exp(1j * 2 * pi * freq1(k). * delay);
    ufft = fft(sp, nfft);
    prod = ufft. * conj(vfft);
    amf (k, :) = fftshift(abs(ifft(prod)));
end
amf = amf. /max(max(amf));
[m, n] = find(amf==1.0);
figure(3);mesh(delay * 1e6, freq1 * 1e−6, amf);                %画图
figure(4);contour(delay * 1e6, freq1 * 1e−6, amf, 1, 'b');grid on;         %画图
figure(5);plot(delay * 1e6, amf (m, :), 'k');grid on;           %画图
figure(6);plot(freq2 * 1e−6, amf (:, n), 'k');
```

程序 4.5　线性调频脉冲信号的回波产生与脉压程序

```
function[y]=LFM_comp(Te, Bm, Ts, R0, Vr, SNR, Rmin, Rrec, Window, bos)    %
mu=Bm/Te;        % modulation factor;
```

```
c=3e8;%
M=round(Te/Ts);   t1=(-M/2+0.5:M/2-0.5) * Ts;% time vector;
NR0=ceil(log2(2 * Rrec/c/Ts)); NR1= 2^NR0;
lfm=exp(j * pi * mu * t1.^2);   W_t=lfm. * Window ;
game=(1+2 * Vr. /c).^2;
sp=(0.707 * (randn(1, NR1)+1j * randn(1, NR1)));     %noise
for k=1:length(R0)
    NR=fix(2 * (R0(k)-Rmin)/c/Ts);
    Ri=2 * (R0(k)-Vr(k) * t1);
    spt=(10^(SNR(k)/20)) * exp(-1j * bos * Ri) * exp(1j * pi * mu * game(k) * t1.^2);
    sp(NR:NR+M-1)=sp(NR:NR+M-1)+spt;% signal + noise
end;
spf=fft(sp, NR1);   Wf_t=fft(W_t, NR1);
y=abs(ifft(spf. * conj(Wf_t), NR1)/NR0);         %频域脉压，也可以改为时域脉压
figure; plot(real(sp)); grid;
```

程序 4.6   二相编码脉冲信号的回波产生与脉压程序

```
function[y] = PCM_comp(Te, code, Ts, R0, Vr, SNR, Rmin, Rrec, bos)   %
M=round(Te/Ts);
code2 = kron(code, ones(1, M));
c=3e8;            %
NR0=ceil(log2(2 * Rrec/c/Ts)); NR1= 2^NR0;
M2=M * length(code);
t1=(0:M2-1) * Ts;
sp=(0.707 * (randn(1, NR1)+1j * randn(1, NR1))); %noise 2^10 * round
for k=1:length(R0)
    NR=fix(2 * (R0(k)-Rmin)/c/Ts);
    Ri=2 * (R0(k)-Vr(k) * t1);
    spt=(10^(SNR(k)/20)) * exp(-1j * bos * Ri). * code2;              %signalround(2^8
    sp(NR:NR+M2-1)=sp(NR:NR+M2-1)+spt;              %signal + noise
end;
spf=fft(sp, NR1);   Wf_t=fft(code2, NR1);              %. * Window
y=abs(ifft(spf. * conj(Wf_t), NR1))/NR0;              % /(NR1/2)
figure;plot(real(sp));grid;
```

程序 4.7   调频连续波拉伸信号的处理程序

```
function[y, sp]=stretch_lfm(f0, Te, Bm, Rmin, Rrec, R0, Vr, SNR)
mu=Bm/Te;     % modulation factor;
c=3e8; dltR=c/(2 * Bm);
Trec=2 * Rrec/c; N=2 * Bm * Trec;
m=ceil(log2(N)); Nfft=2^m;
Ts=Te/Nfft; t1=(0:Nfft-1) * Ts;         % time vector;
Window=kaiser(Nfft, pi).';
```

sp＝(0.707 * (randn(1, Nfft)＋1j * randn(1, Nfft))); % round noise

for k＝1:length(R0)

tao＝2 * (R0(k)−Rmin−Vr(k) * t1)/c; %

spt＝(10^(SNR(k)/20)) * exp(1j * (2 * pi * mu * tao. * t1＋(2 * pi * f0−pi * mu * tao). *

tao)); % signal

sp＝sp＋spt; % signal ＋ noise

end;

y＝(abs(fft(sp. * Window, Nfft)))/m;

figure; plot(t1, real(sp));grid;

figure; plot((0:Nfft/2−1) * dltR, 20 * log10(y(1:Nfft/2)));grid;

程序 4.8 步进频率脉冲综合处理程序

function [y] = SFW_HRR(Te, deltaf, N, Fr, R0, Vr, SNR, Rmin, Rrec, Window, f0)

c＝3e8;

Tr＝1/Fr; dr＝c/(N * deltaf);

Ts＝Te; t＝(0:N−1)′ * Tr＋Te/2; %

fi＝f0＋(0:N−1)′ * deltaf;

NR＝round((2 * Rrec/c)/Ts);

sp＝(0.707 * (randn(N, NR)＋j * randn(N, NR))); %noise

for k＝1:length(R0)

Rt＝R0(k)＋Rmin−Vr(k) * t;

NR0＝ceil(2 * (R0(k))/c/Ts);

sp(:, NR0)＝sp(:, NR0)＋(10^(SNR(k)/20)) * exp(−1j * 2 * pi * fi. * (2 * Rt/c));

%signal＋ noise

end;

for k＝1:NR

y1＝(abs(ifft(sp(:, k). * Window, N)));

y((k−1) * N＋(1:N))＝y1((1:N));

end;

maiya＝20 * log10(y);

figure;plot((0:(N) * NR−1) * dr/2, maiya);grid;

练 习 题

4－1 推导下列信号的模糊函数的表达式$|\chi(\tau, f_d)|$；结合书中程序，仿真画出模糊函数图$|\chi(\tau, f_d)|$及其时延主截面$|\chi(\tau, 0)|$、多普勒主截面$|\chi(0, f_d)|$，并指出模糊图主瓣的形状及其距离分辨率。

(1) 矩形脉冲($T=1\ \mu s$)；

(2) 高斯脉冲($\sigma=1\ \mu s$)；

(3) LFM 脉冲信号(带宽 $B=10$ MHz，脉冲宽带 $\tau=1\ \mu s$)。

4－2 设信号$s(t)$是一个时宽为 T、幅度为 A 的矩形脉冲，其数学表示式为 $s(t)=$

$\begin{cases} A, & |t| \leqslant T/2 \\ 0, & |t| > T/2 \end{cases}$ 现考虑该信号的匹配滤波问题。假定线性时不变滤波器的输入信号为 $x(t) = s(t) + n(t)$，其中，$n(t)$ 是均值为零、功率谱密度为 $P_n(\omega) = N_0/2$ 的白噪声。

(1) 求信号 $s(t)$ 的匹配滤波器的系统函数 $H(\omega)$ 和脉冲响应 $h(t)$；

(2) 求匹配滤波器的输出信号 $s_0(t)$，并画出波形；

(3) 求输出信号的功率信噪比 SNR_0。

4-3 假定两部雷达均采用带宽为 B、时宽为 T 的线性调频脉压信号：一部用于检测弹道导弹，$B = 1$ MHz，$T = 1$ ms，目标的多普勒频率 $f_d = 100$ kHz；另一部用于检测飞机，$B = 100$ MHz，$T = 10$ μs，目标的多普勒频率 $f_d = 1$ kHz。计算：

(1) 两种情况下由多普勒效应引起的时延 t_r 的变化；

(2) 两种情况下由多普勒效应引起的时移（距离）误差为多少（以米为单位）；

(3) 两种情况下由多普勒效应引起的时移与波形的时延分辨率的比值（可以假定为 $1/B$）。

4-4 假设雷达发射 LFM 信号的带宽 $B = 1$ MHz，脉冲宽带 $\tau = 100$ μs，波长 $\lambda = 3$ cm。目标距离和速度分别为 50 km、0 m/s，目标回波的峰-峰值为 $[-100, +100]$（即 A/D 变换器的工作位数为 8 位）。

(1) 写出回波信号的复包络，画出接收基带信号的实部和虚部。

(2) 写出脉压处理输出信号的表达式（模值）。

(3) 在同一幅图中画出加 (a) 矩形窗、(b) 汉明（Hamming）窗、(c) -35 dB 泰勒窗三种情况下的脉压输出结果（横坐标为距离，纵坐标取 dB）；结合图形，指出三种窗函数情况下的主瓣展宽和峰值副瓣电平。为了主瓣光滑些，建议采样频率取 6 MHz。

(4) 假设输入噪声为高斯白噪声，输入信噪比为 0 dB，在同一幅图中画出分别加有上述三种窗函数情况下的脉压输出结果，计算输出信噪比，分析输出信噪比比输入信噪比提高了多少 dB，并解释原因。（建议采样频率取 2 MHz）

(5) 假设目标速度 680 m/s，输入信噪比均为 0 dB，加 -35 dB 泰勒窗，分别画出时域和频域脉压输出结果，对两种脉压方法进行比较，给出这两种脉压处理的 MATLAB 仿真程序和运算时间。（建议采样频率取 2 MHz）

(6) 假设目标速度为 680 m/s，输入信噪比均为 0 dB，画出加 -35 dB 泰勒窗的脉压输出结果，指出速度对脉压的影响（目标距离发生的位移）。

(7*) 简述"测不准"原理。

(8*) 在同一幅图中分别画出目标速度 $v_t = [0、10、20]$ Ma 的脉压结果。相对于目标速度 $v_t = 0$ 的加权滤波器，画出目标速度为 $0 \sim 20$ Ma（间隔 1 Ma）时目标的峰值信号电平损耗（dB）与 v_t 的关系，以及目标速度对脉压产生的距离误差（测量的距离－真实的距离）。

4-5 模拟产生 NLFM 信号，带宽 $B = 1$ MHz，脉冲宽带 $\tau = 100$ μs，波长 $\lambda = 3$ cm，采样频率为 2 MHz。目标距离和速度分别为 50 km、0 m/s，目标回波的峰峰值为 $[-100, +100]$（即 A/D 变换器的工作位数为 8 位）。

(1) 画出产生的 NLFM 信号的时-频关系曲线。

(2) 画出脉压输出结果（横坐标为距离，纵坐标取 dB），结合图形，指出峰值副瓣电平。

(3) 假设输入噪声为高斯白噪声，输入信噪比为 0 dB，画出脉压输出结果，指出输出信噪比的变化，并解释原因。

(4) 假设目标速度 680 m/s，输入信噪比均为 0 dB，指出速度对脉压的影响(目标距离发生的位移)。

4-6　计算下列两种二相序列的非周期自相关函数和周期自相关函数，并比较它们的差异。

(1) 13 位巴克码；

(2) 码长 $P=15$ 的 M 序列。

4-7　编写码长 $P=127$ 的 M 序列的产生程序，并画出其模糊函数图 $|\chi(\tau, f_d)|$ 及其 -6 dB 切割模糊度图、时延主截面 $|\chi(\tau, 0)|$、多普勒主截面 $|\chi(0, f_d)|$，指出模糊度图的形状。

4-8　假设雷达发射二相编码(码长 $P=127$ 的 M 序列)脉冲信号，每个码元的时宽为 $1\ \mu s$，波长 $\lambda=3$ cm，采样频率为 2 MHz。目标距离为 50 km，目标回波的幅值为 1。

(1) 假设目标的多普勒频率为 f_d，写出目标回波的基带信号模型。

(2) 假设目标的速度为 0，画出目标回波信号的相位-时间关系曲线；画出脉压输出(模值)结果(横坐标为距离，纵坐标取 dB)，指出其峰值副瓣电平。

(3) 假设目标速度为 340 m/s，重复(2)，分别画出目标回波信号的相位-时间关系曲线、脉压输出结果，分析脉压结果，并解释原因。

(4) 简述相位编码信号的多普勒敏感性；在同一幅图中画出目标的速度分别为 0、50、100 m/s 的脉压结果，并对结果进行解释。

(5) 画出目标速度 v_r 从 0 到 100 m/s 时目标所在距离单元的脉压损失(以速度为 0 的脉压结果归一化)，若要求脉压损失不超过 3 dB，则速度应小于多少？

(6) 假设目标的速度为 0，输入信噪比为 10 dB，分别画出脉压前、后的时域信号，计算输出信噪比，分析信噪比变化的原因。

(7*) 为了降低二相编码信号副瓣电平，可以对一个波位的各个发射脉冲采用相同长度的不同码形，脉压时采用不同的脉压系数，然后对一个波位的多个脉冲回波进行积累。假设在一个波位发射 16 个脉冲，目标的速度为 0，输入信噪比为 0 dB，画出脉压前、后的时域信号和相干积累后的时域信号(纵坐标均取 dB)，计算输出信噪比，分析信噪比变化的原因，以及积累输出结果，指出副瓣电平的变化情况。

4-9　某雷达采用三种 PRF 来解距离模糊。所希望的无模糊距离 $R_u=200$ km，选择 $N=43$。计算三种 PRF f_{r1}、f_{r2}、f_{r3}，及其对应的无模糊距离 R_{u1}、R_{u2} 和 R_{u3}。

第5章 杂波特征与杂波抑制

5.1 概　　述

雷达工程师常用术语"杂波"(Clutter，其英文原意为混乱、杂乱的状态)表示自然环境中客观存在的不需要的回波。杂波包括来自地面及地面人造物体和结构(例如楼房、桥梁、公路、铁路、车辆、高压电缆塔、风电设备等)、海洋、天气(特别是雨)、鸟群以及昆虫等的回波。由于地形的不同(农地、林地、城市、沙漠等)，或者海面的不同(海况、相对于雷达观测角的风向)，杂波也会在相邻区域上发生变化。通常杂波的功率比目标回波强得多，容易产生假目标信息，"扰乱了"雷达工作，使得雷达难以对目标进行有效的检测。因此，雷达需要排除杂波信号。

雷达要探测的目标通常是运动着的物体，例如空中的飞机和导弹、海上的舰艇、地面的车辆等。但在目标的周围经常存在着各种背景，例如各种地物、云雨、海浪、地面的车辆、空中的鸟群等。这些背景可能是完全不动的，如山和建筑物；也可能是缓慢运动的，如有风时的海浪、地面的树木和植被、鸟群的迁徙等，一般来说，其运动速度较慢。这些背景所产生的杂波(有的教科书上也称为无源或消极干扰)，和运动目标回波在雷达显示器上同时显示时，由于杂波功率太强而难以观测到目标。如果目标处在杂波背景内，而弱的目标淹没在强杂波中，要发现目标则十分困难，即使目标不在杂波背景内，要在成片的杂波中检测出运动目标也是十分不容易的。

区分运动目标和固定杂波的基础是它们在速度上的差别。其机理是利用目标回波和杂波相对雷达运动速度不同而引起的多普勒差异，通过滤波来抑制掉杂波信号。常用方法有动目标显示(Moving Target Indicator，MTI)和动目标检测(Moving Target Detection，MTD)。雷达在动目标显示和动目标检测过程中可以使用多种滤波器，滤除固定杂波而取出运动目标的回波，从而改善在杂波背景下检测运动目标的能力。

为了减少雷达回波中的杂波分量，雷达采取的措施主要有：

(1) 增加天线的架设高度(例如安装在高山上)，增加雷达天线的倾角，安装防杂波网来阻止杂波进入天线；

(2) 调整雷达天线的波束形式，提高信号带宽，降低雷达的分辨单元大小，从而减小杂波的功率；

(3) 在时域采用 CFAR 检测、杂波图检测，减小杂波的影响；

(4) 在频域应用 MTI、MTD 技术，抑制杂波的功率，提高信杂比；

(5) 地面雷达在低重频工作时，在接收机内采用 STC 抑制近程杂波(但是中、高重频时不能采用这种方法）；

（6）机载雷达，尽量降低副瓣电平，减少副瓣杂波功率。

本章首先介绍杂波的类型及其特征；然后介绍抑制杂波的 MTI 滤波器的设计方法；对于气象杂波，介绍杂波图的建立和自适应 MTI 滤波器的设计方法；介绍典型 MTD 滤波器的设计方法；针对慢速目标介绍零多普勒处理方法；最后给出杂波产生、滤波器设计等的 MATLAB 仿真程序。

5.2　雷　达　杂　波

杂波是电波传播路径中地物、云雨等散射产生的非期望的回波，它干扰雷达正常工作。通过天线主瓣进入雷达的寄生回波称为主瓣杂波，否则称为旁瓣杂波。杂波通常分为两大类：面杂波和体杂波。面杂波包括树木、植被、地表、人造建筑及海表面等散射的回波。体杂波通常是由具有较大范围（尺寸）的云雨、鸟群等散射的回波，有的教科书上也将金属箔条散射的回波看作体杂波，实际上箔条是一种无源干扰。

杂波是随机的，并具有类似热噪声的特性，因为单个的杂波成分（散射体）具有随机的相位和幅度。在很多情况下，杂波信号强度要比接收机内部噪声强度大得多。因此，雷达在强杂波背景下检测目标的能力主要取决于信杂比，而不是信噪比。

5.2.1　杂波的功率与信杂比

白噪声通常在雷达所有距离单元内产生等强度的噪声功率，而杂波功率可能在某些距离单元内发生变化。杂波与雷达目标回波相似，与利用目标散射截面积 σ_t 来描述目标回波功率类似，杂波功率也可以利用杂波散射截面积 σ_c 来描述。下面分别对面杂波和体杂波进行介绍。

1. 地杂波

面杂波包括地杂波和海杂波，又被称为区域杂波。面杂波的散射截面积定义为由杂波区（面积为 A_c，通常取空间分辨单元的面积）反射造成的等效散射截面积。杂波的平均 RCS 由下式给出

$$\sigma_c = \sigma^\circ A_c \qquad (5.2.1)$$

其中，$\sigma^\circ (\mathrm{m^2/m^2})$ 为杂波区的平均杂波散射系数，表示单位面积内杂波的等效散射截面积，为一个无量纲的标量，通常以 dB 表示。实际上，散射系数 σ° 与雷达系统参数（波长、极化、照射区域）、表面的类型和粗糙度、照射方向（入射余角）等因素有关。对于地杂波，还与地表面地形、表面粗糙度、表层或覆盖层（趋肤深度之内）的复介电常数不均匀等地面实际参数有关；对于海杂波，还与风速、风向和海面蒸发等参数有关。

机载雷达在下视模式下，区域杂波会十分明显。对于地基雷达，当搜索低擦地角目标时，杂波是影响目标检测的主要因素。擦地角 ψ_g 是地表与波束中心之间的夹角，也称为掠射角或入射余角，如图 5.1 所示。

影响雷达杂波散射系数的因素主要有擦地角、表面粗糙度及其散射特性、雷达波长、极化方式等。一般来说，波长越短，杂波散射系数 σ° 越大。σ° 与擦地角有关，图 5.2 描述了 σ° 与擦地角的关系。根据擦地角的大小，σ° 大致分为三个区域：低擦地角区、平坦区和

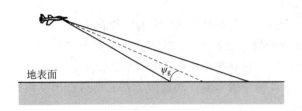

图 5.1　擦地角的定义

高擦地角区。其特征如下：

（1）低擦地角区，又称干涉区，在这个区域的散射系数随着擦地角的增加而迅速增加。在低擦地角的区域杂波一般称为漫散射杂波，在此区域的雷达波束内有大量的杂波回波（非相干反射）。

（2）在平坦区，杂波变化基本是缓慢的，以非相干散射为主，散射系数 σ^o 随擦地角的变化较小。

（3）高擦地角区，也称为准镜面反射区。该区域以相干的镜向反射（相干反射）为主，散射系数随擦地角增大而快速增大，并且与地面的状况（如粗糙度和介电常数）等特性有关。此时漫散射杂波成分消失，这与低擦地角情形正好相反。

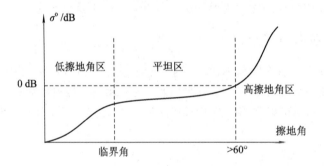

图 5.2　杂波散射系数与擦地角的关系示意图

图 5.3 给出了几种典型陆地杂波散射系数与擦地角的关系曲线，图中每条曲线其实是至少 10 dB 宽的带状区域。地杂波在接近垂直入射时会变得特别强。

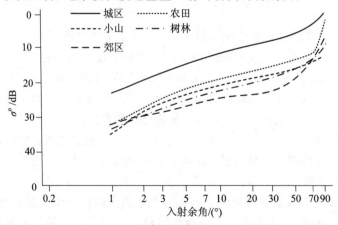

图 5.3　陆地杂波散射系数与擦地角的关系曲线

表 5.1 给出了在不同地形和频段地杂波散射系数的中值，这是林肯实验室的测量统计结果，为统计平均值的中值。有的文献中指出该测量为 $\sigma^\circ F^4$ 的结果，F 为传播因子，是为了在雷达方程中考虑多径反射、衍射及衰减等传播的影响。由于从传播效应中分离 σ° 和 F 的测量是不可能的，因此一般文献中对 σ° 的测量方法就是对 $\sigma^\circ F^4$ 的测量。

表 5.1　不同地形和频段下地杂波散射系数的中值（单位：dB）

地　　形			频　　段				
			VHF	UHF	L	S	X
城市			−20.9	−16.0	−12.6	−10.1	−10.8
山区			−7.6	−10.6	−17.5	−21.4	−21.6
森林	高起伏，地形坡度>2°	高下俯角（>1°）	−10.5	−16.1	−18.2	−23.6	−19.9
		低下俯角（≤0.2°）	−19.5	−16.8	−22.6	−24.6	−25.0
	低起伏，地形坡度<2°	高下俯角（>1°）	−14.2	−15.7	−20.8	−29.3	−26.5
		下俯角为 0.4°~1°	−26.2	−29.2	−28.6	−32.1	−29.7
		低下俯角（≤0.2°）	−43.6	−44.1	−41.4	−38.9	−35.4
农田	高起伏，地形坡度>2°		−32.4	−27.3	−26.9	−34.8	−28.8
	中度起伏，1°<地形坡度<2°		−27.5	−30.9	−28.1	−32.5	−28.4
	很低起伏，地形坡度<1°		−56.0	−41.1	−31.6	−30.9	−31.5
沙漠、灌木和草地	高下俯角（>1°）		−38.2	−39.4	−39.6	−37.9	−25.6
	低下俯角（≤0.3°）		−66.8	−74.0	−68.6	−54.4	−42.0

低擦地角的范围从 0° 到临界角附近。临界角是由瑞利（Rayleigh）定义的这样一个角度：低于此角的表面被认为是光滑的；高于此角的表面即可认为是粗糙的；在高擦地角区，σ° 随擦地角增大的变化较大。设表面高度起伏的均方根值为 h_{rms}，根据瑞利准则，当式(5.2.2)满足时可认为表面是平坦的，即

$$\frac{4\pi h_{\mathrm{rms}}}{\lambda}\sin\psi_{\mathrm{g}} < \frac{\pi}{2} \tag{5.2.2}$$

假设电磁波入射到粗糙表面，如图 5.4 所示，由于表面高度的起伏（表面粗糙度），"粗糙"路径的距离要比"平坦"路径长 $2h_{\mathrm{rms}}\sin\psi_{\mathrm{g}}$，这种路径上的差异转化成相位差 $\Delta\psi$，即

$$\Delta\psi = \frac{2\pi}{\lambda}2h_{\mathrm{rms}}\sin\psi_{\mathrm{g}} \tag{5.2.3}$$

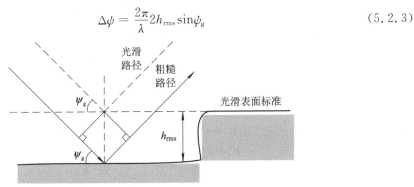

图 5.4　粗糙表面的定义

当 $\Delta\psi = \pi$（第一个零点）时，临界角 ψ_{gc} 可以计算为

$$\frac{2\pi}{\lambda} 2h_{rms} \sin\psi_{gc} = \pi \tag{5.2.4}$$

或者等价地，

$$\psi_{gc} = \arcsin \frac{\lambda}{4h_{rms}} \tag{5.2.5}$$

下面以机载雷达区域杂波为例进行介绍。

考虑如图 5.5 所示的下视模式下的机载雷达。天线波束与地面相交的区域形成了一个椭圆形状的"辐射区"，如图 5.5 所示。辐射区的大小是关于擦地角和 3 dB 波束宽度 θ_{3dB} 的函数。根据距离分辨率 ΔR，辐射区在距离维被分为多个地面距离单元，每个单元的长度为 $\Delta R_g = (c\tau/2)\sec\psi_g$，即一个距离分辨单元在地面的投影，$\tau$ 是脉冲宽度或脉压后的脉冲宽度。

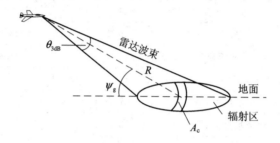

图 5.5　机载雷达下视模式的主波束杂波区

由图 5.6 知，该杂波单元的横向尺寸为 $R\theta_{3dB}$，杂波区域的面积 A_c 为

$$A_c \approx R\theta_{3dB} \frac{c\tau}{2} \sec\psi_g \tag{5.2.6}$$

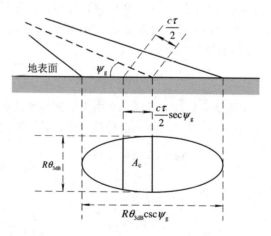

图 5.6　辐射区的概念

该杂波的 RCS 为 $\sigma_c = \sigma^\circ A_c$。雷达从该杂波区接收到的杂波功率为

$$S_c = \frac{P_t G^2 \lambda^2 \sigma_c}{(4\pi)^3 R^4} = \frac{P_t G^2 \lambda^2 \sigma^\circ \theta_{3dB}(c\tau/2)\sec\psi_g}{(4\pi)^3 R^3} \tag{5.2.7}$$

其中，P_t 是峰值发射功率，G 是天线增益，λ 是波长。各变量中下标 c 表示该参数为杂波分量。若在该区域存在 RCS 为 σ_t 的目标，其回波功率为

$$S_t = \frac{P_t G^2 \lambda^2 \sigma_t}{(4\pi)^3 R^4} \tag{5.2.8}$$

当面杂波的回波比接收噪声大时，将式(5.2.8)除以式(5.2.7)，就可以得到该距离单元的信杂比为

$$\mathrm{SCR} = \frac{S_t}{S_c} = \frac{\sigma_t}{\sigma_c} = \frac{\sigma_t \cos\psi_g}{\sigma^\circ R\theta_{3\mathrm{dB}}(c\tau/2)} \tag{5.2.9}$$

如果最大作用距离 $R_{\max}$ 要求的最小信杂比为 $(\mathrm{SCR})_{\min}$，则以低掠射角在面杂波下检测目标的雷达方程为

$$R_{\max} = \frac{\sigma_t \cos\psi_g}{\sigma^\circ \theta_{3\mathrm{dB}}(c\tau/2)(\mathrm{SCR})_{\min}} \tag{5.2.10}$$

以上方程中的方位波束宽度 $\theta_{3\mathrm{dB}}$ 是双程波束宽度。如果以高斯函数近似表示波束形状，双程波束宽度为单程波束宽度的 $\frac{1}{\sqrt{2}}$。如果用单程波束宽度来计算 σ°，σ° 的值比用双程波束宽度的低 1.5 dB。若采用脉压处理，τ 是脉压后的脉冲宽度。

式(5.2.9)表示的表面杂波的雷达方程与第 2 章中接收机噪声占主导地位的雷达方程完全不同。这时，距离是以一次方出现的，而在第 2 章雷达方程中距离是以四次幂出现的。因此，以杂波为主导的雷达最大作用距离的变化比以噪声为主导的雷达要大得多。

[例 5 - 1]　考虑如图 5.5 所示的机载雷达。假设天线 3 dB 波束宽度为 0.02 rad，脉冲宽度为 2 μs，目标距离为 20 km，斜视角为 20°，目标 RCS 为 1 m²，并且假设杂波反射系数 $\sigma^\circ = 0.0136$ m²/m²。计算信杂比 SCR。

解　由式(5.2.9)知：

$$\mathrm{SCR} = \frac{2\sigma_t \cos\psi_g}{\sigma^\circ \theta_{3\mathrm{dB}} R c\tau}$$

$$\Rightarrow (\mathrm{SCR})_c = \frac{2 \times 1 \times \cos 20^\circ}{0.0136 \times 0.02 \times 20\,000 \times 3 \times 10^8 \times (2 \times 10^{-6})}$$

$$= 5.76 \times 10^{-4}$$

$$\Rightarrow -32.4 \text{ dB}$$

为了可靠地检测目标，雷达应该增加其 SCR 至少到 $(32+X)$ dB，其中 X 值一般为 13 dB 至 15 dB 或者更高的量级。因此，雷达需要降低杂波的功率 45～50 dB，才能有效地检测目标。

在不同的应用场合，地面的雷达后向散射的信息不同。尽管杂波的回波比飞机强 50～60 dB，需要采用 MTI 或 MTD 来抑制大的无用杂波，但是，在高度计中，测量飞机或飞船的高度时，地面或海面产生的强回波是有用的，因为在这种情况下，"杂波"就是目标，高度计在导弹制导和遥测中也用于"地图匹配"。对地观测雷达通过高分辨对地物进行成像，利用地物外形或与周围物品的对比度进行识别。

若雷达以接近垂直的入射角(大掠射角)观测表面杂波，雷达观察的杂波面积是由两个主平面的天线波束宽度 $\theta_{3\mathrm{dB}}$ 和 $\varphi_{3\mathrm{dB}}$ 决定的。这时距离为 R 的杂波区域的面积 A_c 为

$$A_c = \frac{\pi}{4} \frac{R\theta_{3\mathrm{dB}} R\varphi_{3\mathrm{dB}}}{\sin\psi_g} \tag{5.2.11}$$

式中，因子 $\pi/4$ 代表照射面积的椭圆形状。若天线的有效孔径为 A_e，天线增益 $G = 4\pi/(\theta_{3\mathrm{dB}}\varphi_{3\mathrm{dB}})$，雷达从该杂波区接收到的杂波功率为

$$S_c = \frac{P_t G A_e \sigma_c}{(4\pi)^2 R^4} = \frac{P_t A_e \sigma^\circ}{16 R^2 \sin\psi_g} \tag{5.2.12}$$

可见杂波功率与距离的平方成反比。这个方程适用于雷达高度计或作为散射仪的遥感雷达接收的地面回波信号功率。

地杂波的应用场合主要有：

（1）雷达对空探测时，地杂波回波一般比飞机回波强 50～60 dB，通常采用 MTI 或 MTD 来抑制地杂波，需要从强杂波中检测运动目标。

（2）地面上动目标的检测。通过适当的多普勒处理，可将车辆、行人与杂波区分开。

（3）高度计。测量飞机或飞船的高度时，地面或海面产生的强回波是有用的，"杂波"就是目标。高度计在导弹制导和遥测中也用于"地图匹配"。

（4）合成孔径雷达（SAR）成像。利用高分辨率成像，提取地物外形特征及其与周围物品的对比度来识别装甲车、坦克等不同目标。在遥测中地杂波用于提取地表特征。

2. 海杂波

海的雷达回波称为海杂波。海杂波的后向散射系数与海况、风速、波束相对于风向和波浪的观测角、入射余角、工作频率、极化方式等因素有关。表 5.2 给出了不同海况的状态描述。图 5.7 给出了不同掠射角下的海杂波反射系数的统计结果，图中曲线是风速在 10～20 kt（节）下实测数据的统计结果。从图中可以看出：

（1）在高掠射角（大约 45°以上），海杂波与极化和频率基本无关。

（2）在低掠射角（大约 45°以下），垂直极化的海杂波比水平极化的强（当风速大时，两种极化的差异变小）。例如，在 X 波段和三级海况下，掠射角为 1.0°时 σ° 低于 -40 dB，掠

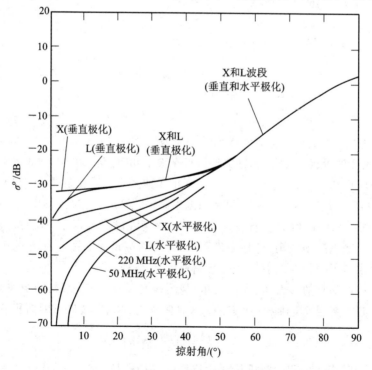

图 5.7　不同掠射角下海杂波反射系数的统计结果

射角为 0.3°时 σ° 低于 −45 dB。

（3）垂直极化的海杂波的强度基本与频率无关。

（4）在低掠射角，水平极化的海杂波随频率的下降而下降。

表 5.2 不同海况的状态描述

海况等级	风速（节）	浪　高		描　　述
		英尺	米	
0	0～2	0	0	像镜面般平静的海面
1	2～7	0 ～ 1/3	0 ～ 0.1	有小波纹的平静的海面
2	7～12	1/3 ～ 5/3	0.1 ～ 0.5	有小浪的光滑的海面
3	12～16	2 ～ 4	0.6 ～ 1.2	有轻微浪的海面
4	16～19	4 ～ 8	1.2 ～ 2.4	有中等浪的海面
5	19～23	8 ～ 13	2.4 ～ 4.0	有大浪的海面
6	23～30	13 ～ 20	4.0 ～ 6.0	有非常大的浪的海面
7	30～45	20 ～ 30	6.0 ～ 9.0	有巨浪的海面

图 5.8 给出了不同风速下海杂波后向散射系数的实测数据统计结果（雷达逆风照射）。可见，在较高的微波频率和低掠射角的情况下，海杂波随着风速的增加而增加，但在 15～25 kt 的风速下散射系数变化较小。当以垂直入射观测（掠射角为 90°）时，在低风速下，海面有很强的回波直接返回雷达；随着风速的增加，σ° 将减小。在低到约 1°的低掠射角，很难获得风对海杂波影响的量化度量，这是因为存在海浪将部分海面遮挡、多路径干扰、绕射、表面（电磁）波及其传播等许多因素。

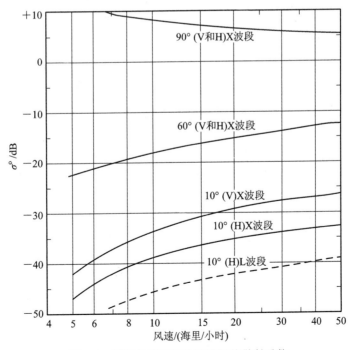

图 5.8 不同风速下海杂波的平均散射系数

海杂波在雷达逆风照射时最强，顺风照射时最弱。当天线在 360°方位上转动时，$\sigma°$ 有 5～15 dB 变化。后向散射在较高的频率比在较低的频率对风速更敏感；在 UHF 频段，在掠射角大于 10°时，后向散射实际上对风速并不敏感。对于 5°～60°的掠射角，海杂波极化的正交分量(交叉极化分量)比发射的同极化的回波小(5～15)dB。

当用高分辨率雷达观测海面时，尤其是在较高的微波频率(例如 X 波段)，海杂波并不均匀，不能仅用 $\sigma°$ 来描述。在高分辨率下雷达观测的海面独立回波是有尖峰的，被称为海尖峰。海尖峰是分散的，持续时间仅为几秒钟。它们在时间上不确定，空间上不均匀，其概率密度函数是非瑞利的。在较高的微波频率及低掠射角下，海尖峰都是海杂波的主要成因。图 5.9 为某雷达在 1.5°掠射角时的海尖峰，在某些时刻，海尖峰的 RCS 接近 10 m^2，持续时间为 1 秒到几秒，当使用传统的基于高斯接收机噪声检测器时，容易产生虚警。

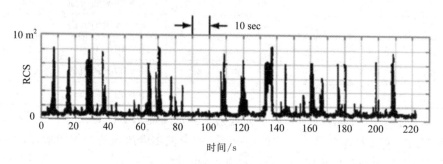

图 5.9　某雷达的海尖峰

3. 体杂波

体杂波具有较大的范围，包括云雨、金属箔条、鸟群和昆虫等的散射回波。有的文献上也将鸟、昆虫及其他飞行生物的回波称为仙波(angel clutter)或生物杂波(biological clutter)。体杂波散射系数 $\sigma°$ 通常用单位体积分辨单元内的 RCS 平方米的 dB 数表示(单位：dBm^2/m^3)。

如前所述，金属箔条是敌方的一项 ECM 技术。它由大量具有大的 RCS 值的偶极子反射体组成。早期的金属箔条由铝箔构成，然而近年来，多数金属箔条由表面具有导电性且刚性更好的玻璃纤维构成。当偶极子反射体长度 L 是雷达波长的一半时，由于谐振使金属箔条具有非常大的 RCS 值。

气象或雨杂波要比金属箔条杂波更容易抑制，因为雨滴可以被认为是理想的小球。对散射特性处于瑞利区的雨滴，可以用理想小球的瑞利近似式来估计雨滴的 RCS。若不考虑传播媒介的折射系数，雨滴的 RCS 的瑞利近似为

$$\sigma = 9\pi D_i^2 (kD_i)^4, \quad D_i \ll \lambda \tag{5.2.13}$$

其中，$k = 2\pi/\lambda$，D_i 为雨滴的半径。

设 η 为单位体积内体杂波的 RCS，它可用单位体积内所有独立散射体 RCS 的和来进行计算，

$$\eta = \sum_{i=1}^{N} \sigma_i \tag{5.2.14}$$

其中，N 是在单位体积内散射体的总数目。单位体积雨的后向散射截面积 η 与波长和降雨量之间的关系可以近似表示为

$$\eta = \sum_{i=1}^{N} \sigma_i = T f^4 r^{1.6} \times 10^{-12} \quad (\mathrm{m^2/m^3}) \tag{5.2.15}$$

式中，f 为以 GHz 为单位的雷达工作频率，r 是以 mm/h 为单位的降雨量，T 为温度。图 5.10 给出了温度为 18℃时单位体积内雨的后向散射截面积 η 与波长和降雨量之间的关系曲线。

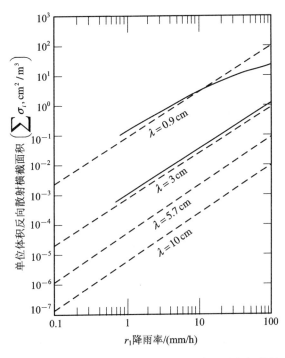

图 5.10　单位体积后向散射截面积与波长和降雨量之间的关系曲线

因此，分辨单元 V_w 内的总 RCS 是

$$\sigma_w = \sum_{i=1}^{N} \sigma_i V_w = \eta V_w \tag{5.2.16}$$

如图 5.11 所示的一个空间分辨单元的体积可以近似为

$$V_w \approx \frac{\pi}{4}(R\theta_a)(R\theta_e)\frac{c\tau}{2} = \frac{\pi}{8}\theta_a\theta_e R^2 c\tau \tag{5.2.17}$$

其中，θ_a 和 θ_e 分别是以弧度表示的天线方位和仰角波束宽度；τ 为脉冲宽度或脉压后的等效脉冲宽度；c 是光速；R 是距离；因子 $\pi/4$ 是考虑天线波束投影区域的椭圆形状的修正项。

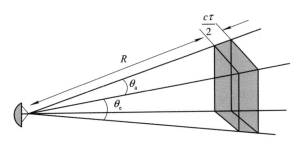

图 5.11　一个分辨体积单元的定义

与式(5.2.7)类似，雷达接收到的气象杂波功率为

$$S_{\mathrm{w}} = \frac{P_{\mathrm{t}} G^2 \lambda^2 \sigma_{\mathrm{w}}}{(4\pi)^3 R^4} \qquad (5.2.18)$$

将式(5.2.16)和式(5.2.17)代入式(5.2.18)并整理，得到

$$S_{\mathrm{w}} = \frac{P_{\mathrm{t}} G^2 \lambda^2}{(4\pi)^3 R^4} \frac{\pi}{8} \theta_{\mathrm{a}} \theta_{\mathrm{e}} R^2 c\tau \sum_{i=1}^{N} \sigma_i \qquad (5.2.19)$$

式(5.2.8)除以式(5.2.19)，可以得到目标与气象杂波的功率之比，即气象杂波的 SCR 为

$$(\mathrm{SCR})_{\mathrm{V}} = \frac{S_{\mathrm{t}}}{S_{\mathrm{w}}} = \frac{8\sigma_{\mathrm{t}}}{\pi \theta_{\mathrm{a}} \theta_{\mathrm{e}} R^2 c\tau \sum\limits_{i=1}^{N} \sigma_i} \qquad (5.2.20)$$

式中，下标 V 表示体杂波。

5.2.2 杂波统计特性

由于分辨单元(或体积)内的杂波是由大量具有随机相位和幅度的散射体组成的，因此通常用概率密度函数(PDF)来描述杂波的统计特性。许多不同的概率密度函数和杂波时域去相关模型已被用于描述来自不同类型地表的杂波。实际中杂波也经常以其服从的概率密度函数进行命名。常用的杂波概率密度函数为高斯函数，也称之为高斯杂波。还有其它分布的杂波，下面分别介绍。

1. 地杂波的统计特性

1) 高斯(瑞利)分布杂波

天线波束照射的杂波区面积越大和后向散射系数越大，则地杂波越强。根据实际测量，地杂波的强度最大可比接收机噪声大 60 dB 以上。地面生长的草、木、庄稼等会随风摆动，造成地杂波大小的起伏变化。地杂波的这种随机起伏特性可用概率密度函数和功率谱表示。因为地杂波是由天线波束照射区内大量散射单元回波合成的结果，所以地杂波的起伏特性一般符合高斯分布。对于雷达接收的基带复信号，可以认为地杂波回波的实部 x_{r} 和虚部 x_{i} 分别为独立同分布的高斯随机过程，高斯概率密度函数可表示为

$$f(x) = \frac{1}{\sqrt{2\pi}\sigma} \exp\left(-\frac{(x-\overline{x})^2}{2\sigma^2}\right) \qquad (5.2.21)$$

式中，$\overline{x}$ 是 x(表示 x_{r} 或 x_{i})的均值，σ^2 是 x 的方差。而地杂波的幅度(即复信号的模值) $x = |x_{\mathrm{r}} + \mathrm{j} \times x_{\mathrm{i}}|$ 服从瑞利分布。瑞利分布的概率密度函数为

$$f(x) = \frac{x}{b^2} \exp\left(-\frac{x^2}{2b^2}\right), \qquad (x \geqslant 0, \ b > 0) \qquad (5.2.22)$$

式中，b 为瑞利系数，表示 x 的均方根值。瑞利分布信号 x 的均值 $\overline{x}$ 和方差 σ^2 分别为

$$\overline{x} = E[x] = b\sqrt{\frac{\pi}{2}} \approx 1.25b \qquad (5.2.23)$$

$$\sigma^2 = E[(x-\overline{x})^2] = \left(\frac{4-\pi}{2}\right)b^2 \approx 0.429b^2 \qquad (5.2.24)$$

式中 $E[\cdot]$ 表示统计平均。

2) 莱斯分布杂波

如果在波束照射区内，不但有大量的小散射单元，还存在强的点反射源(如水塔等)

时，地杂波的幅度 x 不再服从瑞利分布，而更趋近于莱斯(Rice)分布，其概率密度函数可表示为

$$f(x) = \frac{x}{\sigma^2}\exp\left(-\frac{x^2+\mu^2}{2\sigma^2}\right)\mathrm{J}_0\left(\frac{\mu}{\sigma^2}x\right), \quad x \geqslant 0 \tag{5.2.25}$$

式中，σ^2 为 x 的方差，μ 为 x 的均值，$\mathrm{J}_0(\cdot)$ 为第一类零阶贝塞尔函数，$\mathrm{J}_0(x) = \sum_{n=0}^{\infty}(-1)^n\dfrac{x^{2n}}{2^{2n}(n!)^2}$。对于高分辨雷达和小入射角情况，地杂波的幅度分布也可能服从其它非高斯分布。

图 5.12 给出了这三种分布的概率密度函数的曲线图。

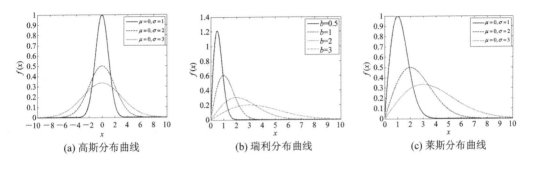

| (a) 高斯分布曲线 | (b) 瑞利分布曲线 | (c) 莱斯分布曲线 |

图 5.12　高斯、瑞利和莱斯分布的概率密度函数曲线

地杂波可看成一种随机过程，除了其概率密度分布特性外，还必须考虑其相关特性。根据维纳理论，随机过程的自相关函数与功率谱是傅里叶变换对的关系。从滤波器的角度看，用功率谱来表示地杂波的相关特性更为直观。

通常，地杂波的功率谱可采用高斯函数表示，称为高斯谱，表达式为

$$S(f) = \frac{S_0}{\sqrt{2\pi}\sigma_f}\exp\left(-\frac{(f-f_{d0})^2}{2\sigma_f^2}\right) \tag{5.2.26}$$

式中，S_0 为杂波平均功率；f_{d0} 为地杂波的多普勒频率中心(均值)，通常为零，而对动杂波不一定为零；σ_f 为地杂波功率谱的标准偏差(谱宽)，

$$\sigma_f = \frac{2\sigma_v}{\lambda} \tag{5.2.27}$$

式中，σ_v 为杂波速度的标准偏差，与地杂波区域植被类型和风速有关，如表 5.3 所示。

对于高分辨雷达在低擦地角的情况，地杂波功率谱中的高频分量会明显增大，一般用全极谱或指数谱表示，因为全极谱和指数谱的曲线具有比高斯谱曲线更长的拖尾，适于表征其高频分量的增加。全极谱可表示为

$$S(f) = \frac{S_0}{1 + |f - f_{d0}|^n/\sigma_f} \tag{5.2.28}$$

式中，f_{d0} 为地杂波的多普勒频率中心；σ_f 称为归一化特征频率，是杂波归一化功率谱 -3 dB 处的宽度(简称杂波谱宽)。当 $n=2$ 时的全极谱常称为柯西谱，$n=3$ 时的全极谱称为立方谱。

指数型功率谱也称为指数谱，其表达式为

$$S(f) = S_0\exp\left(-\frac{|f-f_{d0}|}{\sigma_f}\right) \tag{5.2.29}$$

式中，f_{d0} 为地杂波的多普勒频率中心；σ_f 称为归一化特征频率，即杂波谱宽。

图 5.13 给出了三种地杂波功率谱曲线。高斯谱适合于多普勒速度较低的杂波，全极谱适合于中等速度的杂波，而指数谱对涵盖最大的杂波速度及表示整个杂波谱范围最好。

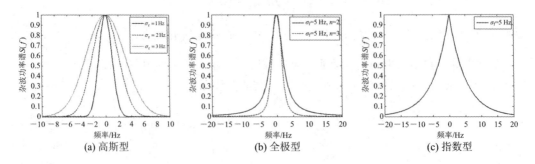

图 5.13　高斯型、全极型和指数型功率谱模型

2. 海杂波的统计特性

海杂波是指从海面散射的回波，由于海洋表面状态不仅与海面的风速风向有关，还受到洋流、涌波和海表面温度等各种因素的影响，所以海杂波不但与雷达的工作波长、极化方式和电磁波入射角有关，还与海面状态有关。海杂波的动态范围可以达 40 dB 以上。海杂波概率分布也可以用高斯分布来表示，其幅度概率密度分布符合端利分布。

随着雷达分辨率的提高，人们发现海杂波的概率分布出现了更长的拖尾，其概率分布偏离了高斯分布，其概率密度函数需要采用对数正态(Log-Normal)分布、韦布尔(Weibull)分布和 K 分布等非高斯模型。

1) 对数正态分布

海杂波的幅度 x 取对数(即 $\ln x$)后服从正态分布。因此，海杂波幅度 x 的对数正态分布概率密度函数为

$$f(x) = \frac{1}{\sqrt{2\pi}\sigma_c x}\exp\left(-\frac{(\ln x - \mu_m)^2}{2\sigma_c^2}\right), \quad x > 0,\ \sigma_c > 0,\ \mu_m > 0 \quad (5.2.30)$$

式中，μ_m 是尺度参数，为 $\ln x$ 的中值；σ_c 是形状参数。对数正态分布的均值与方差分别为

$$\bar{x} = E[x] = \exp\left(\mu_m + \frac{\sigma_c^2}{2}\right) \quad (5.2.31)$$

$$\sigma^2 = E[(x - \bar{x})^2] = e^{2\mu_m + \sigma_c^2}(e^{\sigma_c^2} - 1) \quad (5.2.32)$$

形状参数越大，对数正态分布曲线的拖尾越长，这时杂波取大幅度值的概率就越大。图 5.14 给出了不同尺度参数和不同形状参数时对数正态分布的概率分布曲线。

2) 韦布尔分布

韦布尔分布的概率密度函数为

$$f(x) = \frac{p}{q}\left(\frac{x}{q}\right)^{p-1}\exp\left(-\left(\frac{x}{q}\right)^p\right), \quad x \geqslant 0,\ p > 0,\ q > 0 \quad (5.2.33)$$

式中，p 为形状参数；q 为尺度参数。韦布尔分布的均值与方差分别为

$$\mu = E[x] = q\Gamma[1 + p^{-1}] \quad (5.2.34)$$

$$\sigma^2 = E[(x - \mu)^2] = q^2\left\{\Gamma\left[1 + \frac{2}{p}\right] - \Gamma^2\left[1 + \frac{1}{p}\right]\right\} \quad (5.2.35)$$

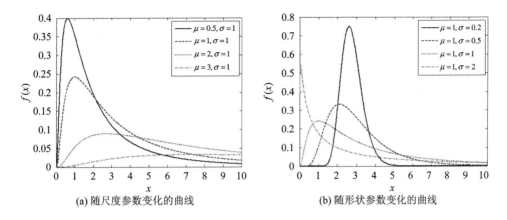

(a) 随尺度参数变化的曲线　　　　　　(b) 随形状参数变化的曲线

图 5.14　对数正态分布概率分布曲线

式中，$\Gamma[\cdot]$ 是伽马函数，$\Gamma[n] = \int_0^\infty t^{n-1} \mathrm{e}^{-t} \mathrm{d}t$。形状参数 $p=1$ 时的韦布尔分布退化为指数分布，而 $p=2$ 时退化为瑞利分布。调整韦布尔分布的参数，可以使韦布尔分布模型更好地与实际杂波数据匹配。所以韦布尔分布是一种适用范围较宽的杂波概率分布模型。

图 5.15 给出了不同尺度参数和不同形状参数时韦布尔分布的概率密度曲线。

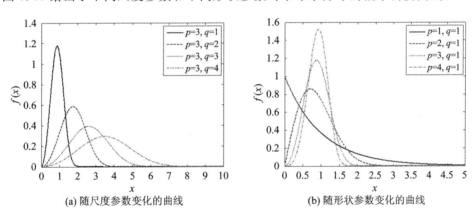

(a) 随尺度参数变化的曲线　　　　　　(b) 随形状参数变化的曲线

图 5.15　韦布尔分布概率分布曲线

3）K 分布

海杂波的幅度 x 服从 K 分布，其概率密度函数为

$$f(x) = \frac{2}{\alpha \Gamma[v+1]} \left(\frac{x}{2\alpha}\right)^{v+1} \mathrm{J}_v\left(\frac{x}{\alpha}\right), \quad x > 0,\ v > -1,\ \alpha > 0 \qquad (5.2.36)$$

式中，v 是形状参数（当 $v \to 0$ 时，概率分布曲线有很长的拖尾，表示杂波有尖峰出现；当 $v \to \infty$ 时，概率分布曲线接近瑞利分布）；α 是尺度参数，与杂波的均值大小有关；$\mathrm{J}_v[\cdot]$ 是第一类修正的 v 阶贝塞尔函数。K 分布的均值与方差分别为

$$\mu = E[x] = \frac{2\alpha \Gamma[v+3/2]\Gamma[3/2]}{\Gamma[v+1]} \qquad (5.2.37)$$

$$\sigma^2 = E[(x-\mu)^2] = 4\alpha^2 \left\{ v+1 - \frac{\Gamma^2[v+3/2]\Gamma^2[3/2]}{\Gamma^2[v+1]} \right\} \qquad (5.2.38)$$

  K 分布可用于表征高分辨雷达在低入射角情况下海杂波的幅度分布。图 5.16 给出了不同尺度参数和不同形状参数时 K 分布的概率密度曲线。

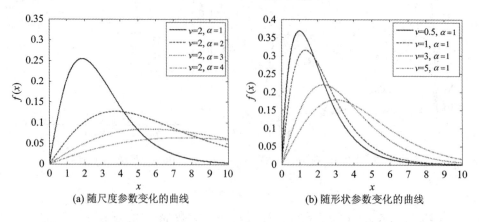

(a) 随尺度参数变化的曲线   (b) 随形状参数变化的曲线

图 5.16 K 分布概率密度曲线

  海杂波的功率谱与多种因素有关，短时谱的峰值频率与海浪的轨迹有关。逆风时，峰值频率为正；顺风时，峰值频率为负；侧风时，峰值频率为零。海杂波的功率谱也可用均值为零的高斯型功率谱表示，海杂波的标准偏差 σ_v 如表 5.3 所示。

3. 气象杂波的统计特性

  云、雨和雪的散射回波称为气象杂波，是一种体杂波，它的强度与雷达天线波束照射的体积、距离分辨率，以及散射体的性质有关。从散射体性质来说，非降雨云的强度最小，从小雨、中雨到大雨，气象杂波强度逐渐增大。因为气象杂波是由大量微粒的散射形成的，所以其幅度一般符合高斯分布。气象杂波的功率谱也符合高斯分布模型，但由于风的作用，其功率谱中含有一个与风向风速有关的平均多普勒频率。

$$S_{气象}(f) = S_0 \exp\left(-\frac{(f-f_d)^2}{2\sigma_f^2}\right) \tag{5.2.39}$$

式中，f_d 是平均多普勒频率，与风速风向有关；σ_f 是功率谱的标准偏差，$\sigma_f = 2\sigma_v/\lambda$，云雨的标准偏差 σ_v 如表 5.3 所示。在雷达设计时，通常取地杂波、云雨杂波和箔条的速度谱宽分别为 0.32 m/s、4.0 m/s、1.2 m/s。图 5.17 给出了地杂波、云雨杂波和箔条的典型谱宽对应的多普勒谱宽随波长 λ 的关系曲线。

表 5.3 杂波的标准偏差（谱宽）

杂波种类	风速/kn	$\sigma_v/(m/s)$	杂波种类	风速/kn	$\sigma_v/(m/s)$
稀疏的树木	无风	0.017	海浪回波	8～20	0.46～1.1
有树林的小山	10	0.04	海浪回波	大风	0.89
有树林的小山	20	0.22	海浪回波	—	0.37～0.91
有树林的小山	25	0.12	雷达箔条	25	1.2
有树林的小山	40	0.32	雷达箔条	—	1.1
海浪回波	—	0.7	云雨	—	1.8～4.0
海浪回波	—	0.75～1.0	云雨	—	2.0

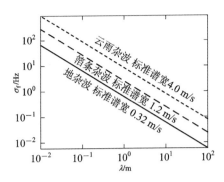

图 5.17　杂波多普勒谱宽随波长的变化曲线

5.3　MTI/MTD 性能指标

通常使用 MTI/MTD 来进行杂波抑制，一般采用改善因子、杂波衰减、杂波中可见度来描述其性能。

5.3.1　杂波衰减和对消比

杂波衰减（CA）定义为杂波抑制滤波器输入杂波功率 C_i 和输出杂波功率 C_o 的比值

$$\mathrm{CA} = \frac{C_i}{C_o} \tag{5.3.1}$$

有时也用对消比（CR）来表示杂波性能。对消比定义为：对消后的剩余杂波电压与杂波未经对消时的电压的比值。杂波衰减与对消比之间的关系为

$$\mathrm{CA} = \frac{1}{(\mathrm{CR})^2} \tag{5.3.2}$$

对不同雷达而言，杂波的对消比不仅与雷达本身的特性有关（如工作的稳定性、滤波器特性等），而且与杂波的性质有关。

5.3.2　改善因子

改善因子（I）定义为杂波抑制滤波器输出信杂比（$\mathrm{SCR_o}$）与输入信杂比（$\mathrm{SCR_i}$）的比值，

$$I = \frac{S_o/C_o}{S_i/C_i} = \frac{S_o}{S_i} \cdot (\mathrm{CA}) = G \cdot (\mathrm{CA}) \tag{5.3.3}$$

式中，$G = S_o/S_i$，为杂波抑制滤波器对目标信号的平均功率增益；S_i 和 S_o 分别为杂波抑制滤波器在所有可能径向速度上取平均的输入和输出信号功率。之所以要取平均，是因为系统对于不同的多普勒频率，滤波器响应也不同。

5.3.3　杂波中可见度

杂波中可见度（SubClutter Visibility，SCV）是衡量雷达在杂波背景中对目标回波的检测能力的量度。杂波中可见度的定义为：雷达输出端的信号功率 S_o 与杂波功率 C_o 之比（信

杂比)等于可见度系数 V_0 时,雷达输入端的杂信比(杂波平均功率 C_i 与信号功率 S_i 之比),即

$$\mathrm{SCV} = \frac{C_i}{S_i}\bigg|_{V_0 = S_o/C_o} = \frac{\dfrac{S_o/C_o}{S_i/C_i}}{S_o/C_o} = \frac{I}{V_0} \tag{5.3.4}$$

用分贝表示时,杂波中可见度比改善因子小一个可见度系数 V_0,即

$$\mathrm{SCV(dB)} = I(\mathrm{dB}) - V_0(\mathrm{dB}) = I(\mathrm{dB}) - (\mathrm{SCR})_{\mathrm{out}}(\mathrm{dB}) \tag{5.3.5}$$

可见度系数 V_0 也就是检测前要求的信杂比(即对消器输出的信杂比)。典型系统的杂波中可见度至少为 30 dB,也就是说,当目标回波功率只有杂波功率的 1/1000 时,雷达仍然可以从杂波中检测到运动目标。如图 5.18 所示,若 MTI 对消器的改善因子 I 为 50 dB,则 MTI 输出的信杂比 $(\mathrm{SCR})_{\mathrm{out}} = 50 - 30 = 20$ dB。因此,杂波中可见度越大,则从杂波背景中检测动目标的能力越强。

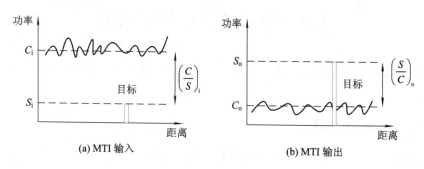

图 5.18　杂波中可见度示意图

杂波中可见度和改善因子都可用来说明雷达信号处理的杂波抑制能力。但即使两部雷达的杂波中可见度相同,但在相同杂波环境中两部雷达的工作性能可能会有很大的差别。因为除了信号处理的能力外,雷达在杂波中检测目标的能力还和其分辨单元大小有关。分辨单元越大,也就是雷达分辨率越低,这时进入雷达接收机的杂波功率 C_i 也越强,为了达到观测目标所需的信杂比,就要求雷达的改善因子或杂波中可见度进一步提高。

5.4　动目标显示(MTI)

MTI 是指利用杂波抑制滤波器来抑制各种杂波,提高雷达信号的信杂比,以利于运动目标检测的技术。以地杂波为例,杂波谱通常集中于直流(多普勒频率 $f_d = 0$)和雷达脉冲重复频率(PRF)f_r 的整数倍处,如图 5.19(a)所示。在脉冲雷达中,MTI 滤波器就是利用杂波与运动目标的多普勒频率的差异,使得滤波器的频率响应在杂波谱的位置形成"凹口",以抑制杂波,而让动目标回波通过后的损失尽量小或没有损失。为了有效地抑制杂波,MTI 滤波器需要在直流和 PRF 的整数倍处具有较深的阻带。图 5.19(b)显示了一个典型的 MTI 滤波器的频率响应图,图 5.19(c)显示了输入为图 5.19(a)所示的功率谱时的滤波器输出。下面介绍一些常用的 MTI 滤波器。

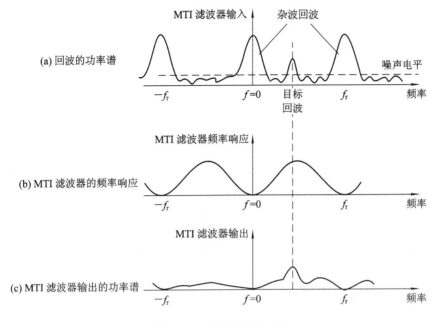

图 5.19　MTI 的频谱示意

5.4.1　延迟线对消器

延迟线对消器是最常用的 MTI 滤波器。根据对消次数的不同，又分为单延迟线对消器、双延迟线对消器和多延迟线对消器。

1. 单延迟线对消器

单延迟线对消器如图 5.20(a)所示。它由延迟时间等于发射脉冲重复周期 PRI(T_r)的延迟单元(数字延迟线)和加法器组成。单延迟线对消器经常称为"两脉冲对消器"或者"一次对消器"。

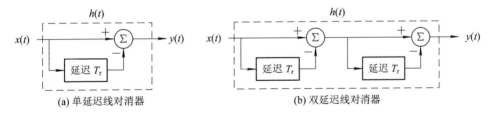

图 5.20　单延迟线对消器和双延迟线对消器模型

对消器的脉冲响应表示为 $h(t)$，输出 $y(t)$ 等于脉冲响应 $h(t)$ 与输入 $x(t)$ 之间的卷积。输出信号 $y(t)$ 为

$$y(t) = x(t) - x(t - T_r) \tag{5.4.1}$$

对消器的脉冲响应为

$$h(t) = \delta(t) - \delta(t - T_r) \tag{5.4.2}$$

式中 $\delta(t)$ 为 δ 函数。$h(t)$ 的傅里叶变换(FT)即频率响应为

$$H(\omega) = 1 - \mathrm{e}^{-\mathrm{j}\omega T_r} \tag{5.4.3}$$

式中 $\omega = 2\pi f$。

在 z 域，单延迟线对消器的传递函数为

$$H(z) = 1 - z^{-1} \tag{5.4.4}$$

单延迟线对消器的功率增益为

$$|H(\omega)|^2 = H(\omega)H^*(\omega) = (1 - e^{-j\omega T_r})(1 - e^{j\omega T_r})$$

$$= 2(1 - \cos\omega T_r) = 4\sin\left(\frac{\omega T_r}{2}\right)^2 \tag{5.4.5}$$

2. 双延迟线对消器

双延迟线对消器如图 5.20(b)所示。它由两个单延迟线对消器级联而成。双延迟线对消器经常称为"三脉冲对消器"或者"二次对消器"。

双延迟线对消器脉冲响应为

$$h(t) = \delta(t) - 2\delta(t - T_r) + \delta(t - 2T_r) \tag{5.4.6}$$

双延迟线对消器的功率增益可以看作两个单延迟线对消器的功率增益 $|H_1(\omega)|^2$ 的乘积，

$$|H(\omega)|^2 = |H_1(\omega)|^2 |H_2(\omega)|^2 = 16\sin\left(\frac{\omega T_r}{2}\right)^4 \tag{5.4.7}$$

在 z 域，其传递函数为

$$H(z) = (1 - z^{-1})^2 = 1 - 2z^{-1} + z^{-2} \tag{5.4.8}$$

图 5.21 给出了单延迟线（两脉冲）对消器和双延迟线（三脉冲）对消器的归一化频率响应（上图和下图的纵坐标分别为线性和取对数）。从图中可以看出，双延迟线对消器比单延迟线对消器具有更好的响应（更深的凹口和更平坦的通带响应）。单延迟线对消器的频率响应较差，原因在于其阻带没有宽的凹口。而双延迟线对消器无论在阻带还是通带上都比单延迟线对消器有更好的频率响应，因此双延迟线对消器比单延迟线对消器得到了更广泛的应用。另外，多普勒频率在脉冲重复频率 f_r 的整数倍的频带上的目标将也被抑制掉，导致

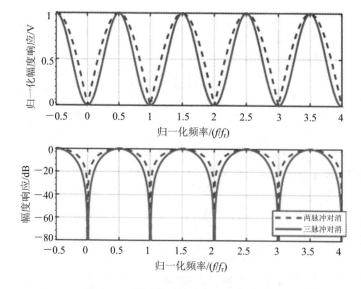

图 5.21 延迟线对消器归一化频率响应

目标的漏警。

3. 多延迟线对消器

依此类推，多延迟线对消器是由多个单延迟线对消器级联而成，N 延迟线对消器的脉冲响应为

$$h(t) = \sum_{n=0}^{N} w_n \delta(t - nT_r) \tag{5.4.9}$$

式中，N 为对消器的次数；对消器的系数 w_n 为二项式系数，用下式计算：

$$w_n = (-1)^n C_N^n = (-1)^n \frac{N!}{(N-n)! \, n!}, \quad n = 0, 1, \cdots, N \tag{5.4.10}$$

如果说最优设计的滤波器能够给出最大改善因子或最大杂波衰减，那么使用正、负号交替的二项式系数作为加权因子的横向滤波器是接近最优设计的。利用横向滤波器的多延迟线对消器可用图 5.22 来统一表示。

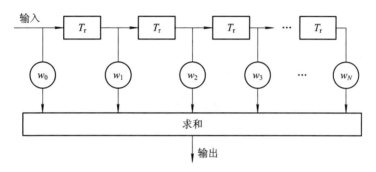

图 5.22　对消器统一结构

N 次对消器传递函数为

$$H(z) = (1 - z^{-1})^N = \sum_{n=0}^{N} w_n z^{-n} \tag{5.4.11}$$

从式(5.4.11)可见，N 次对消器在 $z=1$ 处有 N 重零点。N 次对消器的频率响应为

$$H(\omega) = (1 - e^{-j\omega T_r})^N \tag{5.4.12}$$

其幅频响应和相频响应分别为

$$|H(\omega)| = \left| 2\sin\frac{\omega T_r}{2} \right|^N \tag{5.4.13}$$

$$\phi(\omega) = N\left(\frac{\pi}{2} - \frac{\omega T_r}{2}\right) \tag{5.4.14}$$

可见，相位响应 $\phi(\omega)$ 与 ω 是线性关系。所以对消器是一种线性相位滤波器，回波信号通过它后，相位关系不产生非线性变化。

假设输入杂波具有中心频率为零的高斯型功率谱，其功率谱的标准偏差为 σ_f。根据式(5.2.26)杂波的高斯功率谱，MTI 滤波器输入端的杂波功率为

$$C_i = \int_{-\infty}^{\infty} C(f) \mathrm{d}f = \int_{-\infty}^{\infty} \frac{S_0}{\sqrt{2\pi}\sigma_f} \exp\left(-\frac{f^2}{2\sigma_f^2}\right) \mathrm{d}f = S_0 \tag{5.4.15}$$

MTI 滤波器输出端的杂波功率为

$$C_o = \int_{-\infty}^{\infty} C(f) |H(f)|^2 \mathrm{d}f \tag{5.4.16}$$

对于两脉冲对消器而言，单延迟线对消器的功率增益如式(5.4.5)，用 f 代替 ω，代入上式，有

$$C_o = \int_{-\infty}^{\infty} \frac{S_0}{\sqrt{2\pi}\sigma_f} \exp\left(-\frac{f^2}{2\sigma_f^2}\right) 4 \left(\sin\left(\frac{\pi f}{f_r}\right)\right)^2 df \qquad (5.4.17)$$

注意：既然杂波功率仅在 f 较小时才是显著的，所以比值 f/f_r 是非常小的量（几乎处处有 $\sigma_f \ll f_r$），$\sin\frac{\pi f}{f_r} \approx \frac{\pi f}{f_r}$，上式可近似为

$$C_o \approx \int_{-\infty}^{\infty} \frac{S_0}{\sqrt{2\pi}\sigma_f} \exp\left(-\frac{f^2}{2\sigma_f^2}\right) 4 \left(\frac{\pi f}{f_r}\right)^2 df$$

$$= \frac{4\pi^2 S_0}{f_r^2} \int_{-\infty}^{\infty} \frac{S_0}{\sqrt{2\pi\sigma_f^2}} \exp\left(-\frac{f^2}{2\sigma_f^2}\right) f^2 df \qquad (5.4.18)$$

上式中积分项是具有方差为 σ_f^2 的零均值高斯分布的二阶矩。用 σ_f^2 代替上式中的积分项，有

$$C_o = \frac{4\pi^2 S_0}{f_r^2}\sigma_f^2 \qquad (5.4.19)$$

将式(5.4.19)代入式(5.3.1)，则杂波衰减为

$$CA = \frac{C_i}{C_o} = \left(\frac{f_r}{2\pi\sigma_f}\right)^2 \qquad (5.4.20)$$

于是得到两脉冲对消器的改善因子为

$$I = \left(\frac{f_r}{2\pi\sigma_f}\right)^2 \frac{S_o}{S_i} \qquad (5.4.21)$$

由于两脉冲对消器的 $|H(f)|$ 的周期为 f_r，则信号的功率增益比为

$$\frac{S_o}{S_i} = |H(f)|^2 = \frac{1}{f_r}\int_{-f_r/2}^{f_r/2} 4\left[\sin\left(\frac{\pi f}{f_r}\right)\right]^2 df = \frac{1}{f_r}\int_{-f_r/2}^{f_r/2} 2\left[1-\cos\left(\frac{2\pi f}{f_r}\right)\right]df = 2$$

$$(5.4.22)$$

则该对消器的改善因子为

$$I = 2\left(\frac{f_r}{2\pi\sigma_f}\right)^2 = 2K^{-2} \qquad (5.4.23)$$

式中，$K = 2\pi\sigma_f/f_r$，为杂波的归一化谱宽。

因此，对消器的改善因子仅与 σ_f 和雷达重复频率 f_r 有关。注意：式(5.4.23)只有在满足 $\sigma_f \ll f_r$ 的条件下才成立。当条件不满足时，改善因子的准确表达式需要使用自相关函数计算。

同理，N 脉冲MTI改善因子的通用表达式为

$$I_N = \frac{\sum_{n=0}^{N-1} w_n^2}{(2(N-1)-1)!!}\left(\frac{f_r}{2\pi\sigma_f}\right)^{2(N-1)} = \frac{Q^2}{(2(N-1)-1)!!}K^{-2(N-1)} \qquad (5.4.24)$$

式中，$Q^2 = \sum_{n=0}^{N-1} w_n^2$，为MTI滤波器的二项式系数的平方和；$K = 2\pi\sigma_f/f_r$，为归一化谱宽；分母中双阶乘符号定义为

$$(2(N-1)-1)!! = 1\times 3\times 5\times \cdots \times(2(N-1)-1), \quad 0!! = 1$$

N 脉冲 MTI 对消器的系数 w_n 和改善因子见表 5.4。图 5.23 给出了改善因子与归一化谱宽(σ_f/f_r)之间的关系，由图可见改善因子主要取决于杂波谱的归一化谱宽。

表 5.4　几种对消器的系数 w_n 及其改善因子

对消器类型	系　　数	改善因子
两脉冲对消器	$\{1,\ -1\}$	$I_2 \approx 2K^{-2}$
三脉冲对消器	$\{1,\ -2,\ 1\}$	$I_3 \approx 2K^{-4}$
四脉冲对消器	$\{1,\ -3,\ 3,\ -1\}$	$I_4 \approx (4/3)K^{-6}$
五脉冲对消器	$\{1,\ -4,\ 6,\ -4,\ 1\}$	$I_5 \approx (2/3)K^{-8}$
六脉冲对消器	$\{1,\ -5,\ 10,\ -10,\ 5,\ -1\}$	$I_6 \approx (4/15)K^{-10}$

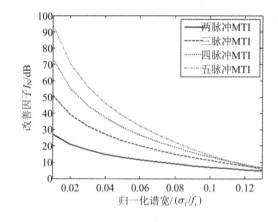

图 5.23　改善因子与归一化谱宽(σ_f/f_r)之间的关系

MTI 滤波器如果具有与杂波功率谱主峰宽度相适应的滤波凹口和相对平坦的通带，会使杂波抑制滤波器输出的目标信号在通带内不随 f_d 而变化。但是从图 5.21 可以看出，延迟线对消器不能满足这种要求，当目标的多普勒频率为雷达重复频率的整数倍时，目标被对消掉了。为了解决这个问题，需要采用脉间重复频率参差的方法，并优化设计 MTI 滤波器。

［例 5 - 2］ 某雷达的波长 $\lambda = 0.1$ m，脉冲重复频率 $f_r = 1$ kHz，天线扫描速率 $T_{scan} = 2$ s，天线 3 dB 方位波束宽度为 $\theta_a = 1.325°$，针对地表杂波，假设风速的均方根值为 $\sigma_v = 0.45$ m/s。

（1）计算杂波谱宽、天线扫描引起的杂波谱展宽、总的杂波谱宽的均方根值；

（2）计算两脉冲、三脉冲对消器的改善因子。

解　（1）杂波谱宽的均方根值为

$$\sigma_f = \frac{2\sigma_v}{\lambda} = \frac{2 \times 0.45}{0.1} = 9 \ (\text{Hz})$$

天线扫描引起的杂波谱展宽的均方根值为

$$\sigma_s = 0.265\left(\frac{2\pi}{\theta_{a,\,3\text{dB}} T_{scan}}\right) = 0.265 \times \frac{2\pi}{1.325 \times \frac{\pi}{180} \times 2} = 36 \ (\text{Hz})$$

总的杂波谱宽的均方根值为

$$\sigma_{f,\,all} = \sqrt{\sigma_f^2 + \sigma_s^2} = \sqrt{9^2 + 36^2} = 37.11 \ (\text{Hz})$$

（2）由于总的杂波谱宽的均方根值 $\sigma_{f,\,all} \ll f_r$，所以两脉冲对消器的改善因子为

$$I_2 = 2\left(\frac{f_r}{2\pi\sigma_{f,\,all}}\right)^2 = 2 \times \frac{1000^2}{(2\pi)^2 \times 9^2 \times 17} = 36.79 \Rightarrow 15.66 \text{ dB}$$

三脉冲对消器的改善因子为

$$I_3 = 2\left(\frac{f_r}{2\pi\sigma_{f,\,all}}\right)^4 = 2 \times \left(\frac{1000^2}{(2\pi)^2 \times 9^2 \times 17}\right)^2 = 676.77 \Rightarrow 28.3 \text{ dB}$$

5.4.2 参差重复频率

从图 5.21 可以看出，对于脉冲重复频率为 f_r 的多脉冲延迟线对消器，除在零多普勒频率处形成凹口外，在频率为 f_r 的整数倍的位置也形成了凹口。当运动目标的多普勒频率等于 f_r 的整数倍时，就导致目标回波也被抑制掉。对于这些多普勒频率（即脉冲重复频率的整数倍）的径向速度称为盲速。也就是说，系统对于这些速度的目标是"盲"的，无法检测到这些目标。从数字信号处理的角度，盲速代表那些模糊到零多普勒频率的目标速度。参差重复频率是一种可以用来防止盲速影响的措施。

1. 盲速

对于发射脉冲重复频率为 f_r 的脉冲雷达，如果运动目标相对雷达的径向速度 v_r 引起的相邻周期回波信号相位差 $\Delta\varphi = 2\pi f_d T_r$，其中，$f_d = 2v_r/\lambda$ 为多普勒频率，T_r 为雷达脉冲重复周期。当 $\Delta\varphi$ 为 2π 的整数倍时，由于脉冲雷达系统对目标多普勒频率取样的结果，相位检波器的输出为等幅脉冲，与固定目标相同，因此动目标显示输出为零，这时的目标速度称为盲速，具体推导如下：

$$\Delta\varphi = 2\pi f_{bn} T_r = n2\pi, \quad n = 1, 2, 3, \cdots \tag{5.4.25}$$

式中，f_{bn} 为产生盲速时的目标多普勒频率，

$$f_{bn} = \frac{n}{T_r} = nf_r, \quad n = 1, 2, 3, \cdots \tag{5.4.26}$$

所以，盲速 v_{bn} 为

$$v_{bn} = \frac{1}{2}n\lambda f_r = \frac{n\lambda}{2T_r}, \quad n = 1, 2, 3, \cdots \tag{5.4.27}$$

对于一个给定的 f_r，无模糊距离为 $R_u = \frac{c}{2f_r}$。当增加 f_r 时，距离的无模糊范围 R_u 减小，而第一个盲速 $v_{b1} = \frac{1}{2}\lambda f_r = \frac{\lambda}{2T_r}$ 也增大。

盲速使某些想要的运动目标与零频杂波一起抵消，严重地影响了 MTI 雷达的性能。为了减少盲速带来的影响，可以采用的方法主要有：

（1）使用长的雷达波长（低频）。

（2）使用高的脉冲重复频率。盲速可以通过选择足够高的 PRF 来避免，因为当 PRF 足够高时，可以使第一个盲速超过任何可能的实际目标速度。然而，遗憾的是，较高的 PRF 对应于较短的不模糊距离。因此，在"等 T"的情况下，无法得到一个 PRF 能够同时满足要求的不模糊距离和多普勒覆盖区。

（3）使用多个脉冲重复频率，即参差重复频率，这是常用的方法。它能大大提高第一个盲速，而不会减小不模糊距离。PRF 参差的实现既可以是脉间参差，也可以是脉组参差。

脉间参差的优点是能够在一个波位驻留时间内提高不模糊的多普勒覆盖区。但脉间参

差的缺点有二：一是由于数据是非均匀采样的序列，这使得应用相干多普勒处理变得困难，而且也使分析变得复杂；二是模糊的主瓣杂波会导致脉冲间的杂波幅度随着 PRF 的变化而变化，这是由于距离模糊的杂波（来自前面的脉冲）会随着 PRF 的变化而折叠到不同的距离单元中去。因此，脉间 PRF 参差通常只用于无距离模糊的低 PRF 工作模式。

（4）使用多个射频频率（变波长）。这要求雷达的频率变化通常大于分配给雷达使用的频率范围，多个频率的使用要求更大的系统带宽，限制了这种方法的使用。

2. 参差重复频率

当运动目标的径向速度在盲速或盲速附近时，采用恒定脉冲重复频率不能发现这些目标，而使用多个脉冲重复频率就能检测到这些运动目标。图 5.24 给出一个简单的例子说明，图中画出了脉冲重复频率分别为 f_{r1} 和 f_{r2} 的单延迟线对消器的频率响应曲线，且 $f_{r2} = 2f_{r1}/3$。可见，在一个 PRF 的频率响应里因盲速不能检测的运动目标，在另一个 PRF 的频率响应变成可能。但当盲速在两个 PRF 里同时发生时，如 $3f_{r2} = 2f_{r1}$，则两个 PRF 都不能发现目标。因此，f_{r1} 的第一盲速已增加了一倍。这说明，使用不止一个 PRF 有利于减少盲速，但是，采用 PRF 之比为 3/2 这样大的两个 PRF 是不实用的。

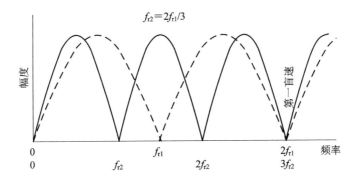

图 5.24　PRF 分别为 f_{r1} 和 f_{r2} 的单延迟线对消器的频率响应曲线

利用多个 PRF 可避免盲速导致的目标丢失。有几种改变 PRF 的方式：① 扫描到扫描；② 驻留到驻留；③ 脉冲到脉冲（通常称作参差 PRF）。驻留是指在目标上的时间，通常是天线波束宽度或部分波束宽度的时间。如果仅用两个 PRF，一个 PRF 驻留可以是扫描半个波束宽度的时间，这在 MTD 处理时经常采用。在低重频雷达中，通常采用脉冲到脉冲之间的参差 PRF 的工作方式。

如果雷达采用 N 个脉冲重复频率 f_{r1}, f_{r2}, $\cdots$, f_{rN}，它们的重复周期可以表示为

$$\begin{cases} T_{r1} = \dfrac{1}{f_{r1}} = K_1 \Delta T \\[2mm] T_{r2} = \dfrac{1}{f_{r2}} = K_2 \Delta T \\[2mm] \cdots \\[2mm] T_{rN} = \dfrac{1}{f_{rN}} = K_N \Delta T \end{cases} \qquad (5.4.28)$$

式中，ΔT 为 $[T_{r1}, T_{r2}, \cdots, T_{rN}]$ 的最大公约周期；$[K_1 : K_2 : \cdots : K_N]$ 为参差码，K_i（$i = 1, 2, \cdots, N$）之间互异互素，则参差周期之比为

$$T_{r1} : T_{r2} : \cdots : T_{rN} = K_1 : K_2 : \cdots : K_N \tag{5.4.29}$$

参差码中最大值与最小值之比称为参差周期的最大变比 r

$$r = \frac{\max[K_1, K_2, \cdots, K_N]}{\min[K_1, K_2, \cdots, K_N]} \tag{5.4.30}$$

这时第一个真正的盲速对应的多普勒频率 f_{bn} 为

$$f_{bn} = \frac{1}{\Delta T} \tag{5.4.31}$$

雷达的平均重复周期为

$$T_{av} = \frac{1}{N} \sum_{i=1}^{N} T_{ri} = K_{av} \Delta T \tag{5.4.32}$$

式中 K_{av} 为参差码的均值。因此

$$K_{av} = \frac{T_{av}}{\Delta T} = T_{av} f_{bn} = \frac{f_{bn}}{f_r} \tag{5.4.33}$$

$$f_{bn} = K_{av} f_r \tag{5.4.34}$$

因为 $f_r = 1/T_{av}$ 是雷达平均重复频率，所以也称 K_{av} 为盲速扩展倍数。

根据参差 PRF 的周期的均方值 $\sigma_{tr}^2 = \dfrac{1}{N} \displaystyle\sum_{i=1}^{N} (T_{ri} - T_{av})^2$，可以估算最大改善因子为

$$I_{max} = \frac{1}{4\pi^2 \sigma_c^2 \sigma_{tr}^2} \tag{5.4.35}$$

式中，σ_c^2 为高斯杂波谱宽的总方差。可见改善因子仅与脉冲重复周期的扩展范围有关，而与参差脉冲的数量无关。通带内第一个凹口的深度为

$$P_{零深} = 40 \left(\frac{\sigma_{tr}}{T_{av}} \right)^2 \tag{5.4.36}$$

该式适用于 σ_{tr}/T_{av} 的值小于 0.09 的情况。当 σ_{tr}/T_{av} 的值变大时，凹口深度缓慢地上升，在 $\sigma_{tr}/T_{av} \approx 0.3$ 时接近于零。由于凹口深度和改善因子都与参差周期的方差 σ_{tr}^2 有关，因此它们不能独立选择。

若雷达的脉冲重复周期之比为 25 : 30 : 27 : 31(四变"T")，采用五脉冲 MTI，其平均频率响应曲线如图 5.25 所示。

多个参差 PRF 的回波可用横向滤波器处理，只不过滤波器以非均匀的时间间隔采样多普勒频率，而不是像恒定 PRF 一样采用均匀时间间隔采样多普勒频率。滤波器的频率响应为

$$H(f) = w_0 + w_1 e^{j2\pi f T_{r1}} + w_2 e^{j2\pi f(T_{r1}+T_{r2})} + \cdots + w_n e^{j2\pi f(T_{r1}+T_{r2}+\cdots+T_{rn})} \tag{5.4.37}$$

权值 $w_i(n+1)$ 和脉冲重复周期 $T_{ri}(n$ 个)的选择需要考虑以下因素：

(1) 最小脉冲重复周期不应出现距离模糊。

(2) 脉冲重复周期的选择应使发射机不因占空比超过限制而发生过载。

(3) 最大脉冲重复周期不应过长，因最大无模糊距离外的任何距离对雷达来说代表"静止时间"。

(4) 为了在杂波中检测目标，MTI 滤波器的阻带响应应达到所要求的改善因子。

(5) MTI 滤波器在通带的最深凹口发生在平均周期的倒数处，该凹口尽量浅。

(6) 通带内的响应变化(或纹波)应尽量小和相对均匀。

实际中并非这些条件都能同时满足，参差 PRF 的设计和处理经常是一种折中。

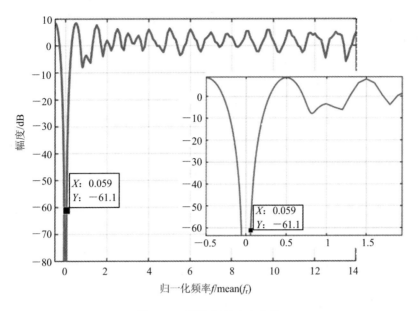

图 5.25　平均频率响应曲线

如果雷达依次采用三种重复频率$\{f_{r1}，f_{r2}，f_{r3}\}$，对应的脉冲重复周期为$\{T_{r1}，T_{r2}，T_{r3}\}$（常称为"三变 T"）。对四脉冲对消器来说，在第 n 个脉冲重复周期开始的四个脉冲的重复间隔依次为$\{T_{r1}，T_{r2}，T_{r3}\}$，对应的 MTI 滤波器系数为$\{w_{11}，w_{12}，w_{13}，w_{14}\}$；在第 $n+1$ 个脉冲重复周期开始的四个脉冲的重复间隔依次为$\{T_{r2}，T_{r3}，T_{r1}\}$，对应的 MTI 滤波器系数为$\{w_{21}，w_{22}，w_{23}，w_{24}\}$；在第 $n+2$ 个脉冲重复周期开始的四个脉冲的重复间隔依次为$\{T_{r3}，T_{r1}，T_{r2}\}$，对应的 MTI 滤波器系数为$\{w_{31}，w_{32}，w_{33}，w_{34}\}$；在第 $n+3$ 个脉冲重复周期开始的四个脉冲的重复间隔又依次为$\{T_{r1}，T_{r2}，T_{r3}\}$，对应的 MTI 滤波器系数又为$\{w_{11}，w_{12}，w_{13}，w_{14}\}$；…；这样依次下去，如图 5.26 所示。由此可见，"三变 T"时有三组滤波器系数依次使用，这是一种时变滤波器。

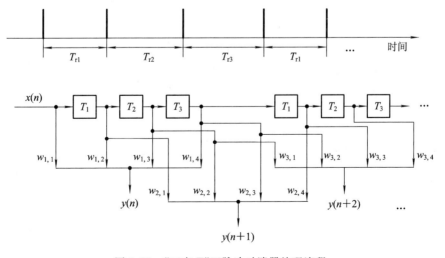

图 5.26　"三变 T"四脉冲对消器处理流程

参差 MTI 滤波器的频率响应取决于参差周期和滤波器权矢量。

[例 5 - 3]　用 MATLAB 函数"cenci_MTI. m"画出二项式级数 MTI 滤波器归一化频率响应，其输出为滤波器权值。函数语法如下：

$$[w, Hf] = \text{cenci\_MTI}(len, Tr, f)$$

其中，参数定义如表 5.5 所示。

表 5.5　cenci_MTI. m 参数定义

符号	描　　　述	单位	状态	例子参考值
len	滤波器长度	无	输入	5
Tr	脉冲重复周期，变 T 时为 Tr 向量，例如 $[Tr1, Tr2, Tr3]$	s	输入	等 T 时，$Tr=1/300$； 变 T 时，[25 30 27 31]. /300
f	分析频率响应的频率范围	无	输入	$[-0.5:0.01:14] \times 300$
w	滤波器权值	无	输出	
Hf	滤波器的频率响应	dB	输出	变 T 时为频率响应的平均值

假设雷达的脉冲重复频率为 300 Hz，采用五脉冲对消器，等 T 和变 T 的"cenci_MTI. m"函数调用如下：

```
fr=300;%重复频率
Tr=1/fr;
f=[-0.5:0.01:1 1.1:0.1:14]' * fr;
len=5;
[w3, HfdT] = cenci_MTI(len, Tr, f);
bianTm=[25 30 27 31];
Trb=bianTm/mean(bianTm)/fr;%变 T 的 Tr
[w, Hf] = cenci_MTI(len, Trb, f);
```

MTI 滤波器的频率响应如图 5.27 所示。由此看出使用参差重复频率能在很大程度上提高第一盲速，但是在变 T 的情况下，采用二项式级数作为 MTI 滤波器系数时，滤波器在

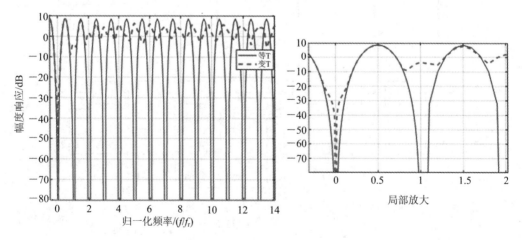

图 5.27　五脉冲对消滤波器的频率响应及其零频附近放大

零频的凹口变窄，性能变差，因此，变 T 时不宜用二项式级数作为 MTI 滤波器系数，需要优化设计滤波器。

参差 MTI 滤波器速度响应凹口的深度与对消器的形式无关，也与雷达天线波束内接收的脉冲数无关，而只和参差周期的最大变比有关。最大变比越大，对应的凹口深度越浅。

在实际应用中需要选择适当的参差码，使得时变 MTI 滤波器的第一级零点尽可能浅，可在有效抑制杂波的同时避免陷入其中的弱目标丢失，同时将盲速推到三倍音速以外。

参差 MTI 滤波器的系数矢量也可以是复矢量，通过优化参差码和滤波器系数可以获得比较理想的滤波器特性。

3. 参差码的优化设计

参差码决定了参差 MTI 滤波器的无盲速频率范围，参差码不同，参差 MTI 滤波器的特性不同。参差码的优化设计原则是在保证最大变比 r 不大于允许值 r_g，第一盲速点大于需要探测的目标的最大速度（即盲速扩展倍数 K_{av} 必须大于第一盲速点的对应扩展倍数 K_g）的条件下，使参差 MTI 滤波器的第一凹口（除零频处的杂波抑制凹口外，其它凹口中深度最大的凹口）的深度 D_0 尽可能小。这样的问题可以用一个离散非线性数学规划来表示：

$$\begin{cases} D_0 = \min\{|H(f)|\}, & f \in D_t \cap \overline{D}_c \\ \text{s.t. } r \leqslant r_g, \ K_{av} > K_g \end{cases} \tag{5.4.38}$$

式中，D_t 表示目标的多普勒频率分布区；D_c 为杂波谱分布区；$\overline{D}_c$ 为 D_c 的补集，表示非杂波区，即杂波谱分布区以外的区域；$D_t \cap \overline{D}_c$ 表示 D_t 和 $\overline{D}_c$ 的交集。因此式(5.4.38)中的第一项表示第一凹口的值 D_0（即凹口深度）在目标多普勒分布区和杂波区以外的频率区域内达到最小。通过搜索运算就可以得到最优参差码。

这种搜索运算量较大，在设计中可以采取某些策略来减少运算量，例如，K_{av} 必须大于要求值 K_g，可以在 $(K_g \sim K_g + \Delta K)$ 之间进行搜索，ΔK 的大小可以根据需要来调整。此外，互为倒序的参差码具有相同的第一凹口深度，因此运算量可以减半。

在实际中，经常遇到参差码组合数非常大的情况，如 12 脉冲参差 MTI 滤波器，如果参差码的取值范围为 [46, 76]，则需要从 30 个 K_i 中任取 12 个值得到参差码的组合，则参差码的组合数为 $C_{32}^{12} = 86\ 493\ 225$，而每一种组合可能有 12! = 479 001 600 种排列方式。在这种排列组合数目极大的情况下，全范围搜索显然很浪费时间，这时可以采用其它优化搜索方法，如遗传算法、粒子群算法等。

5.4.3　优化 MTI 滤波器

滤波器主要分为无限脉冲响应(IIR)滤波器和有限脉冲响应(FIR)滤波器。IIR 滤波器的优点是可用相对较少的阶数达到预期的滤波器响应，但是其相位特性是非线性的，在 MTI 滤波器中很少采用。而 FIR 滤波器具有线性相位特性，所以 MTI 滤波器主要采用 FIR 滤波器。延迟线对消器就是一种 FIR 滤波器，是系数符合二项式展开式的特殊 FIR 滤波器。MTI 滤波器的设计目标就是设计一组合适的滤波器系数，使其有效地抑制杂波，并保证目标信号能无损失地通过。MTI 滤波器的优化设计方法主要有特征矢量法和零点分配法。

1. 特征矢量法

特征矢量法是以平均改善因子最大为准则的杂波抑制方法。

通常假设杂波具有高斯型功率谱，谱中心为 f_{d0}，谱宽为 σ_f，谱密度函数为

$$C(f) = \frac{1}{2\pi\sigma_f} \exp\left(-\frac{(f - f_{d0})^2}{2\sigma_f^2}\right) \tag{5.4.39}$$

根据维纳滤波理论，如果杂波是平稳随机过程，其功率谱与自相关函数是傅里叶变换对的关系。所以，杂波自相关函数 $r_c(m, n)$ 为其功率谱 $C(f)$ 的傅里叶逆变换

$$
\begin{aligned}
r_c(m, n) &= \int_{-\infty}^{+\infty} C(f) e^{j2\pi f(t_m - t_n)} \, df \\
&= \int_{-\infty}^{+\infty} \frac{1}{2\pi\sigma_f} \exp\left(-\frac{(f - f_{d0})^2}{2\sigma_f^2}\right) e^{j2\pi f(t_m - t_n)} \, df \\
&= e^{-2\pi^2 \sigma_f^2 \tau_{mn}^2} e^{j2\pi f_{d0}\tau_{mn}}
\end{aligned}
\tag{5.4.40}
$$

式中，$\tau_{mn} = t_m - t_n$ 为相关时间。如果杂波谱的中心频率为零，这时

$$r_c(m, n) = e^{-2\pi^2 \sigma_f^2 \tau_{mn}^2} \tag{5.4.41}$$

由上可得到 N 个脉冲的杂波自相关矩阵 $\boldsymbol{R}_c$ 为

$$\boldsymbol{R}_c = \begin{bmatrix} r_c(0, 0) & r_c(0, 1) & \cdots & r_c(0, N-1) \\ r_c(1, 0) & r_c(1, 1) & \cdots & r_c(1, N-1) \\ \vdots & \vdots & \ddots & \vdots \\ r_c(N-1, 0) & r_c(N-1, 1) & \cdots & r_c(N-1, N-1) \end{bmatrix} \tag{5.4.42}$$

对于目标回波信号来说，其多普勒频率是未知的，假设其在区间 $\left[-\frac{B}{2}, \frac{B}{2}\right]$ 上为均匀分布，则目标回波信号的多普勒频谱 $S(f)$ 可表示为

$$S(f) = \begin{cases} \dfrac{1}{B}, & -\dfrac{B}{2} \leqslant f \leqslant \dfrac{B}{2} \\ 0, & 其它 \end{cases} \tag{5.4.43}$$

目标信号的自相关函数为

$$r_s(m, n) = \frac{1}{B} \int_{-B/2}^{B/2} e^{j2\pi f\tau_{mn}} \, df = \frac{\sin(\pi B\tau_{mn})}{\pi B\tau_{mn}} \tag{5.4.44}$$

假设 N 脉冲 MTI 输入端的杂波数据和目标数据分别为

$$\boldsymbol{C} = [c(t_1), c(t_2), \cdots, c(t_N)]^T \tag{5.4.45}$$

$$\boldsymbol{S} = [s(t_1), s(t_2), \cdots, s(t_N)]^T \tag{5.4.46}$$

那么 MTI 滤波器输出端的杂波和信号功率分别为

$$C_o = E[|\boldsymbol{w}^H \boldsymbol{C}|^2] = C_i \boldsymbol{w}^H \boldsymbol{R}_c \boldsymbol{w} \tag{5.4.47}$$

$$S_o = E[|\boldsymbol{w}^H \boldsymbol{S}|^2] = S_i \boldsymbol{w}^H \boldsymbol{R}_s \boldsymbol{w} \tag{5.4.48}$$

式中，C_i 和 S_i 分别表示 MTI 滤波器输入端的杂波功率和信号功率，$\boldsymbol{w}$ 为 FIR 滤波器权系数矢量。根据 MTI 滤波器的改善因子的定义

$$I = \frac{S_o/C_o}{S_i/C_i} = \frac{S_o}{S_i} \times \frac{C_i}{C_o} = \frac{S_i \boldsymbol{w}^H \boldsymbol{R}_s \boldsymbol{w}}{S_i} \times \frac{C_i}{C_i \boldsymbol{w}^H \boldsymbol{R}_c \boldsymbol{w}} = \frac{\boldsymbol{w}^H \boldsymbol{R}_s \boldsymbol{w}}{\boldsymbol{w}^H \boldsymbol{R}_c \boldsymbol{w}} \tag{5.4.49}$$

$\boldsymbol{R}_c$ 的特征方程为

$$\boldsymbol{R}_c \boldsymbol{w}_n = \lambda_n \boldsymbol{w}_n, \quad n = 0, 1, \cdots, N-1 \tag{5.4.50}$$

式中，w_n 为特征值 λ_n 所对应的特征向量，其中 $\lambda_0 \leqslant \lambda_1 \leqslant \cdots \leqslant \lambda_{N-1}$。

在 $\boldsymbol{R}_c$ 的特征值中，大特征值所对应的特征向量张成的子空间为杂波的信号子空间；小

特征值所对应的特征向量张成的子空间为噪声子空间。因为噪声子空间与信号子空间是正交的，所以最小特征值 λ_0 所对应的特征向量 w_0 被取为 MTI 滤波器的权系数向量，就可以在最大程度上抑制杂波分量，使改善因子最大。

这种利用杂波自相关矩阵的特征分解，用其最小特征值所对应的特征向量设计 MTI 滤波器的方法称为特征矢量法。这样设计的滤波器可以得到良好的杂波抑制性能，应用较广泛。

如果存在两种或两种以上的杂波，如地杂波和云雨杂波，两种杂波的谱中心可能分别在频率轴上不同位置，对于多个高斯谱的混合杂波，其功率谱是它们各自功率谱之和，其自相关函数也由对应的多杂波分量之和构成。可以用特征矢量法设计具有两个凹口的滤波器，同时在两种杂波谱中心形成两个不同的凹口。

MATLAB 函数"eig_MTI. m"是利用特征矢量法设计 MTI 滤波器。其语法如下：

$$[ww, Hf] = \text{eig\_MTI}(len, Tr, fz, sigmaf, f)$$

其中，各参数定义如表 5.6 所示。

表 5.6　eig_MTI. m 参数定义

变量	描　述	单位	属性	图 5.28 中的参数设置
len	MTI 滤波器的长度	—	输入	5
Tr	脉冲重复周期，变 T 时为 Tr 向量，例如 $[Tr1, Tr2, Tr3]$	s	输入	$[25\ 30\ 27\ 31]/300$
fz	杂波谱中心	Hz	输入	0
$sigmaf$	杂波谱宽	Hz	输入	10
f	分析频率响应的频率范围	Hz	输入	$[-0.5:0.01:14]' \times 300$
ww	MTI 滤波器的权矢量	—	输出	
Hf	滤波器的频率响应	—	输出	

[例 5 - 4]　假设雷达的平均重复频率 300 Hz，参差比为 [25：30：27：31]，地杂波的中心频率为 0 Hz，谱宽为 10 Hz。采用特征矢量法设计五脉冲对消 MTI 滤波器，"eig_MTI. m"函数调用如下：

```
fr=300;%重复频率
Tr=1/fr;
f=[-0.5:0.01:14]' * fr;
bianTm=[25 30 27 31];
Trb=bianTm/mean(bianTm)/fr;%变 T 的 Tr
[w, Hf] = eig_MTI (len, Tr, fz, sigmaf, f);
```

其归一化频率响应如图 5.28 所示。从零频附近的局部放大图可以看出，特征矢量法设计的 MTI 滤波器性能优于二项式级数法。

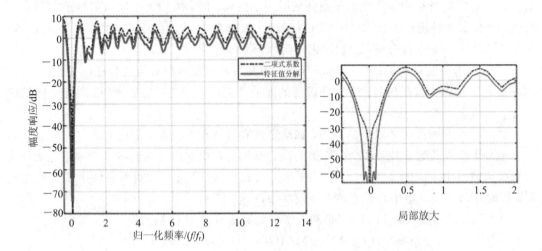

图 5.28　特征矢量法设计的 MTI 滤波器幅频响应及其零频附近的局部放大

2. 零点分配法

零点分配法是在设计带阻滤波器时，在凹口处设置频率响应零点的一种方法。在自适应杂波抑制的应用环境下，需要的理想滤波器是在杂波分布的频点处，使杂波得到最大限度的抑制，而在其它频率点具有最大平坦幅度。

对于 N 阶 FIR 滤波器，滤波器的权系数为 $w_i(i=0,1,2,\cdots,N-1)$，滤波器的频率响应函数为

$$H(f) = \sum_{i=0}^{N-1} w_i \mathrm{e}^{-\mathrm{j}2\pi f T_i} \tag{5.4.51}$$

式中 $T_0=0$，$T_i = \sum_{k=1}^{i} T_{\mathrm{r},k}(i=1,2,\cdots,N-1)$，$T_{\mathrm{r},k}$ 为每个脉冲之间的时间间隔。

将 $H(f)$ 在 $f=f_0$ 处展开成泰勒级数

$$H(f) = H(f_0) + H'(f_0) \cdot (f-f_0) + \frac{H''(f_0)}{2!} \cdot (f-f_0)^2 + \tag{5.4.52}$$

式中 $H^{(k)}(f_0) = (-\mathrm{j}2\pi)^k \sum_{i=0}^{N-1} T_i^k w_i \mathrm{e}^{-\mathrm{j}2\pi f_0 T_i}$。

要在 $f=f_0$ 处设计带阻滤波器，则必须使泰勒级数展开式中 $(f-f_0)^k$ 的系数为 0，即 $H^{(k)}(f_0)=0$。这样，就产生了 N 个关于 $w_i(i=0,1,2,\cdots,N-1)$ 的齐次线性方程，

$$\sum_{i=0}^{N-1} T_i^k w_i \mathrm{e}^{-\mathrm{j}2\pi f_0 T_i} = 0, \quad k=0,1,\cdots,N-1 \tag{5.4.53}$$

式中，$T_i^0=1$；w_0 为一个常数，通常设置为 1。将上式写成矩阵形式：

$$\boldsymbol{Aw} = -w_0 \boldsymbol{U} \tag{5.4.54}$$

式中，$\boldsymbol{w}=[w_0, w_1, \cdots, w_{N-1}]^\mathrm{T}$，$\boldsymbol{U}=[1, 1, \cdots, 1]^\mathrm{T}$，

$$\boldsymbol{A} = \begin{bmatrix} \mathrm{e}^{-\mathrm{j}2\pi f_0 T_1} & \mathrm{e}^{-\mathrm{j}2\pi f_0 T_2} & \cdots & \mathrm{e}^{-\mathrm{j}2\pi f_0 T_N} \\ T_1 \mathrm{e}^{-\mathrm{j}2\pi f_0 T_1} & T_2 \mathrm{e}^{-\mathrm{j}2\pi f_0 T_2} & \cdots & T_N \mathrm{e}^{-\mathrm{j}2\pi f_0 T_N} \\ \vdots & \vdots & & \vdots \\ T_1^{N-1} \mathrm{e}^{-\mathrm{j}2\pi f_0 T_1} & T_2^{N-1} \mathrm{e}^{-\mathrm{j}2\pi f_0 T_2} & \cdots & T_N^{N-1} \mathrm{e}^{-\mathrm{j}2\pi f_0 T_N} \end{bmatrix} \tag{5.4.55}$$

可以使用 Gauss-Jordan 法求解这一方程，得到当前时刻的滤波器权系数。

当阻带处于零频时，所设计的滤波器为零频处最大平坦阻带滤波器，此时 A 为 Vandermonde 矩阵，

$$A = \begin{bmatrix} 1 & 1 & \cdots & 1 \\ T_1 & T_2 & \cdots & T_N \\ \vdots & \vdots & & \vdots \\ T_1^{N-1} & T_2^{N-1} & \cdots & T_N^{N-1} \end{bmatrix} \tag{5.4.56}$$

在单零点时，滤波器阻带凹口较窄。为此，可以在阻带内多设置几个零点，即式(5.4.55)中 f_0 为不同零点的频率，并将这些零点对应的 A 矩阵相加，使其阻带拓宽。当然，滤波器的长度应大于零点的个数。

MATLAB 函数"zero_MTI. m"给出了使用零点分配法设计 MTI 滤波器的程序以及该滤波器的频率响应。其语法为：

$$[ww, Hf] = \text{zero\_MTI}(len, Tr, fz, f)$$

其中，各参数定义如表 5.7 所示。

表 5.7 zero_MTI. m 参数定义

变量	描　述	单位	属性	图 5.25 中的参数设置
len	MTI 滤波器的长度		输入	5
Tr	脉冲重复周期，变 T 时为 Tr 向量，例如 $[Tr1, Tr2, Tr3]$	s	输入	$[25\ 30\ 27\ 31]/300$
fz	零点位置，零点个数小于等于 $len-1$	Hz	输入	$[7\ 0\ 7]$
f	分析频率响应的频率范围	Hz	输入	$[-0.5:0.01:14]' \times 300$
ww	MTI 滤波器的权矢量	—	输出	
Hf	滤波器的频率响应		输出	

[例 5-5] 假设雷达的平均重复频率 300 Hz，参差比为 $[25:30:27:31]$，地杂波的中心频率为 0 Hz，谱宽为 10 Hz。采用零点分配算法设计五脉冲对消 MTI 滤波器，设置三个零点位置为 $[7\ 0\ 7]$ Hz，地杂波的中心频率为 0 Hz，谱宽为 0.64 Hz，使用设计的单零点四脉冲对消滤波器。滤波器归一化频率响应如图 5.29(a)所示。图 5.29(b)是假设地杂波的中心频率为 0 Hz、谱宽为 0.64 Hz、云雨杂波的中心频率为 30 Hz、谱宽为 1.4 Hz，使用零点分配算法设计的多零点六脉冲对消滤波器的归一化频率响应曲线。

平均重复频率为 300 Hz

```
fr=300;        % 重复频率
Tr=1/fr;
f=[-0.5:0.01:14]' * fr;
bianTm=[25 30 27 31];
Trb=bianTm/mean(bianTm)/fr;        %变 T 的 Tr
[w, Hf] = zero_MTI (len, Tr, fz, f);
```

其归一化频率响应如图 5.29 所示。从零频附近的局部放大图可以看出，零点分配法设

计的 MTI 滤波器性能优于二项式级数法。

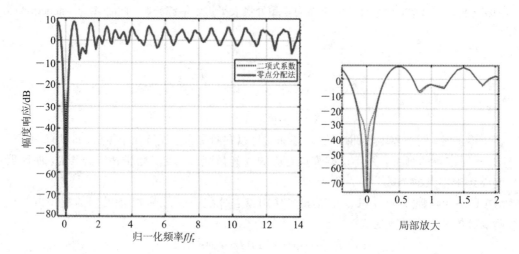

图 5.29　零点分配法设计的 MTI 滤波器幅频响应及其零频附近的局部放大

［例 5 - 6］　假设某雷达的平均重复频率为 100 Hz，参差比为 27∶28∶29，地杂波的中心频率为 0 Hz，谱宽为 0.64 Hz，使用零点分配算法设计单零点四脉冲对消滤波器。滤波器归一化频率响应如图 5.30(a)所示。图 5.30(b)是假设地杂波的中心频率为 0 Hz、谱宽为 0.64 Hz，云雨杂波的中心频率为 30 Hz、谱宽为 1.4 Hz，使用零点分配算法设计的多零点六脉冲对消滤波器的归一化频率响应曲线。

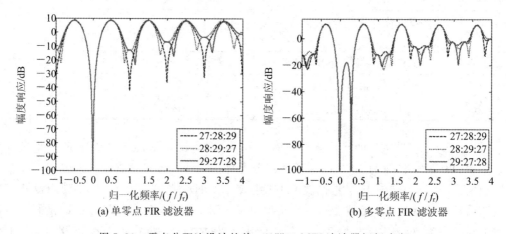

图 5.30　零点分配法设计的单、双凹口 MTI 滤波器幅频响应

5.4.4　自适应 MTI (AMTI)

针对气象杂波和箔条干扰，由于风的影响，它们在空中是随风移动的，所以常称为运动杂波，其谱中心可能不在零频，而且是时变的，为了抑制此类运动杂波，需要采用自适应运动杂波抑制(AMTI)技术。

1. 运动杂波谱中心补偿抑制法

对于运动杂波，如果其频谱较窄，就可以先通过杂波谱中心估计，再对谱中心补偿，然后进行杂波抑制，这种方法称为运动杂波谱中心补偿抑制法，如图 5.31 所示。

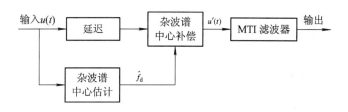

图 5.31　运动杂波谱中心补偿抑制法

在杂波区，对输入信号中运动杂波的谱中心 f_d 进行估计，得到杂波谱中心的多普勒频率估计值 $\hat{f}_d$，再用 $\hat{f}_d$ 对输入信号进行杂波谱中心补偿，将其中心频率移到零，然后就可以使用前面介绍的 MTI 滤波器进行杂波抑制。当运动杂波谱中心 f_d 随风力、风向等变化时，得到的杂波谱中心频率估计值 $\hat{f}_d$ 也会随着 f_d 变化，所以这种方法可以自适应地抑制运动杂波。自适应杂波抑制方法分三步进行：

1）估计运动杂波谱中心

雷达接收的杂波和噪声的复包络可以表示为

$$u(t) = a(t)e^{j(2\pi f_d t + \varphi_0)} + n(t) \tag{5.4.57}$$

其中，$a(t)$ 为幅值；f_d 为杂波的多普勒频率；φ_0 为初相；$n(t)$ 为加性噪声。噪声与杂波不相关，不同 PRI 之间的噪声也互不相关。

延迟一个 PRI 后的信号为

$$u(t - T_r) = a(t - T_r)e^{j(2\pi f_d (t - T_r) + \varphi_0)} + n(t - T_r) \tag{5.4.58}$$

式中，T_r 为脉冲重复周期。

若不考虑噪声，$u(t)$ 和 $u(t - T_r)$ 的相关函数为

$$R(T_r) = E[u(t)u^*(t - T_r)] = E[a(t)a(t - T_r)]e^{j2\pi f_d T_r} \tag{5.4.59}$$

因为 $a(t)$ 为窄带信号，即 $a(t) \approx a(t - T_r)$，那么 $E[a(t)a(t - T_r)] = E[|a(t)^2|]$ 为一实数。因此

$$f_d = \frac{1}{2\pi T_r}\arctan\frac{\mathrm{Im}[R(T_r)]}{\mathrm{Re}[R(T_r)]} \tag{5.4.60}$$

用时间平均来代替统计平均后，得到以下估计值

$$\hat{R}(T_r) = \frac{1}{N}\sum_{i=1}^{N}[u_i(t)u_i^*(t - T_r)] \tag{5.4.61}$$

式中，i 表示杂波在不同脉冲上的独立采样序列号。杂波谱中心频率估计值 $\hat{f}_d$ 为

$$\hat{f}_d = \frac{1}{2\pi T_r}\arctan\frac{\mathrm{Im}[\hat{R}(T_r)]}{\mathrm{Re}[\hat{R}(T_r)]} \tag{5.4.62}$$

2）运动杂波谱中心补偿

在得到运动杂波谱中心估计值 $\hat{f}_d$ 后，在 $u(t)$ 上乘以 $e^{-j2\pi\hat{f}_d T_r}$ 就可以将运动杂波中心移到零频附近，即

$$u'(t) = u(t)e^{-j2\pi\hat{f}_d T_r} = a(t)e^{j(2\pi f_d T_r + \varphi_0)}e^{-j2\pi\hat{f}_d T_r} + n(t)e^{-j2\pi\hat{f}_d T_r}$$

$$\approx a(t)e^{j\varphi_0} + n'(t), \quad (f_d \approx \hat{f}_d) \tag{5.4.63}$$

3）自适应 MTI 滤波

利用凹口位于零频的 MTI 滤波器抑制谱中心已移到零频的运动杂波，就完成了对运动杂波的自适应抑制。

2. 权系数库和速度图法

根据式(5.4.62)在得到运动杂波谱中心的估计值 $\hat{f}_\mathrm{d}$ 之后，抑制杂波的方法有两种：一种方法是对回波信号进行运动杂波谱中心补偿，将运动杂波谱中心移到零频，再用凹口位于零频的 MTI 滤波器抑制运动杂波，即运动杂波谱中心补偿抑制法；另一种方法是不用对运动杂波谱中心进行补偿，直接采用凹口位于 $\hat{f}_\mathrm{d}$ 的 MTI 滤波器来直接抑制运动杂波，而凹口位于 $\hat{f}_\mathrm{d}$ 的 MTI 滤波器权系数可预先存储在一个滤波器权系数库中。这种方法称为基于权系数库的杂波抑制方法，如图 5.32 所示。

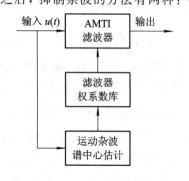

图 5.32　基于权系数库杂波抑制方法

工程实现时首先需要设计一个凹口位于零频的 MTI 滤波器，它对多普勒频率为零的运动杂波的改善因子应满足指标要求，然后将这个滤波器在频率轴上平移，形成所需的滤波器权系数库。假设凹口在零频的 MTI 滤波器权矢量为 w，则凹口在 f_d 的 MTI 滤波器权矢量为 $w\odot a(f_\mathrm{d})$，式中 $a(f_\mathrm{d})=[1,\exp(\mathrm{j}2\pi f_\mathrm{d}T_\mathrm{r}),\cdots,\exp(\mathrm{j}2\pi f_\mathrm{d}(N-1)T_\mathrm{r})]^\mathrm{T}$，需要注意的是，权系数应覆盖运动杂波谱中心在频率轴上的所有可能分布区域。

在雷达中，运动杂波谱中心的估计值由于噪声的影响和可用数据的限制，存在估计误差，因而影响了杂波抑制性能。此外，雷达杂波在空间的分布是不均匀的，所以在实际应用权系数库时，为了提高自适应滤波的效果，常常用将权系数库与速度图相结合的方法来完成自适应的杂波抑制。

速度图就是将雷达周围的监视区域分为许多方位-距离单元，如图 5.33 所示。每个方位-距离单元存有两个信息：一个信息是杂波标志位，为 1 bit 信息，通常用"0"表示无杂波，"1"表示有杂波；另一个信息是杂波谱中心的估计值。

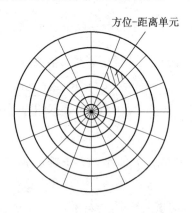

图 5.33　方位-距离单元的划分

图 5.34 为权系数库与速度图相结合的自适应杂波抑制方法。输入信号首先通过一个地杂波滤波器滤除地杂波，以减少地杂波对运动杂波谱中心估计的影响。滤波结果再经过运动杂波谱中心估计，杂波谱中心估计值经过递归滤波后存入速度图。

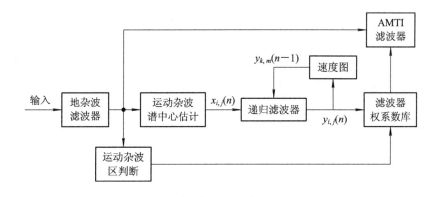

图 5.34　权系数库与速度图结合的自适应杂波抑制法

速度图中各个方位-距离单元中的信息更新是分别进行的，递归过程如图 5.35 所示。

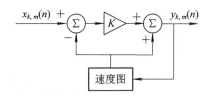

图 5.35　杂波的速度图及其递归滤波器

对于距离为 k、方位为 m 的方位-距离单元(k,m)来说，速度图第 n 时刻的输出为

$$y_{k,m}(n) = K[x_{k,m}(n) - y_{k,m}(n-1)] + y_{k,m}(n-1)$$
$$= (1-K)y_{k,m}(n-1) + Kx_{k,m}(n) \tag{5.4.64}$$

式中 $0<K<1$。在第 n 时刻与第 $n-1$ 时刻相差一个天线扫描周期的时间，即上述递归滤波是以天线扫描周期进行的。速度图与递归滤波器结合后，速度图有存储运动杂波速度（即运动杂波多普勒中心估计值）的功能；递归滤波器能平滑和减少对运动杂波谱中心单次估计结果的偏差，当运动杂波或风速等条件变化后，速度图中存储的数据还能自动更新。

5.4.5　MTI 处理仿真和实测数据

图 5.36 给出了雷达在 MTI 支路的仿真结果。仿真条件为：雷达平均重复频率为 100 Hz，快拍数为 13，距离单元数为 200，其中第 1～100 个距离单元为地杂波，地杂波中心频率为 0 Hz，谱宽为 0.64 Hz，杂噪比为 60 dB；三个目标分别位于 50、130 和 180 个距离单元处，多普勒频率分别为 150 Hz、350 Hz 和 600 Hz，信噪比均为 15 dB。其中图(a)为脉冲压缩结果，可以看出杂波比噪声平均功率高 60 dB，第一个目标湮没在杂波区；图(b)为等 T 模式下四脉冲对消结果，可以看出杂波对消后，杂波区的输出与噪声功率相等，杂波被完全抑制，杂波区的目标清晰可见，但是多普勒频率为脉冲重复频率的整数倍的目标 3 被抑制掉；图(c)为三变 T 模式(参差比为 27∶28∶29)下四脉冲对消结果，杂波被完全

抑制，杂波区的目标清晰可见，且多普勒频率为脉冲重复频率的整数倍的目标 3 没有被抑制掉，但是幅度相比前两个目标有所损失。

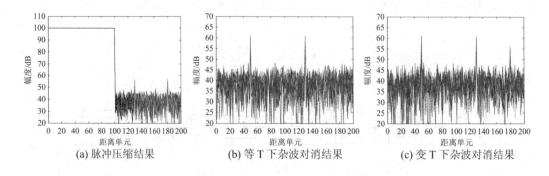

(a) 脉冲压缩结果　　　　　　(b) 等 T 下杂波对消结果　　　　　　(c) 变 T 下杂波对消结果

图 5.36　MTI 处理仿真结果

图 5.37(a)给出了某 C 波段对海监视雷达的实测数据的脉压结果，这里是在某一方位距离单元 2500～3500 处连续 16 个脉冲的脉压结果。对各个距离单元进行频谱分析，结果如图 5.37(b)。将幅度超过 90 dB 的回波认定为杂波(比噪声电平大 10 dB)，可见在距离单元 2900～3000 处存在两种类型杂波：一种杂波的谱中心在零频附近，为地物杂波；另一种杂波的多普勒中心频率约为 300 Hz。

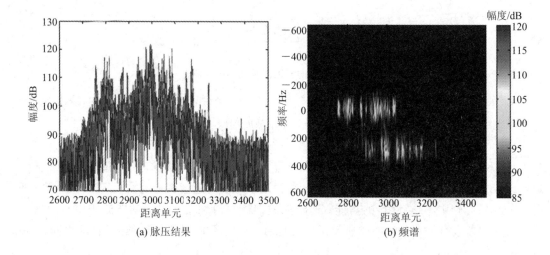

(a) 脉压结果　　　　　　　　　　　　(b) 频谱

图 5.37　双模杂波脉压结果和频谱图

两级 MTI 滤波器均采用零点分配法设计。第一级 MTI 滤波器阶数设置为 3 阶，零点位置设置为[−30　30]Hz，滤波结果如图 5.38(a)所示，可以看出部分杂波(地物杂波)得到抑制；对第一级滤波结果进行功率谱估计，频谱如图 5.38(b)所示，可以看出被抑制的杂波是地物杂波，剩余杂波为海杂波(运动杂波)；经过第一级滤波后海杂波中心频率约为 285 Hz，据此选择权系数库中的第二级 MTI 滤波器系数，此滤波器阶数设置为 4 阶，零点位置设置为[255　285　315]Hz，滤波结果如图 5.38 (c)所示，可以看出海杂波也得到了很好的抑制。

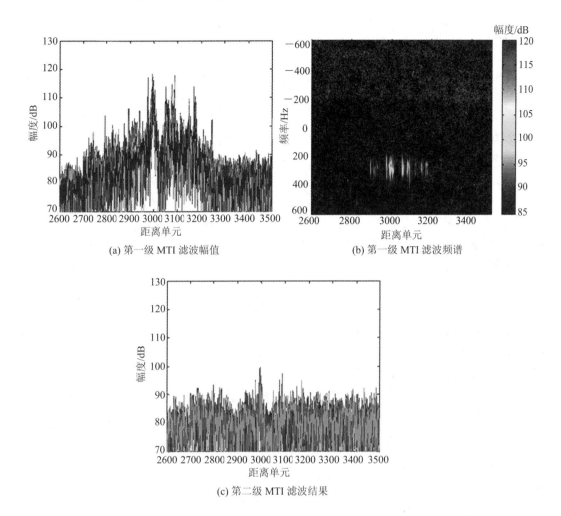

(a) 第一级 MTI 滤波幅值

(b) 第一级 MTI 滤波频谱

(c) 第二级 MTI 滤波结果

图 5.38 两级 MTI 滤波结果

5.4.6 MTI 性能的限制

MTI 性能除了滤波器本身因素以外，引起 MTI 的改善因子下降的原因主要有下述四种。

1. 天线扫描调制

天线扫描引起杂波谱展宽，更多的杂波能量通过 MTI 滤波器，降低了改善因子。

从杂波单元接收的回波信号双程电压的幅度被天线单程电场强度方向图的平方改变。双程电压受单程天线功率方向图的调制，经常用高斯函数近似为

$$G(\theta) = G_0 \exp\left(-\frac{2.776\theta^2}{\theta_B^2}\right) \tag{5.4.65}$$

式中，G_0 为天线最大增益；θ_B 为波束宽度。如果天线以速度 $\dot{\theta}_s$ 度/秒扫描，式中指数的分子和分母分别除以 $\dot{\theta}_s$ 可得到回波脉冲串随时间的调制。取 $\theta/\dot{\theta}_s = t$ 为时间变量，$\theta_B/\dot{\theta}_s = t_0$ 为信号的持续时间(或在目标上的照射时间)，天线方向图对单个杂波单元接收信号的调

制为

$$s_a(t) = k\exp\left(-\frac{2.776t^2}{t_0^2}\right) \tag{5.4.66}$$

式中 k 为常数。上式取傅里叶变换的平方可得 $s_a(t)$ 的功率谱为

$$|S_a(f)|^2 = K\exp\left(-\frac{\pi^2 f^2 t_0^2}{1.338}\right) = K\exp\left(-\frac{f^2}{2\sigma_s^2}\right) \tag{5.4.67}$$

式中 K 为常数。由于这是指数形式的高斯函数，由天线扫描引起的杂波功率谱展宽可以用标准偏差 σ_s 表示为

$$\sigma_s = \frac{1}{3.77t_0} = \frac{\sqrt{\ln 2}}{\pi} \frac{f_r}{n_B} = 0.265\frac{f_r}{n_B} = 0.265\left(\frac{2\pi}{\theta_B T_{\text{scan}}}\right) \tag{5.4.68}$$

式中，f_r 为雷达脉冲重复频率；+ $n_B = f_r t_0$ 为单程天线方向图 3 dB 宽度内目标的回波脉冲数；θ_B 为以弧度表示的 3 dB 方位波束宽度；T_{scan} 为天线机扫一帧的时间。如果天线方向图不是高斯形状，上式也基本可用。所以对于天线机械扫描工作的雷达，接收的杂波功率谱标准偏差应为

$$\sigma_{c,\text{all}} = \sqrt{\sigma_f^2 + \sigma_s^2} \tag{5.4.69}$$

例如：波长为 1 m，重复频率为 300 Hz，天线转速为每分钟 6 圈，3 dB 波束宽度内目标的回波脉冲数为 10，表 5.8 给出了地杂波、云雨杂波和箔条杂波速度的均方根（典型值）以及功率谱展宽后杂波的谱宽。

表 5.8　几种杂波的典型的标准偏差

杂波种类	杂波速度的均方根值 $\sigma_v/(\text{m/s})$	杂波的谱宽 σ_f/Hz	天线扫描引起的谱展宽 σ_s/Hz	杂波总的谱宽 $\sigma_{c,\text{all}}/\text{Hz}$
地杂波	0.32	0.64	7.95	7.98
云雨杂波	4	8	7.95	11.28
箔条杂波	1.2	2.4	7.95	8.3

假设采样 N 脉冲延迟线对消器，则天线扫描对改善因子的限制为

$$I_f = \frac{2^{N-1}}{(N-1)!}\left(\frac{f_r}{2\pi\sigma_c}\right)^{2(N-1)} \approx \frac{2^{N-1}}{(N-1)!}(0.6n_B)^{2(N-1)} \tag{5.4.70}$$

2. 杂波内部运动

杂波通常处于运动状态，例如，从海面、雨滴、箔条的回波，以及被风吹动下植被和树木的回波等，这些运动杂波回波的幅度和相位产生波动，导致杂波谱的展宽，限制了改善因子。假设杂波的功率谱密度为高斯函数，即

$$S(f) = \exp\left(-\frac{2.776f^2}{\sigma_c^2}\right) \tag{5.4.71}$$

式中 σ_c 为杂波频谱的 3 dB 带宽。则杂波的自相关函数为

$$r_{xx}(t) = \int_{-\infty}^{\infty} S(f)\text{e}^{\text{j}2\pi ft}\,\text{d}f \approx \exp(-1.34\sigma_c^2 t^2) \tag{5.4.72}$$

当杂波谱宽 σ_c 为 60 Hz 时，自相关函数值在 8 ms 后降至峰值 1 的一半。这意味着，在一个波位的几个脉冲内的杂波具有高相关性。如果使用相关值 0.1 作为去相关门限，则需

要数十毫秒才能去相关。图 5.39 给出了森林地区杂波和海杂波的去相关特性。可见，地杂波的相关值在开始时下降较快，而后下降较为缓慢。海杂波在前 10 ms 去相关快，随后的去相关较慢。这是由于风吹海面产生的波纹运动而引起的。经过一点时间之后，海面的结构与之前的相类似，相关值又开始上升了。海面细微结构重复的周期等于海面缓慢起伏的周期，但不可避免的是存在细小的差异，因而第二个相关峰值比第一个峰值低。

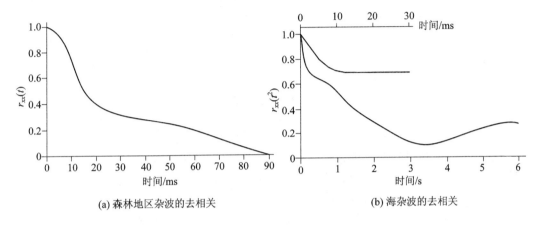

(a) 森林地区杂波的去相关　　　　　　(b) 海杂波的去相关

图 5.39　杂波的去相关特性

3. 设备不稳定

本振(STALOo 或 COHO)的幅度、频率或相位的变化，发射信号特征从脉冲到脉冲的变化，或者定时上的误差，都可导致不能完全对消杂波，限制了改善因子。

例如在单延迟线对消器中，如果从静止杂波散射单元收到的第一个脉冲的幅度为 A，第二个脉冲的幅度为 $A+\Delta A$，则对消器的电压输出为 ΔA，因此杂波衰减为 $(\Delta A)^2/A^2$，改善因子为它的两倍。如果从静止杂波散射单元收到的第一个脉冲回波信号为 $A\sin(\omega t+\varphi)$，第二个脉冲的幅度为 $A\sin(\omega t+\varphi+\Delta\varphi)$，$\Delta\varphi$ 为脉冲之间的相位变化，则对消器输出的杂波剩余为 $2A\sin(\Delta\varphi/2)$，因此，杂波衰减为 $(\Delta A)^2/A^2$，其改善因子为它的两倍。

发射机的不稳定因素对 MTI 改善因子的限制如表 5.9 所示。

表 5.9　发射机不稳定因素对 MTI 改善因子的影响

脉间不稳定因素	对改善因子的限制	参量描述
温度本振或相干本振的频率	$I'=20\lg\left[\dfrac{1}{2\pi\Delta f t_r}\right]$	Δf 为脉间频率变化，t_r 为目标的延时
发射信号的相位或相干本振的相位	$I'=20\lg\left(\dfrac{1}{\Delta\varphi}\right)$	$\Delta\varphi$ 为脉间相位变化
发射信号的幅度	$I'=20\lg\left(\dfrac{A}{\Delta A}\right)$	ΔA 为脉间幅度变化，A 为脉冲幅度
定时脉冲抖动	$I'=20\lg\left[\dfrac{\tau}{\sqrt{2B\tau}\,\Delta t}\right]$	Δt 为脉冲时间抖动，τ 为脉宽，B 为带宽
发射脉冲宽度	$I'=20\lg\left[\dfrac{\tau}{\sqrt{B\tau}\,\Delta\tau}\right]$	$\Delta\tau$ 为脉冲宽度的抖动，τ 为脉宽，B 为带宽

4. 限幅器、A/D 量化噪声等

模拟信号的量化导致噪声或不确定性，称为量化噪声。若 A/D 的位数为 b，则量化噪声对改善因子的限制为

$$I_q = 20\lg\left[(2^b - 1)\sqrt{0.75}\right]\ (\text{dB}) \tag{5.4.73}$$

例如，A/D 的位数为 8、10、12 位时，改善因子分别为 46.9 dB、59 dB、71 dB。

假设 I_1、I_2、$\cdots$、I_N 分别表示各种因素对改善因子的影响，则总的改善因子 I_{all} 为

$$\frac{1}{I_{\text{all}}} = \frac{1}{I_1} + \frac{1}{I_2} + \cdots + \frac{1}{I_N} \tag{5.4.74}$$

5.5 动目标检测(MTD)

MTD 是一种利用多普勒滤波器组来抑制各种杂波，以提高雷达在杂波背景下检测运动目标能力的技术。与 MTI 相比，MTD 在如下方面进行了改善和提高：

（1）增大信号处理的线性动态范围；

（2）使用一组多普勒滤波器，使之更接近于最佳滤波，提高改善因子；

（3）能抑制地杂波（其平均多普勒频移通常为零），且能同时抑制运动杂波（如云雨、鸟群、箔条等）；

（4）增加一个或多个杂波图，对检测地物杂波中的低速目标甚至切向飞行大目标更有利。

根据最佳滤波理论，在噪声与杂波背景下检测运动目标，是一个广义匹配滤波问题。最佳滤波器应由白化滤波器级联匹配滤波器构成。白化滤波器将杂波（有色高斯白噪声）变成高斯白噪声，匹配滤波器使输出信噪比达到最大，如图 5.40 所示。

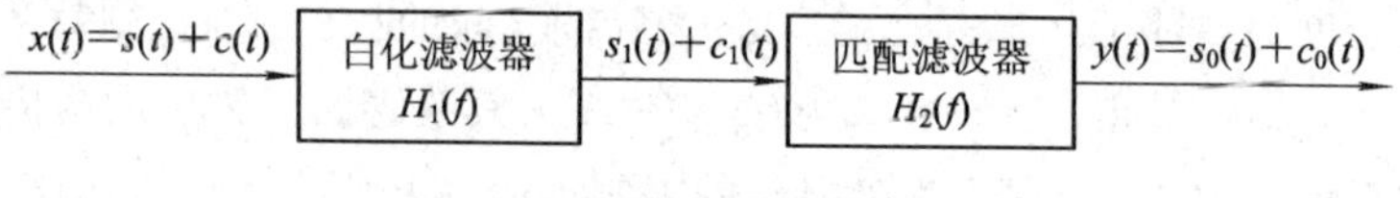

$$x(t)=s(t)+c(t) \rightarrow \boxed{\begin{array}{c}白化滤波器\\ H_1(f)\end{array}} \xrightarrow{s_1(t)+c_1(t)} \boxed{\begin{array}{c}匹配滤波器\\ H_2(f)\end{array}} \xrightarrow{y(t)=s_0(t)+c_0(t)}$$

图 5.40　广义匹配滤波器

假设杂波功率谱 $C(f)$ 和信号频谱 $S(f)$ 已知，根据匹配滤波器的定义有

$$H_2(f) = S_1^*(f)\mathrm{e}^{-\mathrm{j}2\pi f t_s} = H_1^*(f)S^*(f)\mathrm{e}^{-\mathrm{j}2\pi f t_s} \tag{5.5.1}$$

式中，t_s 表示匹配滤波器输出达到最大值的时延。白化滤波器使杂波输出 $c_1(t)$ 的功率谱变为 1，使得 $c_1(t)$ 成为白噪声，即

$$C(f)\left|H_1(f)\right|^2 = 1 \tag{5.5.2}$$

白化滤波器功率传输函数为

$$\left|H_1(f)\right|^2 = \frac{1}{C(f)} \tag{5.5.3}$$

因此，广义匹配滤波器的传递函数为

$$H(f) = H_1(f)H_2(f) = \frac{S^*(f)}{C(f)}\mathrm{e}^{-\mathrm{j}2\pi f t_s} \tag{5.5.4}$$

可以粗略地认为，其中 $H_1(f)$ 用来抑制杂波。对 MTI 而言，它要使杂波得到抑制而让

各种速度的运动目标信号通过，所以 $H_1(f)$ 相当于 MTI 滤波器，如图 5.41(a)；$H_2(f)$ 用来对雷达回波脉冲串信号进行匹配。对单个脉冲而言，和目标信号匹配可用中频带通放大器来保证，而对脉冲串则只能采用对消后的非相参积累，所以实际中的 MTI 滤波器，只能使其滤波器的凹口对准杂波谱中心，且使二者宽度基本相等，有时也将这种方式称为杂波抑制准最佳滤波。对于相参脉冲串，$H_2(f)$ 可以进一步表示为

$$H_2(f) = H_{21}(f)H_{22}(f) \tag{5.5.5}$$

即信号匹配滤波器由 $H_{21}(f)$ 和 $H_{22}(f)$ 两个滤波器级联，式中，$H_{21}(f)$ 为单个脉冲的匹配滤波器，通常在接收机的中放电路实现；$H_{22}(f)$ 对相参脉冲串进行匹配，它利用了回波脉冲串的相参性进行相参积累。$H_{22}(f)$ 是梳齿形滤波器，齿的间隔为脉冲重复频率 f_r，如图 5.41(b)所示，齿的位置取决于回波信号的多普勒频移，而齿的宽度应和回波谱线的宽度一致。

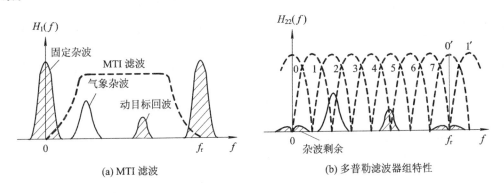

(a) MTI 滤波　　　　　　　　　(b) 多普勒滤波器组特性

图 5.41　MTI 与 MTD 滤波器特性比较

要对回波相参脉冲串进行匹配滤波，必须知道目标的多普勒频移以及天线扫描对脉冲串的调制情况，由于实际中 f_d 不能预知，因此要采用一组相邻且部分重叠的滤波器组，如图 5.41(b)中 0～7 号滤波器，覆盖整个多普勒频率范围，其中第 5 通道输出的就是动目标回波，这就是窄带多普勒滤波器组所要完成的功效。

MTD 滤波器组设计的方法有两类：一类是用 MTI 级联 FFT；另一类是优化的 MTD 滤器组。下面分别介绍。

5.5.1　MTI 级联 FFT 的滤波器组

MTI 级联 FFT 的 MTD 滤波器组是在 FFT 之前接一个二次对消器，它可以滤去最强的地物杂波，这样就可以减少窄带滤波器组所需要的动态范围，并降低对滤波器副瓣的要求。由于 DFT 是一种特殊的横向滤波器，所以滤波器组的系数可以按照 DFT 的定义来选择，并采用快速算法 FFT 来实现 MTD 滤波。

FFT 的每点输出，相当于 N 点数据在这个频率上的积累，也可以说是以这个频率为中心的一个带通滤波器的输出。

根据 DFT 的定义，N 组滤波器的权值为

$$w_{nk} = \mathrm{e}^{-\mathrm{j}2\pi nk/N}, \quad n = 0, 1, \cdots, N-1; \ k = 0, 1, \cdots, N-1 \tag{5.5.6}$$

式中，n 表示第 n 个抽头；k 表示第 k 个滤波器，每一个 k 值决定一个独立的滤波器响应，

相应地对应于一个不同的多普勒滤波器响应。因此，第 k 个滤波器的频率响应函数为

$$H_k(f) = \sum_{n=0}^{N-1} e^{-j\frac{2\pi nk}{N}} e^{-j2\pi f(N-1-n)T_r} = e^{-j2\pi f(N-1)T_r} \sum_{n=0}^{N-1} e^{j2\pi n\left(fT_r - \frac{k}{N}\right)}$$

$$= e^{-j\pi(N-1)\left(fT_r - \frac{k}{N}\right)} \frac{\sin\left[N\pi\left(fT_r - \frac{k}{N}\right)\right]}{\sin\left[\pi\left(fT_r - \frac{k}{N}\right)\right]}, \quad k = 0, 1, \cdots, N-1 \quad (5.5.7)$$

滤波器的幅频特性为

$$|H_k(f)| = \left| \frac{\sin\left[N\pi\left(fT_r - \frac{k}{N}\right)\right]}{\sin\left[\pi\left(fT_r - \frac{k}{N}\right)\right]} \right| \quad (5.5.8)$$

各滤波器具有相同的幅度特性，均为辛克函数，且等间隔地分布在频率轴上。滤波器的峰值产生于 $\sin\left[\pi\left(fT_r - \frac{k}{N}\right)\right] = 0$ 或者 $\pi\left(fT_r - \frac{k}{N}\right) = 0, \pm\pi, \pm2\pi, \cdots$ 处。当 $k=0$ 时，滤波器峰值位置为 $f = 0, \pm\frac{1}{T_r}, \pm\frac{2}{T_r}, \cdots$，即该滤波器的中心位置在零频率以及重复频率的整数倍处，因此对地杂波没有抑制能力；当 $k=1$ 时，峰值响应产生在 $\frac{1}{NT_r}$ 以及 $f = \frac{1}{NT_r}$，$\frac{1}{T_r} \pm \frac{1}{NT_r}$，$\frac{2}{T_r} \pm \frac{1}{NT_r}$ 等处；对 $k=2$ 时，峰值响应产生在 $f = \frac{2}{NT_r}$ 等处；依次类推。每个滤波器的主副瓣比只有 13.2 dB，限制了它对气象杂波的抑制性能，需要使用更低副瓣的多普勒滤波器组。

为了降低副瓣，一般都需要加窗。目前常用的窗函数为海明窗（Hamming），加窗可降低副瓣电平，但各滤波器的主瓣有一定展宽。

MATLAB 函数"fft_MTD.m"可画出 FFT 滤波器组归一化频率响应，其输出为滤波器组权值。函数调用语法如下：

$$[ww, Hf] = \text{fft\_MTD}(N, win, f)$$

其中，各参数定义见表 5.10。

表 5.10　fft _MTD.m 参数定义

符号	描　　述	状态	图 5.42 参考值
N	滤波器长度	输入	8
win	窗函数矢量	输入	
f	滤波器归一化响应频率范围	输入	$[-0.1:0.01:1.1]$
ww	FFT 滤波器组权值	输出	
Hf	滤波器的频率响应(dB)	输出	

[例 5 - 7]　利用 8 点 FFT 滤波器组设计 MTD 滤波器，其归一化频率特性如图 5.42 所示。可以看出滤波器组覆盖了整个频率范围，每个滤波器的形状均相同，只是滤波器的中心频率不同，图 5.42(a) 的滤波器有时称为相参积累滤波器，因为通过该滤波器后可将 N 个相参脉冲积累，使信噪比提高 N 倍(对白噪声而言)，由于未加窗，各滤波器的旁瓣较

高；图 5.42(b)为加海明窗之后的滤波器响应，可以看出在降低副瓣的同时，主瓣有所展宽。

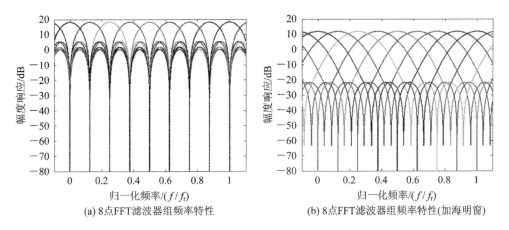

(a) 8 点 FFT 滤波器组频率特性　　　　(b) 8 点 FFT 滤波器组频率特性(加海明窗)

图 5.42　FFT 滤波器组频率特性

5.5.2　优化 MTD 滤波器组

由于对消器滤波特性的影响，MTI＋FFT 的合成多普勒滤波器组中各滤波器的主瓣有明显变形，各合成多普勒滤波器的杂波抑制性能各不相同。如果根据杂波抑制要求，直接设计一组具有更好杂波抑制性能的多普勒滤波器组，来代替对消级联 FFT 形式的 MTD 滤波器组，可进一步提高 MTD 处理器的性能。

优化 MTD 滤波器组主要有两种设计方法：一种是点最佳多普勒滤波器组，另一种是等间隔多普勒滤波器组。本书只介绍点最佳多普勒滤波器组。点最佳多普勒滤波器组只在所需的多普勒处理频段中的某一点上达到最佳，而在其它频率点都是不匹配的，如图 5.43所示，这里采用 10 个脉冲作为一组脉冲。

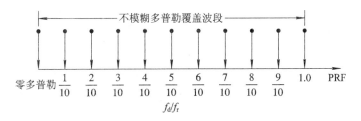

图 5.43　点最佳优化多普勒滤波器组设计准则（$N=10$）

多普勒滤波器组就是使用多个滤波器填满感兴趣的多普勒区域。通常实际应用中多普勒滤波器组采用 N 个 N 阶 FIR 滤波器填满多普勒区域，N 等于处理的相干脉冲数。实际中若不需要零多普勒通道的输出，就采用 $N-1$ 个 N 阶 FIR 滤波器组成的滤波器组。点多普勒横向滤波器复数输入信号表示为

$$s_n = A\mathrm{e}^{\mathrm{j}2\pi f_\mathrm{d}t} \sum_{n=0}^{N-1} \delta(t - nT_\mathrm{r}) \tag{5.5.9}$$

式中，A 是幅度；f_d 是多普勒频率；N 是相参脉冲数；T_r 是雷达重复周期。信号矢量则可表示为 $\boldsymbol{s}=[s_1, s_2, \cdots, s_N]^\mathrm{T}$，其中，$s_n=A\mathrm{e}^{\mathrm{j}\omega_\mathrm{d}(n-1)T_\mathrm{r}}$ $(n=1, 2, \cdots, N)$，$\boldsymbol{R}_\mathrm{s}$ 为信号 s 的协方

差矩阵。

根据自适应滤波器原理，长度为 N 的滤波器中第 k 个滤波器的权矢量为

$$w_k = \boldsymbol{R}^{-1}\boldsymbol{a}(f_k) \tag{5.5.10}$$

式中，$f_k(k=1, 2, \cdots, N-1)$ 为第 k 个滤波器的通带中心频率；$\boldsymbol{a}(f_k)$ 为导频矢量，

$$\boldsymbol{a}(f_k) = [1, \exp(j2\pi f_k T_r), \exp(j2\pi f_k 2T_r), \cdots, \exp(j2\pi f_k (N-1)T_r)]^T \tag{5.5.11}$$

$\boldsymbol{R} = \boldsymbol{R}_c + \sigma^2 \boldsymbol{I}$ 为杂波加噪声的协方差矩阵，$\boldsymbol{R}_c$ 为杂波协方差矩阵，$\boldsymbol{I}$ 为单位矩阵（假设噪声为白噪声），σ^2 为噪声功率。$\boldsymbol{R}^{-1}$ 的作用就是使滤波器自适应地在杂波频率处形成零陷，从而抑制杂波。

除了求出最佳加权，还必须确定改善因子的表达式。首先注意到信号协方差矩阵 $\boldsymbol{R}_s$ 的秩为 1，因为这是矩阵中最大非零行列式的阶数。由于两个矩阵乘积的秩小于等于这两个矩阵中的任何一个，这意味着 $\boldsymbol{R}_c^{-1}\boldsymbol{R}_s$ 的秩也为 1。又因为非零特征值的个数等于矩阵的秩，故 $\boldsymbol{R}_c^{-1}\boldsymbol{R}_s$ 只有一个非零特征值 γ_{max}，并且 γ_{max} 是实数。矩阵的迹是其所有特征值的和，在这里因为只有一个特征值，必定等于改善因子，因此

$$I = \text{Trace}(\boldsymbol{R}_c^{-1}\boldsymbol{R}_s) \tag{5.5.12}$$

式中，Trace$(\cdot)$ 表示矩阵求迹。

这样设计得到的自适应 MTD 滤波器会有较高的旁瓣电平，这样容易造成不同滤波器的目标之间的相互影响，会带来虚警；另外，进入滤波器副瓣的杂波（包括地杂波的剩余和气象杂波）也会降低滤波器的杂波改善性能。所以，需要对常规自适应 MTD 滤波器进行加权以降低各滤波器的副瓣电平。由于 $\boldsymbol{R}^{-1}$ 的存在，使得采用窗函数对 MTD 滤波器系数进行加权只能满足通带离地杂波较远的滤波器的要求，而不能使所有滤波器都达到要求。因此，不能使用窗函数的方法来降低副瓣。

MATLAB 函数"point_MTD.m"用于设计点最佳多普勒滤波器组，并画出该滤波器组归一化频率响应，其输出为滤波器组权值和滤波器组的幅频响应。函数调用语法如下：

$$[ww, Hf] = \text{point\_MTD}(N, fr, df)$$

其中各参数定义见表 5.11。

表 5.11 point _MTD.m 参数定义

符号	描 述	单位	状态	图 5.44 的参考值
N	滤波器长度		输入	10
fr	脉冲重复频率	Hz	输入	100
df	杂波谱宽	Hz	输入	0.64
ww	FFT 滤波器组权值		输出	
Hf	滤波器的频率响应	dB	输出	

[例 5-7] 设计点最佳多普勒滤波器组。脉冲重复频率为 100 Hz，地杂波的中心频率为 0 Hz，谱宽为 0.64 Hz，设计 10 脉冲点最佳多普勒滤波器组，其归一化频率响应如图 5.44(a)所示。由于在每个距离单元，MTD 滤波器组通常取多个通道输出的最大值，图中虚线为滤波器组的总的幅频响应。图 5.44(b)为 10 脉冲的脉压结果，杂噪比约为 45 dB；

图5.44(c)为 MTD 滤波器组输出结果，可见杂波得到抑制的同时，目标的信噪比也提高了约 10 dB。

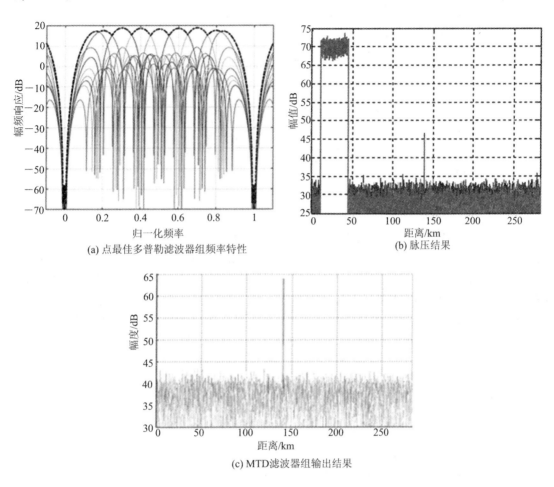

(a) 点最佳多普勒滤波器组频率特性

(b) 脉压结果

(c) MTD滤波器组输出结果

图 5.44　点最佳多普勒滤波器组频率特性

5.5.3　零多普勒处理

MTD 比 MTI 的改进之一就是它能够检测切向飞行的零多普勒速度目标(严格地说是低径向速度目标)。由于这种零速或低速目标的频谱近似与地物杂波谱重叠，所以必须采用特殊的处理方法。这种方法称为零速滤波或零多普勒频率处理。

1. 零多普勒频率处理的组成

在早期的 MTD 中，零多普勒处理由中心频率为零的低通(零速)滤波器加杂波图平滑滤波器所组成。在强地物杂波中为了获得切向飞行目标(特别是小目标)的检测，需要很大的动态处理范围并增加 A/D 变换的位数，所以它一般只能做大目标的超杂波检测。由于任何目标不可能始终是严格切向飞行的，而至多是接近(但不等于)零径向速度飞行，所以可考虑用下面的方法对这种低速目标进行检测：在做杂波图平滑前用一特殊的滤波器先对地物杂波进行抑制，该滤波器的频率响应在零多普勒频率处呈现深的阻带凹口，而随着频率的增加呈现快速上升的态势，以保证低速目标的检测能力。具有这一特点的滤波器称为卡尔马斯(Kalmus)滤波器。零多普勒频率处理模型组成框图如图 5.45 所示,该模型主要由下述两个部分组成。

(1) 强地物杂波环境下低速目标检测的卡尔马斯滤波器;

(2) 对剩余地物杂波进行平滑处理,即进行杂波图恒虚警处理。

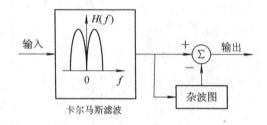

图 5.45 零多普勒处理模型

2. 卡尔马斯滤波器

卡尔马斯滤波器就是在零频形成一个"零点",而在零频之外保持通带性能的滤波器。

下面我们以 $N=10$ 点的 DFT 梳状滤波器的频率特性说明卡尔马斯滤波器的形成过程。图 5.46(a)给出了 DFT 滤波器组的第 0 号和第 9 号滤波器的幅频响应,将二者相减并取绝对值,可形成一个新的等效"滤波器"幅频特性,如图 5.46(b)所示,它在 $f=-f_r/(2N)$ 处呈现零响应,而在此频率两侧呈现窄而深的凹口。若再将它频移 $f_r/(2N)$,使形成了在零多普勒处有窄而深凹口的卡尔马斯滤波器,如图 5.46(c)所示。

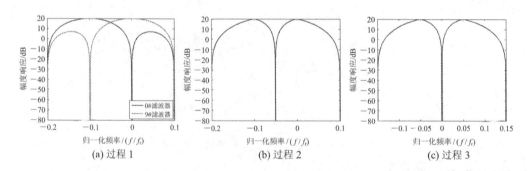

(a) 过程 1 (b) 过程 2 (c) 过程 3

图 5.46 卡尔马斯滤波器形成过程($N=10$)

由卡尔马斯滤波器的形成过程推导出基于 DFT 多普勒滤波器下的卡尔马斯滤波器的幅度特性表达式为

$$
\begin{aligned}
|H_{ka}(f)| &= \left| \left| H_0\left(f-\frac{f_r}{2N}\right) \right| - \left| H_{N-1}\left(f-\frac{f_r}{2N}\right) \right| \right| \\
&= \left| \left| \frac{\sin\left[N\pi\left(fT_r-\frac{1}{2N}\right)\right]}{\sin\left[\pi\left(fT_r-\frac{1}{2N}\right)\right]} \right| - \left| \frac{\sin\left[N\pi\left(fT_r+\frac{1}{2N}\right)\right]}{\sin\left[\pi\left(fT_r+\frac{1}{2N}\right)\right]} \right| \right|
\end{aligned} \tag{5.5.13}
$$

在由其它 FIR 滤波器构成 MTD 多普勒滤波器时,卡尔马斯滤波器同样可由上述过程实现。具体实现时,$f_r/(2N)$ 的频移运算可预先计入加权因子中。

[例 5-8] 仿真举例:假设雷达在一个波位发射 10 个脉冲,脉冲重复周期 $T_r=2500\ \mu s$,发射脉宽 $T_e=100\ \mu s$,调频带宽 $B=18$ MHz。两个目标的距离、速度、信噪比分别为

$R=[60,200]$ km，$v_\mathrm{r}=[0.5,3.5]$ m/s，SNR$=[0,-5]$ dB，分别在杂内和杂外；杂波位于 40～80 km 范围内，杂噪比 CNR$=50$ dB。图 5.47(a)为脉冲压缩，图(b)和图(c)分别给出了四脉冲对消和卡尔马斯滤波器输出结果。由此可见，四脉冲对消后，杂波对消干净，但速度为 0.5 m/s 的目标无法看见，速度为 3.5 m/s 的目标也存在一定的 SNR 损失。而卡尔马斯滤波后，尽管杂波存在一定的剩余，但是两个目标清晰可见。因此，现代雷达设计过程中，有时专门增加一个慢速目标检测的处理通道，以提高对慢速目标的检测能力。

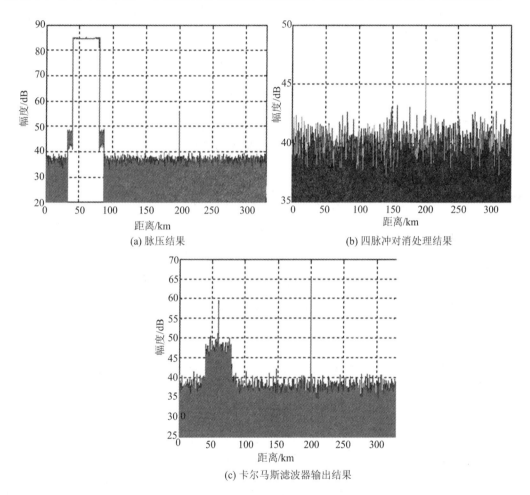

(a) 脉压结果

(b) 四脉冲对消处理结果

(c) 卡尔马斯滤波器输出结果

图 5.47　四脉冲对消和卡尔马斯滤波结果比较

3. 杂波图平滑处理

显然，卡尔马斯滤波器对只有直流分量(零多普勒分量)的理想点杂波具有良好的抑制作用，而实际环境中总是存在具有一定谱宽的起伏杂波。尽管使用了卡尔马斯滤波，滤波剩余的这种起伏分量仍将严重干扰低速目标的检测并造成虚警。因此必须针对这种起伏杂波剩余进行恒虚警处理。一种有效的方法是建立起伏杂波图(因杂波已是卡尔马斯对消的剩余，所以又称为剩余杂波图)，并根据杂波图对输入做平滑，以得到近似恒虚警概率的效果，因此这种杂波图平滑处理也称为杂波图恒虚警。

由于地物杂波与气象杂波相比在邻近距离范围内变化剧烈，不满足平稳性，因此不能采用基于邻近单元平均的空间单元恒虚警，否则会导致较大的信噪比损失，且难以维持虚警率的恒定。在同一距离、同一方位单元内的地物杂波（剩余）尽管仍有一定起伏，但其天线扫掠（帧）间采样已满足准平稳性，这样就可考虑基于同一单元的多次扫掠对杂波平均幅度进行估值，然后再用此估值对该单元的输入做归一化门限调整，这就是杂波图恒虚警的基本过程。为了与对付气象杂波的邻近单元平均恒虚警相区别，这种杂波图恒虚警通常也被称作"时间单元"恒虚警。

杂波图恒虚警需要很大容量的存储器，因为其按照杂波单元调整门限估值，且存储容量还取决于估值（平均）算法。这一估值（即杂波图的建立与更新）通常采用单回路反馈积累的方法，其原理图如图 5.48 所示。

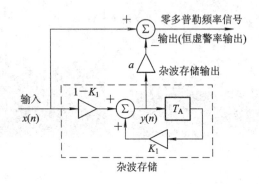

图 5.48　杂波图存储原理图

图 5.48 中，T_A 表示天线的一个扫描周期。某单元新接收的杂波数据乘以 $1-K_1$，然后和该单元乘以 K_1 后的原存储值相加后作为新的存储值。用 Z 变换分析杂波图存储的传输函数，有

$$y(n) = (1-K_1)x(n) + K_1 y(n-1) \tag{5.5.14}$$

$$Y(z) = (1-K_1)X(z) + K_1 Y(z)z^{-1} \tag{5.5.15}$$

即

$$H(z) = \frac{Y(z)}{X(z)} = \frac{1-K_1}{1-K_1 z^{-1}} \tag{5.5.16}$$

这是一个单极点系统，单位脉冲响应为一指数函数，所以它相当于对各个单元的多次扫描（天线扫描）作指数加权积累，以获得杂波平均值的估值。

实际中可能是将上一帧获得的杂波平均估值用来对本帧的输入（卡尔马斯滤波输出）作归一化处理，即恒虚警门限调整，经此调整（相减）后的输出就是零多普勒处理的最后结果。

5.5.4　自适应 MTD (AMTD)

AMTI 是根据对杂波中心频率的估计值，自动改变 MTI 滤波器特性，使其阻带凹口实时对准杂波谱的平均多普勒中心。如果多个运动的杂波同时存在，则采用这种自适应方法将很难对其进行有效抑制，除非是运用多通道自适应 MTI。但是使用 MTD 情况就不同了。由于一种运动杂波一般只可能出现在 MTD 窄带滤波器组的某一个滤波器通带范围之内，可考虑对每个距离-方位单元甚至每个距离-方位-多普勒单元的杂波强度进行实时检

测，并根据这一检测结果实现自适应 MTD 处理（AMTD）。针对 MTD 的如下缺点，AMTD 进行了相应的改进。

（1）FIR 滤波器组的加权值虽然是分频道设计的，但都是固定的。这意味着在强杂波环境中所必需的零多普勒深阻带，在弱的或没有杂波的条件下仍然存在。因而多普勒频率接近雷达重复频率的特殊速度的小目标的可见度（即检测概率）相对最佳滤波而言是降低了。

解决此问题的方法有两种：一是根据建立的距离-方位杂波图，MTD 相参处理支路与正常处理支路（在下一节介绍）的动态快速切换，杂波存在时选择 MTD 支路，无杂波时选择正常支路。这种方法中的 MTD 滤波器的实现相对简单（无需自适应），而正常支路具有更大的动态范围，这是现代雷达中的常见处理方式；二是自适应加权，即根据杂波频域统计特性实时地选择不同的滤波器组。

（2）如果在气象杂波不存在时仍然使用恒虚警，则存在一定的信噪比损失。对典型的 MTD（16～20 个脉冲），用长度为 20 的窗口计算恒虚警调整门限，这一损失约为 2 dB。

解决此问题的方法有两种：一是采用 MTD 支路与正常支路的切换，即根据建立的杂波（包括气象杂波）进行相参支路与正常支路的选择，在正常支路中不使用快门限恒虚警，而使用固定门限或慢门限恒虚警（即噪声恒虚警）；二是对地杂波抑制后的剩余杂波建立气象杂波图，再根据这一杂波图实时选择快门限恒虚警或固定门限恒虚警。

（3）对于一些特殊的信号，如天波干扰、鸟和昆虫造成的干扰等，不能使用 MTD 和恒虚警进行有效抑制，即无法控制这些信号引起的虚警。

解决这一问题的方法是在 MTD 滤波和分频道恒虚警处理后，不再进行通常的频道分选合成加固定门限检测，而是先进行分频道的自适应门限检测，再进行合成。这一检测使用自适应门限图，这一门限图的建立与更新准则应确保其反映地物、气象杂波剩余和上述特殊信号的存在与变化。

其实，AMTD 的关键就是根据杂波强度（类型）选择（生成）加权因子或滤波特性，所以有时将这种具有自适应能力的多普勒滤波器称为自适应频谱处理器（ASP）。

综上所述，MTI 与 MTD 的异同如表 5.12 所示。

表 5.12　MTI 与 MTD 的异同

特　征	MTI	MTD
杂波抑制机理（相同点）	利用目标和杂波的多普勒频率的差别进行处理，对于地面雷达地杂波的多普勒频率为零	
适用范围	等 T 模式或者变 T 模式	等 T 模式
滤波器设计方法	二项式级数法，特征矢量法，零点分配法等	FFT 法，点最佳设计法，等间隔设计法，数字综合算法等
处理输出	脉间输出	通常为脉组输出
滤波器特征	单个滤波器，变 T 时为时变滤波器	滤波器组
对气象杂波	AMTI，在气象杂波位置形成凹口	AMTD，滤波器组在气象杂波位置均形成凹口

关于杂波自适应控制和杂波图等内容可参考相关文献。限于篇幅，本书不再介绍。

5.6 脉冲多普勒雷达

在 MTI 雷达中，PRF 选择要求不会产生距离模糊，但通常会产生许多多普勒模糊或盲速。当盲速的影响能容忍时，MTI 处理是雷达从杂波中检测运动目标的非常有效的方法。然而，在某些重要场合，多个盲速会大大减少可以利用的多普勒空域(可以检测希望的运动目标的多普勒区域)，可用多普勒区域的减少会使可检测的运动目标变得不可检测。受载机条件的限制，机载雷达必须工作在高的微波频率，以便用飞机可容忍的天线孔径产生窄波束，这时盲速产生的性能下降难以对付。除此以外，机载雷达还因平台的运动产生杂波谱的展宽，加剧了可用于运动目标检测的多普勒频率空间的减少。为了消除多普勒模糊和与之相伴的盲速的严重影响，必须牺牲低 PRF 没有距离模糊的优点。PRF 的增大相应地增加了第一盲速，并减少了多普勒空间内的零凹口数量。但是，高 PRF 却产生了距离模糊的问题。因此，机载雷达通常容忍用距离模糊去换多普勒模糊，以便获得好的运动目标检测性能。

通过增大 PRF 以避免盲速的雷达通常称为脉冲多普勒雷达。更准确地说，高 PRF 脉冲多普勒雷达是在多普勒空间没有盲速的雷达。然而，在某些情况下雷达是以稍低的 PRF 工作，并容忍距离和多普勒模糊可能更有利，这种雷达称为中 PRF 脉冲多普勒雷达。

如果雷达关心的目标和杂波的最大距离为 r_{max}，则距离无模糊的最大 PRF 为 $f_{r1} = c/(2r_{max})$；如果雷达关心的目标和杂波的最大速度为 v_{max}，则多普勒无模糊的最小 PRF 为 $f_{r2} = 2|v_{max}|/\lambda$。根据 f_{r1} 和 f_{r2} 的大小，高、中、低 PRF 的选择如表 5.13 所示。表 5.14 对高、中、低 PRF 雷达的性能进行了比较。

表 5.13 高、中、低 PRF 的选择

特 征	高 PRF	中 PRF	低 PRF
$\dfrac{c}{2r_{max}} < \dfrac{2\|v_{max}\|}{\lambda}$	$f_r \geqslant \dfrac{2\|v_{max}\|}{\lambda}$	$\dfrac{c}{2r_{max}} < f_r < \dfrac{2\|v_{max}\|}{\lambda}$	$f_r \leqslant \dfrac{c}{2r_{max}}$
$\dfrac{c}{2r_{max}} \geqslant \dfrac{2\|v_{max}\|}{\lambda}$	$f_r \geqslant \dfrac{c}{2r_{max}}$	$\dfrac{2\|v_{max}\|}{\lambda} < f_r < \dfrac{c}{2r_{max}}$	$f_r \leqslant \dfrac{2\|v_{max}\|}{\lambda}$

表 5.14 高、中、低 PRF 雷达性能的比较

特征	高 PRF 脉冲多普勒雷达	中 PRF 脉冲多普勒雷达	低 PRF 脉冲多普勒雷达
多普勒频率模糊	没有多普勒模糊，没有盲速但存在距离模糊	多普勒模糊，高速目标的检测性能不如高 PRF 系统	多普勒模糊严重
距离模糊	距离模糊，可以通过发射三种不同的 PRF 解距离模糊	较小的距离模糊，必须采用多种不同的 PRF 解距离模糊	没有距离模糊，不需要采用多种 PRF 解距离模糊

续表

特征	高 PRF 脉冲多普勒雷达	中 PRF 脉冲多普勒雷达	低 PRF 脉冲多普勒雷达
主瓣杂波	通过可调滤波器消除	MTD	采用 STC、MTI 抑制杂波，在远距离可无杂波情况下工作
高度杂波	通过多普勒滤波消除	高度杂波通过距离门消除	不用考虑
副瓣杂波	为了减低副瓣杂波，天线副瓣必须十分低	为了减低副瓣杂波，天线必须有低的副瓣	副瓣杂波较弱，没有脉冲多普勒系统中重要
低径向速度目标的检测	通常被距离上折叠起来的近距离旁瓣杂波淹没在多普勒区域，检测效果较差	与高 PRF 系统相比，可在更远距离检测相对低速的目标	MTI 抑制杂波时低速目标也被抑制了，通常需要进行超杂波检测
距离波门数	经常只用一个距离波门，但具有大的多普勒滤波器组	要求的距离波门较多，但每个波门的多普勒滤波器数较少	距离单元数取决于雷达的作用距离和距离分辨率
测距精度和距离分辨率	测距精度和距离上分辨多个目标的能力比其它雷达差	与高 PRF 系统相比，可获得较好的测距精度和距离分辨率	可获得更好的测距精度和距离分辨率

　　与低 PRF 相比，高 PRF 导致更多的杂波从天线副瓣进入雷达，因而要求更大的改善因子。

5.7　MATLAB 程序及函数清单

　　本节提供了本章所使用的主要 MATLAB 程序和函数的清单。读者可以根据需要，输入不同的参数，重新运行程序，设计相关的滤波器，得到滤波器的权值及其幅频响应。

程序 5.1　二项式级数参差 MTI 滤波器设计（cenci_MTI. m）

```
function [ww, Hf] = cenci_MTI(len, Tr, f)
%输入：len——MTI 滤波器阶数；Tr——脉冲重复周期，变 T 时为向量；f——频率范围；
%输出：ww——滤波器的权值；Hf——幅频响应
bianT_num = length(Tr);
fr=1/mean(Tr);
Tr = repmat(Tr, 1, len);
N=len-1;    %
m=0:N; w(m+1)=(-1).^(m) * factorial(N)./(factorial(m). * factorial(N-m));
%计算二项式级数权值
ww=w./max(abs(w));
%计算归一化频率响应
Hf= zeros(length(f), bianT_num);
```

```
    T = zeros(1, len);              %时间矩阵
    for k=1:bianT_num
        T(2:len)= Tr(k-1+(1:len-1));
        Ti = cumsum(T, 2);          %时间累加矩阵
        Hf(:, k) = abs(exp(-1j * 2 * pi * f * Ti) * ww.');
    end
    Hfdb= db(Hf + 1e-10);
    figure; plot(f./fr, Hfdb);
```

程序 5.2 特征矢量法设计 MTI 滤波器(eig_MTI. m)

```
    function [ww, Hf] = eig_MTI(len, Tr, fz, sigmaf, f)
    %输入:len——MTI 滤波器阶数;Tr——脉冲重复周期,变 T 时为向量;f——频率范围;
    %       fz——杂波谱中心频率;sigmaf——杂波谱宽
    %输出:ww——滤波器的权值;Hf——幅频响应
    bianT_num = length(Tr);
    fr=1/mean(Tr);
    Tr = repmat(Tr, 1, len);
    N=len-1;   %
    Rc = zeros(len, len);           %杂波自相关矩阵
    T = zeros(1, len);              %时间矩阵
    for k = 1:bianT_num
        T(2:len)= Tr(k-1+(1:len-1));
        Ti = cumsum(T, 2);          %时间累加矩阵
        for m = 1:len               %计算杂波自相关矩阵
            Rc(m, :) = exp(1j * 2 * pi * fz * (Ti(m)-Ti(1:len))-2 * pi^2 * sigmaf^2 * (Ti(m)-
            Ti(1:len)).^2);
        end
        [V, D]=eig(Rc);             %特征分解
        w = V(:, 1);                %w 最小特征值所对应的特征向量
        ww(:, k) = w;
        Hf(:, k) = abs(exp(-1j * 2 * pi * f * Ti) * w);    %计算频率响应
    end

    Hfdb= db(Hf + 1e-10);
    figure; plot(f./fr, Hfdb);
```

程序 5.3 零点分配法设计 MTI 滤波器(zero_MTI. m)

```
    function [ww, Hf]=zero_MTI(len, Tr, fz, f)
    %输入:len——MTI 滤波器阶数;Tr——脉冲重复周期,变 T 时为向量;f——频率范围;
    %       fz——零点频率
    %输出:ww——滤波器的权值;Hf——幅频响应
    bianT_num=length(Tr);
    fr=1/mean(Tr);
```

```
N = len −1; %−1;
zero_num=length(fz);
Tr=repmat(Tr, 1, 2);                              %{Tr1, Tr2, Tr3, Tr1, Tr2, …}
Hf= zeros(length(f), bianT_num);
U=ones(len, 1);
T = zeros(1, len);                               %时间矩阵 len
for k=1:bianT_num
    T(2:len)= Tr(k−1+(1:len−1));                  %T 从 0, Tr1, …, 开始
    Ti = cumsum(T, 2);                            %时间累加矩阵
    TN=(Ti'.^(0:N))';
    A= zeros(len, len);
    for l=1:zero_num
        A = A+ TN.* repmat(exp(−1i*2*pi*fz(l).*Ti), len, 1); %(:,1:N)
    end
    w=−(A)\U;                                     %等价于 w=−inv(A)*U;
    w=w./max(abs(w));
    ww(:, k) = w;
    Hf(:, k) = abs(exp(−1j*2*pi*f*Ti)*w);        %计算频率响应
end
Hfdb= db(Hf + 1e−10);
figure; plot(f./fr, Hfdb);
```

程序 5.4　FFT 滤波器组设计 MTD 滤波器(fft_MTD.m)

```
function [ww, Hf] = fft_MTD(N, win, f, Tr)
%输入：N——FFT 点数；f——频率范围；Tr——脉冲重复周期
%输出：ww——滤波器组的权值；Hf——幅频响应
for m=1:N
    ww(m, :) = exp(−j*2*pi*m*(0:N−1)/N).*win.';
end
Hf = db(ww*exp(−j*2*pi*(0:N−1)'*f*Tr));          %计算归一化频率响应
figure; plot(f, Hf);
xlabel('归一化频率 f/fr');ylabel('幅度响应 / dB');xlim([min(f) max(f)]);
```

程序 5.5　点最佳 MTD 滤波器组设计(point_MTD.m)

```
function [ww, Hf]=point_MTD (N, fr, df)
%输入：N——脉冲数；fr——重频；df——杂波谱宽
Tr=1/fr;                                          %重复周期
f = [−0.1*fr:0.1:1.1*fr];                         %频率范围
tn=(0:N−1)*Tr;
tmn= tn'*ones(1, N)−ones(N, 1)*tn;
Rn= exp(−2*pi^2*df^2*tmn.^2);                     %杂波自相关矩阵
Rni = inv(Rn);
ww = zeros(N−1, N);
```

```
for m = 1:N-1
    s = exp(j * 2 * pi * (0:N -1) * m/N);        %点最佳
    w0 = Rni * s.';                              %最佳权值
    ww(m, :) = w0. /max(abs(w0));                %归一化
end
Hf = db( ww * exp(-j * 2 * pi * (0:N-1)' * Tr * f));        %计算频率响应
figure; plot(f. /fr, Hf);
xlabel('归一化频率 f/fr');ylabel('幅度响应 / dB');
```

练 习 题

5-1 假设雷达的参数为：峰值功率 $P_t = 100$ kW，工作频率 $f_0 = 10$ GHz，方位波束宽度 $\theta_a = 1°$，俯仰波束宽度 $\theta_e = 20°$，脉冲宽度 $T_e = 0.1$ μs，接收机噪声系数 $F = 3$ dB。雷达架设于平静的海面之上 1 km 的高度，海面散射系数为

$$\sigma° = \begin{cases} -46 \text{ dB}, & \text{当掠射角 } \psi_g \text{ 为 } 1° \\ -42 \text{ dB}, & \text{当掠射角 } \psi_g \text{ 为 } 3° \\ -37 \text{ dB}, & \text{当掠射角 } \psi_g \text{ 为 } 10° \end{cases}$$

（1）计算杂噪比与杂波距离的关系表达式；

（2）计算从低掠射角面杂波的回波比接收机噪声功率高 20 dB 时的杂波距离；

（3）利用给出的海面散射系数拟合低掠射角时的海面散射系数曲线，画出杂噪比与杂波距离的关系曲线。

5-2 简要评述分别当检测受到面杂波和接收机噪声限制时，下列雷达参数是如何影响雷达性能的。雷达参数有脉宽、天线增益、发射功率、在一个波位目标返回的脉冲数、系统损耗、对应 RCS 变化的最大探测距离的灵敏度。

5-3 某脉冲雷达为全相参体制，其重复周期为 1 ms，载频为 1500 MHz。一目标的径向速度为 300 m/s。计算每经过一个重复周期该目标相对于雷达距离的变化量 ΔR，目标回波滞后于发射信号的时间变化量 Δt 及目标回波相对于发射脉冲的相位差变化量 $\Delta \varphi$。

5-4 某一雷达脉冲重复频率为 800 Hz，如果杂波均方根值为 6.4 Hz，当使用单延迟线、双延迟线对消器时，求改善因子。

5-5 某雷达工作波长为 1.5 m，采用"三变 T"工作方式，重复周期分别为 3.1 ms、3.2 ms 和 3.3 ms。试求：

（1）变 T 工作时第一盲速及其对应的多普勒频率。

（2）第一盲速在变 T 与不变 T 条件下二者之比。

（3）假设变 T 顺序为 $T_{r1} \rightarrow T_{r2} \rightarrow T_{r3} \rightarrow T_{r1} \rightarrow \cdots$，设计滤波器零点中心为 0 Hz 的时变加权滤波器，画出滤波器的频率响应。

（4）重复（3），设计滤波器零点中心为 100 Hz 的时变加权滤波器，画出滤波器的频率响应。

5-6 一连续波雷达的波长为 λ（频率为 f_0），目标等速直线飞行，速度为 v，航线如图所示，D_0 为有限值。

（1）目标沿该航线由西向东飞行，求 f_d 与方位角 α 的关系式，画出曲线表示。（设正北方向 $\alpha=0°$）。

（2）$AO=OB\ll D_0$，又设目标飞经 O 点时刻为时间轴原点，在目标由 A 飞向 B 的一段时间里，① 证明回波频率 $f_0'=f_0-kt$，$k=\dfrac{2f_0v^2}{cD_0}$，c 为光速；② 画出 f_d-f 曲线；③ 说明相干检波器输出信号形式，并画出波形示意图。

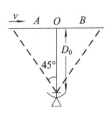

题 5-6 图

5-7　动目标显示雷达，波长 $\lambda=3$ cm，脉宽 $\tau=6$ μs，脉冲重复周期 $T_r=4$ ms，雷达波束在空间以一定的速度不断地作搜索扫描，在顶空 300 km 处发现航天飞机。假定此时航天飞机正以 27 000 km/h 的径速离开雷达。

（1）计算当前时刻航天飞机的多普勒频率 f_d、距离延时产生的相位 φ_0、相邻两回波脉冲与基准信号相位差的变化量 $\Delta\varphi_0$。

（2）用矢量作图法画出相干视频信号波形示意图。

（3）画出相干视频信号的振幅谱。

5-8　在直径为 D 的旋转反射面天线中，天线波束宽度为 $\theta_B=\lambda/D$ 弧度，假设天线的转速为 v_a（秒/圈），计算天线转速与多普勒频率扩展之间的关系。

5-9　脉冲雷达发射全相参脉冲，重复周期为 T_r，载频为 f_0，目标径向速度为 v_r，$\Delta\varphi$ 为经过一个重复周期后目标延迟时间的变化量。

（1）求证相邻两回波脉冲与基准信号相位差的变化量为 $\Delta\varphi=\omega_d T_r$。

（2）设 $v_r=300$ m/s，$T_r=1$ ms，$f_0=1500$ MHz，计算在一个重复周期期间，目标距离的变化量 ΔR、延时 Δt_r 及其相位的变化量 $\Delta\varphi$。

5-10　全相参脉冲雷达的重频 $f_r=1000$ Hz，载频 $f_0=3000$ MHz，目标距离 $R_0=10$ km，$U_r\ll U_k$，在 $v_r=25$ m/s 和 $v_r=125$ m/s 情况下，用矢量图作图法画出相干检波器输出波形，并求出相干视频包络频率 f_d，即多普勒频率。

5-11　如图所示，目标在正北位置向正东方向直线飞行，$v=6000$ m/s，雷达重复频率 $f_r=600$ Hz，$\lambda=20$ cm，在目标方位为从 0° 到 30° 的范围内，在哪些方向上，雷达可能将目标误认为是固定目标？

5-12　用取样定理解释盲速和频闪效应。

5-13　已知目标的多普勒频率 $f_d=300$ Hz，$\varphi_0=0.3\pi$，重复频率 $f_r=1300$ Hz，加于一次相消器的脉冲振幅 $U_0=10$ V，求：

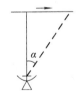

题 5-11 图

（1）相消器在该多普勒频率下的速度响应值，并画出相消器的输出波形，标出参数。

（2）多普勒频率为何值时相消器输出响应值最大，等于多少。

5-14　设甲乙两雷达分别对相同的杂波背景下的同一目标进行观测。甲的水平和垂直波束宽度为 1°，脉宽为 1 μs；乙的水平和垂直波束宽度各为 10°，脉宽为 10 μs，除杂波抑制设备外，其它参数相同。已知甲在杂波中可见度为 42 dB 时可发现目标，问乙需要改善因子为多少时才能发现同一目标？

5-15　已知动目标显示雷达，由于天线扫描限制的改善因子为 40 dB，雷达系统不稳定限制的改善因子为 20 dB，杂波起伏限制的改善因子为 50 dB，对消器本身限制的改善因子为 45 dB，求该 MTI 雷达系统改善因子是多少。

5-16 已知某 MTI 雷达的改善因子为 40 dB，处于杂波中的动目标信号功率为 10^{-10} W，问在临界灵敏度条件下该雷达能在多强的杂波功率下发现目标？

5-17 雷达工作波长 $\lambda = 10$ cm，重复频率 $f_r = 1.5$ kHz，$v_r = 8 \times 10^3$ m/s，脉宽 $T_e = 20$ μs，航线如图所示。

题 5-17 图

(1) 画出相干检波器输出端的波形图和频谱图，什么时候出现盲速？

(2) 天线方向图为高斯形，扫描时收到的有效脉冲数 $N = 16$（$f_r = 8$ kHz 时）。画出固定目标和运动目标（$f_d = 2$ kHz 时）的频谱。若用 FFT 作等效窄带滤波器，试求滤波器的数目、每一滤波器的中心频率、等效带宽及滤波器的等效滤波特性。如果这时将重复频率提高到 $f_r = 16$ kHz，则以上参数如何变化？

5-18 某动目标显示雷达工作在 L 波段，重复周期 $T_r = 2$ ms，脉冲宽度 $T_e = 2$ μs，天线转速 $\Omega_A = 3$ r/min，在天线照射目标期间获得的回波脉冲数 $N = 20$，回波脉冲串包络近似为矩形。

(1) 图为固定目标回波经相位检波器输出信号的频谱图，计算出 A、B、C、D、E 五点的频率 f_A、f_B、f_C、f_D、f_E。

(2) 如果天线转速增大到 $\Omega_A = 6$ r/min，此时 f_A、f_B、f_C、f_D、f_E 各等于多少？

(3) 对应于 $\Omega_A = 3$ r/min，画出理想滤波器的滤波频率特性。

(4) 定性说明：如果雷达工作频率提高到厘米波段，理想滤波器的频率特性应有什么变化？

(5) 某飞机目标飞行速度 $v = 250$ m/s，飞行方向和雷达照射方向夹角 $\theta = 84°18'$，雷达工作波长 $\lambda = 10$ cm。目标回波经 MTI 滤波器输出后，在雷达亮度显示器上能否发现此目标？从频域加以说明。

(6) 如天线方向图以辛克函数表示，且认为回波脉冲串包络也近似用辛克函数表示，定性说明此时频谱图有何变化。

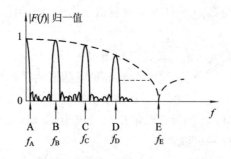

题 5-18 图

5-19　某 S 波段(3.1 GHz)空中监视雷达采用四个不同 PRF 的参差重频,四个 PRF 分别为 1222 Hz、1031 Hz、1138 Hz 和 1000 Hz。

(1) 如果采用脉冲重复周期等于四个参差周期的均值,第一盲速是多少?

(2) 参差重频的第一盲速是多少? 注意四个脉冲重复周期的参差比 N_i 为 27 : 32 : 29 : 33。

(3) 参差重频的最大无模糊距离为多少?

(4) 参差重频的第一个零凹口深度为多少 dB?

(5) 假设杂波谱为高斯谱,标准偏差为 10 Hz,参差重频的最大 MTI 改善因子为多少?

(6) 设计抑制(5)中杂波的四脉冲对消 MTI 滤波器,画出各时变滤波器的幅频响应曲线及其平均幅频响应曲线。

5-20　某 S 波段(3 GHz)雷达发射 LFM 信号,其调频带宽为 1 MHz,脉宽为 100 μs。雷达为三变 T:脉冲重复周期依次为 4100 μs、4400 μs、4700 μs、4100 μs、…,假设在一个波位驻留 9 个脉冲,在同一个波位的目标、杂波的参数如下表。

	距离/km	平均速度,杂波谱宽	输入 SNR 或 CNR
目标 1	60	100 m/s	0 dB
目标 2	90	150 m/s	0 dB
地杂波区	15～30	0, $\sigma_v = 0.32$ m/s	50 dB
气象杂波区	50 ～70	10 m/s, $\sigma_v = 1.2$ m/s	25 dB

编程完成下列仿真:

(1) 假设噪声为高斯白噪声,功率为 1,分别模拟产生噪声和目标 1、目标 2、地杂波、气象杂波的基带回波信号(验证杂波谱宽和 CNR 与设置值一致)。

(2) 设计凹口中心为零的四脉冲 MTI 滤波器,画出幅频响应曲线;回波包括(1)中产生的噪声和目标 1、目标 2、地杂波,分别画出脉压前、脉压后、MTI 滤波后、非相干积累后的时域信号;计算功率,估算改善因子,并填入下表。

	距离单元	脉压前/dB	脉压后/dB	MTI 后/dB	改善因子/dB
目标 1					
目标 2					
地杂波区					

(3) 设计凹口中心为气象杂波中心的四脉冲 MTI 滤波器,画出幅频响应曲线,回波包括(1)中产生的噪声和目标 1、目标 2、气象杂波,分别画出脉压前(设定值)、脉压后、MTI 滤波后、非相干积累后的时域信号;计算功率,估算改善因子,并填入下表。

	距离单元	脉压前/dB	脉压后/dB	MTI 后/dB	改善因子/dB
目标 1					
目标 2					
气象杂波区					

（4）设计双凹口的六脉冲 MTI 滤波器，凹口中心分别在零频和气象杂波中心，画出幅频响应曲线，回波包括(1)中产生的噪声和目标 1、目标 2、地杂波、气象杂波，分别画出脉压前、脉压后、MTI 滤波后、非相干积累后的时域信号；计算功率，估算改善因子，并填入下表。

	距离单元	脉压前/dB	脉压后/dB	MTI 后/dB	改善因子/dB
目标 1					
目标 2					
地杂波区					
气象杂波区					

（5）分析问题(2)(3)(4)中非相干积累后输出信号相对于脉压前信号的信杂噪比的变化，并解释原因。

第 6 章　雷达信号检测

　　雷达通常需要在混杂着噪声和干扰的回波信号中发现目标，并对目标进行定位。由于噪声和各种干扰信号均具有随机性，在这种条件下发现目标的问题属于信号检测的范畴，而测定目标坐标则是参数估计的问题。信号检测是参数估计的前提，只有发现了目标才能对目标进行定位。因此，信号检测是雷达最基本的任务。

　　信号检测就是对接收机输出的由信号、噪声和其它干扰组成的混合信号进行信号处理，以规定的检测概率（通常比较高）输出期望的有用信号，而噪声和其它干扰则以低概率产生随机虚警（通常以一定的虚警概率为条件）。检测概率和虚警概率取决于噪声和其它干扰信号，以及伴随这些信号的目标信号的幅度分布（概率密度函数），因此，检测是一个统计过程。

　　采用何种方式来处理信号和噪声（或包括干扰）的混合波形，最有效地利用信号所载信息，使检测性能最好，这是理论上需要解决的问题。信号检测理论就是判断信号是否存在及其找出最佳处理方式的方法。本章主要介绍基本检测过程、雷达信号的最佳检测、脉冲积累的检测性能、自动检测等方面的知识，给出不同情况下的检测概率的计算公式。自动检测主要介绍均值类恒虚警（CFAR）处理方法。

6.1　基本检测过程

　　检测系统的任务是对输入 $x(t)$ 进行必要的处理，然后根据一定的准则来判断输入是否有信号，如图 6.1 所示。输入到检测系统的信号 $x(t)$ 有两种可能：

　　(1) 信号加噪声，即 $x(t) = s(t) + n(t)$；

　　(2) 只有噪声，即 $x(t) = n(t)$。

　　由于输入噪声和干扰的随机性，信号检测问题要用数理统计的方法来解决。

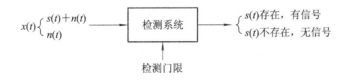

图 6.1　雷达信号检测模型

　　雷达的检测过程可以用门限检测来描述，即以接收机的接收信号经处理后的输出信号（本书中称为检测前输入信号）与某个门限电平进行比较。如果检测前输入信号的包络超过了某一预置门限，就认为有目标（信号）。雷达信号检测属于二元检测问题，即要么有目标，要么无目标。当接收机只有噪声输入时，为 H_0 假设；当输入包括信号和噪声时，为 H_1 假

设，即

$$\begin{cases} H_0: x(t) = n(t) \\ H_1: x(t) = s(t) + n(t) \end{cases} \qquad (6.1.1)$$

二元检测问题实际上是对观察信号空间 D 的划分问题，即划分为 D_1（有信号）和 D_0（无信号）两个子空间，并满足 $D = D_0 \bigcup D_1$，$D_0 \bigcap D_1 = \varnothing$（空集）。子空间 D_1 和 D_0 称为判决域。如果某个观测量 $(x \mid H_i)$ $(i=0，1)$ 落入 D_0 域，就判决假设 H_0 成立，否则就判决假设 H_1 成立，如图 6.2 所示。

图 6.2 观察空间的分布

对于二元检测来说，有两种正确的判决和两种错误的判决，这些判决的概率可以用条件概率表示，如表 6.1 所示。表中 $P(H_0 \mid H_1)$ 表示在 H_1 假设下做出无信号的判决（即 H_0 为真）的概率，其它条件概率类似。

表 6.1 二元检测判决概率

信号 $s(t)$	判决结果	概 率	判决属性
存在	有信号	检测概率，$P_d = P(H_1 \mid H_1) = 1 - P_m$	正确判决
不存在	无信号	正确不发现概率，$P_n = P(H_0 \mid H_0) = 1 - P_{fa}$	
不存在	有信号	虚警概率，$P_{fa} = P(H_1 \mid H_0) = 1 - P_n$	错误判决
存在	无信号	漏警概率，$P_m = P(H_0 \mid H_1) = 1 - P_d$	

假设 H_1 出现的先验概率为 $P(H_1)$，H_0 出现的先验概率为 $P(H_0)$，且 $P(H_1) = 1 - P(H_0)$。假设噪声 $n(t)$ 服从零均值、方差为 σ_n^2 的高斯分布，则观测信号 $x(t)$ 的两种条件概率密度函数（PDF）为

$$p(x \mid H_0) = \frac{1}{\sqrt{2\pi}\sigma_n} e^{-x^2/(2\sigma_n^2)} \qquad (6.1.2a)$$

$$p(x \mid H_1) = \frac{1}{\sqrt{2\pi}\sigma_n} e^{-(x-s)^2/(2\sigma_n^2)} \qquad (6.1.2b)$$

则虚警概率 P_{fa} 和漏警概率 P_m 分别为

$$P_{fa} = P(H_1 \mid H_0) = \int_{D_1} p(x \mid H_0) \, dx \qquad (6.1.3a)$$

$$P_m = P(H_0 \mid H_1) = \int_{D_0} p(x \mid H_1) \, dx \qquad (6.1.3b)$$

假定判决门限为 V_T，根据式(6.1.2a)和式(6.1.2b)的条件概率密度函数可得

$$P_d = \int_{V_T}^{+\infty} p(x \mid H_1) \, dx \qquad (6.1.4)$$

$$P_{fa} = \int_{V_T}^{+\infty} p(x \mid H_0) \, dx \qquad (6.1.5)$$

图 6.3 给出了 $\sigma_n = 2$、$s = 5$ 时的概率密度函数 $p(x \mid H_0)$ 和 $p(x \mid H_1)$，在 V_T 右侧的曲线下方的面积分别为虚警概率和检测概率。

判决门限 V_T 的确定与采用的最佳准则有关。在信号检测中常用的最佳准则有：

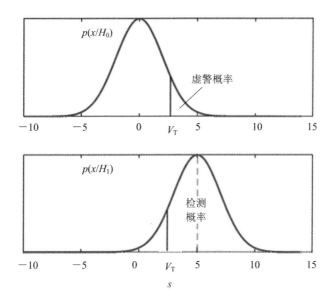

图 6.3　检测概率和虚警概率

- 贝叶斯准则；
- 最小错误概率准则；
- 最大后验概率准则（要求后验概率 $P(H_1 \mid x)$ 和 $P(H_0 \mid x)$ 已知）；
- 极小极大化准则；
- 奈曼-皮尔逊（Neyman-Pearson）准则。

　　在雷达信号检测中，因预先并不知道目标出现的概率，很难确定一次漏警所造成的损失，所以，通常采用的准则是在一定的虚警概率下，使漏警概率最小或使正确检测概率达到最大，这就是奈曼-皮尔逊准则。

　　在数学上，奈曼-皮尔逊准则可表示为：在 $P_{\mathrm{fa}} = P(H_1 \mid H_0) = \alpha$（常数）的条件下，使检测概率 $P_{\mathrm{d}} = P(H_1 \mid H_1)$ 达到最大，或使漏警概率 $P_{\mathrm{m}} = P(H_0 \mid H_1) = 1 - P_{\mathrm{d}}$ 达到最小。这是一个有约束条件的数值问题，其解的必要条件是下式的目标函数达到极小。

$$P_{\mathrm{e}} = P_{\mathrm{m}} + \Lambda_0 P_{\mathrm{fa}} = P(H_0 \mid H_1) + \Lambda_0 P(H_1 \mid H_0) \tag{6.1.6}$$

式中：Λ_0 为拉格朗日乘子，是待定系数；P_{e} 表示两种错误概率的加权和，称为总错误概率。在约束条件下使 $P_{\mathrm{m}} = 1 - P_{\mathrm{d}}$ 最小等效于使 P_{e} 最小，这样就将有约束的极值问题转化为无约束的极值问题，便于求解。

　　为了提高判决的质量，减小噪声干扰随机性的影响，一般需要对接收信号进行多次观测或多次取样。例如，对于 N 次独立取样，输入信号为 N 维空间，接收样本矢量表示为 $\boldsymbol{x} = [x_1, x_2, \cdots, x_N]^{\mathrm{T}}$。

　　当输入为 $x(t) = s(t) + n(t)$ 时，其 N 个取样点的联合概率分布密度函数为 $p(x_1, x_2, \cdots, x_N \mid H_1)$；而当输入为 $x(t) = n(t)$ 时，其联合概率分布密度函数为 $p(x_1, x_2, \cdots, x_N \mid H_0)$。根据观察空间 D 的划分，虚警概率和检测概率可分别表示为

$$P_{\mathrm{fa}} = \iint\limits_{D_1} \cdots \int p(x_1, x_2, \cdots, x_N \mid H_0) \, \mathrm{d}x_1 \mathrm{d}x_2 \cdots \mathrm{d}x_N \tag{6.1.7}$$

$$P_{d} = \iint\limits_{D_1} \cdots \int p(x_1, x_2, \cdots, x_N \mid H_1) \mathrm{d}x_1 \mathrm{d}x_2 \cdots \mathrm{d}x_N \qquad (6.1.8)$$

代入式(6.1.6)，得到总错误概率与联合概率分布密度函数的关系为

$$P_{e} = 1 - \iint\limits_{D_1} \cdots \int [p(x_1, x_2, \cdots, x_N \mid H_1) - \Lambda_0 p(x_1, x_2, \cdots, x_N \mid H_0)] \mathrm{d}x_1 \mathrm{d}x_2 \cdots \mathrm{d}x_N$$

$$(6.1.9)$$

观察空间的划分应保证总错误概率 P_e 最小，即后面的积分值最大。因此，满足

$$p(x_1, x_2, \cdots, x_N \mid H_1) - \Lambda_0 p(x_1, x_2, \cdots, x_N \mid H_0) \geqslant 0 \qquad (6.1.10)$$

的所有点均划在 D_1 范围，判为有信号；而将其它的点，即满足

$$p(x_1, x_2, \cdots, x_N \mid H_1) - \Lambda_0 p(x_1, x_2, \cdots, x_N \mid H_0) < 0 \qquad (6.1.11)$$

的所有点划在 D_0 范围，判为无信号。

根据式(6.1.10)和式(6.1.11)，有、无目标的概率密度函数的比值可写为

$$\frac{p(x_1, x_2, \cdots, x_N \mid H_1)}{p(x_1, x_2, \cdots, x_N \mid H_0)} \begin{cases} \geqslant \Lambda_0, & \text{判为有目标} \\ < \Lambda_0, & \text{判为无目标} \end{cases} \qquad (6.1.12)$$

定义有信号时的概率密度函数和只有噪声时的概率密度函数之比为似然比 $\Lambda(x)$，即

$$\Lambda(\boldsymbol{x}) = \frac{p(\boldsymbol{x} \mid H_1)}{p(\boldsymbol{x} \mid H_0)} = \frac{p(x_1, x_2, \cdots, x_N \mid H_1)}{p(x_1, x_2, \cdots, x_N \mid H_0)} \qquad (6.1.13)$$

似然比 $\Lambda(\boldsymbol{x})$ 是取决于输入 $x(t)$ 的一个随机变量，它表征输入 $x(t)$ 是由信号加噪声还是只有噪声的似然程度。当似然比足够大时，有充分理由判断确有信号存在。式(6.1.9)中拉格朗日乘子 Λ_0 的值应根据约束条件 $P_{fa} = \alpha$(给定值)来确定。

信号的最佳检测系统(最佳接收系统)是由一个似然比计算器和一个门限判决器组成的，如图 6.4 所示。这里所说的最佳准则是总错误概率最小，或者说在固定虚警概率条件下使检测概率最大。可以证明，在不同的最佳准则下，上述检测系统都是最佳的，差别仅在于门限的取值不同。

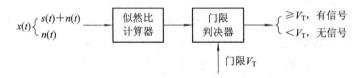

图 6.4 雷达信号的检测系统

6.2 雷达信号的最佳检测

6.2.1 噪声环境下的信号检测

对雷达接收信号经过混频、滤波、正交双路匹配滤波等处理后，进行平方律检波(或线性检波)和判决的简化框图如图 6.5 所示。(说明：本小节的推导主要针对线性检波输出的幅值，即包络 $r(t)$。)假设雷达接收机的输入信号由目标回波信号 $s(t)$ 和均值为零、方差为

σ_n^2 的加性高斯白噪声 $n(t)$ 组成,且噪声与信号不相关。

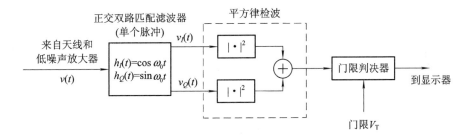

图 6.5　平方律检波器和门限判决器的简化框图

接收信号经匹配滤波器的输出信号可以分别表示为

$$v(t) = v_I(t)\cos\omega_0 t + v_Q(t)\sin\omega_0 t = r(t)\cos(\omega_0 t - \varphi(t))$$
$$v_I(t) = r(t)\cos\varphi(t) \qquad (6.2.1)$$
$$v_Q(t) = r(t)\sin\varphi(t)$$

式中,$\omega_0 = 2\pi f_0$ 是雷达的工作频率;$r(t)$ 是 $v(t)$ 的包络;$\varphi(t) = \arctan(v_Q/v_I)$ 是 $v(t)$ 的相位;下标 I、Q 对应的信号 $v_I(t)$ 和 $v_Q(t)$ 分别称为同相分量和正交分量。

匹配滤波器的输出是复随机变量,其组成或者只有噪声,或者是噪声加上目标回波信号(幅度为 A 的正弦波)。对应第一种情况的同相和正交分量为

$$v_I(t) = n_I(t), \quad v_Q(t) = n_Q(t) \qquad (6.2.2)$$

对应第二种情况的同相和正交分量为

$$\begin{cases} v_I(t) = A + n_I(t) = r(t)\cos\varphi(t) \Rightarrow n_I(t) = r(t)\cos\varphi(t) - A \\ v_Q(t) = n_Q(t) = r(t)\sin\varphi(t) \end{cases} \qquad (6.2.3)$$

式中,噪声的同相和正交分量 $n_I(t)$ 和 $n_Q(t)$ 是不相关的零均值、方差均为 σ_n^2 的低通高斯噪声。这两个随机变量 $n_I(t)$ 和 $n_Q(t)$ 的联合概率密度函数(PDF)为

$$f(n_I, n_Q) = \frac{1}{2\pi\sigma_n^2}\exp\left(-\frac{n_I^2 + n_Q^2}{2\sigma_n^2}\right) = \frac{1}{2\pi\sigma_n^2}\exp\left(-\frac{(r\cos\varphi - A)^2 + (r\sin\varphi)^2}{2\sigma_n^2}\right)$$

$$(6.2.4)$$

随机变量 $r(t)$ 和 $\varphi(t)$ 的联合 PDF 为

$$f(r, \varphi) = f(n_I, n_Q)J \qquad (6.2.5)$$

其中,J 为 Jacobian(即导数矩阵的行列式),

$$J = \begin{vmatrix} \dfrac{\partial n_I}{\partial r} & \dfrac{\partial n_I}{\partial \varphi} \\ \dfrac{\partial n_Q}{\partial r} & \dfrac{\partial n_Q}{\partial \varphi} \end{vmatrix} = \begin{vmatrix} \cos\varphi & -r\sin\varphi \\ \sin\varphi & r\cos\varphi \end{vmatrix} \qquad (6.2.6)$$

在这种情况下有

$$J = r(t) \qquad (6.2.7)$$

将式(6.2.4)和式(6.2.7)代入式(6.2.5)中,合并后得到

$$f(r, \varphi) = \frac{r}{2\pi\sigma_n^2}\exp\left(-\frac{r^2 + A^2}{2\sigma_n^2}\right)\exp\left(\frac{rA\cos\varphi}{\sigma_n^2}\right) \qquad (6.2.8)$$

将式(6.2.8)对 φ 积分得到包络 r 的 PDF 为

$$f(r) = \int_0^{2\pi} f(r, \varphi) d\varphi = \frac{r}{\sigma_n^2} \exp\left(-\frac{r^2 + A^2}{2\sigma_n^2}\right) \cdot \frac{1}{2\pi} \int_0^{2\pi} \exp\left(\frac{rA\cos\varphi}{\sigma_n^2}\right) d\varphi$$

$$= \frac{r}{\sigma_n^2} \exp\left(-\frac{r^2 + A^2}{2\sigma_n^2}\right) I_0\left(\frac{rA}{\sigma_n^2}\right), \quad r \geqslant 0 \tag{6.2.9}$$

式中 $I_0(\ )$ 为修正的第一类零阶贝塞尔函数：

$$I_0(\beta) = \frac{1}{2\pi} \int_0^{2\pi} \exp(\beta\cos\varphi) d\varphi \tag{6.2.10}$$

这里 $\beta = \dfrac{rA}{\sigma_n^2}$。式(6.2.9)是 Rice 概率密度函数。如果 $A = 0$（只有噪声），式(6.2.9)变成 Rayleigh 概率密度函数，

$$f(r) = \frac{r}{\sigma_n^2} \exp\left(-\frac{r^2}{2\sigma_n^2}\right), \quad r \geqslant 0 \tag{6.2.11}$$

当 A/σ_n^2 很大时，式(6.2.9)变成均值为 A、方差为 σ_n^2 的高斯概率密度函数，

$$f(r) \approx \frac{1}{\sqrt{2\pi\sigma_n^2}} \exp\left(-\frac{(r-A)^2}{2\sigma_n^2}\right) \tag{6.2.12}$$

对式(6.2.8)中的 r 积分得到随机变量 φ 的 PDF 为

$$f(\varphi) = \int_0^r f(r, \varphi) dr = \frac{1}{2\pi} \exp\left(\frac{-A^2}{2\sigma_n^2}\right) + \frac{A\cos\varphi}{\sqrt{2\pi\sigma_n^2}} \exp\left(-\frac{(A\sin\varphi)^2}{2\sigma_n^2}\right) \Phi\left(\frac{A\cos\varphi}{\sigma_n}\right)$$

$$\tag{6.2.13}$$

其中

$$\Phi(x) = \frac{1}{\sqrt{2\pi}} \int_{-\infty}^x \exp\left(-\frac{\zeta^2}{2}\right) d\zeta \quad (x \geqslant 0) \tag{6.2.14}$$

为标准正态分布函数。

当只有噪声（$A = 0$）时，$f(\varphi)$ 简化为 $\{0, 2\pi\}$ 区间均匀分布的 PDF。

6.2.2 虚警概率

虚警概率 P_{fa} 定义为当雷达接收信号中只有噪声时，信号的包络 $r(t)$ 超过门限电压 V_T 的概率。根据式(6.2.11)的概率密度函数，虚警概率的计算为

$$P_{fa} = \int_{V_T}^\infty \frac{r}{\sigma_n^2} \exp\left(\frac{-r^2}{2\sigma_n^2}\right) dr = \exp\left(\frac{-V_T^2}{2\sigma_n^2}\right) = \exp(-V_T'^2) \tag{6.2.15}$$

$$V_T = \sqrt{2\sigma_n^2 \ln\left(\frac{1}{P_{fa}}\right)} \tag{6.2.16}$$

$$V_T' = \frac{V_T}{\sqrt{2\sigma_n^2}} = \sqrt{\ln\left(\frac{1}{P_{fa}}\right)} \tag{6.2.17}$$

其中，V_T' 称为标准门限，即噪声功率归一化门限电压。式(6.2.16)反映了门限电压 V_T 与虚警概率 P_{fa} 之间的关系。图 6.6 给出了虚警概率与归一化检测门限的关系曲线。从图中可以看出，P_{fa} 对门限值的微小变化非常敏感。例如，假设高斯噪声的均方根电压 $\sigma_n = 2\ V$，若门限电压 $V_T = 8\ V$，则虚警概率 $P_{fa} = e^{-8} = 3.34 \times 10^{-4}$；若门限电压 $V_T = 10\ V$，则虚警概率 $P_{fa} = e^{-12.5} = 3.73 \times 10^{-6}$。

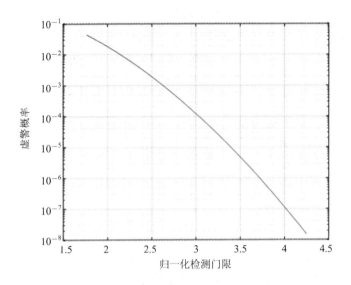

图 6.6　虚警概率与归一化检测门限的关系

虚警时间 T_{fa} 是指当只有噪声时超过判定门限（即发生虚警）的平均时间，

$$T_{fa} = \lim_{N \to \infty} \frac{1}{N} \sum_{k=1}^{N} T_k \tag{6.2.18}$$

式中 T_k 是噪声包络超过门限 V_T 的时间间隔。如图 6.7 所示，虚警时间是一种比虚警概率更能使雷达用户或操作员理解的指标。虚警概率可以通过虚警时间表示，即虚警概率 P_{fa} 是噪声包络真正超过门限的时间与其可超过门限的总时间之比，可以表示为

$$P_{fa} = \frac{\dfrac{1}{N} \sum_{k=1}^{N} t_k}{\dfrac{1}{N} \sum_{k=1}^{N} T_k} = \frac{\langle t_k \rangle_{av}}{T_{fa}} = \frac{1}{T_{fa} B} \tag{6.2.19}$$

式中，t_k 和 T_k 见图 6.7；B 是雷达接收机中频放大器的带宽；噪声超过门限的平均持续时间 $\langle t_k \rangle_{av}$ 近似为中频带宽 B 的倒数；T_k 的平均值为虚警时间 T_{fa}。

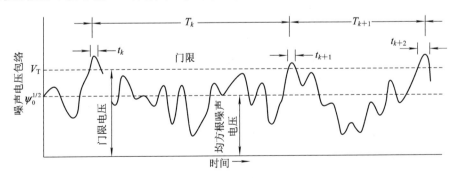

图 6.7　只有噪声时输出包络、门限及其虚警时间

将式（6.2.15）代入式（6.2.19），可以将 T_{fa} 写为

$$T_{fa} = \frac{1}{B \cdot P_{fa}} = \frac{1}{B} \exp\left(\frac{V_T^2}{2\sigma_n^2} \right) \tag{6.2.20}$$

例如，若中频带宽为 1 MHz，发生虚警的平均时间间隔为 15 min，则虚警概率为 1.11×10^{-9}。虚警时间 T_{fa} 与门限电平 V_T 之间的指数关系，导致虚警时间对门限的微小变化敏感，如果带宽为 1 MHz，$10\lg(V_T^2/(2\sigma_n^2)) = 13.2$ dB，则发生虚警的平均时间大约为 20 min。

虽然噪声超过门限叫作虚警，但它未必是有虚假目标。在建立一个目标的航迹文件之前，通常要求雷达对多次观察分别进行检测，以及进行目标关联等数据处理，才能建立目标的航迹文件。

有时还用虚警次数描述发生虚警的现象。虚警次数 n_{fa} 表示在平均虚警时间内所有可能出现的虚警总数。虚警次数一般定义为

$$n_{fa} = \frac{-\ln 2}{\ln(1 - P_{fa})} \approx \frac{\ln 2}{P_{fa}} \tag{6.2.21}$$

6.2.3 检测概率

检测概率 P_d 是在噪声加信号的情况下信号的包络 $r(t)$ 超过门限电压 V_T 的概率，即目标被检测到的概率。根据式(6.2.9)的概率密度函数，计算检测概率 P_d 为

$$P_d = \int_{V_T}^{\infty} \frac{r}{\sigma_n^2} I_0\left(\frac{rA}{\sigma_n^2}\right) \exp\left(-\frac{r^2 + A^2}{2\sigma_n^2}\right) dr \tag{6.2.22}$$

如果假设雷达信号是幅度为 A 的正弦波形 $A\cos(2\pi f_0 t)$，那么它的功率为 $A^2/2$。将单个脉冲的信噪比 $\text{SNR} = \dfrac{A^2}{2\sigma_n^2}$ 和 $\dfrac{V_T^2}{2\sigma_n^2} = \ln\left(\dfrac{1}{P_{fa}}\right)$ 代入式(6.2.22)得

$$\begin{aligned}
P_d &= \int_{\sqrt{2\sigma_n^2 \ln\left(\frac{1}{P_{fa}}\right)}}^{\infty} \frac{r}{\sigma_n^2} I_0\left(\frac{rA}{\sigma_n^2}\right) \exp\left(-\frac{r^2 + A^2}{2\sigma_n^2}\right) dr \\
&= Q\left[\sqrt{\frac{A^2}{\sigma_n^2}}, \sqrt{2\ln\left(\frac{1}{P_{fa}}\right)}\right] = Q\left[\sqrt{2\text{SNR}}, \sqrt{-2\ln(P_{fa})}\right]
\end{aligned} \tag{6.2.23}$$

$$Q[\alpha, \beta] = \int_{\beta}^{\infty} \xi I_0(\alpha\xi) e^{-(\xi^2 + \alpha^2)/2} d\xi \tag{6.2.24}$$

Q 称为 Marcum Q 函数。Marcum Q 函数的积分非常复杂，Parl 开发了一个简单的算法来计算这个积分。

$$Q[a, b] = \begin{cases} \dfrac{\alpha_n}{2\beta_n} \exp\left(\dfrac{(a-b)^2}{2}\right), & a < b \\ 1 - \dfrac{\alpha_n}{2\beta_n} \exp\left(\dfrac{(a-b)^2}{2}\right), & a \geqslant b \end{cases} \tag{6.2.25}$$

$$\alpha_n = d_n + \frac{2n}{ab}\alpha_{n-1} + \alpha_{n-2}, \quad \beta_n = 1 + \frac{2n}{ab}\beta_{n-1} + \beta_{n-2}, \quad d_{n+1} = d_n d_1 \tag{6.2.26}$$

$$\alpha_0 = \begin{cases} 1, & a < b \\ 0, & a \geqslant b \end{cases}, \quad \alpha_{-1} = 0.0, \quad \beta_0 = 0.5, \quad \beta_{-1} = 0.0, \quad d_1 = \begin{cases} \dfrac{a}{b}, & a < b \\ \dfrac{b}{a}, & a \geqslant b \end{cases} \tag{6.2.27}$$

对于 $p \geqslant 3$，式(6.2.26)的递归是连续计算的，直到 $\beta_n > 10^p$。该算法的准确度随 p 值的增大而提高。其计算过程见 MATLAB 函数"marcumsq.m"。

图 6.8 给出了在不同虚警概率 P_{fa} 情况下，检测概率 P_d 与单个脉冲 SNR 之间的关系曲

线。在实际中通常根据给定的 P_{fa} 和 P_d，由此曲线得到单个脉冲 SNR 的门限。

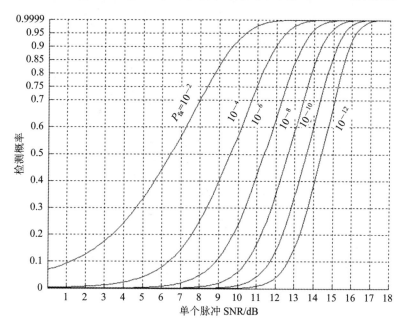

图 6.8 检测概率与单个脉冲信噪比的关系曲线

为了避免式(6.2.22)中的数值积分，简化 P_d 的计算，North 提出了一个非常准确的近似计算公式：

$$P_d \approx 0.5 \times \mathrm{erfc}\left(\sqrt{-\ln P_{fa}} - \sqrt{\mathrm{SNR} + 0.5}\right)$$
$$= \Phi\left(\sqrt{2\mathrm{SNR} + 1} - \sqrt{-2\ln P_{fa}}\right) \qquad (6.2.28)$$

其中，余误差函数为

$$\mathrm{erfc}(z) = \frac{2}{\sqrt{\pi}} \int_z^\infty \mathrm{e}^{-v^2} \mathrm{d}v \qquad (6.2.29)$$

由式(6.2.28)可得出对于给定的 P_{fa} 和 P_d 所要求的单个脉冲最小信噪比 SNR，即

$$\mathrm{SNR} \approx 10\lg\left(\left(\sqrt{-\ln P_{fa}} - \mathrm{erfc}^{-1}(2P_d)\right)^2 - 0.5\right)\mathrm{dB} \qquad (6.2.30)$$

当 P_{fa} 较小、P_d 相对较大，从而门限也较大时，DiFranco 和 Rubin 也给出了计算 P_d 的近似式

$$P_d \approx \Phi\left(\sqrt{2\mathrm{SNR}} - \sqrt{-2\ln P_{fa}}\right) \qquad (6.2.31)$$

其中，$\Phi(x)$ 由式(6.2.14)给出。如图 6.9 所示，式(6.2.23)、式(6.2.28)、式(6.2.31)这三种近似公式计算的精度都很高，在 $P_{fa} = 10^{-2}$ 且信噪比较小时，误差最大，但同样的 P_d 所要求的 SNR 的差异仍小于 0.5 dB，误差在可接受的范围内，所以，在大多数情况下可以使用后两种近似方法计算 P_d，以避免繁琐的数值积分计算。

根据式(6.2.30)的计算，表 6.2 给出了在一定 P_{fa} 条件下达到一定检测概率 P_d 所要求的单个脉冲的信噪比(非起伏目标)。例如，若 $P_d = 0.9$ 和 $P_{fa} = 10^{-6}$，则要求最小单个脉冲信噪比 SNR = 13.2 dB。实际中雷达是在每个波位的多个脉冲进行积累后再做检测，这相当于积累后进行检测判决之前要求达到 SNR。

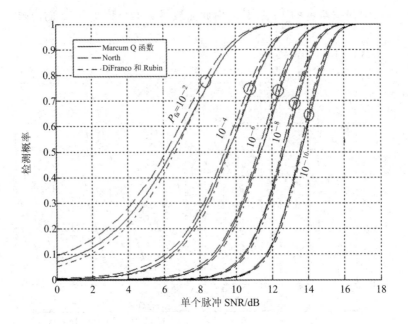

图 6.9　检测概率 P_d 的三种近似方法

表 6.2　不同检测性能所要求的单个脉冲信噪比 (dB)

P_d	P_{fa}									
	10^{-3}	10^{-4}	10^{-5}	10^{-6}	10^{-7}	10^{-8}	10^{-9}	10^{-10}	10^{-11}	10^{-12}
0.1	3.92	6.05	7.54	6.69	9.62	10.40	11.07	11.66	12.18	12.65
0.2	5.60	7.37	6.65	9.66	10.49	11.19	11.81	12.35	12.83	13.27
0.3	6.62	6.19	9.36	10.29	11.06	11.72	12.30	12.81	13.27	13.69
0.4	7.40	6.84	9.93	10.80	11.53	12.15	12.70	13.19	13.63	14.03
0.5	6.07	9.40	10.42	11.24	11.94	12.53	13.06	13.53	13.95	14.33
0.6	6.68	9.93	10.89	11.67	12.33	12.90	13.40	13.85	14.26	14.63
0.7	9.29	10.45	11.36	12.10	12.73	13.27	13.75	14.19	14.58	14.94
0.8	9.95	11.03	11.88	12.58	13.17	13.69	14.15	14.56	14.94	15.28
0.9	10.79	11.77	12.55	13.20	13.75	14.24	14.62	15.00	15.45	15.75
0.95	11.42	12.34	13.07	13.68	14.20	14.66	15.07	15.45	15.79	16.10
0.98	12.08	12.93	13.61	14.19	14.68	15.12	15.51	15.86	16.19	16.48
0.99	12.49	13.30	13.95	14.51	14.98	15.41	15.78	16.13	16.44	16.73
0.995	12.86	13.63	14.26	14.80	15.26	15.67	16.03	16.37	16.67	16.95
0.998	13.27	14.01	14.62	15.13	15.58	15.97	16.32	16.65	16.94	17.22
0.999	13.55	14.27	14.86	15.36	15.79	16.18	16.52	16.84	17.13	17.39
0.9995	13.81	14.51	15.08	15.57	15.99	16.37	16.70	17.01	17.30	17.56
0.9999	14.38	15.00	15.54	16.00	16.40	16.76	17.08	17.38	17.65	17.90

6.3 脉冲积累的检测性能

由于单个脉冲的能量有限，雷达通常不采用单个接收脉冲来进行检测判决。在判决之前，先对一个波位的多个脉冲进行相干积累或非相干积累。相干积累在包络检波之前进行，利用接收脉冲之间的相位关系，可以获得信号幅度的叠加。从理论上讲，相干积累的信噪比等于单个脉冲的信噪比乘以脉冲串中的脉冲数 M，即相干积累的信噪比改善可以达到 M 倍，但实际中受到目标回波起伏的影响而使信噪比改善小于 M 倍。非相干积累是在包络检波以后进行的，因而不需要信号间有严格的相位关系，只保留幅度信息，从而存在积累损失。相干积累和非相干积累的实现方法在第 5 章已经介绍过，这里主要介绍其检测性能。

6.3.1 相干积累的检测性能

在相干积累中，如果使用理想的积累器(100%效率)，那么积累 M 个脉冲将获得相同因子的 SNR 改善。为了证明相干积累时的 SNR 改善情况，考虑雷达回波信号包含信号和加性噪声的情况。第 m 个脉冲的回波为

$$y_m(t) = s(t) + n_m(t), \quad m = 1, 2, \cdots, M \tag{6.3.1}$$

其中，$s(t)$ 是感兴趣的雷达回波(假定目标回波不起伏)，$n_m(t)$ 是与 $s(t)$ 不相关的加性白噪声。M 个脉冲进行相干积累处理得到的信号为

$$z(t) = \frac{1}{M}\sum_{m=1}^{M} y_m(t) = \sum_{m=1}^{M}\frac{1}{M}\big[s(t) + n_m(t)\big] = s(t) + \frac{1}{M}\sum_{m=1}^{M}n_m(t) \tag{6.3.2}$$

$z(t)$ 中的总噪声功率等于其方差，更准确的表示为

$$\psi_{nz}^2 = \mathrm{E}\Big[\Big(\sum_{m=1}^{M}\frac{1}{M}n_m(t)\Big)\Big(\sum_{l=1}^{M}\frac{1}{M}n_l(t)\Big)^{*}\Big] \tag{6.3.3}$$

其中，$\mathrm{E}[\cdot]$ 表示数值期望。由于 M 个周期的噪声相互独立，有

$$\psi_{nz}^2 = \frac{1}{M^2}\sum_{m,l=1}^{M}\mathrm{E}\big[n_m(t)n_l^*(t)\big] = \frac{1}{M^2}\sum_{m,l=1}^{M}\psi_{ny}^2\delta_{ml} = \frac{1}{M}\psi_{ny}^2 \tag{6.3.4}$$

其中，ψ_{ny}^2 是单个脉冲噪声功率，且每个周期噪声的功率相等。当 $m \neq l$ 时，$\delta_{ml} = 0$；当 $m = l$ 时，$\delta_{ml} = 1$。观察式(6.3.2)和式(6.3.4)可以看出，相干积累后期望信号的功率没有改变，而噪声功率随因子 $1/M$ 而减小。因此，相干积累后 SNR 的改善为 M 倍。

将给定检测概率和虚警概率所要求的单个脉冲 SNR 表示为 $(\mathrm{SNR})_1$，或用检测因子表示为 $D_0(1)$。同样，将进行 M 个脉冲积累时，产生相同的检测概率，所要求的单个脉冲 SNR 表示为 $(\mathrm{SNR})_M$，或用检测因子表示为 $D_0(M)$，则

$$D_0(M) = \frac{1}{M}D_0(1) \quad \text{或} \quad (\mathrm{SNR})_M = \frac{1}{M}(\mathrm{SNR})_1 \tag{6.3.5}$$

因此，在相同检测性能条件下，采用相干积累提高了 SNR，就可以减小对单个脉冲的 SNR 的要求；对同样的作用距离来说，就可以减小雷达发射的峰值功率。

6.3.2 非相干积累的检测性能

非相干积累是在包络检波后进行的，又称为视频积累器。非相干积累的效率比相干积

累要低。事实上，非相干积累的增益总是小于脉冲的个数。这个积累损耗称为检波后损耗或平方律检波器损耗。Marcum 和 Swerling 指出该项损耗在 $\sqrt{M}$ 和 M 之间。DiFranco 和 Rubin 给出了该项损耗 L_{NCI} 的近似值为

$$L_{\text{NCI}} = 10\lg\sqrt{M} - 5.5 \text{ dB} \qquad (6.3.6)$$

注意：当脉冲数 M 较大时，积累损耗接近 $\sqrt{M}$。

使用平方律检波器和非相干积累的雷达接收机的框图如图 6.10 所示。在实际中，平方律检波器经常用作最佳接收机的近似。

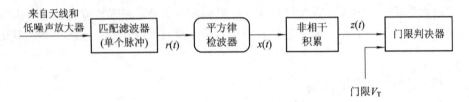

图 6.10　平方律检波器和非相干积累的简化框图

根据式(6.2.9)信号 $r(t)$ 的概率密度函数，定义

$$y_m = \frac{r_m}{\sigma_n} \qquad (6.3.7)$$

$$\mathfrak{R}_p = \frac{A^2}{\sigma_n^2} = 2\text{SNR} \qquad (6.3.8)$$

则变量 y_m 的概率密度函数为

$$f(y_m) = f(r_m)\left|\frac{\mathrm{d}r_m}{\mathrm{d}y_m}\right| = y_m \mathrm{I}_0\left(y_m\sqrt{\mathfrak{R}_p}\right)\exp\left(-\frac{y_m^2 + \mathfrak{R}_p}{2}\right) \qquad (6.3.9)$$

第 m 个脉冲的平方律检波器的输出正比于其输入的平方，对式(6.3.7)中的变量进行代换，定义一个新的变量，即平方律检波器输出端的变量为

$$x_m = \frac{y_m^2}{2} \qquad (6.3.10)$$

则变量 x_m 的概率密度函数为

$$f(x_m) = f(y_m)\left|\frac{\mathrm{d}y_m}{\mathrm{d}x_m}\right| = \mathrm{I}_0\left(\sqrt{2x_m\mathfrak{R}_p}\right)\exp\left(-\left(x_m + \frac{\mathfrak{R}_p}{2}\right)\right) \qquad (6.3.11)$$

对 M 个脉冲的非相干积累的实现可表示为

$$z = \sum_{m=1}^{M} x_m \qquad (6.3.12)$$

由于各个随机变量 x_m 是相互独立的，变量 z 的概率密度函数为

$$f(z) = f(x_1) \otimes f(x_2) \otimes \cdots \otimes f(x_M)$$
$$= \left(\frac{2z}{M\mathfrak{R}_p}\right)^{(M-1)/2} \mathrm{I}_{M-1}\left(\sqrt{2M\mathfrak{R}_p}\right)\exp\left(-z - \frac{M\mathfrak{R}_p}{2}\right) \qquad (6.3.13)$$

其中 I_{M-1} 是 $M-1$ 阶修正贝塞尔函数，算子 $\otimes$ 表示卷积。因此，对 $f(z)$ 求从门限值到无穷大的积分可得检测概率，而设 $\mathfrak{R}_p$ 为 0(即只有噪声)，并对 $f(z)$ 求从门限值到无穷大的积分可得虚警概率。

6.3.3　相干积累与非相干积累的性能比较

M 个等幅脉冲在包络检波后进行积累时，信噪比的改善达不到 M 倍，这是因为包络检波的非线性作用，信号加噪声通过检波器时，还将增加信号与噪声的相互作用项，从而影响输出端的信噪比。特别是当检波器输入端的信噪比较低时，在检波器输出端信噪比的损失更大。虽然视频积累的效果不如相干积累，但在许多雷达中仍然采用，主要是因为：

（1）非相干积累的工程实现（检波和积累）比较简单。

（2）对雷达的收发系统没有严格的相参性要求。

（3）对大多数运动目标来讲，其回波的起伏将明显破坏相邻回波信号的相位相参性，因此就是在雷达收发系统相参性很好的条件下，起伏回波也难以获得理想的相干积累。事实上，对快起伏的目标回波来讲，视频积累还将获得更好的检测效果。

（4）当脉间参差变 T（抗杂波 MTI 处理）时，对一个波位的多个脉冲不能进行相干积累，而只能进行非相干积累。

另外，将相干积累和非相干积累的检测系统进行比较，正如以上所述，相干积累是在检波前进行积累，而非相干积累是在检波后进行积累，如图 6.11 所示。

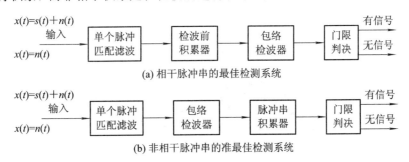

图 6.11　相干积累与非相干积累的比较

从实用角度来看，发射和处理非相干脉冲串要比相干脉冲串容易得多，但相干脉冲串的检测能力较非相干脉冲串强。为了在总体上权衡其利弊，应具体地比较相干积累和非相干积累在各种条件下检测能力的差别。

在相干积累或非相干积累过程中，假设目标回波信号的 M 个脉冲为等幅脉冲串，噪声为高斯白噪声，且信号与噪声相互独立。非相参积累相对于多个独立随机同分布随机变量的叠加，其和可以用正态分布来近似。相干、非相干积累电压幅度的概率密度函数如表 6.3 和图 6.12 所示。

表 6.3　相干、非相干积累电压幅度的概率密度函数

	相干积累电压幅度概率密度函数	非相参积累电压幅度概率密度函数
信号加噪声	$f(y\mid s)=\dfrac{1}{\sqrt{2\pi\dfrac{2E}{N_0}}}\exp\left[\dfrac{-\left(y-\dfrac{2E}{N_0}\right)^2}{2\times\dfrac{2E}{N_0}}\right]$	$f(y\mid s)=\dfrac{1}{\sqrt{2\pi\left(M+\dfrac{2E}{N_0}\right)}}\exp\left[\dfrac{-\left[y-\left(M+\dfrac{E}{N_0}\right)\right]^2}{2\left(M+\dfrac{2E}{N_0}\right)}\right]$
只有噪声	$f(y\mid 0)=\dfrac{1}{\sqrt{2\pi\dfrac{2E}{N_0}}}\exp\left[\dfrac{-y^2}{2\times\dfrac{2E}{N_0}}\right]$	$f(y\mid 0)=\dfrac{1}{\sqrt{2\pi M}}\exp\left[\dfrac{-(y-M)^2}{2M}\right]$

其中：$E=ME_0$ 为脉冲串总能量，E_0 为单个脉冲能量，M 为脉冲数。$N_0/2$ 为噪声功率。

在只有噪声的情况下检波后积累的噪声，其平均值 $\bar{y}=M$，即噪声随着脉冲积累数 M 的增大而增大。噪声的平均值偏离原点越远，在门限相同的条件下将会产生更多的虚警；非相干积累后噪声的方差也为 M，即积累脉冲数增加后，噪声分布的离散性加大了，这导致虚警也增大了。当有信号时，非相干积累后输出信号的平均值为 $\bar{y}=M+E/N_0$，与只有噪声时相比，概率密度函数的平均值相差 E/N_0。而在相干积累时，有信号和只有噪声时相比，概率密度函数的平均值偏移了 $2E/N_0$。再加上非相干积累时，概率密度函数的方差随着 M 的增大而加大，这也是不利于检测的因素。因此，非相干积累的效果要比相干积累差，且积累数 M 越大，效果差别就越明显。图 6.12 给出了相干、非相干积累前后的信号及其概率密度分布，这里假设噪声(实部和虚部)的方差均为 1 的高斯白噪声，信号幅度 $A=5$，积累脉冲数 $M=10$。在只有噪声的情况下，线性检波、相干积累加线性检波的输出服从瑞利分布，非相干积累输出服从高斯分布。在信号加噪声的情况下，由于 $A/\sigma=5$，相干积累加线性检波、非相干积累输出均服从高斯分布。

相对于相干积累，非相干积累存在一定的损失。在相干积累中，脉冲串积累是相干匹配滤波过程的一部分，而且与单个脉冲相比，对于一个给定的检测水平，所需的最小 SNR 也会因为积累数 M 而降低。这是由于匹配滤波器输出的 SNR 只取决于总信号能量，而与其能量在时域上如何分配无关。

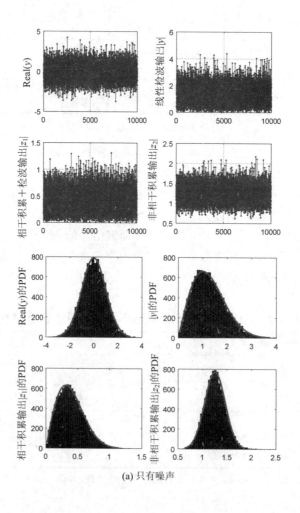

(a) 只有噪声

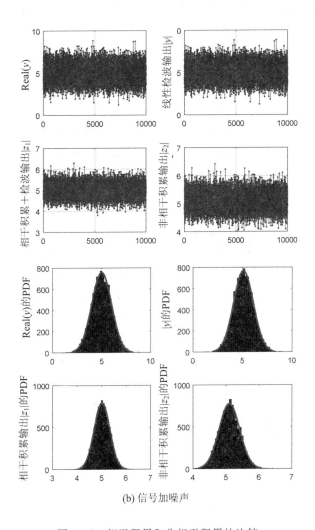

(b) 信号加噪声

图 6.12 相干积累和非相干积累的比较

在一定 P_{fa} 下要达到要求的 P_d，M 个脉冲进行非相干积累后的 SNR 记为 $(\text{SNR})_{\text{NCI}}$，单个脉冲的信噪比为 $(\text{SNR})_1$。M 个脉冲非相干积累改善因子 $I_{\text{NCI}}(M)$ 的近似计算公式为

$$I_{\text{NCI}}(M) = \frac{(\text{SNR})_{\text{NCI}}}{(\text{SNR})_1}$$

$$\approx 6.79(1 + 0.235 P_d)\left(1 + \frac{\lg(1/P_{fa})}{46.6}\right)\lg M\left[1 - 0.14\lg M + 0.01831(\lg M)^2\right] \text{ (dB)}$$

$$(6.3.14)$$

上式的计算误差在 0.8 dB 以内。

积累损失是用来衡量非相干积累相对于相干积累的检测性能的。对于给定的检测性能，积累损失 L 可以表示为非相干积累时单个脉冲所需 SNR 与相干积累单个脉冲所需 SNR 的比值，即

$$L_{\text{NCI}} = \frac{M}{I(M)} = \frac{2E_1/N_0}{(2E/N_0)/M} \tag{6.3.15}$$

其中，$2E/N_0$ 表示为达到某特定的检测概率在门限判决前观测波形所需的峰值信噪比，因

此$(2E/N_0)/M$表示M个脉冲相干积累时单个脉冲所需信噪比；而非相干积累为了达到同样的检测效果，单个脉冲所需的信噪比表示为$2E_1/N_0$；对于给定的检测性能，非相干积累总比相干积累需要更高的 SNR。因此，当采用非相干积累时，在一定P_{fa}下要达到给定的P_d时对应的 SNR 为

$$(\text{SNR})_{\text{NCI}} = \frac{M(\text{SNR})_1}{L_{\text{NCI}}} \tag{6.3.16}$$

图 6.13 给出了积累改善因子$I(M)$和积累损失L_{NCI}与非相干积累脉冲数M之间的关系。从图中可以看出，M越大，非相干积累的效果就越明显，积累损失也越大。

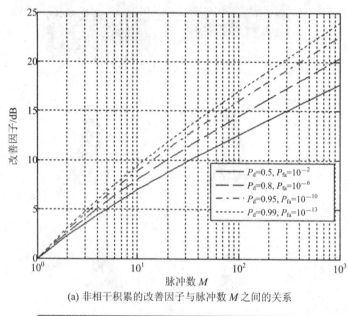

(a) 非相干积累的改善因子与脉冲数 M 之间的关系

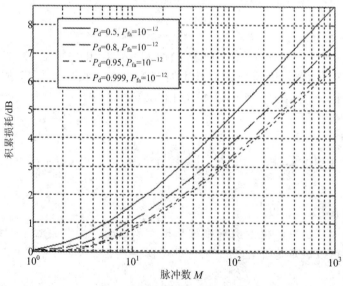

(b) 非相干积累的损耗与脉冲数 M 之间的关系

图 6.13　非相干积累的性能

[例 6 - 1]　某 L 波段雷达指标为：工作频率 $f_0 = 1.5$ GHz，工作带宽 $B = 2$ MHz，噪声系数 $F = 8$ dB，系统损失 $L = 4$ dB，虚警时间 $T_{fa} = 12$ min，最大探测距离 $R = 12$ km，所要求的最小 SNR 为 13.85 dB，天线增益 $G = 5000$，目标 RCS 是 $\sigma = 1$ m^2。

　　(1) 确定(PRF) f_r、脉冲宽度 τ、虚警概率 P_{fa}、检测概率 P_d、单个脉冲检测时要求的峰值功率 P_t，以及最小可检测信号电平 S_{min}；

　　(2) 当利用 10 个脉冲进行相干积累或非相干积累时，为了获得相同的性能，峰值功率可以分别减小到多少？

　　(3) 如果雷达在单个脉冲模式下工作在更短的距离上，则当距离缩短为 9 km 时，目标回波的 SNR 为多少？求新的检测概率。

　　解　(1) 假设最大探测距离对应无模糊距离，即 $R_u = R$，据此可以计算 PRF 为

$$f_r = \frac{c}{2R_u} = \frac{3 \times 10^8}{2 \times 12\,000} = 12.5 \ (\text{kHz})$$

脉冲宽度与带宽成反比，即

$$\tau = \frac{1}{B} = \frac{1}{2 \times 10^6} = 0.5 \ (\mu\text{s})$$

虚警概率为

$$P_{fa} = \frac{1}{BT_{fa}} = \frac{1}{2 \times 10^6 \times 12 \times 60} = 6.94 \times 10^{-10}$$

然后，使用 MATLAB 函数"marcumsq. m"，根据下式计算检测概率：

$$P_d = Q\left[\sqrt{2\text{SNR}}, \quad \sqrt{-2\ln(P_{fa})}\right]$$

语法为

$$\text{marcumsq (alpha, beta)}$$

其中

$$\text{alpha} = \sqrt{2} \times \sqrt{10^{13.85/10}} = 6.9665$$

$$\text{beta} = \sqrt{-2\ln(6.94 \times 10^{-10})} = 6.4944$$

因此，检测概率为

$$P_d = \text{marcumsq}(6.9665, 6.4944) = 0.6626$$

使用雷达方程可以计算雷达峰值功率，更准确的表示为

$$P_t = \text{SNR} \frac{(4\pi)^3 kT_0 BFLR^4}{G^2 \lambda^2 \sigma}$$

各参数取 dB，如下表：

物理量	$(4\pi)^3$	kT_0	R^4	G^2	λ^2	B
数值			$(12e3)^4$	5000^2	0.2^2	2e6
dB	33	−204	163.167	74	−14	63

$$P_t = 13.85 + 33 - 204 + 63 + 8 + 4 + 163.167 - 74 + 14 - 0 = 21.017 \ (\text{dBW})$$

$$P_t = 10^{21.017/10} = 126.4 \ (\text{W})$$

最小可检测信号功率为

$$S_{\min} = \frac{P_t G^2 \lambda^2 \sigma}{(4\pi)^3 R^4 L} = kT_0 BF \cdot SNR = -204 + 63 + 8 + 13.85$$

$$= -119.15 \ (\text{dBW})$$

$$= -89.15 \ (\text{dBm})$$

或者按灵敏度公式计算，有

$$S_{\min} = -114 + 10\lg B(\text{MHz}) + F + D \ (\text{dBm})$$

$$= -114 + 3 + 8 + 13.85$$

$$= -89.15 \ (\text{dBm})$$

（2）当 10 个脉冲进行相干积累时，理论上改善因子为 10 dB，因此对于同样的检测性能，发射功率可以降低到 12.64 W。

当 10 个脉冲进行非相干积累时，根据本书提供的 MATLAB 函数"improv_fac.m"计算对应的改善因子，可以使用的语法为

$$I = \text{improv\_fac}(10, 6.94e-10, 0.6626)$$

结果为 $I(10) = 8.2$ dB。因此，保持检测概率相同，当 10 个脉冲非相干积累时，要求单个脉冲的 SNR 为

$$(\text{SNR})_1 = 13.85 - 8.2 = 5.65 \ (\text{dB})$$

这时，需要发射的峰值功率减小为

$$P_t' = P_t - I = 21.017 - 8.2 = 12.817 \ (\text{dBW}) \Rightarrow 19.2 \quad (\text{W})$$

（3）若探测距离缩短到 9 km，这时目标回波的 SNR 为

$$(\text{SNR})_{9\text{km}} = 10\lg\left(\frac{12\,000}{9000}\right)^4 + 13.85 = 18.85 \quad (\text{dB})$$

同样使用 MATLAB 函数"marcumsq.m"计算检测概率，其中，

$$\alpha = \sqrt{2} \times \sqrt{10^{18.85/10}} = 12.3884$$

$$\text{beta} = \sqrt{-2\ln(6.94 \times 10^{-10})} = 6.494$$

新的检测概率为

$$P_d = \text{marcumsq}(12.3884, 6.4944) \approx 1.0$$

6.3.4　起伏目标的检测性能

前面介绍的计算都是假设目标 RCS 恒定（非起伏目标），这种恒定 RCS 的情况通常称为 Swerling 0 或 Swerling Ⅴ。在第 2 章里介绍起伏目标时将起伏目标分为 Swerling Ⅰ、Swerling Ⅱ、Swerling Ⅲ、Swerling Ⅳ型。脉冲之间的非相干积累适合于所有 Swerling 模型，但是，当目标起伏属于 Swerling Ⅱ 或 Swerling Ⅳ 型时，由于目标的幅度是不相关的（快起伏），因此不能保持相位的相干性，不能进行相干积累。

当只使用单个脉冲时，检测门限 V_T 与式(6.2.15)定义的虚警概率 P_{fa} 有关。对于 $M > 1$ 的情况，Marcum 定义的虚警概率为

$$P_{\text{fa}} \approx \ln(2)\frac{M}{n_{\text{fa}}} \tag{6.3.17}$$

对于非起伏目标（Swerling Ⅴ），单个脉冲的检测概率由式(6.2.23)给出。当积累脉冲数 $M > 1$ 时，使用 Gram-Charlier 级数计算检测概率，此时检测概率为

$$P_\text{d} \approx \frac{\text{erfc}\left(\dfrac{V}{\sqrt{2}}\right)}{2} - \frac{\text{e}^{-V^2/2}}{\sqrt{2\pi}} \left[C_3(V^2 - 1) + C_4 V(3 - V^2) - C_6 V(V^4 - 10V^2 + 15) \right]$$

$$(6.3.18)$$

其中，常数 C_3、C_4 和 C_6 是 Gram-Charlier 级数的系数，变量 V 为

$$V = \frac{V_\text{T} - M(1 + \text{SNR})}{\omega}$$

$$\omega = \sqrt{M(2\text{SNR} + 1)}$$

$$C_3 = -\frac{\text{SNR} + 1/3}{\sqrt{M}\,(2\text{SNR} + 1)^{1.5}}$$

$$C_4 = \frac{\text{SNR} + 1/4}{M(2\text{SNR} + 1)^2}, \quad C_6 = \frac{C_3^2}{2}$$

式(6.3.18)检测概率的计算见程序 6.6 Swerling V 目标检测概率计算函数 pd_swerling5.m。

图 6.14 给出了 $M=1$、10 时检测概率相对于 SNR 的曲线，这是利用程序 6.5(非起伏目标非相干积累的检测概率与信噪比的关系)计算得到的。例如，当检测概率 $P_\text{d} = 0.8$、$P_\text{fa} = 10^{-9}$ 时，利用函数"improv_fac.m"计算 $I(10) = 8.45$ dB 的 SNR 改善因子。单个脉冲的 SNR 大约是 14.5 dB，而 10 个脉冲非相干积累时只需要单个脉冲的 SNR 大约是 6 dB。为了获得同样的检测概率，10 个脉冲非相干积累比单个脉冲需要更低的 SNR，这样有利于降低发射的峰值功率。

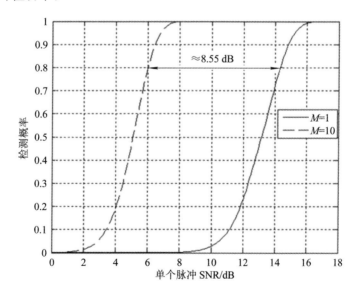

图 6.14　检测概率相对于 SNR 的曲线($P_\text{fa} = 10^{-9}$)

当使用非相干积累时，对于任意脉冲数 M，检测门限 V_T 与虚警概率 P_fa 的一般关系式为

$$P_\text{fa} = 1 - \Gamma_1\left(\frac{V_\text{T}}{\sqrt{M}}, M - 1\right)$$

$$(6.3.19)$$

式中 Γ_1 为不完全的 γ 函数，其定义为

$$\Gamma_1(u, M) = \int_0^{u\sqrt{M+1}} \frac{e^{-\gamma}\gamma^M}{M!}d\gamma \qquad (6.3.20)$$

注意：不完全的 γ 函数的有限值为 $\Gamma_1(0, N) = 0$，$\Gamma_1(\infty, N) = 1$。

实际中由于目标与雷达视线间有相对运动，诸如目标的倾斜、翻滚、偏航等，都将使有效反射面积发生变化，从而使雷达回波的振幅成为一串随时间变化的随机量。因此，雷达工作时经常会碰到起伏的脉冲串，在第 2 章介绍了四种起伏目标的斯威林（Swerling）模型，非起伏目标情况也被广泛称为 Swerling 0 或 Swerling V 型目标。表 6.4 列出了四种起伏目标的检测性能。

表 6.4　四种 Swerling 起伏目标的检测性能

Swerling 模型	检测概率 P_d	结果
Swerling I（慢起伏）	$1 - \Gamma_1(V_T, M-1) + \beta^{M-1}\Gamma_1\left(\dfrac{V_T}{\beta}, M-1\right)\exp\left(-\dfrac{V_T}{1+sM}\right)$，$M > 1$	图 6.15
Swerling II（快起伏）	当 $M \leqslant 50$ 时，$$1 - \Gamma_1\left(\frac{V_T}{1+s}, M\right)$$ 当 $M > 50$ 时，按式(6.3.18)计算，其中 $$C_3 = -\frac{1}{3\sqrt{M}}, \quad C_4 = \frac{1}{4M}, \quad C_6 = \frac{C_3^2}{2}$$	图 6.16
Swerling III（慢起伏）	当 $M = 1$、2 时，$$P_d = \left(1 + \frac{1}{\beta_3}\right)^{M-2}\left(1 + \frac{V_T}{1+\beta_3} - \frac{M-2}{\beta_3}\right)\exp\left(-\frac{V_T}{1+\beta_3}\right)$$ 当 $M > 2$ 时，$$P_d = 1 - \Gamma_1(V_T, M-1) + \left(1 + \frac{V_T}{1+\beta_3} - \frac{M-2}{\beta_3}\right)\Gamma_1\left(\frac{V_T}{1+\beta_3}, M-1\right) +$$ $$\frac{V_T^{M-1}e^{-V_T}}{(1+\beta_3)(M-2)!}$$	图 6.17
Swerling IV（快起伏）	当 $M < 50$ 时，$$P_d = 1 - \sum_{k=0}^{M} C_M^k \frac{(s/2)^k}{(1+s/2)^M}\left[\Gamma_1\left(\frac{V_T}{1+s/2}, M+k\right)\right]$$ 当 $M \geqslant 50$ 时，按式(6.3.18)计算，其中 $$C_3 = -\frac{1}{3\sqrt{M}}\frac{2\beta^3 - 1}{(2\beta^2 - 1)^{1.5}}$$ $$C_4 = \frac{1}{4M}\frac{2\beta^4 - 1}{(2\beta^2 - 1)^2}$$ $$C_6 = \frac{C_3^2}{2}$$	图 6.18

表中，$s = \text{SNR}$，$\beta = 1 + \dfrac{1}{sM}$，$\beta_3 = \dfrac{sM}{2}$，$C_M^k = \dfrac{M!}{k!(M-k)!}$，$\Gamma_1(x, M)$ 是不完全 γ 函数。

调用本书给出的函数"pd_swerling.m"，可以计算 Swerling Ⅰ、Ⅱ、Ⅲ、Ⅳ 型目标的检测概率。图 6.15(a)和(b)分别显示了 $P_{fa}=10^{-6}$ 和 $P_{fa}=10^{-9}$ 情况下 Swerling Ⅰ 型目标积累脉冲数 $M=1$、10、50、100 时，检测概率与所要求的单个脉冲 SNR 的关系曲线。由此可以看出，在积累不同脉冲数时可以达到其检测性能所要求的单个脉冲的 SNR。

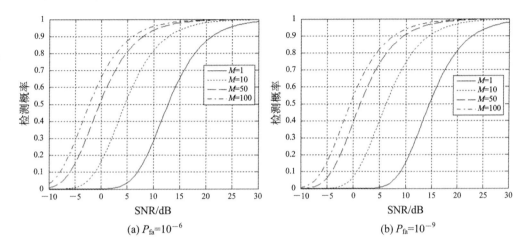

图 6.15　Swerling Ⅰ 型目标的检测概率与 SNR 的关系曲线

图 6.16、图 6.17、图 6.18 分别给出了 Swerling Ⅱ、Ⅲ、Ⅳ 型目标在 $P_{fa}=10^{-9}$ 情况下积累脉冲数 $M=1$、10、50、100 时，检测概率与所要求的单个脉冲 SNR 的关系曲线。

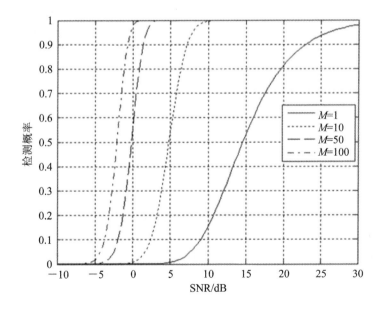

图 6.16　Swerling Ⅱ 型目标的检测概率与 SNR 的关系曲线（$P_{fa}=10^{-9}$）

在虚警概率 $P_{fa}=10^{-9}$ 和脉冲积累数 $M=10$ 的条件下，图 6.19 中比较了五种类型目标的检测性能。从图中可以看出，当检测概率 P_d 比较大时，四种起伏目标相对不起伏目标来讲，需要更大的信噪比。例如，当检测概率 $P_d=0.95$ 时，对于 Swerling Ⅴ 型目标来说，每个脉冲信噪比需要 6.8 dB，对于 Swerling Ⅰ 型目标而言，每个脉冲所需信噪比为 18.5 dB。

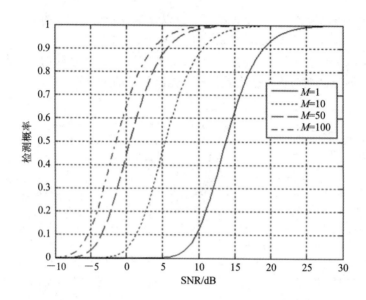

图 6.17　Swerling Ⅲ型目标的检测概率与 SNR 的关系曲线（$P_{\text{fa}} = 10^{-9}$）

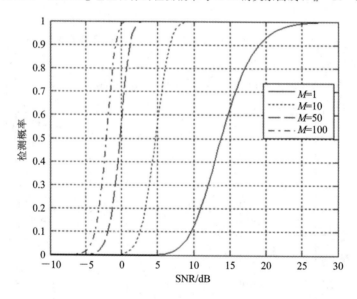

图 6.18　Swerling Ⅳ型目标的检测概率与 SNR 的关系曲线（$P_{\text{fa}} = 10^{-9}$）

因此，若在估计雷达作用距离时不考虑目标起伏的影响，则预测的作用距离和实际能达到的作用距离相差甚远。当 $P_{\text{d}} > 0.35$ 时，慢起伏目标（Swerling Ⅰ型和 Swerling Ⅲ型）所需信噪比大于快起伏（Swerling Ⅱ型和 Swerling Ⅳ型）所需信噪比。如图 6.19 所示，慢起伏目标的回波在同一扫描期是完全相关的，如果第一个脉冲振幅小于检测门限，则相继脉冲也不会超过门限值，所以要发现目标只有提高信噪比。在快起伏情况下，由于脉冲间回波起伏不相关，相继脉冲的振幅会有较大变化，第一个脉冲不超过门限值，相继脉冲有可能超过门限值而被检测到。事实上，只要脉冲数足够多，快起伏情况下的检测性能是被平均的，它的检测性能接近于不起伏目标的情况。

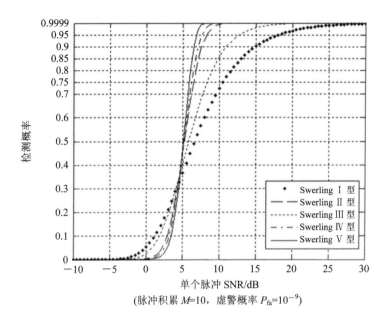

$$\text{（脉冲积累 } M=10, \text{ 虚警概率 } P_{fa}=10^{-9}\text{）}$$

图 6.19 五种类型目标信号的检测性能

6.4 自动检测——恒虚警率处理

雷达对目标的检测总是在干扰背景下进行的，这些干扰包括接收机内部的热噪声以及地物、雨雪、海浪等杂波干扰，有时还有敌人施放的有源和无源干扰。恒虚警处理的目的是在干扰下保持信号检测时的虚警率恒定，这样才能使计算机进行数据处理时不会因虚警太多而过载。自动检测的过程就是雷达不需要操作员参与，而是由电子判断电路执行检测判决所需要的操作。现代雷达均采用自动检测，以克服操作人员能力的限制。另外，自动检测还允许雷达输出能有效地通过通信电路进行传输，它只需传输被检测的目标信息，而不必传送原始视频信号，即保留过门限的目标信号，而未过门限的信号置零，也称之为综合视频信号。

在自动检测过程中主要包括恒虚警电路，在没有(感兴趣的)目标存在时，利用自动检测电路来估测接收机的输出，以保持一个恒定虚警概率的系统便称为恒虚警率(Constant-False-Alarm Rate，CFAR)系统。基本的 CFAR 过程是对需要进行目标检测的单元内的噪声和干扰电平进行估计，并根据估计值设置门限，再与该检测单元信号进行比较，从而判断是否有目标。这种噪声和干扰电平估计有两种基本方法：

(1) 利用距离、多普勒、角度或雷达坐标的某种组合的相邻参考单元进行平均来估计电平；

(2) 将多次扫描的检测单元本身的输出进行平均来估计电平。

CFAR 处理主要有三种类型：自适应门限 CFAR 技术、非参数 CFAR 技术和非线性接收机技术。自适应门限 CFAR 假定干扰的分布是已知的，并且利用这些噪声分布近似表示未知参数。非参数 CFAR 倾向于未知干扰分布的应用场合。非线性接收机技术试图对干扰的均方根幅度进行归一化。在本书中只介绍几种均值类 CFAR 技术。

6.4.1　单元平均 CFAR

单元平均(Cell Averaging，CA)CFAR(CA-CFAR)处理器如图 6.20 所示。单元平均是在一系列距离和/或多普勒通道(单元)上进行的。在选取参考单元时，为了防止参考单元中出现目标，在检测单元与参考单元之间需要保留一些保护单元。保护单元的大小取决于目标的尺寸和分辨单元的大小。以被检测单元(Clutter Under Test，CUT)为中心，从抽头延迟线可同时获取 M 个参考单元进行平均来获取雷达波束中目标附近的噪声和干扰的估计值 Z，乘以常数 K_0(根据检测性能的要求确定)得到检测门限 V_T，再与检测单元(CUT)进行比较，如果 CUT 的幅度为

$$Y_1 \geqslant V_T = K_0 Z \tag{6.4.1}$$

就认为在该 CUT 中检测到目标。

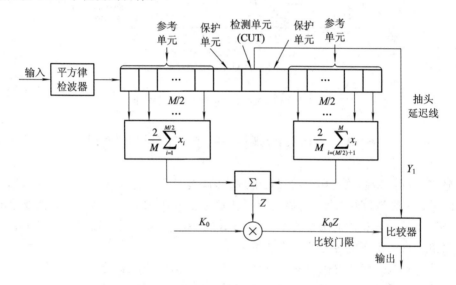

图 6.20　CA-CFAR 处理原理框图

单元平均 CFAR 假设感兴趣的目标在 CUT 中，并且所有参考单元包含方差为 σ^2 的零均值独立高斯噪声，因此，参考单元的输出平均 Z 所代表的随机变量 z 服从 γ 分布(χ^2 的特殊情况)，具有 $2M$ 个自由度。在这种情况下，z 的概率密度函数为

$$f(z) = \frac{z^{(M/2)-1} \exp\left(-\dfrac{z}{2\sigma^2}\right)}{2^{M/2} \sigma^M \Gamma\left(\dfrac{M}{2}\right)}, \quad z > 0 \tag{6.4.2}$$

这时，它的虚警概率为

$$P_{fa} = \frac{1}{(1 + K_0)^M} \tag{6.4.3}$$

由此可见，虚警概率与噪声功率无关，这正是 CFAR 处理的目的。

CA-CFAR 处理通常是在距离参考单元进行平均的，因为在大多数雷达中，距离分辨率比方位对应的横向分辨率高，例如，若雷达的距离分辨率为 75 m，波束宽度为 3°，在 100 km 远的位置对应的横向分辨单元大小为 5.2 km，远大于 75 m。当然，在一些脉冲多

普勒雷达中，有时在距离和多普勒平面进行二维 CA-CFAR 处理。

实际中，经常是在非相干积累之后进行 CFAR 处理，如图 6.21 所示。这时每个参考单元的输出是 n_p 个平方包络之和，总的求和参考样本数为 $n_p M$，其中 n_p 为非相干积累的脉冲数。参考单元的输出平均 Z 所代表的随机变量服从自由度为 $2n_p M$ 的 γ 分布，描述随机变量 $K_1 Z$ 的概率密度函数为

$$f(y) = \frac{\left(\dfrac{y}{K_1}\right)^{n_p M - 1} \exp\left(-\dfrac{y}{2K_1 \sigma^2}\right)}{(2\sigma^2)^{n_p M} K_1 \Gamma(n_p M)}, \quad y \geqslant 0 \qquad (6.4.4)$$

这时，虚警概率为

$$P_{fa} = \frac{1}{(1 + K_1)^{n_p M}} \sum_{k=0}^{n_p - 1} \frac{\Gamma(n_p M + k)}{k! \Gamma(n_p M)} \left(\frac{K_1}{1 + K_1}\right)^{n_p M} \qquad (6.4.5)$$

由此可见，虚警概率与噪声功率无关。

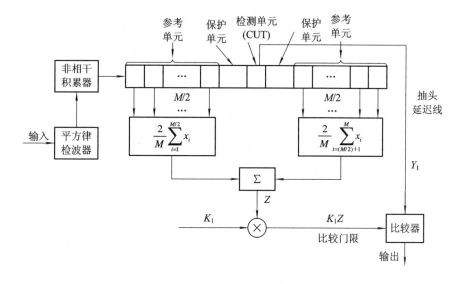

图 6.21　非相干积累 CA-CFAR 处理原理框图

6.4.2　其它几种 ML 类 CFAR

在均匀的瑞利包络杂波背景下，CA－CFAR 利用与检测单元相邻的一组独立同分布的参考单元采样值估计杂波功率，为非起伏目标和 Swerling 起伏目标提供最优或准最优检测，其检测性能与接收机噪声中的检测性能接近。但是，CA－CFAR 检测在杂波边缘中会引起虚警率上升，而在多目标环境中将导致检测性能下降，针对这些情况，相继出现了 GO（Greatest Of）－CFAR、SO（Smallest Of）－CFAR、WCA（Weighted Cell－Averaging）－CFAR 等同属于均值（Mean Level，ML）类的 CFAR 处理方法。ML 类 CFAR 处理框图总结如图 6.22 所示。设检测单元前面的 $M/2$ 个参考单元输出$\{x_1, x_2, \cdots, x_{M/2}\}$的均值为 X，后面的 $M/2$ 个参考单元输出$\{x_{M/2+1}, x_{M/2+2}, \cdots, x_M\}$的均值为 Y，这四种 ML 类 CFAR 处理方法就是分别计算$(X+Y)/2$、$\max\{X, Y\}$、$\min\{X, Y\}$、$\alpha X + \beta Y$。再乘以常数 K_0（根据检测性能的要求确定）得到检测门限，并将 $K_0 Z$ 与被测单元 CUT 的输出作比较，

从而做出被测单元存在或不存在目标的判决。其中，α、β 是根据参考单元中干扰的估值电平的先验信息设置的，α 和 β 的最优加权值是在保持 CFAR 的同时使检测概率最大的条件下得到的。

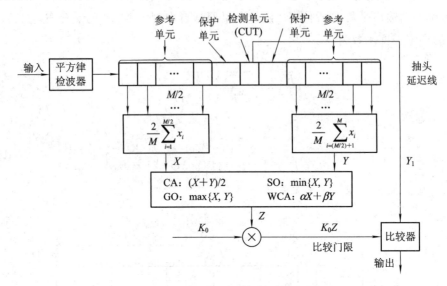

图 6.22 ML 类 CFAR 处理原理框图

表 6.5 对这几种 ML 类 CFAR 处理方法及其性能进行了对比。

表 6.5 几种 ML 类 CFAR 处理方法比较

CFAR 类型	参考电平 Z	适 用 场 合	缺 点
CA-CFAR	$(X+Y)/2$	均匀杂波背景	在杂波边缘引起虚警率的上升，在多目标环境导致检测性能下降
SO-CFAR	$\min\{X, Y\}$	在干扰目标位于前沿或后沿滑窗之一的多目标环境中能分辨出主目标	在杂波边缘和均匀杂波环境中检测性能差
GO-CFAR	$\max\{X, Y\}$	在杂波边缘和均匀杂波环境能保持较好的检测性能	在多目标环境导致检测性能下降
WCA-CFAR	$\alpha X+\beta Y$	在多目标环境中检测性能最好	需要干扰的先验信息

为客观评价各种 CFAR 检测器性能，Rohling 从背景杂波区域均匀性出发，将杂波分为以下三种典型情况：

（1）均匀背景杂波：参考滑窗内背景杂波样本同分布；

（2）杂波边缘：参考滑窗内存在背景功率不同的杂波过渡区域情况；

（3）多干扰目标杂波：两个或两个以上的目标在空间上很靠近，位于同一参考滑窗内。

下面给出在三种典型情况下几种 CFAR 处理方法的仿真。

图 6.23 为在均匀杂波下 CA - CFAR 检测的仿真结果。仿真杂波数据是背景功率 20 dB 的独立同分布瑞利包络杂波序列，在第 50 个距离单元内存在一个目标，其功率为 35 dB。假

定虚警概率 $P_{fa} = 10^{-6}$，参考单元数 $M=16$，保护单元 $N=2$，CA - CFAR 的检测门限在图 6.23 中用虚线表示。由图可知，CA - CFAR 能够正确地检测出均匀杂波背景下的目标。

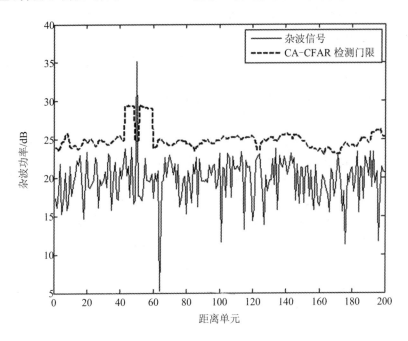

$(P_{fa} = 10^{-6}, M=16)$

图 6.23　均匀杂波背景下的 CA - CFAR 检测

图 6.24 中假设在第 1～90 个距离单元为杂波区，杂波边缘位于第 90～100 个距离单元处，在第 101～200 个距离单元只有噪声。杂波区的平均杂噪比为 60 dB，在杂波边缘处，

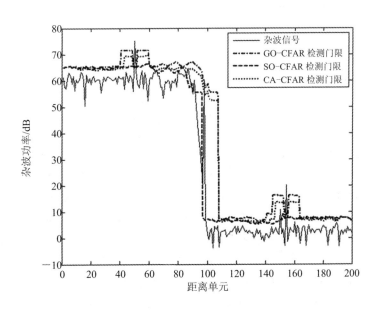

$(P_{fa} = 10^{-6}, M=16)$

图 6.24　杂波边缘和多干扰目标杂波背景下的 CFAR 检测

杂波功率从 60 dB 降低至 0 dB。这种过渡在雷达的实际检测过程中比较典型，例如从树木繁茂地区过渡到开阔地。假设在第 50、98、150 和 154 个距离单元存在目标，分别位于杂波区、杂波边缘、无杂波区，这些信号的功率（包括杂波或噪声）相对于噪声的功率分别为 75 dB、60 dB、10 dB 和 20 dB。选择虚警概率 $P_{\mathrm{fa}} = 10^{-6}$，参考单元 $M = 16$，保护单元 $N = 2$，分别采用 CA-CFAR、GO-CFAR 和 SO-CFAR 进行自动检测，图 6.24 给出了这三种方法的检测门限。

在 CA-CFAR 检测中，杂波边缘会导致附近高功率杂波区域的检测发生虚警，也可能会遮蔽杂波边缘附近低功率杂波区域的目标。图 6.25 为图 6.24 的杂波边缘部分的局部放大图，第 87 个距离单元位于高功率杂波区域，为纯杂波样本（不存在目标），但因其靠近杂波边缘，导致参考滑窗内存在较多低功率杂波样本，从而降低了背景功率估计和检测门限，造成虚警。SO-CFAR 因为选择较低的后半窗进行背景功率估计，在第 87～91 个距离单元造成虚警。第 70 个距离单元远离杂波边缘，没有其它功率的杂波样本影响背景功率估计，因此 CA-CFAR 能够实现目标正常检测。当检测单元位于第 87 个距离单元时，GO-CFAR 将选择功率较高的前半窗进行背景功率估计，从而使背景功率估计高于 CA-CFAR 的检测门限，能够消除后半窗低功率样本对检测门限的影响。同时在第 98 个距离单元的目标均被检测出来。总之，在杂波边缘情况下，CA-CFAR 和 SO-CFAR 会引起虚警的上升，GO-CFAR 可以保持较好的检测性能。

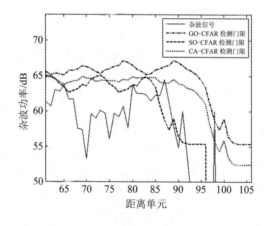

图 6.25　杂波边缘局部放大图

图 6.26 为图 6.24 中无杂波区的两个目标附近距离单元的局部放大图。在第 150 和 154 个距离单元目标分别记为目标 1 和目标 2。对于 CA-CFAR 和 GO-CFAR 检测来说，当目标 1 位于检测单元时，目标 2 也正好位于参考滑窗内，其较高的功率提升了整体背景功率的估计，造成目标 1"漏检"。当目标 2 位于检测单元时，由于其自身较高的信噪比（SNR），目标 1 未能对目标 2 形成遮蔽。对于 SO-CFAR 检测，当目标 1 位于检测单元时，目标 2 也位于参考滑窗后半窗内，此时 SO-CFAR 选择前半窗估计背景杂波功率，避免了目标 2 对目标 1 的遮蔽，能够正确地检测出两个相距很近的目标。

由此可以看出，GO-CFAR 在杂波边缘环境中能保持较好的恒虚警性能，在干扰目标位于前沿或后沿滑窗之一的多目标环境中，SO-CFAR 能分辨出主目标，WCA-CFAR 在多目标环境中检测性能最好。

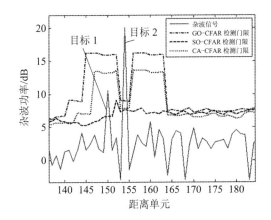

图 6.26　两个目标附近单元的局部放大图

6.5　检测性能计算的 MATLAB 程序

本章中穿插了很多 MATLAB 仿真图，它们直观地表现并比较了各种检测性能，这一节给出这些函数和图形的 MATLAB 程序，读者可以根据需要改变输入参量。

程序 6.1　非相干积累改善因子的计算（improv_fac. m）

```
function i＝improv_fac(m, pfa, pd)
％ m——非相干积累脉冲数；pfa——虚警概率；pd——检测概率
f1＝1.0＋log10(1.0/pfa)/46.6;
f2＝6.79 * (1.0＋0.235 * pd);
f3＝1.0－0.14 * log10(m)＋0.0183 * (log10(m).^2);
i＝f1 * f2 * f3. * log10(m);
return
```

程序 6.2　Parl 数值积分方法计算检测概率（marcumsq. m）

```
function PD＝marcumsq(a, b)
％ This function uses Parl's method to compute Pd
max_test_value ＝ 1000.;        ％ increase to more than 1000 for better results
if (a ＜ b)
    alphan0 ＝ 1.0; dn ＝ a / b;
else
    alphan0 ＝ 0.; dn ＝ b / a;
end;
alphan_1 ＝ 0.;
betan0 ＝ 0.5; betan_1 ＝ 0.;
D1 ＝ dn;
n ＝ 0;
ratio ＝ 2.0 / (a * b);
```

```
r1 = 0.0;
alphan = 0.0; betan = 0.0;
while (betan < max_test_value),
    n = n + 1;
    alphan = dn + ratio * n * alphan0 + alphan;
    betan = 1.0 + ratio * n * betan0 + betan;
    alphan_1 = alphan0;
    alphan0 = alphan;
    betan_1 = betan0;
    betan0 = betan;
    dn = dn * D1;
end;
PD = (alphan0 / (2.0 * betan0)) * exp( −(a−b)^2 / 2.0);
if ( a >= b)
    PD = 1.0 − PD;
end;
return
```

程序 6.3 不完全 Gamma 函数的计算(incomplete_gamma. m)

不完全 Gamma 函数可以近似表示为

$$\Gamma_1\left(\frac{V_T}{\sqrt{M}}, M-1\right) = 1 - \frac{V_T^{M-1}\,e^{-V_T}}{(M-1)!}\left[1 + \frac{M-1}{V_T} + \frac{(M-1)(M-2)}{V_T^2} + \cdots + \frac{(M-1)!}{V_T^{M-1}}\right]$$

$$(6.5.1)$$

门限值可以用递归公式来近似表示为

$$V_{T,m} = V_{T,m-1} - \frac{G(V_{T,m-1})}{G'(V_{T,m-1})}, \quad m = 1, 2, 3, \cdots \tag{6.5.2}$$

当 $|V_{T,m} - V_{T,m-1}| < \dfrac{V_{T,m-1}}{10000.0}$ 时，可以终止迭代。函数 G 和 G' 为

$$G(V_{T,m}) = (0.5)^{M/n_{fa}} - \Gamma_1(V_T, M) \tag{6.5.3}$$

$$G'(V_{T,m}) = -\frac{e^{-V_T}V_T^{M-1}}{(M-1)!} \tag{6.5.4}$$

递归的初始值为

$$V_{T,0} = M - \sqrt{M} + 2.3\sqrt{-\ln P_{fa}}\left(\sqrt{-\ln P_{fa}} + \sqrt{M} - 1\right) \tag{6.5.5}$$

函数"incomplete_gamma. m"实现式(6.3.20)$\Gamma_1(x, M)$的计算，语法如下：

$$[value] = \text{incomplete\_gamma}(vt, M)$$

其中，各参数的含义见表 6.6。

表 6.6 参 数 含 义

符号	含　　义	单位
vt	$\Gamma_1(x, M)$ 的输入变量	x 的单位
M	$\Gamma_1(x, M)$ 的输入变量	无/整数
$value$	不完全 Gamma 函数	无

```
function [value] = incomplete_gamma(vt, M)
% 不完全 Gamma 函数式(6.5.1)的计算
format long
eps = 1.000000001;
% Test to see if M = 1
if (M ==1)
    value1 = vt * exp(-vt);
    value = 1.0 - exp(-vt);
    return
end
sumold = 1.0;
sumnew =1.0;
calc1 = 1.0;
calc2 = M;
xx = M * log(vt+0.0000000001) - vt - log(factorial(calc2));
temp1 = exp(xx);
temp2 = M / (vt+0.0000000001);
diff = .0;
ratio = 1000.0;
if (vt >= m)
    while (ratio >= eps)
        diff = diff + 1.0;
        calc1 = calc1 * (calc2 - diff) / vt ;
        sumnew = sumold + calc1;
        ratio = sumnew / sumold;
        sumold = sumnew;
    end
    value = 1.0 - temp1 * sumnew * temp2;
    return
else
    diff = 0.;
    sumold = 1.;
    ratio = 1000.;
    calc1 = 1.;
    while(ratio >= eps)
        diff = diff + 1.0;
        calc1 = calc1 * vt / (calc2 + diff);
        sumnew = sumold + calc1;
        ratio = sumnew / sumold;
        sumold = sumnew;
    end
    value = temp1 * sumnew;
end
return
```

程序 6.4 检测概率与单个脉冲信噪比的关系

```
%该程序用来计算图 6.8：检测概率与单个脉冲信噪比的关系
SNR＝0：.1：18；
Pfa＝10.^(−[2：2：12])；
for n＝1：length(Pfa)
    y＝sqrt(−2.0 * log(Pfa(n)))；
    for k＝1：length(SNR)
        x＝sqrt(2.0 * 10^(.1 * SNR(k)))；
        p(k，n)＝marcumsq(x，y)；
    end
end
loglog(SNR，p，'k')；
xlabel('单个脉冲 SNR /dB')；ylabel('检测概率')；grid
```

程序 6.5 非起伏目标非相干积累的检测概率与信噪比的关系

```
%该程序用来计算图 6.14：非起伏目标检测概率与信噪比的关系
pfa＝1e−9； %虚警概率
y＝sqrt(−2.0 * log(pfa))；
np＝10； %非相干积累脉冲数
SNR＝0：.1：20；%信噪比(dB)
for k＝1：length(SNR)
    x＝sqrt(2.0 * 10^(.1 * SNR(k)))；
    p1(k)＝marcumsq(x，y)；
end
p2＝pd_swerling5(pfa，1，m，SNR)；
plot(SNR，p1，'k'，SNR，p2，'k−−')；grid on
xlabel('单个脉冲 SNR/dB')；ylabel('检测概率')；
legend('np=1'，'np=10')；
```

程序 6.6 Swerling V 目标检测概率计算函数(pd_swerling5. m)

函数"pd_swerling5. m"计算非起伏目标的检测概率，语法如下：

$$[pd]＝pd\_swerling5(in1，indicator，np，snr)$$

其中，各参数的含义见表 6.7。

表 6.7 参 数 含 义

符号	含 义	单位	状态
$in1$	P_{fa} 或虚警数 n_{fa}	无	输入
$indicator$	当 $in1＝P_{fa}$ 时，$indicator$ 为 1 当 $in1＝n_{fa}$ 时，$indicator$ 为 0	—	输入
snr	SNR(信噪比)	dB	输入
np	积累脉冲个数	无	输入
pd	检测概率	无	输出

```
function [ pd ] = pd_swerling5(in1, indicator, np, snr )
%%%   Swerling V 型目标检测计算，要求 np>1
if(np==1)
    'Stop! np must be greater than 1'
    return
end
format long
snrbar=10.0.^(snr/10.);
eps=0.00000001;
delmax=.00001;
delta=10000.;
if (indicator ~=1)
    nfa = in1;
    pfa = np * log(2)/nfa;
else
    pfa = in1;
    nfa = np * log(2)/pfa;
end
%检测门限的计算
sqrtpfa=sqrt(-log10(pfa));
sqrtnp=sqrt(np);
vt0=np-sqrtnp+2.3 * sqrtpfa * (sqrtpfa+sqrtnp-1.0);
vt=vt0;
while(abs(delta)>=vt0)
    igf=incomplete_gamma(vt0, np);
    num=0.5^(np/nfa)-igf;
    deno=exp(-vt) * vt.^(np-1)/(factorial(np-1));   %deno=exp(-vt) * vt.^(np-1)/
    factorial(np-1);
    vt=vt0+(num/(deno+eps));
    delta=abs(vt-vt0) * 10000.0;
    vt0=vt;
end
%计算 the Gram-Chrlier coeffcients
t1=2.0 * snrbar+1.0;
g=sqrt(np * t1);
c3=-(snrbar+1.0/3.0)./(sqrt(np) * t1.^1.5);
c4=(snrbar+0.25)./(np * t1.^2);
c6=c3. * c3/2.0;
V=(vt-np * (1.0+snrbar))./g;
V2=V.^2;
val1=exp(-V2/2.0)/sqrt(2.0 * pi);
val2=c3. * (V2-1.0)+c4. * V. * (3.0-V2)-c6. * V. * (V2.^2-10 * V2+15.0);
pd = 0.5 * erfc(V/sqrt(2))-val1. * val2;
```

end

程序 6.7 Swerling 目标检测性能计算（pd_swerling. m）

函数"pd_swerling. m"计算 Swerling I、II、III、IV 型目标的检测概率，语法如下：
$$[pd] = \text{pd\_swerling}(in1, indicator, snr, np, swelling)$$
其中，各参数的含义见表 6.8。

表 6.8 参 数 含 义

符号	含 义	单位	状态
$in1$	P_{fa} 或虚警数 n_{fa}	无	输入
$indicator$	当 $in1 = P_{fa}$ 时，$indicator$ 为 1 当 $in1 = n_{fa}$ 时，$indicator$ 为 0	—	输入
snr	SNR（信噪比）	dB	输入
np	积累脉冲个数	无	输入
$swelling$	1：Swerling I 型目标 2：Swerling II 型目标 3：Swerling III 型目标 4：Swerling IV 型目标	无	输入
pd	检测概率	无	输出

```
function pd = pd_swerling (in1, indicator , snr, np, swelling)
format long
snrbar＝10.0^(snr/10.);
eps＝0.00000001;
delmax＝.00001;
delta＝10000.;
if (indicator ～＝1)
    nfa = in1;
    pfa = np * log(2)/nfa;
else
    pfa = in1;
    nfa = np * log(2)/pfa;
end
sqrtpfa＝sqrt(－log10(pfa));
sqrtnp＝sqrt(np);
vt0＝np－sqrtnp＋2.3 * sqrtpfa * (sqrtpfa＋sqrtnp－1.0);
vt＝vt0;
while(abs(delta)>＝vt0)
    igf＝incomplete_gamma(vt0, np);
    num＝0.5^(np/nfa)－igf;
    temp＝(np－1) * log(vt0＋eps)－vt0－log(factorial(np－1));
```

```
        deno＝exp(temp);
        vt＝vt0＋(num/(deno＋eps));
        delta＝abs(vt－vt0) * 10000.0;
        vt0＝vt;
end
switch swelling
    case 1
        temp1＝1.0＋np * snrbar;
        temp2＝1.0/(np * snrbar);
        temp＝1.0＋temp2;
        val1＝temp^(np－1.0);
        igf1＝incomplete_gamma(vt, np－1);
        igf2＝incomplete_gamma(vt/temp, np－1);
        pd＝1.0－igf1＋val1 * igf2 * exp(－vt/temp1);
        return
    case 2
        if (np<＝50)
            temp＝vt./(1.0＋snrbar);
            pd＝1.0－incomplete_gamma(temp, np);
        else
            c3＝－1.0/(3 * sqrt(np)); c4＝0.25/np; c6＝0.5 * c3^2;
            w＝(1＋snrbar). * sqrt(np);
            V＝(vt－np * (1＋snrbar))./w;   V2＝V.^2;
            val1＝exp(－V2/2)./sqrt(2 * pi);
            val2＝c3. * (V2－1)＋c4. * V. * (3－V2)－c6 * V. * (V2.^2－10 * V2＋15);
            pd＝0.5 * erfc(V./sqrt(2)) － val1. * val2;
        end
        return
    case 3
        temp1＝vt/(1.0＋0.5 * np * snrbar);
        temp2＝1.0＋2.0/(np * snrbar);
        temp3＝2.0 * (np－2.0)/(np * snrbar);
        pd＝exp(－temp1) * temp2^(np－2.0) * (1.0＋temp1－temp3);
        return
    case 4
        h8＝snrbar/2.0;
        beta＝1.0＋h8;
        beta2＝vt/beta;
        beta3＝log(factorial(np))－np * (log(beta));
        sum＝0;
        sum1＝0;
        for i＝0:1:np
```

```
        sum＝i＊log(h8)－log(factorial(i))－log(factorial(np－i))＋log(incomplete_gamma
        (beta2，np＋i))；
        sum1＝sum1＋exp(sum)；
    end
     pd＝1－exp(beta3)＊sum1；
return
end
```

练 习 题

6-1 某雷达要求虚警时间为 2 小时，接收机带宽为 1 MHz，求虚警概率和虚警数。若要求虚警时间大于 10 小时，问门限电平 V_T/σ 应取多少？

6-2 若空间某一区域有目标存在的事件为 A，无目标的事件为 $\overline{A}$，其发生概率 $P(A)=0.6$，$P(\overline{A})=0.4$；接收机输出超过门限的事件为 B，不超过门限的事件为 $\overline{B}$，其发生概率为 $P(B)$，$P(\overline{B})$。已知有目标且超过门限的概率 $P(B/A)=0.8$，无目标而超过门限的概率 $P(B/\overline{A})=0.1$，求：

(1) 超过和不超过门限的概率 $P(B)$、$P(\overline{B})$。

(2) 在接收机输出已经超过门限条件下的有目标概率 $P(A/B)$。

6-3 已知雷达在 $P_{fa}=10^{-6}$、$P_d=50\%$ 下工作，采用线性检波非相参积累，脉冲积累数为 10，按照非起伏目标，对小型歼击机(RCS 为 2 m²)的作用距离为 300 km。求当 $P_{fa}=10^{-12}$、$P_d=90\%$ 时对大型远程轰炸机(RCS 为 40 m²)的作用距离。

6-4 某雷达重复频率 $f_r=600$ Hz，水平波束宽度 $\theta_{3dB}=3°$，要求以 $P_{fa}=10^{-12}$、$P_d=90\%$ 工作，发现某一型号的目标，已知不用脉冲积累和不起伏的作用距离 $R_0=300$ km，现用线性检波后积累，求：

(1) 天线环扫速度为 15 r/min 时的作用距离。

(2) 天线环扫速度减为 3 r/min 时的作用距离变换了多少倍。

(3) 若目标按 Swerling Ⅰ 型起伏，天线环扫速度为 15 r/min 时，相参积累的作用距离。

6-5 一部波长 $\lambda=10$ cm 的雷达，对于有效反射面积 5 m² 的目标，线性检波非相参脉冲积累数为 20，在 $P_d=0.9$、$P_{fa}=10^{-10}$ 条件下的作用距离为 100 km。

(1) 保持天线口径不变，将波长改为 3.2 cm，发射机功率降低到 1/4，接收机噪声系数增大到原来的 4 倍，脉冲积累数不变，则最大作用距离 R_{max} 变化了多少？

(2) 若允许 $P_{fa}=10^{-6}$，$P_d=0.9$，在原题条件下，按照非起伏目标试估算 R_{max} 的变化。

(3) 若目标高度为 200 m，要在 80 km 以外发现目标，则雷达天线应架设多高？

(4) 现将天线扫描速度提高一倍，则对 R_{max} 影响如何？

6-6 已知雷达参数：发射功率为 10^6 W，天线增益为 40 dB，波长为 5.6 cm，目标截面积为 3 m²，接收机带宽为 1.6 MHz，噪声系数为 10，检测因子为 2，系统损耗为 4 dB，理想天线噪声温度为 $T_A=290$ K，忽略大气衰减。

(1) 计算总的噪声温度 T_s、灵敏度 $S_{i, min}$、最大作用距离 R_{max}。

(2) 如果其它参数不变，当目标距离为 150 km 时，求接收机输入端和输出端的信噪比。

6-7　已知某警戒雷达参数如下：发射功率为 2×10^6 W，波长为 10 cm，矩形脉宽为 2 μs，目标 $\sigma = 50$ m²，非起伏，接收机噪声系数 $F = 6$ dB，天线有效口径为 7×1.2 m²，接收机采用矩形滤波器，门限电压与噪声电压之比为 5，检测因子 $D_0 = 13.2$ dB。计算：

(1) 灵敏度 $S_{i,\,min}$；

(2) 最大作用距离 R_{max}；

(3) P_{fa} 和 P_d。

6-8　已知某雷达和目标的参数如下：$\lambda = 0.1$ m，$P_t = 3 \times 10^5$ W，重复频率为400 Hz，脉宽为 1.6 μs(矩形)，天线有效面积 $A_e = 6$ m²($G \approx 7500$)，波束宽度为 1.5°，天线转速为 6 r/min，接收机采用矩形滤波器，噪声系数 $F = 5$ dB，$P_d = 0.9$，$P_{fa} = 10^{-9}$，目标 $\sigma = 15$ m²，高度为 1000 m，系统损耗为 5 dB，天线高度为 200 m。

(1) 计算雷达对目标的直视距离；

(2) 计算在一个波位发射的脉冲数；

(3) 计算非起伏目标的检测因子、接收灵敏度；

(4) 不考虑地面反射、大气衰减时的最大作用距离；

(5*) 考虑地面反射、直视距离和大气衰减影响(晴天)，该雷达的最大作用距离 R_{max}；

(6*) 针对 Swerling Ⅰ 型起伏目标，利用本章给出的检测性能曲线或程序，计算其检测因子、接收灵敏度。

6-9　在只有噪声的情况下，雷达回波的正交分量为具有零均值和方差 σ_n^2 的独立高斯随机变量。假设雷达处理由包络检波和门限判决所组成。

(1) 写出包络的概率密度函数表达式；

(2) 若虚警概率 $P_{fa} \leqslant 10^{-8}$，求门限值 V_T(用 σ_n 表示)。

6-10　假设雷达工作参数：工作频率 $f_0 = 1.5$ GHz，工作带宽 $B = 1$ MHz，噪声系数 $F = 6$ dB，系统损耗 $L = 5$ dB，虚警时间 $T_{fa} = 20$ min，检测距离 $R = 12$ km，检测概率 $P_d = 0.5$，通常取无模糊距离 $R_u = 2R = 24$ km，天线增益 $G = 5000$，目标 RCS 的 $\sigma = 1$ m²。

(1) 确定脉冲重复频率 f_r、脉冲宽度 τ、虚警概率 P_{fa}、对应的检测因子 D_0、最小可检测信号功率 $S_{i,\,min}$、峰值功率 P_t；

(2) 若考虑 10 个脉冲进行积累，求相干积累输出信噪比和非相干积累输出信噪比，并计算这两种情况下的检测概率。

第 7 章　参数测量与跟踪

7.1　概　　述

　　雷达的基本任务是检测目标并测量出目标的参数(位置坐标、速度等),现代雷达还期望从回波中提取诸如目标形状、属性等信息。跟踪雷达系统用于测量目标的距离、方位、仰角和速度,然后利用这些参数进行滤波,实现对目标的跟踪,同时还可以预测它们下一时刻的值。

　　目标的信息包含在雷达的回波信号中。在一般雷达中,对于理想的目标模型,目标相对于雷达的距离表现为回波相对于发射信号的时延;目标相对于雷达的径向速度则表现为回波信号的多普勒频移;目标的方位、仰角表现为天线波束指向以及目标偏离波束指向中心的程度等。由于目标回波中总是伴随着各种噪声和干扰,接收机输入信号可写为

$$x(t) = s(t;\beta) + n(t) + c(t)$$

式中,$s(t;\beta)$ 为包含未知参量 β 的回波信号;$n(t)$ 是噪声;$c(t)$ 为干扰。由于噪声或干扰的影响,测量参量 β(可以是距离、方位、仰角或速度)会产生误差而不能精确地测定,因而只能是估计。因此,从雷达中提取目标信息的问题就变为一个统计参量估计的问题。对接收到的观测信号 $x(t)$,应当怎样对它进行处理才能对参量 β 尽可能精确地估计,这就是参数估计问题。

　　参数测量误差分为系统误差和随机误差。系统误差包括天线扫描产生的指向误差等,在实际中对测量量的系统误差需要修正。影响测量性能的主要是随机误差,是由于噪声、干扰等随机因素产生的,随机误差通常用测量精度表示。测量精度是雷达一个重要的性能指标,在某些雷达(如精密测量、火控跟踪和导弹制导等雷达)中,测量精度是关键指标。测量精度表明雷达测量值和目标实际值之间的偏差(误差)大小,误差越小则精度越高。影响一部雷达测量精度的因素是多方面的,例如不同体制雷达采用的测量方法不同,雷达设备各分系统的性能差异以及外部电波的传播条件等。混杂在回波信号中的噪声和干扰是限制测量精度的基本因素。

　　当雷达连续观测目标一段时间(通常取 3 个扫描周期)后,雷达就能根据检测出的点迹进行航迹起始,形成目标的航迹,然后对该航迹进行滤波并保持对目标的跟踪。在军用雷达中,负责目标跟踪的有制导雷达、火控雷达和导弹制导等测量与跟踪雷达。事实上,如果不能对目标进行正确的跟踪也就不可能实现导弹的精确制导。对民用机场交通管制雷达系统来说,目标跟踪是控制进港和出港航班的常用方法。跟踪雷达主要有四种类型:

　　(1) 单目标跟踪(STT)雷达。这种跟踪雷达用来对单个目标进行连续跟踪,并且提供

较高的数据率。这种类型的雷达主要应用于导弹制导武器系统，对飞机目标或导弹目标进行跟踪，其数据率通常在每秒 10 次以上。

（2）自动检测与跟踪（ADT）。这种跟踪是空域监视雷达的主要功能之一。几乎所有的现代民用空中交通管制雷达和军用空域监视雷达中都采用了这种跟踪方式。数据率依赖于天线的扫描周期（周期可从几秒到十几秒），因此，ADT 的数据率比 STT 低，但 ADT 具有同时跟踪大批目标的优点（根据处理能力一般能跟踪几百甚至几千批次的目标）。与 STT 雷达不同的是，ADT 的天线位置不受处理过的跟踪数据的控制，跟踪处理是开环的。

（3）边跟踪边扫描（TWS）。在天线覆盖区域内存在多个目标的情况下，这种跟踪方式通过快速扫描有限的角度扇区来维持对目标的跟踪，并提供中等的数据率。这种跟踪方式已广泛应用于防空雷达、飞机着陆雷达、机载火控雷达，以保持对多目标的跟踪。

（4）相控阵跟踪雷达。电子扫描的相控阵雷达能对大量目标进行跟踪，具有较高的数据率。在计算机的控制下，以时分的方式对不同波位、多批次目标进行跟踪。因为电扫描阵列的波束能够在几微秒的时间内从一个方向快速切换到另一个方向。在宙斯顿和爱国者等防空武器系统中均采用了相控阵跟踪雷达。

跟踪雷达主要包括距离跟踪、角度跟踪、多普勒跟踪。本章首先介绍雷达测量的基本原理；然后分别介绍距离测量、角度测量、多普勒测量；最后介绍目标的跟踪问题。

7.2　雷达测量基础

雷达通过比较接收回波信号和发射信号来获取目标的信息。本节先介绍雷达测量的基本物理量，然后介绍雷达测量的理论精度和基本测量过程。

7.2.1　雷达测量的基本物理量

雷达可以获得目标的距离、方位、仰角等信息，在一定时间内对运动目标的多次观察后还可以获得目标的航迹或轨道。本节先把目标作为点散射体，然后针对分布式散射体目标来讨论可以获得的目标有用信息。点散射体或点目标是与分辨单元相比，目标具有小的尺寸，目标本身的散射特点不能分辨出来。分布式散射体或目标，其尺寸比雷达分辨单元大，从而使各个散射体得以辨认。雷达的分辨能力通常（但不总是）决定着目标当作点目标还是当作分布式目标来考虑。一个复杂的目标含有多个散射体，复杂散射体可以是点散射体也可以是分布式散射体。

就点目标而言，只进行一次观察就可做出的基本雷达测量包括距离、径向速度、方向（角度）和特殊情况下的切向速度。

1. 距离测量

第 1 章中曾提到距离是根据雷达信号到目标的往返时间 T_R 获得的，即距离 $R = cT_R/2$。远程空中监视雷达的距离测量精度一般为几十米，但精密测量系统要求几厘米的测量精度。雷达信号的谱宽是精确距离测量的基本资源，带宽越宽，距离测量越精确。

2. 角度测量

几乎所有雷达都使用具有较窄波束宽度的定向天线。定向天线不仅提供大的发射增益和检测微弱回波信号所需要的较大接收天线孔径，而且窄的波束宽度能够使目标的方向得以精确确定，接收回波信号最大时的波束指向就是目标所在方向。微波雷达的波束宽度一般为1°或几度，有的甚至零点几度。波束宽度越窄，天线所要求的机械和电气容差就越小。测角精度与天线的电气尺寸(用波长衡量的尺寸)有关。测角精度一般远好于波束宽度。在可靠检测所要求的典型信噪比条件下，目标的测角精度大约为1/10个波束宽度。如果信噪比足够大则可能使测角误差尽量小，例如，用于靶场测量的单脉冲雷达的测角精度可达0.1 mrad(毫弧度)(0.006°)。

3. 径向速度

在许多雷达中，速度的径向分量根据距离的变化率来获得。但是这种计算距离变化率的方法在这里并不作为基本测量方法来考虑。多普勒频率是获得径向速度的基本方法。多普勒频率 f_d 与径向速度 v_r 的经典表达式为

$$f_d = \frac{2v_r}{\lambda} \quad \text{或} \quad v_r = \frac{f_d \lambda}{2} \tag{7.2.1}$$

假定在距离变化率方法中两次测距之间的时间和多普勒频率测量持续时间相同，则根据多普勒频率获得的径向速度的精度远远好于根据距离变化率获得径向速度的精度。

多普勒频率的测量精度与测量持续时间有关。持续时间越长，测量精度越高。根据径向速度与波长 λ 的相互关系，波长越短，达到所要求的径向速度的精度所需的观察时间就越短(波长越短，频率越高)。或者说，在给定观察时间的情况下，波长越短，速度精度越高。

尽管采用多普勒频率的方法具有高的测量精度，但是在低、中脉冲重复频率雷达中，由于存在多普勒模糊的问题，经常使用距离变化率的方法来估计径向速度。

4. 切向(横向距离)速度

就像时域多普勒频率能提供径向速度一样，在空域(角度)同时存在着类似的能够确定切向速度的空域多普勒频率，如果径向速度 $v_r = v\cos\theta$，切向速度为 $v_t = v\sin\theta = v_r\tan\theta$，$v$ 是目标线速度，θ 是雷达视线与目标速度矢量之间的夹角，即目标航向。切向速度在雷达中一般不能直接测量，只能根据径向速度 v_r 和航向 θ 计算切向速度 v_t。成像雷达利用合成孔径得到长基线的等效天线系统，才能获得较高的横向分辨率。

7.2.2 雷达测量的理论精度

噪声是影响雷达测量精度的最主要因素。雷达测量误差的度量即精度，是测量值(估计值)与真实值之差的均方根值(RMS)。在本章附录里利用最大似然函数推导了时延、频率、角度的估计精度。雷达测量量 M 的理论均方根误差为

$$\sigma_M = \frac{K_M \Delta M}{\sqrt{2E/N_0}} = \frac{K_M \Delta M}{\sqrt{\rho_0}} = \frac{1}{\beta_M \sqrt{\rho_0}} \tag{7.2.2}$$

式中，K_M 是大约为1的常数；ΔM 是测量量 M 的分辨率；$\beta_M = 1/\Delta M$；E 是信号的能量；N_0 是单位带宽内噪声功率即单边带噪声功率谱密度；$\rho_0 = 2E/N_0$。

对于时延(距离)的测量，K_M 与发射信号 $s(t)$ 的频谱形状 $S(f)$ 有关，ΔM 是脉冲的上升时间(与信号带宽 B 成反比)。若距离分辨率为 ΔR，则距离的测量精度为

$$\sigma_R = \frac{\Delta R}{\sqrt{2E/N_0}} = \frac{c}{2B\sqrt{2\text{SNR}}} = \frac{c}{2B\sqrt{\rho_0}} \tag{7.2.3}$$

对于多普勒频率(径向速度)的测量，K_M 与时域信号 $s(t)$ 的持续时间有关，ΔM 是频率分辨率 Δf_{d}(与信号持续时间成反比)。根据径向速度与多普勒频率的关系 $v_{\mathrm{r}} = \lambda f_{\mathrm{d}}/2$，则速度的测量精度为

$$\sigma_v = \frac{\lambda}{2}\sigma_{f_{\mathrm{d}}} = \frac{\lambda\Delta f_{\mathrm{d}}}{2\sqrt{2E/N_0}} = \frac{\lambda}{2T_i\sqrt{2\mathrm{SNR}}} \tag{7.2.4}$$

注意：这里 T_i 是信号持续时间。对单个脉冲而言，$s(t)$ 的持续时间短，速度的测量精度低；对一个波位的相干处理脉冲串而言，T_i 为脉冲串的持续时间，信号的持续时间相对较长，有利于提高速度的测量精度。

对于角度的测量，K_M 与孔径照射函数 $A(x)$ 有关，ΔM 是方位或仰角的波束宽度。若天线的半功率波束宽度为 $\theta_{3\mathrm{dB}}$，则方位或仰角的测量精度为

$$\sigma_\theta = \frac{\theta_{3\mathrm{dB}}}{1.6\sqrt{2E/N_0}} = \frac{\theta_{3\mathrm{dB}}}{1.6\sqrt{2\mathrm{SNR}}} \approx \frac{\lambda}{1.6a\sqrt{2\mathrm{SNR}}} \tag{7.2.5}$$

式中，a 为孔径宽度；λ 为波长。根据本章附录，表 7.1 给出了这些参数测量的理论精度。在附录的推导过程中是针对实信号而言的，但实际中由于雷达大多采用正交相干检波器，因此，表 7.1 中信噪比 $\rho_0 = 2E/N_0$，E 为信号的能量，N_0 为单边带噪声功率谱密度。

表 7.1　测量参数的均方根误差

测量参数	均方根误差	与雷达相关参数的关系
延迟 $\tau(s)$	$\sigma_\tau = \dfrac{1}{\beta_\omega\sqrt{\rho_0}}$	与脉冲宽度 τ_p 成正比
频率 $f_{\mathrm{d}}/\mathrm{Hz}$	$\sigma_\omega = \begin{cases} \dfrac{1}{\beta_t\sqrt{\rho_0}}, & \text{相位已知} \\[2mm] \dfrac{2}{\beta_t\sqrt{\rho_0}}, & \text{相位未知} \end{cases}$	与脉冲宽度 τ_p 成反比
角度 θ/rad	$\sigma_\theta = \dfrac{1}{\beta_a\sqrt{\rho_0}}$	与孔径宽度 a 成反比，与波长 λ 成正比

表中 β_t 和 β_ω 分别为信号的有效时宽(有效持续时间)和有效带宽。对于角度测量，β_a 为天线相对于波长的均方根孔径宽度，均方根孔径宽度 a 在孔径坐标 x 中定义，而 a/λ 决定了方向图的曲率。

7.2.3　信号的有效时宽和有效带宽与测量精度

对于窄带雷达信号 $s(t)$，混频至基带后，可以用其复包络 $u(t)$ 或对应的频谱 $U(f)$ 完全描述。但适当的波形参数有时更能方便地表示信号的某些特征，经常采用归一化二阶矩作为信号时宽、带宽的有效度量，分别定义信号有效时宽 β_t(也称为均方根时宽)和有效带宽 β_f(也称为均方根带宽)为

$$\beta_t = \left[\frac{\int_{-\infty}^{\infty} t^2\,|u(t)|^2\mathrm{d}t}{\int_{-\infty}^{\infty}|u(t)|^2\mathrm{d}t}\right]^{1/2} = \left[\frac{1}{E}\int_{-\infty}^{\infty} t^2\,|u(t)|^2\mathrm{d}t\right]^{1/2} \tag{7.2.6}$$

$$\beta_\omega = \left[\frac{\int_{-\infty}^{\infty} \omega^2 \ |U(\omega)|^2 \mathrm{d}\omega}{\int_{-\infty}^{\infty} |U(\omega)|^2 \mathrm{d}\omega} \right]^{1/2} = \left[\frac{1}{E} \int_{-\infty}^{\infty} \omega^2 \ |U(\omega)|^2 \mathrm{d}\omega \right]^{1/2} \tag{7.2.7a}$$

$$\beta_f = \frac{\beta_\omega}{2\pi} = \left[\frac{\int_{-\infty}^{\infty} f^2 \ |U(f)|^2 \mathrm{d}f}{\int_{-\infty}^{\infty} |U(f)|^2 \mathrm{d}f} \right]^{1/2} = \left[\frac{1}{E} \int_{-\infty}^{\infty} f^2 \ |U(f)|^2 \mathrm{d}f \right]^{1/2} \tag{7.2.7b}$$

式中，分母为信号能量，分子为能量谱的二阶矩；β_f^2 表示 $|s(t)|^2$（或 $|u(t)|^2$）关于平均信号出现时间的归一化二阶矩；β_f^2 为信号功率谱 $|S(f)|^2$ 或 $|U(f)|^2$ 关于其均值的归一化二阶矩，公式的推导见附录 7A。β_f 与信号的半功率带宽或噪声带宽都没有关系。频谱能量越集中在频谱的两端，β_f 越大，且时延测量精度越高。

理想的矩形脉冲要求有无限带宽是不可能的，因此实际的"矩形"脉冲的带宽必须是有限的，它有有限的上升和下降时间。假设宽度为 τ_p 的中频矩形脉冲的频谱限制在有限频谱带宽 B_s 内，频谱的主要部分位于 $f=0$ 的频谱峰值两边第一零点从 $-1/\tau_p$ 到 $+1/\tau_p$ 的范围内，因此，频谱带宽 $B_s = 2/\tau_p$（即 $B_s\tau_p = 2$），半功率带宽为 $B \approx B_s/2$，或 $B \approx 1/\tau_p$（矩形脉冲的半功率带宽 B 与脉宽 τ_p 的乘积实际上等于 0.886，但是，为方便起见，通常取为 1）。图 7.1 中实曲线表示通过带宽为 $B_s/2$ 的低通滤波器后的脉冲波形，这相当于带宽为 B_s 的中频滤波器。虽然它不像理想的矩形脉冲，通常称为准矩形脉冲。当雷达发射"矩形"脉冲时，实际上是在辐射与此相似的波形（在雷达中经常采用弧形脉冲，因为它对电磁频谱其他的使用者产生较少的带外干扰）；虚线的准矩形脉冲适用于 $B_s = 6/\tau_p$ 的情况。

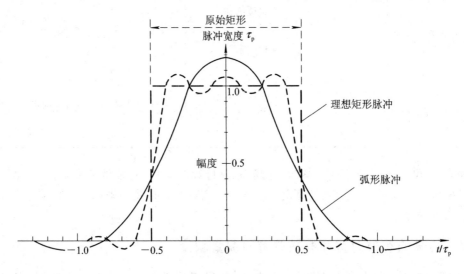

图 7.1　准矩形脉冲

表 7.2 给出了不同类型脉冲的有效带宽 β_f。表中各种波形的 $\beta_f^2 E$ 没有太大的区别，因此，雷达设计时不必仅仅为了时延的精度而过于关心应该选哪一种波形。三角脉冲波形理论上有很高的精度，但是脉冲中部斜率的间断性会出现一些实际问题。弧形脉冲（高斯、余弦、准矩形）的 β_f 值并不比三角脉冲低很多，并且它们能够更好地表示实际雷达的脉冲。

表 7.2 不同类型脉冲的有效带宽 β_f

脉冲波形	时域表达式 $s(t)$	有效带宽 β_f
高斯脉冲	$\exp\left(-\dfrac{1.38t^2}{\tau^2}\right)$	$2.66B$ 或 $\dfrac{1.18}{\tau}$
余弦脉冲	$\cos\left(\dfrac{\pi t}{\tau_B}\right)$	$2.64B$ 或 $\dfrac{3.14}{\tau_B}$
三角脉冲	$\dfrac{2t}{\tau_B}+1,\ -\dfrac{\tau_B}{2}<t<0$ $-\dfrac{2t}{\tau_B}+1,\ 0<t<\dfrac{\tau_B}{2}$	$2.72B$ 或 $\dfrac{3.46}{\tau_B}$
准矩形脉冲 $(B_s\tau_p=2;\ B\tau_p=0.886)$	$\mathrm{Si}[\pi(B_st+1)]-\mathrm{Si}[\pi(B_st-1)]$	$2.38B$ 或 $\dfrac{2.1}{\tau_p}$，或 $\dfrac{1.3}{\tau}$
宽度为 B_u 的均匀频谱	$\dfrac{\sin(\pi B_u t)}{\pi B_u t}$	$1.8B_u$ 或 $\dfrac{2.04}{\tau}$
带宽有限的矩形脉冲 $(B_s\tau_p\gg1)$	$\mathrm{Si}\left[\pi B_s\left(t+\dfrac{\tau_p}{2}\right)\right]-\mathrm{Si}\left[\pi B_s\left(t-\dfrac{\tau_p}{2}\right)\right]$	$1.4\sqrt{\dfrac{B_s}{\tau_p}}$

表中：B_s＝频谱范围（频谱的总宽度）；B＝半功率带宽；τ＝半功率脉冲宽度；τ_p＝原始矩形脉冲宽度；τ_B＝脉冲底部宽度；$\mathrm{Si}[x]$ 为 x 的正弦积分函数。

由于噪声叠加在信号上的缘故，在测时（测距）和测频（测速）时就会出现随机偏移真实值，即测量误差。测量误差通常以测量量的均方根误差表示。以有效时宽 β_t 和有效带宽 β_f 表示的时间测量和多普勒频率测量的均方根误差的近似式分别为

$$\sigma_t \approx \frac{1}{\beta_f\,\sqrt{2S/N}} \tag{7.2.8}$$

$$\sigma_f \approx \frac{1}{\beta_t\,\sqrt{2S/N}} \tag{7.2.9}$$

式中，S/N 表示测量之前的信噪比（SNR）。对于普通脉冲信号，若时宽 T 与带宽 B 的乘积（简称时宽带宽积）$TB=1$，则匹配滤波器输出信号的信噪比（即信号的峰值功率与噪声的平均功率之比）$\dfrac{2S}{N}=\dfrac{2E/T}{N_0B}=\dfrac{2E}{N_0BT}=\dfrac{2E}{N_0}$，$E$ 表示信号的能量，N_0 表示输入噪声的单边带功率谱密度。因此式（7.2.8）和式（7.2.9）经常表示为

$$\sigma_t = \frac{1}{\beta_f\,\sqrt{2E/N_0}} \tag{7.2.10}$$

$$\sigma_f = \frac{1}{\beta_t\,\sqrt{2E/N_0}} \tag{7.2.11}$$

由式（7.2.8）和式（7.2.9）可看出：① 输入信噪比越大，测时误差和测频误差就越小（精度越高），精度和信噪比的开方具有正比关系；② 测时精度和等效带宽具有反比关系，测频精度和等效时宽具有反比关系，因此在信噪比相同的情况下，加大信号带宽就能提高测时精度，加大信号时宽就能提高测频精度。

在讨论时延的均方根误差时，考虑的是 $B_s\tau_p=2$ 的准矩形脉冲。对于这种情况，可以计算得 $\beta_t=1.6\tau_p$，其中 τ_p 是矩形脉冲通过带宽为 B_s 的矩形滤波器的宽度。该脉冲通过有

限带宽滤波器之后的半功率宽度 τ 为 $0.625\tau_p$，故 $\beta_t = 2.6\tau$。

理想矩形脉冲的 β_t 值是有限的，即使理想矩形脉冲的 β_f 值是无限的。不过，对于具有带宽为 B 的理想矩形脉冲的频谱而言，有效持续时间 β_t 将是无限的。这种频谱对应于无限持续的时域波形 $s(t) = \sin(\pi Bt)/(\pi Bt)$。但是，任何实际的波形必定受时间的限制，因此 β_t 是有限的。可以利用类似于求带宽有限脉冲的时延误差的方法，计算具有类似矩形频谱、时间有限波形的频率误差。时域波形为 $\sin(x)/x$ 的持续时间限制为 T_s，就像 $\sin(x)/x$ 的频谱带宽限制为 B_s 一样。

表 7.3 比较了雷达采用矩形脉冲、高斯脉冲和近似矩形（梯形）脉冲这三种类型脉冲的时延和频率测量的理论精度。这里假设三种类型脉冲的能量相等。这里只是理论上的解释，实际中信号的时宽和带宽都是有限的。

表 7.3 不同类型脉冲的时延及频率估计精度

脉冲类型	矩形脉冲	高斯脉冲	近似矩形脉冲
波形形状			
脉冲数学表达式	$s(t) = \mathrm{rect}\left[\dfrac{t}{\tau_p}\right]$	$s(t) = e^{-(\pi/2)(t/\tau_p)^2}$ 能量与脉宽为 τ_p 的矩形脉冲相等	$s(t) = \begin{cases} \dfrac{1}{2} + \dfrac{1}{t_s}\left(t + \dfrac{\tau_p}{2}\right), & \text{上升段} \\ 1, & \text{脉冲段} \\ \dfrac{1}{2} + \dfrac{1}{t_s}\left(t + \dfrac{\tau_p}{2}\right), & \text{下降段} \\ 0, & \text{脉冲以外} \end{cases}$
频谱 $S(\omega)$	$\tau_p e^{-j\omega t_0} \mathrm{sinc}\left(\dfrac{\omega \tau_p}{2}\right)$	$e^{-(\omega \tau_p/\sqrt{2\pi})^2}$	
等效带宽 β_ω	$\dfrac{0.844}{\tau_p}$	$\sqrt{\dfrac{\pi}{2}}\dfrac{1}{\tau_p}$	$\sqrt{\dfrac{2}{t_s\tau_p[1 - t_s/(3\tau_p)]}}$
时延 τ 估计的均方根误差 σ_τ	$\dfrac{1.185\tau_p}{\sqrt{\rho_0}}$	$0.7979\dfrac{\tau_p}{\sqrt{\rho_0}}$	$\dfrac{\tau_p}{\sqrt{\rho_0}}\sqrt{\dfrac{\xi}{2}\left(1 - \dfrac{\xi}{3}\right)}, \ \xi = \dfrac{t_s}{\tau_p}$
等效时宽 β_t	$\dfrac{\pi}{\sqrt{3}}\tau_p = 1.81\tau_p$	$\sqrt{2\pi}\tau_p = 2.51\tau_p$	$1.81\tau_p\sqrt{\dfrac{1 - \xi + \xi^2 - \xi^3/5}{1 - \xi/3}}, \ \xi = \dfrac{t_s}{\tau_p}$
频率估计均方根误差 β_t — 相位已知	$\dfrac{1}{1.81\tau_p\sqrt{\rho_0}}$	$\dfrac{1}{2.51\tau_p\sqrt{\rho_0}}$	$\dfrac{1}{1.81\tau_p\sqrt{\rho_0}\sqrt{\dfrac{1 - \xi + \xi^2 - \xi^3/5}{1 - \xi/3}}}$
频率估计均方根误差 β_t — 相位未知	$\dfrac{2}{1.81\tau_p\sqrt{\rho_0}}$	$\dfrac{2}{2.51\tau_p\sqrt{\rho_0}}$	$\dfrac{2}{1.81\tau_p\sqrt{\rho_0}\sqrt{\dfrac{1 - \xi + \xi^2 - \xi^3/5}{1 - \xi/3}}}$

假设脉冲时宽 $\tau_p = 1$ ms，图 7.2 给出了不同类型脉冲波形的时延估计精度曲线，图 7.3 给出了不同类型脉冲信号的频率估计精度曲线。从该图中能够更直观地看出，时延估计精度除与信噪比 SNR 有关外，还取决于信号的有效带宽。有效带宽越大，测量精度越高。频率测量的理论精度也是如此，当信噪比一定的情况下，信号的持续时间越大，频率估计的均方根误差越小，测量精度越高。

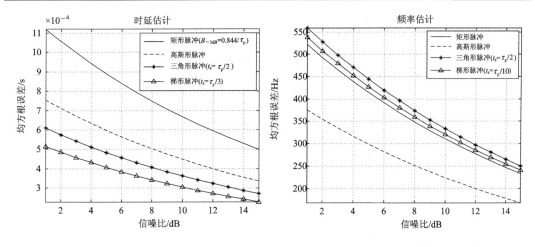

图 7.2　到达时间测量的理论精度　　　　图 7.3　信号频率测量的理论精度

7.2.4　基本测量过程

参数测量方法主要有最大信号法和等信号法。最大信号法需要通过内插的方式，获取信号的最大值，并根据最大值的位置得到参数的测量值。等信号法测量时需要获取两个相等或近似相等的信号，根据这两个信号的差异，获得参数的测量值。

等信号法的测量过程如图 7.4 所示。基本内插过程是将相邻单元的信号进行比较，根

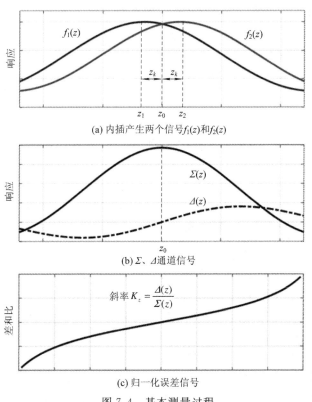

(a) 内插产生两个信号 $f_1(z)$ 和 $f_2(z)$

(b) Σ、Δ 通道信号

(c) 归一化误差信号

图 7.4　基本测量过程

据这些信号的相对幅度来估算目标的位置。图 7.4 绘出了对任意坐标 z 的测量过程，其中图(a)为获得两个相等的信号，坐标 z 可以是角度 θ、时延 τ、距离 R 或频率 f_d。在偏离测量轴 z_0(即搜索时得到的目标所在位置，是以分辨单元中心给出的大致位置)的"距离"(偏移值)为 $\pm z_k$ 的两个对称响应为

$$f_1(z) = f(z_1) = f(z_0 + z_k)$$
$$f_2(z) = f(z_2) = f(z_0 - z_k)$$
(7.2.12)

这两个响应可顺序或同时产生。在轴 z_0 的位置，若 $f_1(z_0) = f_2(z_0)$，则表明目标位于测量轴上；否则若 $f_1(z) \neq f_2(z)$，则表明目标不在测量轴上，$z \neq z_0$。

为了获得表明目标位置相对于测量轴的误差信号，可以生成这两个响应间的差值为

$$\Delta(z) = E_0[f_2(z) - f_1(z)] \approx \sqrt{2} E_0 z_k f'(z)$$
(7.2.13)

式中，E_0 是轴上目标的信号电压，$f'(z) = df/dz$，而近似的适用条件为 $|z| < z_k$。图 7.4(b)的响应有一个通过轴上零值的"S"形，通常称为鉴别器响应。正的 Δ 表示 $z > z_0$ 处的目标，负的 Δ 表示 $z < z_0$ 处的目标。不过，由于 Δ 的幅度与目标的信号强度及其位置有关，所以当目标在轴上时，Δ 通道的信号为零，即目标的位置。为了获得正确的内插位置，必须形成"和通道"Σ 响应，如图 7.4(b)所示，

$$\Sigma(z) = E_0[f_1(z) + f_2(z)] \approx \sqrt{2} E_0 f(z)$$
(7.2.14)

归一化误差信号的响应为

$$\frac{\Delta}{\Sigma} = \frac{f_2(z) - f_1(z)}{f_1(z) + f_2(z)} \approx \frac{z_k f'(z)}{f(z)} \approx K_z$$
(7.2.15)

如图 7.4(c)所示。在 $(z_0 + z_k, z_0 - z_k)$ 范围内，对响应 $f(z)$ 可进行控制，使得误差信号在 $z = z_0$ 附近呈线性，其斜率为 K_z，并且只要 Σ 高于给定的检测门限，就可以避免模糊。因此，等信号法只考虑以目标所在分辨单元为中心、正负二分之一个分辨单元范围以内的测量，即目标偏离分辨单元中心的程度。例如，对角度的测量，目标的角度等于波束中心的指向，加上角度的测量值。

7.3 距离测量与跟踪

雷达测距的物理基础是电波沿直线传播，并且在距离无模糊的情况下进行。中、高重频的雷达的距离模糊，需要采用多组不同的重频解距离模糊，这时给出的距离信息是以距离门大小为单位，距离精度有限。距离测量主要有如下两类方法。

1. 延时法

延时法即通过测量目标回波相对于发射信号的延时，从而获得目标的距离。

现代雷达的数字化程度高，一般设置软波门(即根据目标的距离，由软件设置测量或跟踪波门)，在波门内进行距离测量与跟踪。一般警戒雷达的距离分辨率为数十米或百米左右，A/D 采样时量化的距离单元小于等于距离分辨率，检测后针对波门内功率最强的距离单元作为目标所在距离单元，若目标相邻的两个距离单元均超过门限，则通过密度加权计算目标的距离。对高分辨雷达，目标可能占多个距离单元，也是通过密度加权计算目标的距离。雷达最终给出的目标距离是在目标跟踪后对目标的距离进行航迹滤波或平滑处

理，因此这种延时法的距离测量或定位精度通常取距离分辨率的三分之一。雷达进行距离测量时需要通过内插，获取回波脉冲中心对应的时延。

2. 将距离的测量转化为频率的测量

这类方法多应用于距离高分辨的成像雷达和汽车自动驾驶雷达的场合。例如汽车自动驾驶雷达需要高精度地测量距离和速度信息，若距离分辨率为 0.15 m，则信号带宽要大于 1 GHz，通常采用拉伸信号处理，通过测量有源混频输出信号的频率，再计算目标的距离和速度。本节以采用三角波调频信号的汽车自动驾驶雷达为例，介绍这种雷达测距的原理和过程。

7.3.1　延时法测距与距离跟踪

目标距离的测量一般是通过估计发射脉冲的往返延迟时间来得到的。连续地估计运动目标距离的过程就称为距离跟踪。图 7.5 中，雷达位于 A 点，而在 B 点有一目标，则目标至雷达站的距离（即斜距）R 可以通过测量电波往返一次所需的时间 t_d 得到，即

$$R = \frac{t_d c}{2} \tag{7.3.1}$$

而时间 t_d 也就是回波相对于发射信号的延迟，因此，目标距离测量就是要精确测定延迟时间 t_d。

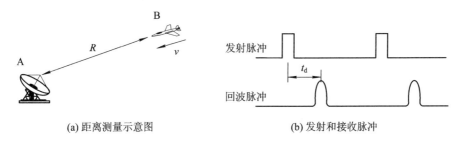

(a) 距离测量示意图　　　　　　(b) 发射和接收脉冲

图 7.5　目标距离的测量

时间延迟的测量分两步完成：首先对接收波形的形心（即回波脉冲的中心）或其他可确定的点定位；然后，测量发射波形中该点与接收波形中该点之间的延迟，并将其转换为输出数据。

回波脉冲中心估计框图如图 7.6(a) 所示，来自检波器输出的视频回波（和支路 Σ）与门限电压 V_T 进行比较，截取 Σ 支路过门限的输出脉冲；另一路是由微分器和过零点检测器组成的差支路 Δ，微分器的中心在 Σ 支路过门限的输出脉冲所在距离单元滑动，当差支路输出信号为零（或其模值最小）时，得到目标所在距离单元。图 7.6(b) 为回波脉冲中心估计的仿真实例，这里假设脉冲宽度为 1 μs，距离量化的采样频率为 20 MHz（说明：距离测量时采样频率远大于信号的带宽），图中自上而下分别给出了和支路回波信号、和支路过门限的信号、微分器的幅度、差支路信号（微分器的输出）；"o"为差支路输出信号为零对应的距离单元为 50，即回波脉冲中心在 50 号距离单元处。

回波脉冲中心估计中的误差电压可以近似表示为

$$u_\varepsilon = K_R(t - t') = K_R \Delta t = \frac{1}{\Sigma_0} \left. \frac{d\Delta}{dt} \right|_{t=t_0} \Delta t \tag{7.3.2}$$

式中，$K_R = \frac{1}{\Sigma_0} \left. \frac{d\Delta}{dt} \right|_{t=t_0}$ 为归一化测距误差信号的斜率；Σ_0 是匹配滤波器输出的和通道信号。

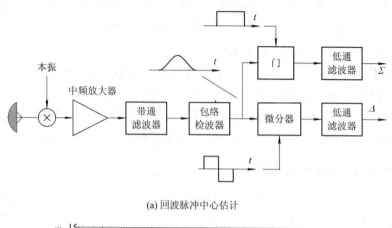

(a) 回波脉冲中心估计

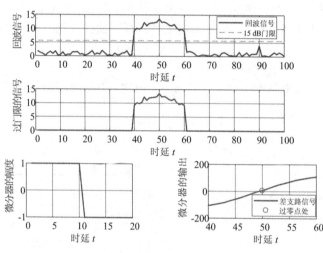

(b) 仿真举例

图 7.6　回波脉冲中心估计及其仿真举例

对于采用宽带中频滤波器的矩形脉冲，最佳门宽接近 $\tau_g = \tau_{3a}$，并有 $K_R \tau_{3a} = 2$，其中 τ_{3a} 为输入脉冲的 3 dB 宽度。如果 $\tau_{3a} > \tau_g$，则误差灵敏度陡然下降。由于从扩展目标来的回波可能被展宽到超过 τ_{3a}，通常采用 $\tau_g \approx 1.5\tau_{3a}$ 来确保良好的形心跟踪。

自动距离跟踪系统完成对目标回波脉冲的跟踪并连续给出目标的距离信息。自动距离跟踪过程包括对目标的搜索、捕获和自动跟踪三个互相联系的部分。回波脉冲中心估计相当于实现对目标的捕获。目标距离的自动跟踪系统主要包括时间鉴别器、控制器和跟踪脉冲产生器三个部分，如图 7.7 所示。下面简单介绍这三个部分。

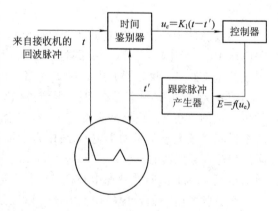

图 7.7　距离自动跟踪原理框图

1. 时间鉴别器

时间鉴别器用来比较回波信号与跟踪脉冲之间的延迟时间差 $\Delta t(\Delta t = t - t')$，并将 Δt 转换为与它成比例的误差电压 u_e（或误差电流）。图 7.8(a)(b)画出了时间鉴别器的方框图和波形示意图。在波形图中几个符号的意义是：t_z 为前波门触发脉冲相对于发射脉冲的延迟时间；t' 为前波门后沿(后波门前沿)相对于发射脉冲的延迟时间；τ 为回波脉冲宽度，τ_c

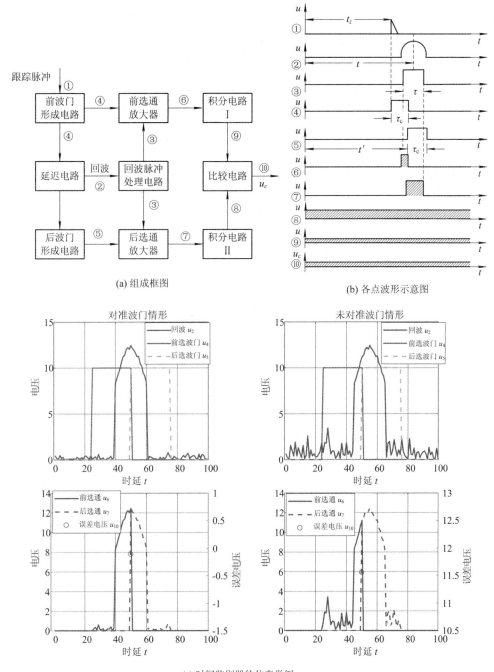

图 7.8　时间鉴别器原理框图

为波门宽度,通常 $\tau = \tau_c$。

图 7.8(c)为时间鉴别器的仿真举例,这里假设脉冲宽度 τ 为 1 μs,距离量化的采样频率为 20 MHz(说明:距离测量时采样频率远大于信号的带宽),图(c)左边两幅图是前、后波门的中心(即跟踪波门中心时刻 t')对准目标回波脉冲的中心时刻 t,即 $t = t'$,前、后选通波门及其输出信号,"○"为误差电压,输出误差电压 $u_{10} = u_\varepsilon \approx 0$;右边两幅图是跟踪波门中心时刻 t' 未对准目标回波脉冲的中心时刻 t,即 $t \neq t'$,输出误差电压 u_{10} 不为零,这时需要调整跟踪波门中心 t',使得误差电压为零。

跟踪脉冲触发前波门形成电路,使其产生宽度为 τ_c 的前波门并送到前选通放大器,同时经过延迟线延迟 τ_c 后,送到后波门形成电路,产生宽度 τ_c 的后波门。后波门亦送到后选通放大器作为开关用。来自接收机的目标回波信号经过回波处理后变成一定幅度的方整脉冲,分别加至前、后选通放大器。选通放大器平时处于截止状态,只有当它的两个输入(波门和回波)在时间上相重合时才有输出。前后波门将回波信号分割为两部分,分别由前、后选通放大器输出,再分别经过积分电路平滑后送到比较电路,以鉴别其大小。如果回波中心延迟 t 和波门延迟 t' 相等,则前后波门与回波重叠部分相等,比较器输出误差电压 $u_e = 0$。如果 $t \neq t'$,则根据回波超前或滞后波门会产生不同极性的误差电压。在一定范围内,误差电压的数值正比于时间差 $\Delta t = t - t'$。它可以表示时间鉴别器输出误差电压

$$u_e = K_1(t - t') = K_1 \Delta t \qquad (7.3.3)$$

时间鉴别器的特性曲线如图 7.9 所示。

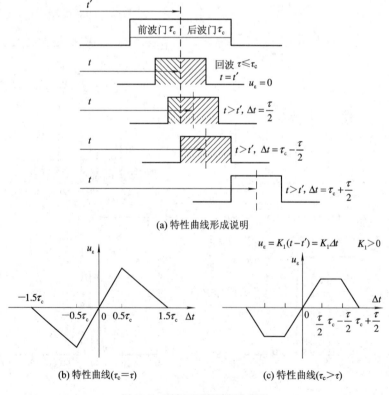

(a) 特性曲线形成说明

(b) 特性曲线 $(\tau_c = \tau)$

(c) 特性曲线 $(\tau_c > \tau)$

图 7.9 时间鉴别器特性曲线

2. 控制器

控制器的作用是把误差信号 u_ε 进行加工变换后，将其输出去控制跟踪波门移动，即改变时延 t'，使其朝减小 u_ε 的方向运动，也就是使 t' 趋向于 t。

如果控制器采用积分元件，则可以消除位置误差，这时的工作情况下，输出 E 与输入 u_ε 之间的关系可以用积分表示，

$$E = \frac{1}{T}\int u_\varepsilon \mathrm{d}t \tag{7.3.4}$$

3. 跟踪脉冲产生器

跟踪脉冲产生器根据控制器输出的控制信号（转角 θ 或控制电压 E），产生所需延迟时间 t' 的跟踪脉冲。跟踪脉冲产生器的数学模型可表示为 $t' = k_3 E$，其中 $k_3 > 0$。

自动距离跟踪系统是一个闭环随动系统，输入量是回波信号的延迟时间 t，输出量则是跟踪脉冲延迟时间 t'，而 t' 随着 t 的改变而自动地变化。

现代跟踪雷达的距离自动跟踪系统均是在数字域实现的，其原理相同。当然这需要较高的采样率，为了实现对回波脉冲中心的测量，采样率一般为脉冲宽度的 10 倍以上。

7.3.2 调频连续波测距

调频连续波雷达将距离的测量转换为对频率的测量。

若雷达发射三角形调频连续波，在正调频期间的发射信号为

$$s_e(t) = a(t)\cos(2\pi f_0 t + \pi\mu t^2) \tag{7.3.5}$$

式中，μ 为调频率，$\mu = \Delta f / T_m$，Δf 为调频带宽，T_m 为正调频或负调频的时宽。

图 7.10 为三角形（V 形）线性调频信号的时-频关系示意图。图中实线表示发射信号，虚线表示距离 R 处的静止目标回波。f_b 为差频，它定义为发射信号与接收信号的频率差，与目标的距离相对应，也称为位置频率（beat frequency）。τ 为目标回波相对于发射信号的时延。

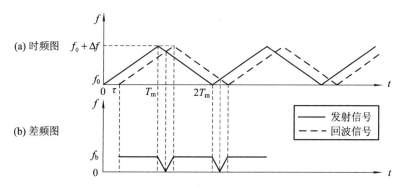

图 7.10　发射和接收的 LFM 信号时频图及固定目标的差频图

雷达发射信号和静止目标的回波信号的瞬时频率分别为

$$f_t = f_0 + \mu t = f_0 + \frac{\Delta f}{T_m}t \tag{7.3.6}$$

$$f_r = f_0 + \mu(t - \tau) = f_0 + \frac{\Delta f}{T_m}\left(t - \frac{2R}{c}\right) \tag{7.3.7}$$

发射信号的样本与回波信号混频后，差频 f_b 为

$$f_b = \mu\tau = \frac{\Delta f}{T_m}\frac{2R}{c} = \frac{2\Delta f}{T_m c}R \tag{7.3.8}$$

因此，采用数字频率计或频谱分析得到位置频率 f_b，再计算目标的距离

$$R = \frac{c}{2\mu}f_b = \frac{T_m c}{2\Delta f}f_b \tag{7.3.9}$$

为保证测距的单值性，取 $T_m \gg \tau = \frac{2R}{c}$，实际中一般目标最大时延 $\tau \leqslant 0.1 T_m$。

现在考虑存在多普勒频移（即运动目标）的情况。三角型 LFM 的发射和接收信号的时频关系及其对应的差频如图 7.11 所示。当目标运动时，除了由时延造成的频移外，接收信号中还包括一个多普勒频移项。

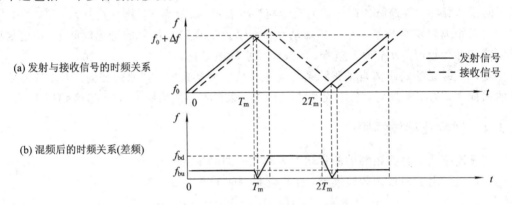

(a) 发射与接收信号的时频关系

(b) 混频后的时频关系(差频)

图 7.11 LFM 信号的发射和接收波形及动目标的差频

若不考虑幅度的影响，在正调频期间，初始距离为 R_0、速度为 v 的目标回波信号为

$$s_r(t) = a(t-\tau)\cos(2\pi f_0(t-\tau) + \pi\mu(t-\tau)^2) \tag{7.3.10}$$

式中，τ 为目标延时，$\tau = \frac{2(R_0 - vt)}{c} = \tau_0 - \frac{2v}{c}t$。目标回波信号与发射信号样本进行混频、滤波，滤除"和频"分量，保留"差频"分量，得到接收的基带信号为

$$
\begin{aligned}
s_+(t) &= a(t-\tau)\cos(2\pi\mu\tau t + 2\pi f_0\tau - \pi\mu\tau^2)\\
&\xrightarrow{\tau\,代入} a(t-\tau)\cos\left(2\pi\mu\tau_0\left(1+\frac{2v}{c}\right)t - 2\pi f_d t - 4\pi\mu\frac{v}{c}\left(1+\frac{v}{c}\right)t^2 + \varphi_{01}\right)\\
&\stackrel{v\ll c}{\approx} a(t-\tau)\cos\left(2\pi\mu\tau_0 t - 2\pi f_d t - 4\pi\mu\frac{v}{c}t^2 + \varphi_{01}\right)\\
&= a(t-\tau)\cos(2\pi f_b t - 2\pi f_d t - 2\pi f_{\mu v}(t)t + \varphi_{01}) \tag{7.3.11}
\end{aligned}
$$

式中，$\varphi_{01} = 2\pi f_0\tau_0 - \pi\mu\tau_0^2$ 是与时间无关的相位项，可以看成初相；$f_b = \mu\tau_0 = \mu\frac{2R_0}{c}$、$f_d = \frac{2v}{\lambda}$ 分别为位置频率和多普勒频率；$f_{\mu v}(t) = 2\mu\frac{v}{c}t$ 为与速度相关的交叉调频率，它会使得信号的频谱展宽。在推导过程中，由于 $v \ll c$，$1 + \frac{2v}{c} \approx 1$。这时接收信号的瞬时频率为

$$f_i(t) = f_b - f_d - f_{\mu v}(t) = f_b - f_d - 2\mu\frac{v}{c}t \tag{7.3.12}$$

若对发射信号样本进行 90°相移，分别用发射信号样本的同相分量和正交分量进行混

频、滤波，得到的基带复信号模型为

$$s_+(t) = a(t-\tau)e^{j2\pi f_b t}e^{-j2\pi f_d t}e^{-j2\pi f_{\mu v}(t)t}e^{j\varphi_{01}} \tag{7.3.13}$$

下面以普遍工作在 77 GHz 的汽车雷达为例进行说明。

[**例 7-1**] 假设汽车雷达的工作频率为 77 GHz，调频带宽为 1 GHz，调制时宽 T_m 为 40 ms，目标速度为 180 km/h（即 50 m/s），若目标的距离为 600 m，对应的位置频率为 200 kHz，多普勒频率为 25.67 kHz，在调制时宽 T_m 期间，式(7.3.12)中三个频率分量如图 7.12 所示，其中右图为左图的局部放大，即 $f_{\mu v}(t)$ 与时间的关系，尽管其最大值接近 350 Hz，但远小于位置频率 f_b 和多普勒频率 f_d，因此式(7.3.11)可以简写为

$$\begin{aligned}
s_+(t) &\approx a(t-\tau)\cos(2\pi f_b t - 2\pi f_d t + \varphi_{01}) \\
&= a(t-\tau)\cos(2\pi f_{bu} t + \varphi_{01}) \tag{7.3.14}
\end{aligned}$$

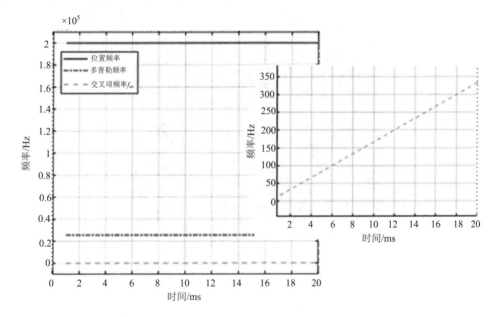

图 7.12 混频后目标回波的瞬时频率

同理，在负调频期间，接收的基带信号为

$$\begin{aligned}
s_-(t) &= a(t-\tau)\cos(-2\pi\mu\tau t + 2\pi f_0\tau + \pi\mu\tau^2) \\
&\approx a(t-\tau)\cos(2\pi f_b t + 2\pi f_d t - \varphi_{02}) \\
&= a(t-\tau)\cos(2\pi f_{bd} t - \varphi_{02}) \tag{7.3.15}
\end{aligned}$$

式中 $\varphi_{02} = 2\pi f_0\tau_0 + \pi\mu\tau_0^2$ 是与时间无关的相位项，可以看成初相。则在上升和下降部分的差频分别为

$$f_{bu} = f_b - f_d = \frac{2\mu}{c}R - \frac{2v}{\lambda} \tag{7.3.16}$$

$$f_{bd} = f_b + f_d = \frac{2\mu}{c}R + \frac{2v}{\lambda} \tag{7.3.17}$$

因此，将频率上升和下降阶段的接收信号近似为单频信号，可以采用数字式频率计分别测量位置频率 f_{bu} 和 f_{bd}。实际中对接收信号采样后，分别对正、负调频段的回波信号利用 FFT 进行频谱分析，测出谱峰位置对应的频率，然后根据下式计算目标的距离和径向速

度分别为

$$R = \frac{c}{4\mu}(f_{\mathrm{bu}} + f_{\mathrm{bd}}) = \frac{T_m c}{4\Delta f}(f_{\mathrm{bu}} + f_{\mathrm{bd}}) \tag{7.3.18}$$

$$v = \frac{\lambda}{4}(f_{\mathrm{bd}} - f_{\mathrm{bu}}) \tag{7.3.19}$$

若 FFT 梳状滤波器带宽（或测频带宽）为 ΔF，则距离分辨率为

$$\Delta R = \Delta F \frac{c}{2\mu} \tag{7.3.20}$$

对应的测距误差（通常取距离分辨率的二分之一）为

$$\delta R = \frac{\Delta R}{2} = \frac{c \cdot \Delta F}{4\mu} \tag{7.3.21}$$

图 7.13 为例 7 – 1 中目标的回波信号及其频谱分析结果。正、负调频回波的频谱的峰

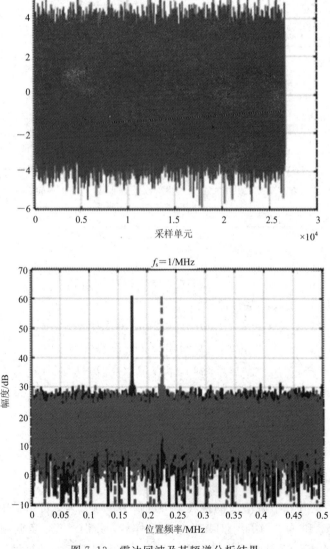

图 7.13　雷达回波及其频谱分析结果

值位置对应的频率分别为 173.83 kHz 和 225.16kHz，根据式(7.3.8)和式(7.3.9)就可以计算得到目标的距离、速度分别为 598.5 m 和 49.997 m/s。

假设有两个目标，距离分别为 $R_0 = [600, 800]$ m，速度分别为 $[40, -30]$ m/s，信噪比均为 10 dB，回波的频谱分析结果如图 7.14 所示，位置频率见表 7.4。根据正、负调频回波的频谱的峰值位置对应的频率，计算目标的距离和速度如表 7.5 所示。这里就存在两个正确的目标距离和速度信息，也存在两个错误的目标距离和速度信息，因此需要考虑在正、负调频期间对同一个目标的位置频率 f_{bu} 和 f_{bd} 的配对问题，这需要采取其它措施，这里就不展开分析了。

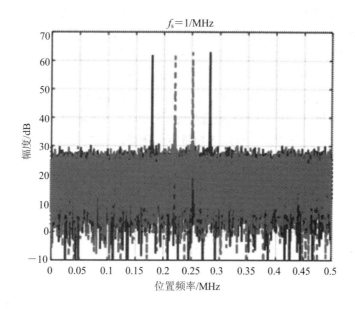

图 7.14 两个目标时回波的频谱分析结果

表 7.4 位置频率

正调频	$f_{bu1} = 537.23$ Hz	$f_{bu2} = 847.05$ Hz
负调频	$f_{bd1} = 660.37$ Hz	$f_{bd2} = 754.67$ Hz

表 7.5 位置频率关联的目标

关联频率	距离/m	速度/(m/s)	属性
f_{bu1}, f_{bd1}	598.8	40.0	正确
f_{bu1}, f_{bd2}	753.7	70.6	错误
f_{bu2}, f_{bd1}	646.0	-60.6	错误
f_{bu2}, f_{bd2}	800.9	-30.0	正确

因此，调频法测距的主要优点有：

(1) 能测量很近的距离，一般可测到数米以内，且有较高的测量精度。

(2) 实现相对简单，普遍应用于飞机高度表、微波引信及汽车自动驾驶等场合。

调频法测距的主要缺点有：

(1) 简单的三角调频连续波波形难以同时测量多个目标。如欲测量多个目标，需要采用更复杂的调制波形，必须采用大量滤波器和频率计数器。

(2) 收发隔离是所有连续波雷达的难题。发射机泄漏功率容易阻塞接收机，因而限制了发射功率的大小。

7.4　角度测量与跟踪

为了确定目标的空间位置，雷达在确定目标所在距离单元后，需要测量目标的方向，即目标的角坐标，包括方位和仰角。雷达测角的物理基础是电波在均匀介质中传播的直线性和雷达天线的方向性。由于电波沿直线传播，目标散射或反射电波波前到达的方向，即为目标所在方向。但在实际情况下，电波并不是在理想的均匀介质中传播，存在大气密度、湿度随高度的不均匀性造成传播介质的不均匀以及复杂地形地物的影响等，因而使电波传播路径发生偏折，造成测角误差。通常在近距离测角时，此误差不大。而在远距离测角时，应根据传播介质的情况，对测量结果(主要是仰角)进行必要的修正。

天线的方向性可用它的方向性函数或根据方向性函数画出的方向图表示。表 7.6 给出了一些常用的天线方向性近似函数及其方向图(单向、双向工作分别表征电压方向图和功率方向图)。方向图的主要技术指标是半功率波束宽度 $\theta_{0.5}$ (或 $\theta_{3\mathrm{dB}}$) 和副瓣电平。在角度测量时，$\theta_{0.5}$ 的值表征了雷达的角度分辨率，并直接影响测角精度。副瓣电平主要影响雷达的抗干扰性能。

表 7.6　天线方向性近似函数及其方向图

近似函数	工作方式	数学表达式	图　形　$(\theta_{0.5}=6°)$
余弦函数	单向工作	$F(\theta) \approx |\cos(n\theta)|$，$n = \dfrac{\pi}{2\theta_{0.5}}(\mathrm{rad}) = \dfrac{90°}{\theta_{0.5}°}$	
	双向工作	$F_b(\theta) \approx \cos^2(n\theta) \approx \cos(n_b\theta)$，$n_b = \dfrac{2\pi}{3\theta_{0.5}} = \dfrac{120°}{\theta_{0.5}(°)}$	
高斯函数	单向工作	$F(\theta) \approx \exp\left(-\dfrac{1.4\theta^2}{\theta_{0.5}^2}\right)$	
	双向工作	$F_b(\theta) \approx \exp\left(-\dfrac{2.8\theta^2}{\theta_{0.5}^2}\right)$	
辛克函数	单向工作	$F(\theta) \approx \left|\dfrac{\sin b\theta}{b\theta}\right|$，$b = \dfrac{2\pi}{\theta_{第一零点}}(\mathrm{rad}) = \dfrac{360°}{\theta_{4\mathrm{dB}}(°)}$	
	双向工作	$F_b(\theta) \approx \dfrac{\sin^2(b\theta)}{(b\theta)^2}$，$b = \dfrac{2\pi}{\theta_{第一零点}}(\mathrm{rad}) = \dfrac{360°}{\theta_{4\mathrm{dB}}(°)}$	

注：表中，$\theta_{第一零点}$ 为第一零点的波束宽度，$\theta_{4\mathrm{dB}}$ 为 -4 dB 的波速宽度。

雷达角度测量是利用目标所在波束与天线主轴(等信号轴)之间的偏角来产生一个误差函数。这个偏角通常是从天线主轴算起的，由此得到的误差信号描述了目标偏离天线主轴的程度。雷达角度跟踪时，波束的指向不断地调整，以得到零误差信号。如果雷达波束指向目标的法线方向(最大增益方向)，则波束的角位置就是目标的角位置。然而，实际中很少出现这种情况。

雷达角度测量按照天线波束的工作方式，主要有顺序波瓣、圆锥扫描、单脉冲测角、相控阵雷达测角。其中顺序波瓣需要依次接收两个波束，容易产生测角误差，现代雷达不采用。圆锥扫描方式在现代雷达中使用也较少，本书不再介绍。本书主要介绍同时采用两个或四个波瓣的单脉冲测角，以及相控阵雷达测角。单脉冲测角根据测角方法分为比幅单脉冲和比相单脉冲两种。下面主要介绍这两种测量方法。

7.4.1　比幅单脉冲测角

比幅单脉冲也称为振幅法测角，需要同时产生四个倾斜的波束来测量目标的角度位置。为达到这个目的，通常利用一种专门的天线馈电从而使得只需单个脉冲就可以产生四个接收波束（若只是在方位一维测角，也可以只产生两个接收波束），这也就是"单脉冲"名称的由来。目标的角度若不在跟踪轴线（即四个波束的中心）上，单个脉冲就产生误差信号，角度跟踪过程中，通过该误差电压，调整波束中心的指向，使得误差电压为零，实现对目标的精确跟踪。单脉冲跟踪雷达既可以用天线反射器实现又可以用相控阵天线实现。另外，单脉冲跟踪不易受诸如调幅干扰和增益反转的电子对抗措施等的影响。

图 7.15 所示为一种典型的单脉冲天线方向图。A、B、C、D 四个波束分别表示四个圆锥形扫描波束的位置。四个馈电大体上呈喇叭状，用来产生单脉冲天线方向图。比幅单脉冲处理器要求这四个信号相位一致而幅度不同。

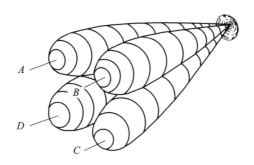

图 7.15　单脉冲天线方向图

以天线跟踪轴线为中心的圆来表示目标回波信号，可以很好地阐述比幅单脉冲技术的原理。如图 7.16(a) 所示，图中四个象限表示四个波束。在这种情况下，四个喇叭接收相等的能量，表示目标位于天线的跟踪轴线上。而目标不在轴线上时（见图 7.16(b)~(d)），在不同波束上的能量就会不平衡。这种能量的不平衡用来产生驱动伺服控制系统的误差信号。单脉冲处理包括合成和波束 Σ、方位差波束 Δ_{az} 和仰角差波束 Δ_{el}，然后用差通道的信号除以和通道信号得到归一化误差信号，从而确定目标的角度。

(a) 目标在轴线上　　(b) 目标偏离(1)　　(c) 目标偏离(2)　　(d) 目标偏离(3)

图 7.16　用图形解释单脉冲的概念

图 7.17 给出了一个典型的微波比较器的信号流程框图。为了产生仰角差波束，我们可以用波束差 $(A-D)$ 或 $(B-C)$。然而，通过先形成"和波束"$(A+B)$ 与 $(D+C)$，然后计算 $(A+B)$ 与 $(D+C)$ 的差，可得到一个较大的仰角差信号 Δ_{el}。同样，通过先形成"和波束"$(A+D)$ 与 $(B+C)$，然后计算 $(A+D)$ 与 $(B+C)$ 的差，可得到一个较大的方位角差信号 Δ_{az}。

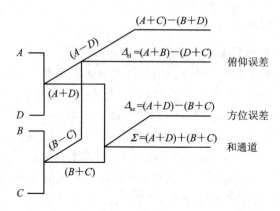

图 7.17　单脉冲比较器的信号流程框图

单脉冲雷达的微波合成器（习惯称"魔 T"，Magic-T）如图 7.18 所示，输入端口 A 和 B，输出端口 Σ 和 Δ。端口 A 和 B 到达端口 Σ 的两条路径的波程均为 $\lambda/4$ 和 $5\lambda/4$，即波程差为一个波长，因此，是同相相加，得到 Σ 通道 $(A+B)$。端口 A 到达端口 Δ 的两条路径的波程均为 $3\lambda/4$，而端口 B 到达端口 Δ 的两条路径的波程为 $\lambda/4$ 和 $5\lambda/4$，即端口 A 和 B 到达端口 Δ 的波程差均为半个波长，因此，是反相的，得到 Δ 通道 $(A-B)$ 的输出。

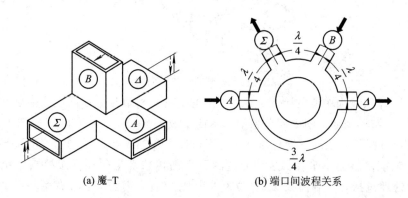

(a) 魔-T　　　　　　　　　　(b) 端口间波程关系

图 7.18　魔 T 及其端口之间的波程关系

图 7.19 给出了采用等信号法——比幅单脉冲测角的直观解释。图(a)中"1""2"为两个相同且彼此部分重叠的波束。若目标处在两波束的交叠轴 OA 方向，则这两个波束接收信号强度相等，否则一个波束接收信号的强度高于另一个，如图(b)。故称 OA 为等信号轴，或跟踪轴线。当两个波束收到的回波信号相等时，等信号轴所指方向即为目标方向。如果目标在 OB 方向，波束 2 的回波比波束 1 强；如果目标在 OC 方向，波束 1 的回波比波束 2 强。因此，通过比较两个波束回波的强弱就可以判断目标偏离等信号轴的方向，并通过计

算或查表的方式估计出偏离等信号轴的大小，从而得到目标的方向。

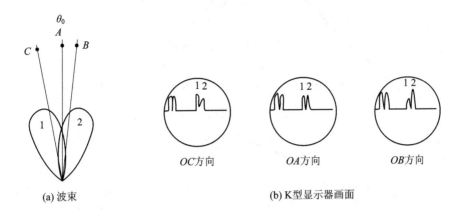

(a) 波束　　　　　　　　　　　　　(b) K 型显示器画面

图 7.19　等信号法测角

设天线的电压方向图函数为 $F(\theta)$，等信号轴 OA 的指向为 θ_0，波束 1、2 最大值方向的偏角为 θ_K（一般取 θ_K 小于等于波束宽度 $\theta_{0.5}$ 的二分之一），则波束 1、2 的方向图函数可分别表示为

$$F_1(\theta) = F(\theta_1) = F(\theta - \theta_0 + \theta_K) \tag{7.4.1}$$

$$F_2(\theta) = F(\theta_2) = F(\theta - \theta_0 - \theta_K) \tag{7.4.2}$$

对波束 1 与波束 2 相加、相减，分别得到和波束、差波束如下：

$$\Sigma(\theta) = F_1(\theta) + F_2(\theta) = F(\theta - \theta_0 + \theta_K) + F(\theta - \theta_0 - \theta_K) \tag{7.4.3}$$

$$\Delta(\theta) = F_1(\theta) - F_2(\theta) = F(\theta - \theta_0 + \theta_K) - F(\theta - \theta_0 - \theta_K) \tag{7.4.4}$$

用等信号法测角时，假设目标偏离等信号轴 θ_0 的角度为 θ_t，波束 1 接收的目标回波信号 $u_1 = UF_1(\theta) = UF(\theta_K - \theta_t)$，波束 2 接收的目标回波信号 $u_2 = UF_2(\theta) = UF(-\theta_K - \theta_t) = UF(\theta_K + \theta_t)$。对波束 1 与波束 2 相加、相减，分别得到和波束、差波束（也称为和差法测角）如下：

$$\Sigma(\theta_t) = u_1(\theta) + u_2(\theta) = U[F(\theta_K - \theta_t) + F(\theta_K + \theta_t)] \tag{7.4.5}$$

$$\Delta(\theta_t) = u_1(\theta) - u_2(\theta) = U[F(\theta_K - \theta_t) - F(\theta_K + \theta_t)] \tag{7.4.6}$$

在等信号轴 $\theta = \theta_0$ 附近，差波束、和波束可近似表示为

$$\Delta(\theta_t) \approx 2U \left. \frac{\mathrm{d}F(\theta)}{\mathrm{d}\theta} \right|_{\theta = \theta_0} \cdot \theta_t \tag{7.4.7}$$

$$\Sigma(\theta_t) \approx 2UF(\theta_0) \tag{7.4.8}$$

差信号与和信号的比值（简称差和比），即归一化误差信号为

$$\varepsilon(\theta_t) = \frac{\Delta(\theta_t)}{\Sigma(\theta_t)} = \frac{\theta_t}{F(\theta_0)} \left. \frac{\mathrm{d}F(\theta)}{\mathrm{d}\theta} \right|_{\theta = \theta_0} \approx K_\theta \theta_t \tag{7.4.9}$$

式中 K_θ 为差波束在 θ_0 附近的斜率，也称为方向跨导。

由此可见，误差信号与目标偏离跟踪轴线的角度 θ_t 成正比，因此。可根据误差信号得到 θ_t 的大小和方向。图 7.20 给出了等信号法测角过程中的和波束、差波束以及归一化误差信号。

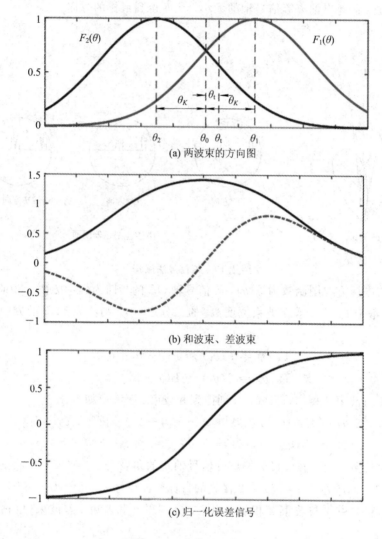

(a) 两波束的方向图

(b) 和波束、差波束

(c) 归一化误差信号

图 7.20　等信号法测角

角度测量的归一化误差信号也经常表示为

$$\varepsilon_\theta = \left| \frac{\Delta}{\Sigma} \right| \cos\xi \tag{7.4.10}$$

式中，ξ 表示和通道与差通道信号之间的相角差，理论上 ξ 等于 $0°$ 或 $180°$，$0°$ 表示同相，误差电压为正；$180°$ 表示反相，误差电压为负（实际中由于通道特性的差异，ξ 不一定等于 $0°$ 或 $180°$，$\cos\xi$ 只需要取其符号，因此，式 $(7.4.10)$ 中 $\cos\xi$ 的更准确的表示应为 $\mathrm{sign}[\cos(\mathrm{angle}(\Sigma) - \mathrm{angle}(\Delta)]$，$\mathrm{sign}[\ ]$ 为符号函数，$\mathrm{angle}(\ )$ 表示取相角）。若 ε_θ 为零，则目标在跟踪轴，否则它就偏离了跟踪轴。伺服系统根据误差电压控制天线的跟踪轴线，使其正确跟踪目标。

现代雷达并不需要先对和、差通道信号进行包络检波，而是直接对和、差通道接收信号先进行脉压等处理，在目标所在距离单元，再按下式提取归一化误差信号，

$$\varepsilon_\theta = \frac{\mathrm{Real}[\Sigma^* \cdot \Delta]}{|\Sigma|^2} \tag{7.4.11}$$

其中 Real[·]表示取实部,有时也取虚部。

等信号法测角的主要优点是:

(1) 测角精度比最大信号法高,因为在等信号轴附近差波束方向图的斜率最大,目标略微偏离等信号轴时,两波束的信号强度变化较显著。等信号法测角精度可以达到波束宽度的 2%,比最大信号法高约一个量级。

(2) 便于自动测角,因为根据两波束的信号强度就可判断目标偏离等信号轴的方向和程度,所以这种测角方法常应用于跟踪雷达。

等信号法测角的主要缺点是:

(1) 测角系统相对复杂些,需要两个或三个接收通道。

(2) 等信号轴方向不是方向图的最大值方向,作用距离比最大信号法小些。若两个波束交叉点选择在最大值的 0.7~0.8 处,则对收发可用天线的雷达,作用距离比最大信号法减小约 20%~30%。

图 7.21 给出了一个简化的单脉冲雷达框图。该雷达发射和接收都使用和通道。接收时,包括三个接收通道:和通道、方位差通道、俯仰差通道。三个接收通道分别对接收信号进行滤波、混频等处理,要求三个接收通道的幅相特性一致。和通道为两个差通道提供相位基准,为差通道分别提取归一化的方位、仰角误差电压,同时和通道还可以测量距离。角度测量时只对目标所在距离单元或跟踪波门内的目标进行测量。

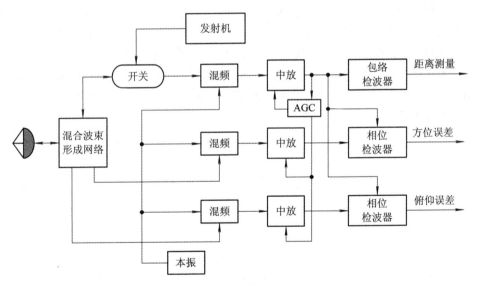

图 7.21 简单的单脉冲雷达框图

MATLAB 函数"mono_pulse.m"的功能是计算式(7.4.5)和(7.4.6)。假设天线的波束为高斯方向图函数,波束宽度为 6°,输出包括和波束、差波束方向图以及归一化误差信号(差和比)。函数的语法为:

$$\text{mono\_pulse(theta0)} \qquad (\text{其中 theta0 为偏角,单位是°})$$

图 7.22 给出了偏角 $\theta_K = 3°$ 时的和、差波束及其归一化误差信号。差和比曲线线性部分的斜率(方向跨导)为 $K_\theta = 0.22$。若偏角大于波束宽度的二分之一,则和波束中心会出现凹

陷，因此，实际中为了防止和信号在波束指向中心凹陷且差信号的斜率尽可能大，通常取 θ_K 为半功率波束宽度的一半。

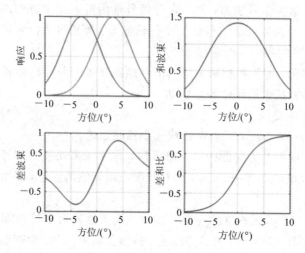

图 7.22　$\theta_K = 3°$ 对应的响应

7.4.2　比相单脉冲测角

比相单脉冲测角时，目标的角坐标是从两个差通道（方位差、仰角差）及一个和通道中提取出来的，这一点与比幅单脉冲很类似。两者的主要差异是比幅单脉冲产生的四个信号有相似的相位、不同的振幅，而在比相单脉冲中，信号的振幅相同、相位不同，差通道中体现出两个天线接收目标回波的相位差异。比相单脉冲跟踪雷达在每个坐标（方位和俯仰）方向采用了最少 2 单元的阵列天线，如图 7.23 所示。相位误差信号是根据两个天线单元中产生的信号之间的相位差计算得到的。

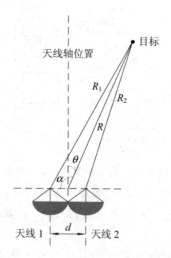

图 7.23　比相单脉冲天线

在图 7.23 中，目标的方向为 θ，距离为 R，角 α 等于 $\theta + \pi/2$，则

$$R_1^2 = R^2 + \left(\frac{d}{2}\right)^2 - 2\frac{d}{2}R\cos\left(\theta + \frac{\pi}{2}\right) = R^2 + \frac{d^2}{4} + dR\sin\theta \tag{7.4.12}$$

由于两天线中心的间距 $d \ll R$，可以使用二项式级数展开得到

$$R_1 \approx R\left(1 + \frac{d}{2R}\sin\theta\right) \tag{7.4.13}$$

类似地，得

$$R_2 \approx R\left(1 - \frac{d}{2R}\sin\theta\right) \tag{7.4.14}$$

目标回波在两个天线单元之间的相位差为

$$\varphi = \frac{2\pi}{\lambda}(R_1 - R_2) = \frac{2\pi}{\lambda}d\sin\theta \tag{7.4.15}$$

式中 λ 为波长。如果 $\varphi=0$，则目标在天线轴线的方向上；否则可以利用相位差 φ 来确定目标的方向 θ。图 7.24 为比相单脉冲测角系统框图。图中，AGC 为自动增益控制；相位比较器过去采用模拟电路实现，现在都是采用数字相位检波器实现。

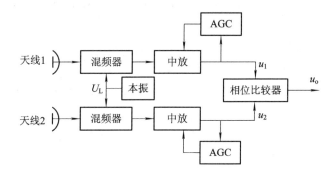

图 7.24　比相单脉冲测角系统框图

比相单脉冲测角的另一种解释如图 7.25 所示。图中两个天线单元接收信号为 S_1 和 S_2，由于 S_1 和 S_2 的幅度相同而相位差为 φ，假设

$$S_1 = S_2 e^{-j\varphi} \tag{7.4.16}$$

两者相加、相减，得到和、差通道信号分别为

$$\Sigma(\varphi) = S_1 + S_2 = S_2(1 + e^{-j\varphi}) \tag{7.4.17}$$

$$\Delta(\varphi) = S_1 - S_2 = S_2(1 - e^{-j\varphi}) \tag{7.4.18}$$

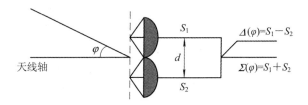

图 7.25　具有和通道与差通道的单坐标比相单脉冲天线

相位误差信号等于 Δ/Σ，更精确地说，

$$\frac{\Delta}{\Sigma} = \frac{1 - e^{-j\varphi}}{1 + e^{-j\varphi}} = j\tan\left(\frac{\varphi}{2}\right) \tag{7.4.19}$$

这是一个纯虚数，其模值为

$$\left|\frac{\Delta}{\Sigma}\right| = \tan\left(\frac{\varphi}{2}\right) \tag{7.4.20}$$

这种比相单脉冲跟踪器经常被称为半角跟踪器。

若相位差 φ 值测量不准，则会产生测角误差。对式(7.4.15)两边取微分，

$$\mathrm{d}\varphi = \frac{2\pi}{\lambda}d\cos\theta \cdot \mathrm{d}\theta \tag{7.4.21}$$

$$\mathrm{d}\theta = \frac{\lambda}{2\pi d\cos\theta}\mathrm{d}\varphi \tag{7.4.22}$$

可见，减小 λ/d 值(即增大 d/λ 值)，就可以提高测角精度。另外，当 $\theta=0°$ (即目标处在天线法线方向)时，测角误差 $\mathrm{d}\theta$ 最小；当 θ 增大，$\mathrm{d}\theta$ 也增大，为保证一定的测角精度，通常 θ 限制在一定的范围内，工程中一般在 $\pm 30°$ 内。

7.5 相控阵雷达角度的测量

相控阵天线由一个或多个平面上按一定规律布置的天线单元(辐射单元)和信号功率分配/相加网络所组成。每个天线上都设置一个移相器，用以改变天线单元之间信号的相位关系；天线单元之间信号幅度的变化则通过不等功率分配/相加网络或衰减器来实现。在波束控制计算机调度下，改变天线单元之间的相位和幅度关系，便可获得与所需天线方向图相对应的天线口径照射函数，从而可以快速改变天线波速的指向和天线波束的形状。

7.5.1 线阵天线的方向图函数

对一个有 N 个相同的阵元构成的线性阵列天线，如图 7.26 所示。设其中第 i 个天线单元的激励电流为 $I_i(i=0,1,2,\cdots,N-1)$，而它的方向图函数以 $F_i(\theta,\varphi)$ 表示。第 i 个天线单元到远场目标 P 的距离为 r_i。假如该单元的激励电流 I_i 具有可控制的初相 $i\Delta\varphi_\mathrm{B}$，则第 i 个天线单元在远场目标处产生的电场强度 $E_i(\theta,\varphi)$ 可表示为

$$E_i(\theta,\varphi) = K_i I_i \mathrm{e}^{-\mathrm{j}i\Delta\varphi_\mathrm{B}} F_i(\theta,\varphi)\frac{\mathrm{e}^{-\mathrm{j}\kappa r_i}}{r_i} \tag{7.5.1}$$

式中，$\kappa=2\pi/\lambda$ 为波数，λ 为波长；K_i 为第 i 个单元辐射场强的比例常数。

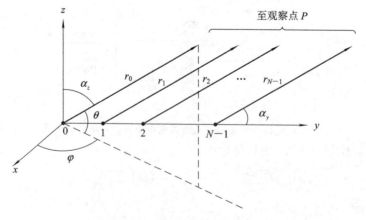

图 7.26 N 个天线单元的线阵示意图

对于线性传播媒质，电磁场方程满足线性叠加原理。因此，在远场观察点 P 处的总场强 $E(\theta, \varphi)$ 可以看作线阵中所有 N 个单元在 P 点产生的辐射场强的叠加，即

$$E(\theta, \varphi) = \sum_{i=0}^{N-1} E_i(\theta, \varphi) = \sum_{i=0}^{N-1} K_i I_i e^{-ji\Delta\varphi_B} F_i(\theta, \varphi) \frac{e^{-j\kappa r_i}}{r_i} \qquad (7.5.2)$$

若各个天线单元是相似元，即各个天线单元的形状同样，单元方向图一致，即 $F_i(\theta, \varphi) = F(\theta, \varphi)$，比例常数 K_i 也一样，即 $K_i = K$，则式 (7.5.2) 可简化为

$$E(\theta, \varphi) = KF(\theta, \varphi) \sum_{i=0}^{N-1} I_i e^{-ji\Delta\varphi_B} \frac{e^{-j\kappa r_i}}{r_i} \qquad (7.5.3)$$

在式 (7.5.3) 等号右边的分母中，用作幅度变化的距离 r_i 可以近似都用 r_0 代替，因为对于远场点 P，$|r_i - r_0|$ 与 r_0 的比值非常小，故这样近似对场强 $E(\theta, \varphi)$ 的幅度几乎没有影响。但是，需要考虑单元之间不同的波程所产生的相位，即式 (7.5.3) 中指数项就不能这样代替。设各相邻单元间的间隔均相同，且为 d，则

$$r_i = r_0 - id\cos\alpha_y \qquad (7.5.4)$$

式中，$\cos\alpha_y$ 为方向余弦，且

$$\cos\alpha_y = \cos\theta \sin\varphi \qquad (7.5.5)$$

因此，式 (7.5.3) 也可表示为

$$E(\theta, \varphi) = \frac{K}{r_0} F(\theta, \varphi) e^{-j\kappa r_0} \sum_{i=0}^{N-1} I_i e^{-ji\Delta\varphi_B} e^{j\kappa di\cos\alpha_y} \qquad (7.5.6)$$

若用幅度和相位的常数项 $\dfrac{K}{r_0}$ 和 $e^{-j\kappa r_0}$ 进行归一，则合成场强 $E(\theta, \varphi)$ 可简化为

$$E(\theta, \varphi) = F(\theta, \varphi) \sum_{i=0}^{N-1} I_i e^{j(i\kappa d\cos\theta\sin\varphi - i\Delta\varphi_B)} = F(\theta, \varphi) \cdot F_a(\theta, \varphi) \qquad (7.5.7)$$

由此可知，合成场强（即线阵的方向图函数）$E(\theta, \varphi)$ 为天线单元方向图 $F(\theta, \varphi)$ 与阵列因子 $F_a(\theta, \varphi)$ 的乘积，也称为方向图相乘原理。

以上是将线阵置于 (x, y, z) 三维坐标系进行讨论的。为了简便起见，通常将线阵放在一个平面内加以讨论。实际上，对于远场目标而言，由于其高度与距离相比要小得多，故可近似将目标和线阵看作同处于一个平面内。如图 7.27 所示为 N 个间隔为 d 的线性阵列。假设各辐射源为无方向性的点辐射源，而且同相等幅馈电（以零号阵元为相位基准）。

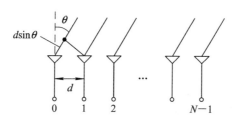

图 7.27　线阵天线之间的波程差

在相对于阵列法线的方向 θ 上，两个阵元之间波程差引起的相位差为

$$\Delta\varphi = \kappa d \sin\theta \qquad (7.5.8)$$

假设等幅馈电，且各阵元的激励电流都等于 1，则 N 个阵元在 θ 方向远区某一点辐射场的矢量和为

$$E(\theta) = \sum_{i=0}^{N-1} e^{ji\Delta\varphi} = 1 + e^{j\Delta\varphi} + \cdots + e^{j(N-1)\Delta\varphi} \tag{7.5.9}$$

式(7.5.9)右边是一个几何等比级数，则式(7.5.9)可表示为

$$E(\theta) = \frac{e^{jN\Delta\varphi} - 1}{e^{j\Delta\varphi} - 1} = \frac{\sin\left(\dfrac{N}{2}\Delta\varphi\right)}{\sin\left(\dfrac{\Delta\varphi}{2}\right)} e^{j\frac{N-1}{2}\Delta\varphi} \tag{7.5.10}$$

将式(7.5.10)取绝对值并归一化后，得到阵列的归一化方向图函数(波束指向为0°)为

$$|F_a(\theta)| = \frac{|E(\theta)|}{|E_{\max}(\theta)|} = \frac{1}{N}\left|\frac{\sin\left(\dfrac{N}{2}\Delta\varphi\right)}{\sin\left(\dfrac{\Delta\varphi}{2}\right)}\right| = \frac{1}{N}\left|\frac{\sin\left(\dfrac{\pi Nd}{\lambda}\sin\theta\right)}{\sin\left(\dfrac{\pi d}{\lambda}\sin\theta\right)}\right| \tag{7.5.11}$$

图 7.28 给出了 $N=8$，天线间隔分别为 $d=\lambda$ 和 $d=\lambda/2$ 的线阵归一化方向图，右图为左图的极坐标显示。阵列天线一般控制天线单元之间的间隔，保证在感兴趣的角度范围内不出现栅瓣；而尾瓣通过加反射面控制。

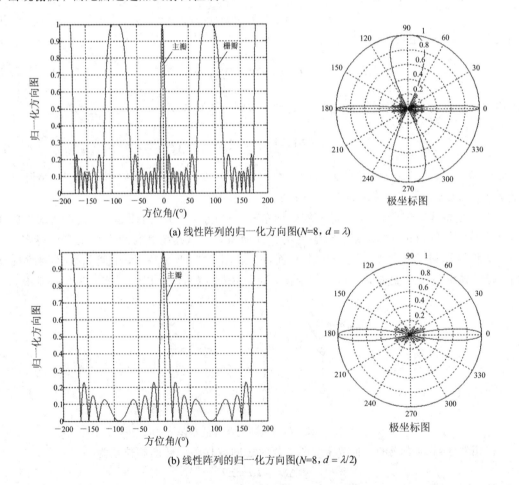

(a) 线性阵列的归一化方向图($N=8$, $d=\lambda$)

(b) 线性阵列的归一化方向图($N=8$, $d=\lambda/2$)

图 7.28　$N=8$ 时线性阵列的归一化方向图

阵列主波束可通过改变每个阵元的电流相位来进行电子扫描。如图 7.29 所示，它可看

成是为满足一定副瓣要求所需的天线口径分布的幅度加权系数，第 i 个天线上激励电流的相位 $i\Delta\varphi_B$ 可看成是为获得波束扫描所需的相位加权值，即天线阵内移相器的移相值。由式(7.5.9)，在假定单元方向图为各向同性条件下，可得这一线阵方向图函数 $F(\theta)$ 为

$$F(\theta) = \sum_{i=0}^{N-1} a_i e^{ji(\kappa d\sin\theta - \Delta\varphi_B)} \tag{7.5.12}$$

式中，$\kappa = 2\pi/\lambda$ 为波数；$a_i = f(\theta)I_i$，θ 是目标所在角度；$\Delta\varphi_B = \kappa d\sin\theta_B$，为两个相邻单元可变移相器之间的相位差，$\theta_B$ 是天线波束的最大值(峰值)指向，$\Delta\varphi_B$ 是天线波束指向为 θ_B 所需的相邻单元之间的相位差；$a_i e^{-ji\Delta\varphi_B}$ 亦称作"激励系数"或复加权系数。

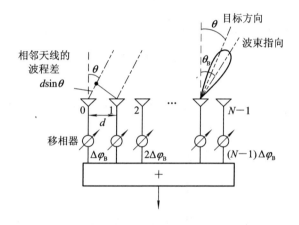

图 7.29 线性相控阵天线

对于无方向性天线单元($a_i = 1$)的均匀分布阵列，即口径分布均匀或均匀照射，则由式(7.5.12)得

$$F(\theta) = \sum_{i=0}^{N-1} e^{ji(\kappa d\sin\theta - \Delta\varphi_B)} = \frac{1-e^{jNX}}{1-e^{jX}} = \frac{\sin\dfrac{N}{2}X}{\sin\dfrac{1}{2}X} e^{j\frac{N-1}{2}X} \tag{7.5.13}$$

式中 $X = \kappa d(\sin\theta - \sin\theta_B)$。上式取绝对值后，可得波束指向为 θ_B 时等距线阵的幅度归一化方向图函数为

$$|F(\theta)| = \frac{1}{N} \left| \frac{\sin\dfrac{N}{2}X}{\sin\dfrac{1}{2}X} \right| = \frac{1}{N} \left| \frac{\sin\left[N\pi\dfrac{d}{\lambda}(\sin\theta - \sin\theta_B)\right]}{\sin\left[\pi\dfrac{d}{\lambda}(\sin\theta - \sin\theta_B)\right]} \right| \tag{7.5.14}$$

图 7.30 给出了 $N=8$、$d=\lambda/2$、$\theta_B = 30°$ 时等距线阵的方向图。

当 N 较大且 X 很小时，式(7.5.14)近似可得

$$|F(\theta)| = \frac{\left| \sin\dfrac{N}{2}X \right|}{\dfrac{N}{2}|X|} = \frac{\left| \sin\left[N\pi\dfrac{d}{\lambda}(\sin\theta - \sin\theta_B)\right] \right|}{N\pi\dfrac{d}{\lambda}|(\sin\theta - \sin\theta_B)|} \tag{7.5.15}$$

从式(7.5.15)可以看出，线阵的幅值方向图函数近似为一辛格函数(取绝对值)。由此，可以分析一维线阵的一些基本特性。

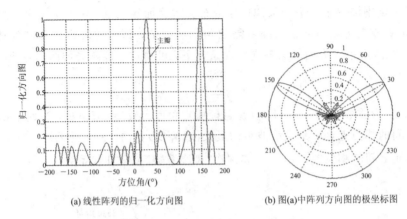

(a) 线性阵列的归一化方向图　　　　　　(b) 图(a)中阵列方向图的极坐标图

图 7.30　线性阵列的归一化方向图

1. 波束指向

当 $X=0$ 时，辛格函数达到最大值，即 $\sin\theta - \sin\theta_B = 0$，即 $\theta = \theta_B$ 时，可得天线方向图的最大值。于是线阵波束指向 θ_B 应满足：

$$\sin\theta_B = \frac{\lambda}{2\pi d}\Delta\varphi_B \tag{7.5.16}$$

即

$$\theta_B = \arcsin\left(\frac{\lambda}{2\pi d}\Delta\varphi_B\right) = \theta \tag{7.5.17}$$

因此，改变线阵内相邻单元间的相位差 $\Delta\varphi_B$（由移相器提供），就能改变阵列波束最大值的指向 θ_B。如果 $\Delta\varphi_B$ 由连续式移相器提供，则波束可实现连续扫描；如果 $\Delta\varphi_B$ 由数字式移相器提供，则波束可实现离散扫描。现在的相控阵雷达均是采用数字式移相器。数字式移相器的位数有限，一般为五位，移相器是将 $360°$ 按 2^5 量化，量化单位为 $360°/2^5 = 11.25°$。例如，对 $N=8$、间隔为半波长的等距线阵，若要求波束指向 θ_B 为 $15°$，则相邻天线之间的相位差 $\Delta\varphi_B$ 为

$$\Delta\varphi_B = \frac{2\pi d}{\lambda}\sin\theta_B = \pi\sin\theta_B(\text{rad}) = 180 \times \sin(15°)(°) = 46.5874°$$

移相器量化的相移见表 7.7。从图 7.31 的方向图的主瓣可以看出，由于移相器的量化误差，导致波束的指向误差约为 $0.2°$。这种误差属于系统误差，雷达实际工作过程中可以预先计算波束指向误差，并进行误差修正。

表 7.7　移相器的相位

阵元	相位的理论值/(°)	移相器的相位/(°)
0	0	0
1	46.5874	45.00
2	93.1749	90.00
3	139.7623	135.00
4	186.3497	191.25
5	232.9371	236.25
6	279.5246	281.25
7	326.1120	326.25

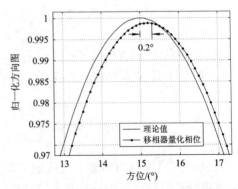

图 7.31　移相器的量化误差对波束指向的影响

2. 3 dB 波瓣宽度

对式(7.5.15)的辛格函数，当 $\dfrac{\sin \dfrac{N}{2}X}{\dfrac{N}{2}X}=\dfrac{1}{\sqrt{2}}$ 时，有 $\dfrac{N}{2}X=1.39$，即

$$\frac{1}{2}N\kappa d(\sin\theta-\sin\theta_B)=1.39 \tag{7.5.18}$$

所以，可得

$$\sin\theta-\sin\theta_B=\frac{1.39}{N\pi}\frac{\lambda}{d} \tag{7.5.19}$$

设 $\theta=\theta_B+\dfrac{1}{2}\theta_{3dB}$，$\theta_{3dB}$ 为半功率点波束宽度。对正弦函数 $\sin\theta$，在 $\theta=\theta_B$ 附近取一阶泰勒展开，即

$$\sin\theta=\sin\left(\theta_B+\frac{1}{2}\theta_{3dB}\right)\approx\sin\theta_B+\frac{1}{2}\theta_{3dB}\cos\theta_B$$

因此，可得线阵的半功率点波束宽度为

$$\theta_{3dB}\approx\frac{1}{\cos\theta_B}\frac{2\times1.39}{N\pi}\frac{\lambda}{d}=\frac{1}{\cos\theta_B}\frac{0.88\lambda}{Nd}\quad(\text{rad}) \tag{7.5.20}$$

或

$$\theta_{3dB}\approx\frac{1}{\cos\theta_B}\frac{50.8\lambda}{Nd}\quad(°) \tag{7.5.21}$$

可见，波束宽度与天线孔径长度(Nd)成反比，且与天线扫描角 θ_B 的余弦成反比。若方位和仰角均要达到 $1°$ 的波束宽度，且阵元间隔为半波长，则需要的阵元数近似为 $100\times100=10\,000$ 个天线单元。当波束指向偏离阵列法线方向越大时，则波束的半功率波束宽度也越大。例如，$\theta_B=60°$ 时的波束宽度为 $\theta_B=0°$ 时的波束宽度的两倍，因此，线阵通常只考虑在阵列法线方向的 $\pm45°$ 范围内工作。

3. 天线波束的副瓣位置

根据式(7.5.15)，当分子中正弦函数取 1，即角度为 $\pi/2$ 的整数倍时，出现主瓣或副瓣峰值，其中线阵天线的副瓣位置取决于下式：

$$\frac{1}{2}N(\kappa d\sin\theta_l-\kappa d\sin\theta_B)=\left(l+\frac{1}{2}\right)\pi,\quad l=\pm1,\pm2,\cdots \tag{7.5.22}$$

由此可知，第 l 个副瓣位置的 θ_l 为

$$\theta_l=\arcsin\left\{\frac{1}{\kappa d}\cdot\frac{(2l+1)\pi}{N}+\sin\theta_B\right\} \tag{7.5.23}$$

再由式(7.5.14)可得第 l 个副瓣电平

$$|F(\theta_l)|\approx\frac{N}{(l+0.5)\pi} \tag{7.5.24}$$

若用波束主瓣电平 N 进行归一化，则当 $l=1$ 时，第一副瓣电平为 -13.2 dB；$l=2$ 时，第二副瓣电平为 -17.9 dB。可见副瓣电平太高，为了降低发射的副瓣功率，通常对每个阵元的激励信号进行幅度加权。而在接收数字波束形成过程中，利用加窗来降低副瓣电平。

4. 天线波束扫描导致的栅瓣位置

当单元之间的"空间相位差"与"阵内相位差"平衡时，由式(7.5.15)知，当下式满足

时，波瓣图出现最大值

$$\kappa d(\sin\theta_m - \sin\theta_B) = m2\pi, \quad m = 0, \pm 1, \pm 2, \cdots \tag{7.5.25}$$

式中，θ_m 为可能出现的波瓣最大值。当 $m=0$ 时，由式(7.5.25)可以确定波瓣最大值的位置。当 $m\neq 0$ 时，除了由 $\kappa d(\sin\theta - \sin\theta_B) = 0$ 决定的 θ 方向($\theta = \theta_B$)上有波瓣最大值外，在由 $\kappa d(\sin\theta_m - \sin\theta_B) = m2\pi$ 决定的 θ_m 方向上也会有波瓣最大值，即栅瓣。栅瓣将会影响目标检测，所以必须被抑制掉。

下面讨论在几种具体情况下出现的栅瓣位置及不出现栅瓣的条件。

(1) 当波束指向在法线方向上(天线不扫描，$\theta_B = 0$)时，由式(7.5.25)可得，出现栅瓣的条件由 $\kappa d\sin\theta_m = m2\pi$ 决定。

$$\sin\theta_m = \frac{\lambda}{d}m, \quad m = \pm 1, \pm 2, \cdots \tag{7.5.26}$$

由于 $|\sin\theta_m| \leqslant 1$，故只有在 $d \geqslant \lambda$ 时才有可能产生栅瓣。

当 $d = \lambda$ 时，栅瓣的位置为，$\theta_m = \{-90°, +90°\}$；当 $d = 2\lambda$ 时，栅瓣的位置为 $\theta_m = \{-90°, -30°, +30°, +90°\}$。主瓣和栅瓣的位置示意图如图 7.32 所示。

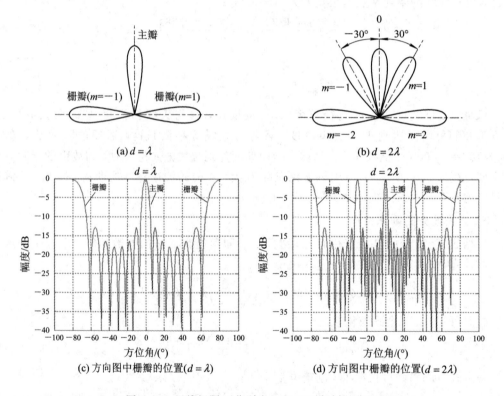

图 7.32　天线间隔 d 分别为 λ 和 2λ 时栅瓣的位置

(2) 当波束扫描至波束指向的最大值时，即 $\theta_B = \theta_{max}$，计算出现栅瓣的条件。由式(7.5.25)，得

$$\kappa d\sin\theta_m - \kappa d\sin\theta_{max} = 0 \pm m2\pi \tag{7.5.27}$$

所以

$$\sin\theta_m = \pm\frac{\lambda}{d}m + \sin\theta_{max} \tag{7.5.28}$$

由于$|\sin\theta_m|\leqslant 1$，故出现栅瓣的条件即是满足下列不等式的条件

$$d\geqslant\frac{m\lambda}{1+|\sin\theta_{\max}|} \tag{7.5.29}$$

因此，在波束扫到$\theta_{\max}$时，仍不出现栅瓣的条件是

$$d<\frac{\lambda}{1+|\sin\theta_{\max}|} \tag{7.5.30}$$

由于$|\sin\theta_{\max}|\leqslant 1$，所以当$d\leqslant\lambda/2$时就不会出现栅瓣。实际中只要在所关心的角度范围内不出现栅瓣，天线之间的间隔尽可能大一些，这样既有利于适当增大孔径，又有利于减小天线之间的耦合。例如若雷达的天线阵面只在$\pm 45°$范围内工作，且不出现栅瓣，则要求天线之间的间隔$d<\dfrac{\lambda}{1+|\sin 45°|}=0.7\lambda$，可以稍大于半波长，这样便于安装，因为天线阵子的长度通常为半波长。

7.5.2　阵列雷达的数字波束形成

针对图 7.33 所示的均匀线阵，相邻阵元之间的间距为d。考虑p个远场的窄带信号入射到空间某阵列上。这里假设阵元数等于通道数，即各阵元接收到信号后经各自的传输信道送到处理器，也就是说处理器接收来自N个通道的数据。接收信号矢量可以表示为

$$\boldsymbol{X}(t)=\boldsymbol{A}\boldsymbol{S}(t)+\boldsymbol{N}(t) \tag{7.5.31}$$

其中，$\boldsymbol{X}(t)$为$N\times 1$维阵列接收快拍的数据矢量，$\boldsymbol{X}(t)=[x_1(t),x_2(t),\cdots,x_N(t)]^{\mathrm{T}}$，$\boldsymbol{S}(t)$为$p\times 1$维信号矢量，$\boldsymbol{S}(t)=[s_1(t),s_2(t),\cdots,s_p(t)]^{\mathrm{T}}$，$\boldsymbol{N}(t)$为$N\times 1$维噪声数据矢量，$\boldsymbol{N}(t)=[n_1(t),n_2(t),\cdots,n_N(t)]^{\mathrm{T}}$，$\boldsymbol{A}$为$N\times p$维阵列流型矩阵（导向矢量矩阵），且

$$\boldsymbol{A}=[\boldsymbol{a}(\theta_1)\quad\boldsymbol{a}(\theta_2)\quad\cdots\quad\boldsymbol{a}(\theta_p)] \tag{7.5.32}$$

其中，第i个信号的导向矢量

$$\boldsymbol{a}(\theta_i)=[1,\mathrm{e}^{\mathrm{j}\kappa d\sin\theta_i},\cdots,\mathrm{e}^{\mathrm{j}\kappa(N-1)d\sin\theta_i}]^{\mathrm{T}},\quad i=1,2,\cdots,p \tag{7.5.33}$$

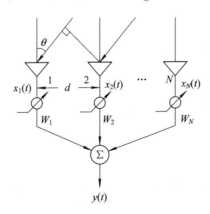

图 7.33　等距线阵空域滤波结构

在 DBF 过程中，假设信号的来波方向为θ，则在该方向的导向矢量为

$$\boldsymbol{a}(\theta)=[1,\mathrm{e}^{\mathrm{j}\kappa d\sin\theta},\cdots,\mathrm{e}^{\mathrm{j}\kappa(N-1)d\sin\theta}]^{\mathrm{T}} \tag{7.5.34}$$

由式(7.5.31)知，对于单一信号源，$\boldsymbol{X}(t)=\boldsymbol{a}(\theta)s(t)+\boldsymbol{N}(t)$，波束形成技术与时间滤波类

似，即对采样数据 $\boldsymbol{X}(t)$ 进行加权求和，加权后天线阵的输出为

$$y(t) = \boldsymbol{W}^{\mathrm{H}}\boldsymbol{X}(t) = s(t)\boldsymbol{W}^{\mathrm{H}}\boldsymbol{a}(\theta) + \boldsymbol{W}^{\mathrm{H}}\boldsymbol{N}(t) \tag{7.5.35}$$

式中，$\boldsymbol{W} = [W_1, W_2, \cdots, W_N]^{\mathrm{T}}$ 为 DBF 的权矢量；$\boldsymbol{X}(t) = [x_1(t), x_2(t), \cdots, x_N(t)]^{\mathrm{T}}$。

当 $\boldsymbol{W}$ 为方向 θ_0 的导向矢量，即

$$\boldsymbol{W} = \boldsymbol{a}(\theta_0) \tag{7.5.36}$$

若 θ_0 与来波方向相同，则 DBF 实现了各路信号同向相加，这时输出 $y(t)$ 的模值最大。因此波束形成实现了对方向角 θ 的选择，即实现空域滤波。

为了降低阵列的副瓣电平，需要对式(7.5.36)的 DBF 的权矢量进行加窗处理，

$$\boldsymbol{W} = \boldsymbol{a}(\theta_0) \odot \boldsymbol{W}_{\mathrm{win}} \tag{7.5.37}$$

式中，$\boldsymbol{W}_{\mathrm{win}}$ 是长度为 N 的窗函数，例如，泰勒窗、海明窗等。

7.5.3　阵列雷达基于窗函数的数字单脉冲测角

在天线设计中，Bayliss 分布是一种典型的差分布，它让阵列左右两边单元的相位互相反相形成差波瓣，同时可降低差波瓣的副瓣电平。因此，工程实现时采用不同的窗函数形成和、差波束。针对图 7.35 所示的均匀线阵，式(7.5.37)为其和波束的加权矢量，当波束指向为 θ 时的和波束、方位差波束的加权矢量可分别表示为

$$\boldsymbol{W}_{\Sigma}(\theta) = \boldsymbol{a}(\theta) \odot \boldsymbol{W}_{\mathrm{win}} \tag{7.5.38}$$

$$\boldsymbol{W}_{\Delta}(\theta) = \boldsymbol{a}(\theta) \odot \boldsymbol{W}_{\Delta} \tag{7.5.39}$$

式中，$\boldsymbol{W}_{\Delta} = [w_{y,\Delta}(1), w_{y,\Delta}(2), \cdots, w_{y,\Delta}(N)]^{\mathrm{T}}$，为形成方位差波束所采用的 Bayliss 窗函数矢量。

图 7.34 给出了阵元数为 20，主副瓣比分别为 25 dB、20 dB 的泰勒窗函数和 Bayliss 窗函数。图 7.35 给出了分别形成的和、差波束。

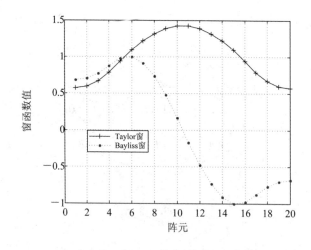

图 7.34　泰勒窗函数和 Bayliss 窗函数

假设第 k 阵元接收信号为 $s_i(t)$，则 DBF 输出的和波束、方位差波束信号分别为

$$y_{\Sigma}(t;\theta) = \boldsymbol{W}_{\Sigma}(\theta)^{\mathrm{H}}\boldsymbol{X}(t) = \sum_{k=0}^{N-1} w_k^{\Sigma} \cdot x_k(t) \tag{7.5.40}$$

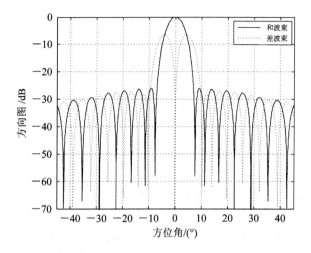

图 7.35　和、差波束

$$y_\Delta(t;\theta) = \boldsymbol{W}_\Delta(\theta)^{\mathrm{H}} \boldsymbol{X}(t) = \sum_{k=0}^{N-1} w_k^\Delta \cdot x_k(t) \tag{7.5.41}$$

然后提取归一化方位误差信号

$$E_\theta = \frac{\mathrm{imag}[y_\Sigma \cdot y_\Delta^*]}{|y_\Sigma|^2} \tag{7.5.42}$$

式中 imag[　]表示取信号的虚部；上标 * 表示取共扼。图 7.36(a)给出了在不同波束指向（方位 $\theta = -45°$、$-30°$、$0°$、$30°$、$45°$）时的归一化方位误差曲线。可见，在不同波束指向，误差信号的斜率不同，这是由于在不同方向的天线等效孔径不同而造成的。为了减少工程实现时需要存储的误差曲线表，根据式(7.5.20)和式(7.5.42)，提取误差信号时考虑到等效孔径的变化，一种改进的归一化方位误差信号提取方法为

$$E_\theta = \frac{\mathrm{imag}[y_\Sigma \cdot y_\Delta^*]}{\cos\theta \cdot |y_\Sigma|^2} \tag{7.5.43}$$

式中 θ 为目标所在波位的波束指向。这时提取的误差信号如图 7.36(b)所示，在不同方向的误差信号基本重叠，在工程上可以近似用一条误差曲线（如阵列法线方向）表示。根据误

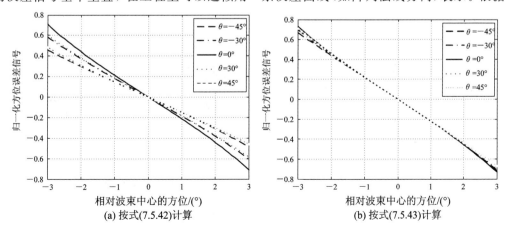

(a) 按式(7.5.42)计算　　　　　　　　(b) 按式(7.5.43)计算

图 7.36　方位误差信号

差信号的近似线性关系，假设误差信号的斜率的倒数为 K_θ，则根据误差电压 E_θ 计算相对于波束中心 θ 的方位为

$$\Delta\theta_0 = K_\theta \cdot E_\theta \qquad\qquad (7.5.44)$$

从而得到目标的方位 $\theta_0 = \theta + \Delta\theta_0$。

图 7.37 给出了在对某阵列雷达天线方向图进行测试时通过示波器观测的和波束、方位差波束，图中标注①所示波形未取对数，标注②所示波形为取对数的结果。示波器中单位电压表示的功率为 37.8 dB。图中和、差波束的主副瓣比分别为 26 dB 和 20 dB。

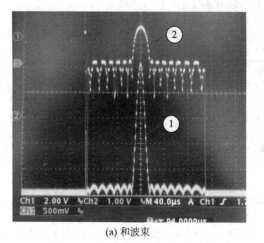

(a) 和波束　　　　　　　　　　(b) 差波束

图 7.37　和波束与差波束

图 7.38 给出了某雷达采用数字单脉冲方法测角，得到的方位和仰角的实际测量结果，其中图(a)为某目标一次雷达和二次雷达指示的目标航迹；图(b)为一次雷达相对于二次雷达的方位测量误差。以二次雷达给出的目标方位为真值，经计算，该航线目标的方位测量的均方根误差为 0.43°。

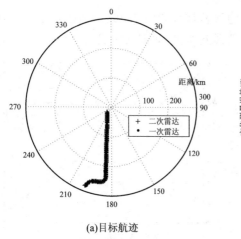
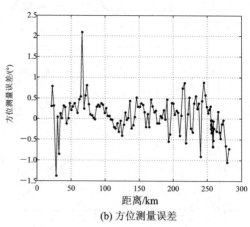

(a)目标航迹　　　　　　　　　(b) 方位测量误差

图 7.38　目标航迹及其方位测量结果

7.5.4　相控阵雷达的特点

相控阵雷达是一种通过控制阵列天线中各个单元的相位得到所需波束指向的雷达。相控阵雷达通过控制各个单元天线的幅度和相位，实现波束的扫描，简称电扫。相控阵雷达的波束可以快速地从一个方向跳变到另一个方向，即波束的捷变，在每个波束的驻留时间也灵活可控。它的突出特点是和计算机控制相结合，可实现波束驻留时间（指波束照射目标时间）和数据率的控制。相控阵雷达已经发展成一种重要的雷达体制，尤其是在目标探测与跟踪中受到广泛的应用。因此，相控阵雷达的主要优点有：

（1）灵活快速的波束扫描和波束捷变；

（2）每个单元可有自己的发射机，可以获得大的峰值功率和平均功率，功率-孔径积可以很大；

（3）多目标跟踪，可以同时产生多个独立的波束，或者快速转换单个波束跟踪多个目标；

（4）使用固态发射机更加方便，在空间进行功率合成；

（5）由于有很多天线单元，自由度多，孔径照射控制灵活，也可以通过自适应数字波束形成抑制干扰；

（6）波束驻留时间和数据率灵活、可控，按需分配各个波位的驻留时间；

（7）可以按顺序（分时）实现多种功能，例如搜索、跟踪等。

相控阵雷达为了实现全空域的覆盖，通常需要采用三到四个平面阵或立体阵，每个阵面覆盖一定的方位扇区。

相控阵雷达的主要缺点有：

（1）成本高，系统较复杂；

（2）受移相器带宽的限制，相控阵雷达的工作带宽有限。

为了克服移相器带宽的影响，现代数字雷达采用 DDS 作为数字频率源，利用 DDS 代替移相器是未来雷达的发展趋势之一。

7.6　速度测量

雷达要探测的目标通常是运动着的物体，例如：空中的飞机、导弹，海面的舰船，地面的车辆等。利用运动目标的多普勒效应产生的频率偏移，能够精确地测量目标的速度。但是，在不同体制或不同应用场合，雷达的速度测量方式主要有：

（1）对于低重频雷达，由于多普勒频率容易模糊，一般根据目标在帧间距离的变化率和航向计算目标的速度。这种方法的实时性差，速度估计误差较大。

（2）对于高重频雷达，由于多普勒频率无模糊，一般根据 MTD 或相参积累处理，找出目标所在距离单元的峰值所对应的多普勒通道，根据相应的多普勒频率计算目标的径向速度，再根据航向计算目标的线速度。这种方法可以实时得到目标的速度。

（3）对于中重频雷达，由于多普勒频率可能存在模糊，一般需要采用多组重频交替工作，在 MTD 或相参积累处理基础上，找出目标所在距离单元的峰值所对应的多普勒通道及其相应的多普勒频率，采用多组重频之间解模糊，再计算得到目标的径向速度。

（4）单频率连续雷达，主要用于公路上车辆的速度测量，不测距。

在多普勒测量中，需要考虑两组时间刻度和频率刻度：

（1）脉冲宽度 τ 和相应的频谱包络宽度 B；

（2）驻留在目标上的时间 t_0 和相干脉冲串频谱中精细谱线的窄带宽度 B_f。

图 7.39 给出了高斯型脉冲的时域波形及其频谱示意图。利用连续波或长脉冲发射的雷达可对频谱包络实现有效的分辨和测量，但在多数情况下，雷达提供的数据是相干脉冲串发射的精细线谱。雷达在一个波位发射的矩形脉冲串及其频谱如图 7.40 所示。图中频谱包络的带宽 B 为脉冲宽度 τ 的倒数，精细谱线的窄带宽度 B_f 为天线照射时间 t_0 的倒数。

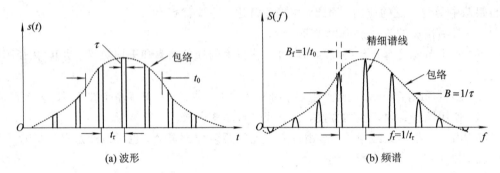

图 7.39　高斯形脉冲串波形及频谱示意图

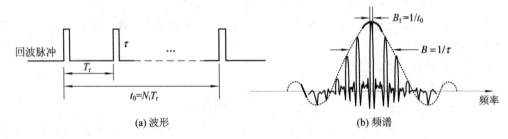

图 7.40　矩形脉冲串及其频谱

多普勒雷达采用精细谱线跟踪处理的主要优点如下：

（1）包络检波器和误差检测器的输入信噪比是整个脉冲串的信噪比，经过相干积累，相对于单个脉冲，信噪比提高了接近 $N_i = f_r t_0 = t_0/T_r$ 倍，避免了在低信噪比时工作的影响。

（2）当目标多普勒可以从杂波中分辨出来时，也可获得信杂噪比的改善。所以多普勒滤波的目的并不总是要进行速度测量，而经常是要从杂波和其他目标中分辨出所希望的目标。

针对连续波雷达多普勒频率的测量，由于回波信号的多普勒频率 f_d 正比于径向速度 v_r，而反比于波长 λ，且

$$f_d = \frac{2v_r}{\lambda} = \frac{f_0}{c}2v_r, \qquad \frac{f_d}{f_0} = \frac{2v_r}{c} \tag{7.6.1}$$

即多普勒频率与工作频率 f_0 的相对值正比于目标速度与光速之比。在多数情况下，多普勒频率处于音频范围。例如，当 $\lambda = 10 \text{ cm}$，$v_r = 300 \text{ m/s}$ 时，$f_d = 6 \text{ kHz}$，$f_0 = 3000 \text{ MHz}$，回波信号的频率 $f_{rec} = f_0 + f_d = 3000 \text{ MHz} \pm 6 \text{ kHz}$，发射与接收信号频率相差的百分比是很小的。因此，对于连续波雷达，可以采用差拍的方法，即设法取出 f_0 与 f_{rec} 的差值 f_d。测速雷达大多采用这种方式。

对于连续波雷达，一般将发射泄露信号作为接收机中混频器的参考信号（基准电压），

在混频器输出端即可得到收、发信号频率的差频电压。有时将发射泄露信号经 90° 相移后接入另一个混频器，就得到差频信号的同相分量和正交分量。因此，这种完成差频的混频器也称为有源相关或相参（干）检波器。相干检波器是一种相位鉴别器，在其输入端除了加基准电压外，还有需要鉴别其差频或相对相位的信号电压。由于目标个数和多普勒频率未知，对于检波器输出信号，需要经过多个窄带滤波器组，从而得到每个目标的多普勒频率。

7.7　多目标跟踪

目标跟踪是在当前帧测量的目标点迹参数（距离、角度等）基础上，与以前帧建立的目标航迹进行航迹关联，若当前点迹属于某一批次目标的航迹，再将当前帧点迹的测量值与已建立的该目标航迹进行航迹滤波，并外推下一帧该目标可能的位置，设置相应的关联波门。

雷达实际工作时一般有多个目标，需要对所有目标进行航迹建立、航迹关联、航迹跟踪与滤波等，即多目标跟踪。目前，典型的多目标跟踪系统主要有：边扫描边跟踪雷达目标跟踪系统、相控阵雷达目标跟踪系统、双基地雷达目标跟踪系统、多目标多传感器跟踪系统等。边扫描边跟踪雷达是人们最熟悉的一种用匀速旋转的天线机械扫描，实现波束搜索和目标跟踪的雷达。相控阵雷达最大的特点是搜索和跟踪功能是分开进行的，数据处理器受雷达控制器的控制。随着隐身目标的出现，双基地雷达作为反隐身目标的一种重要体制，20 世纪 70 年代以来受到世界各国的普遍重视。双基地雷达是指发射天线和接收天线之间隔开相当一段距离的雷达。它的最大优点是抗干扰性强。由于接收天线是无源的，双基地雷达在受反辐射导弹攻击时不易暴露，同时减轻了有源干扰的影响。多目标多传感器跟踪系统是指挥、控制、通信、信息防御系统十分重要的组成部分。常见的多目标多传感器系统有单基地、双/多基地雷达混合组网、制导雷达网、导弹防御系统、舰载防空雷达系统和空间站监视系统等。下面简要介绍边扫描边跟踪雷达系统。

7.7.1　边扫描边跟踪雷达

现代雷达系统一般可执行多种任务，如检测、跟踪、分类或识别等。借助复杂的计算机系统，多功能雷达能同时跟踪多个目标。这种情况下，在一个扫描间隔内，每个目标被采样一次（主要是距离和角度），然后通过平滑和预测，可以对后面的采样进行估计。能够执行多任务和进行多目标跟踪的雷达称为边扫描边跟踪（Track-While-Scan，TWS）雷达。

边扫描边跟踪雷达系统每一个扫描间隔对目标采样一次，并在扫描间隔期间使用平滑、滤波或预测目标参数。为实现此目的，常使用卡尔曼滤波器或 Alpha-Beta-Gamma（$\alpha\beta\gamma$）滤波器。

当 TWS 雷达检测到新目标时，它将初始化一个独立的航迹文件用于存储检测数据，从而保证可以同时处理这些数据并预测以后时刻目标的参数。位置、速度和加速度是该航迹文件的主要元素。特别指出，在航迹文件建立之前，至少需要一次检测，以确认存在目标（确认检测）。

与单目标检测系统不同，TWS 雷达必须确定每一次探测（观测）到的是新目标还是在以前的扫描中已经检测到的目标，因此 TWS 雷达用到了关联算法。在该运算过程中，每一个新的检测都和以前所有的检测作相关运算，以避免建立多余的航迹。如果某个检测与两个或多个航迹相关，则要用到预定义的规则来确定该检测结果（点迹）属于哪个航迹。图 7.41 是一个简化的边扫描边跟踪雷达数据处理框图。

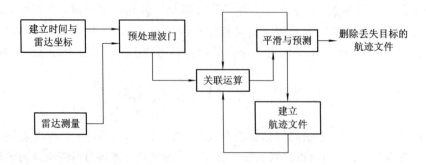

图 7.41　TWS 数据处理简化框图

TWS 雷达通常以惯性坐标系作为航迹跟踪参考坐标系。根据警戒雷达提供的目标位置信息，在目标附近设定了一个波门，并试图在这个门限内跟踪目标信号。波门的坐标一般是三维的，包括方位、俯仰和距离。由于起始检测时目标的确切位置不确定，因此波门范围应该足够大，以保证目标在不同的扫描中不会超出波门，也就是说，在连续的扫描中目标应在波门范围内。可以根据跟踪雷达的数据率和感兴趣的目标速度范围设置波门的大小。

波门用来确定某次观测是属于已存在的航迹文件，还是属于一个新的航迹文件（新目标）。波门算法通常基于对观测数据和预测数据之间的统计误差的计算。对于每个航迹文件，一般都设定该误差的上限。若算得某个观测值的误差小于已知航迹文件的误差上限，则此观测值将被记录在这个航迹文件上，也就是与该航迹相关。如果观测和已存在的任何航迹都不相关，则应该建立一个新的航迹文件。因为新检测（测量）值与所有已存在的航迹文件进行比较，该检测可能与任何航迹都不相关或者与一个或多个航迹相关。观测值和所有存在的轨迹文件之间的相关关系是通过采用一个相关矩阵来确定的。当多个观测和多个航迹文件相关时，可以利用预先定义的相关规则，将 CFAR 点迹的测量值关联到某一个航迹，并与原有航迹信息进行跟踪滤波，得到当前时刻的航迹，同时更新航迹文件。

7.7.2　固定增益跟踪滤波器

为了减小定位误差，雷达对目标的测量参数需要与原有的航迹信息进行跟踪滤波。跟踪滤波算法主要有固定增益跟踪滤波器和可变增益跟踪滤波器。固定增益跟踪滤波器也称固定系数滤波器，常见的有 $\alpha\beta$、$\alpha\beta\gamma$ 滤波器及其变形。$\alpha\beta$ 和 $\alpha\beta\gamma$ 跟踪器分别是二阶和三阶滤波器，它们等效于一维卡尔曼滤波的特例，其基本结构与卡尔曼滤波器相似。

$\alpha\beta\gamma$ 滤波器对目标的位置、速率（多普勒）和加速度等信息进行平滑和预测，是一种具有多项预测和校正的线性递归滤波器。根据测量数据，$\alpha\beta\gamma$ 滤波器能够预测目标的位置、速率以及恒定加速度等信息，它能很好地估计当前位置，而广泛应用于导航和火控装置。

用 $x(n|m)$ 表示采用 m 时刻以前的所有数据（包括 m 时刻）对第 n 时刻数据的估计值，y_n 表示第 n 时刻的观测值，e_n 表示第 n 时刻的误差。

下面给出固定增益滤波方程

$$x(n \mid n) = \boldsymbol{\Phi}x(n-1 \mid n-1) + \boldsymbol{K}[y_n - \boldsymbol{G}\boldsymbol{\Phi}x(n-1 \mid n-1)] \tag{7.7.1}$$

借助状态转换矩阵预测下一个状态，

$$x(n+1 \mid n) = \boldsymbol{\Phi}x(n \mid n) \tag{7.7.2}$$

将式(7.7.2)代入式(7.7.1)得

$$x(n \mid n) = x(n \mid n-1) + \boldsymbol{K}[y_n - \boldsymbol{G}x(n \mid n-1)] \tag{7.7.3}$$

式(7.7.3)右边中括号内为残余(误差),即测量输入与预测输出之差。式(7.7.3)表示 $x(n \mid n)$ 的估计是预测值和新值加权之和,$\boldsymbol{G}x(n \mid n-1)$ 代表预测状态。在 $\alpha\beta\gamma$ 这类预测器中,$\boldsymbol{G}$ 以行向量给出

$$\boldsymbol{G} = \begin{bmatrix} 1 & 0 & 0 & \cdots \end{bmatrix} \tag{7.7.4}$$

增益矩阵 $\boldsymbol{K}$ 如下:

$$\boldsymbol{K} = \begin{bmatrix} \alpha & \dfrac{\beta}{T} & \dfrac{\gamma}{T^2} \end{bmatrix}^{\mathrm{T}} \tag{7.7.5}$$

式中,上标正体 T 表示转置;斜体"T"表示采样周期,即跟踪的数据率。

跟踪滤波器的一个主要目标是降低测量过程中噪声的影响。为此,首先要计算噪声协方差矩阵,具体形式如下:

$$C(n \mid n) = \mathrm{E}\left[(x(n \mid n))x^{\mathrm{T}}(n \mid n)\right]; \quad y_n = v_n \tag{7.7.6}$$

式中 E 表示数学期望。假设噪声是均值为零、方差为 σ_v^2 的随机过程,并且假设噪声之间不相关,式(7.7.1)可写成:

$$x(n \mid n) = \boldsymbol{A}x(n-1 \mid n-1) + \boldsymbol{K}y_n \tag{7.7.7}$$

式中,$\boldsymbol{A}=(\boldsymbol{I}-\boldsymbol{K}\boldsymbol{G})\boldsymbol{\Phi}$,将式(7.7.7)代入式(7.7.6)得

$$C(n \mid n) = \mathrm{E}\{(\boldsymbol{A}x(n-1 \mid n-1) + \boldsymbol{K}y_n)(\boldsymbol{A}x(n-1 \mid n-1) + \boldsymbol{K}y_n)^{\mathrm{H}}\} \tag{7.7.8a}$$

将式(7.7.8a)右边展开

$$C(n \mid n) = \boldsymbol{A}C(n-1 \mid n-1)\boldsymbol{A}^{\mathrm{T}} + \boldsymbol{K}\sigma_v^2\boldsymbol{K}^{\mathrm{T}} \tag{7.7.8b}$$

稳态下,式(7.7.8a)与式(7.7.8b)合并为

$$C(n \mid n) = \boldsymbol{A}C\boldsymbol{A}^{\mathrm{T}} + \boldsymbol{K}\sigma_v^2\boldsymbol{K}^{\mathrm{T}} \tag{7.7.8c}$$

这里 C 为稳态噪声协方差矩阵,稳态时

$$C(n \mid n) = C(n-1 \mid n-1) = C, \quad 对任意 n \tag{7.7.8d}$$

确定固定增益滤波器性能的标准有很多,最常用的一种是计算方差的缩减率 (Variance Reduction Ratio,VRR),即当输入只有噪声时,输出噪声的方差(功率)与输入噪声的方差(功率)之比。因此,在稳定状态情况下,它表示滤波器对噪声的抑制程度。

为了衡量跟踪滤波器的稳定性,对式(7.7.7)进行 Z 变换,则

$$x(z) = \boldsymbol{A}z^{-1}x(z) + \boldsymbol{K}y_n(z) \tag{7.7.9}$$

系统传递函数为

$$h(z) = \frac{x(z)}{y_n(z)} = (\boldsymbol{I} - \boldsymbol{A}z^{-1})^{-1}\boldsymbol{K} \tag{7.7.10}$$

式中 $(\boldsymbol{I}-\boldsymbol{A}z^{-1})$ 为特征矩阵。只有当特征矩阵为非奇异矩阵时,系统传递函数才存在。此外,当且仅当特征方程的根在 z 平面的单位圆内时,系统才是稳定的,即

$$|(\boldsymbol{I} - \boldsymbol{A}z^{-1})| = 0 \tag{7.7.11}$$

滤波器的稳定状态误差可用图 7.42 来确定,误差的转换函数如下:

图 7.42　稳态误差计算

$$e(z) = \frac{y(z)}{1 + h(z)} \tag{7.7.12a}$$

由阿贝尔（Abel）定理，稳态状态的误差为

$$e_\infty = \lim_{t \to \infty} e(t) = \lim_{z \to 1} \left(\frac{z-1}{z} \right) e(z) \tag{7.7.12b}$$

将式(7.7.12a)代入式(7.7.12b)得

$$e_\infty = \lim_{t \to \infty} e(t) = \lim_{z \to 1} \frac{z-1}{z} \frac{y(z)}{1 + h(z)} \tag{7.7.12c}$$

1. αβ 滤波器

αβ 滤波器是在第 n 个观察时刻，对位置 x 及其速率 $\dot{x}$ 进行平滑和对第 $n+1$ 时刻的位置进行预测。该滤波器的结构如图 7.43 所示。下标"p"和"s"分别表示预测和平滑的意义。

$$x_s(n) = x(n \mid n) = x_p(n) + \alpha(x_0(n) - x_p(n)) \tag{7.7.13a}$$

$$\dot{x}_s(n) = x'(n \mid n) = \dot{x}_s(n-1) + \frac{\beta}{T}(x_0(n) - x_p(n)) \tag{7.7.13b}$$

x_0 是位置输入采样点，预测位置计算公式如下：

$$x_p(n) = x_s(n \mid n-1) = x_s(n-1) + T\dot{x}_s(n-1) \tag{7.7.13c}$$

初始条件为 $x_s(1) = x_p(2) = x_0(1)$，$\dot{x}_s(1) = 0$，$\dot{x}_s(2) = \dfrac{x_0(2) - x_0(1)}{T}$。

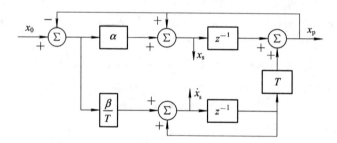

图 7.43 αβ 滤波器的结构框图

一维二阶线性时不变系统的协方差矩阵可表示如下：

$$\boldsymbol{C}(n \mid n) = \begin{bmatrix} C_{xx} & C_{x\dot{x}} \\ C_{\dot{x}x} & C_{\dot{x}\dot{x}} \end{bmatrix} \tag{7.7.14}$$

这里，C_{xy} 一般为

$$C_{xy} = \mathrm{E}\{\boldsymbol{xy}^{\mathrm{T}}\} \tag{7.7.15}$$

通过观察，αβ 滤波器具有下列形式：

$$\boldsymbol{A} = \begin{bmatrix} 1 - \alpha & (1 - \alpha)T \\ -\dfrac{\beta}{T} & 1 - \beta \end{bmatrix} \tag{7.7.16}$$

增益矢量：

$$\boldsymbol{K} = \begin{bmatrix} \alpha \\ \dfrac{\beta}{T} \end{bmatrix} \tag{7.7.17}$$

观测矢量：

$$\boldsymbol{G} = \begin{bmatrix} 1 & 0 \end{bmatrix} \tag{7.7.18}$$

状态转移矩阵：

$$\boldsymbol{\Phi} = \begin{bmatrix} 1 & T \\ 0 & 1 \end{bmatrix} \tag{7.7.19}$$

最后，将式(7.7.16)~(7.7.19)代入式(7.7.14)，得稳态噪声协方差矩阵为

$$\boldsymbol{C} = \frac{\sigma_v^2}{\alpha(4 - 2\alpha - \beta)} \begin{bmatrix} 2\alpha^2 - 3\alpha\beta + 2\beta & \dfrac{\beta(2\alpha - \beta)}{T} \\[2mm] \dfrac{\beta(2\alpha - \beta)}{T} & \dfrac{2\beta^2}{T^2} \end{bmatrix} \tag{7.7.20}$$

则位置 x 及其速率 $\dot{x}$ 的 VRR 计算公式为

$$(\mathrm{VRR})_x = \frac{C_{xx}}{\sigma_v^2} = \frac{2\alpha^2 - 3\alpha\beta + 2\beta}{\alpha(4 - 2\alpha - \beta)} \tag{7.7.21a}$$

$$(\mathrm{VRR})_{\dot{x}} = \frac{C_{\dot{x}\dot{x}}}{\sigma_v^2} = \frac{1}{T^2} \frac{2\beta^2}{\alpha(4 - 2\alpha - \beta)} \tag{7.7.21b}$$

$\alpha\beta$ 滤波器的稳定性取决于系统传递函数，已知式(7.7.16)给出的 $\boldsymbol{A}$，可得式(7.7.11)的根为

$$z_{1,2} = 1 - \frac{\alpha + \beta}{2} \pm \frac{1}{2}\sqrt{(\alpha - \beta)^2 - 4\beta} \tag{7.7.22}$$

为了满足稳定性，有

$$|z_{1,2}| < 1 \tag{7.7.23}$$

当 $z_{1,2}$ 是实数时，

$$\beta > 0, \quad \alpha > -\beta \tag{7.7.24}$$

当 $z_{1,2}$ 是复数时，可得出

$$\alpha > 0 \tag{7.7.25}$$

由式(7.7.10)、式(7.7.16)和式(7.7.17)可得到系统传递函数为

$$\begin{bmatrix} h_x(z) \\ h_{x'}(z) \end{bmatrix} = \frac{1}{z^2 - z(2 - \alpha - \beta) + (1 - \alpha)} \begin{bmatrix} \alpha z\left(z - \dfrac{\alpha - \beta}{\alpha}\right) \\[2mm] \dfrac{\beta z(z - 1)}{T} \end{bmatrix} \tag{7.7.26}$$

上面对 $\alpha\beta$ 滤波器的分析并未具体涉及增益系数(α 和 β)的选取。在考虑如何选择系数前，应考虑使用该滤波器的主要目标，$\alpha\beta$ 滤波器要实现以下两个目标：

(1) 跟踪器必须尽可能地降低测量噪声。

(2) 能够跟踪机动目标，跟踪错误率降到最低。

观测噪声的减少一般取决于 VRR 率。但是，滤波器的机动性能很大程度上决定了参数 α、β 的选择。一种特殊的 $\alpha\beta$ 滤波器由 Benedict 和 Bordner 提出，因此也称作 Benedict-Bordner 滤波器。该滤波器最主要的优点是降低瞬时误差。它用位置和速率的 VRR 率来测量其性能。它计算输入和输出的平方误差总和，并当参数 α、β 的选择满足下式时误差最小：

$$\beta = \frac{\alpha^2}{2 - \alpha} \tag{7.7.27}$$

在这种情况下，位置和速率的 VRR 分别为

$$(\text{VRR})_x = \frac{\alpha(6-5\alpha)}{\alpha^2 - 8\alpha + 8} \tag{7.7.28a}$$

$$(\text{VRR})_{\dot{x}} = \frac{2}{T}\frac{\alpha^3/(2-\alpha)}{\alpha^2 - 8\alpha + 8} \tag{7.7.28b}$$

为了提高 $\alpha\beta$ 滤波器的性能，有关文献中提出了一种自动调节滤波器的参数 α 和 β 的方法，使得滤波值协方差最小，从而得到 x 的最优估计。总之，要想提高 $\alpha\beta$ 滤波器的性能，首先要考虑滤波器结构设计问题，其次要考虑滤波器参数设计问题。前者解决 $\alpha\beta$ 滤波器跟踪机动目标的问题，而后者解决跟踪精度的问题。

2. αβγ 滤波器

$\alpha\beta\gamma$ 滤波器能够较好地平滑第 n 时刻的位置 x、速率 $\dot{x}$、加速度 $\ddot{x}$ 等信息，也能够预测第 $n+1$ 时刻的位置和速率，其结构框图如图 7.44 所示。

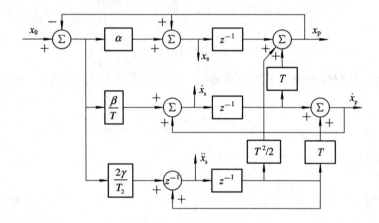

图 7.44 αβγ 滤波器的结构框图

$\alpha\beta\gamma$ 滤波器将跟随一个加速度恒定、无稳态误差的输入。为了降低输出误差，在估计平滑位置、速度和加速度时，采用了测量值与预测值之差的加权差，具体如下：

$$x_s(n) = x_p(n) + \alpha(x_0(n) - x_p(n)) \tag{7.7.29a}$$

$$\dot{x}_s(n) = \dot{x}_s(n-1) + T\ddot{x}_s(n-1) + \frac{\beta}{T}(x_0(n) - x_p(n)) \tag{7.7.29b}$$

$$\ddot{x}_s(n) = \ddot{x}_s(n-1) + \frac{2\gamma}{T^2}(x_0(n) - x_p(n)) \tag{7.7.29c}$$

$$x_p(n+1) = x_s(n) + T\dot{x}_s(n) + \frac{T^2}{2}\ddot{x}_s(n) \tag{7.7.29d}$$

初始条件为

$$x_s(1) = x_p(2) = x_0(1), \quad \dot{x}_s(1) = \ddot{x}_s(1) = \ddot{x}_s(2) = 0,$$

$$\dot{x}_s(2) = \frac{x_0(2) - x_0(1)}{T}, \quad \ddot{x}_s(3) = \frac{x_0(3) + x_0(1) - 2x_0(2)}{T^2}$$

则 $\alpha\beta\gamma$ 滤波器的状态转移矩阵为

$$\boldsymbol{\Phi} = \begin{bmatrix} 1 & T & \dfrac{T^2}{2} \\ 0 & 1 & T \\ 0 & 0 & 1 \end{bmatrix} \tag{7.7.30}$$

噪声协方差矩阵(对称)可由式(7.7.8c)计算出。注意到：

增益矢量：

$$K = \begin{bmatrix} \alpha \\ \dfrac{\beta}{T} \\ \dfrac{\gamma}{T^2} \end{bmatrix} \tag{7.7.31}$$

观测矢量：

$$G = \begin{bmatrix} 1 & 0 & 0 \end{bmatrix} \tag{7.7.32}$$

有

$$A = (I - KG)\boldsymbol{\Phi} = \begin{bmatrix} 1-\alpha & (1-\alpha)T & \dfrac{(1-\alpha)T^2}{2} \\ -\dfrac{\beta}{T} & -\beta+1 & \left(1-\dfrac{\beta}{2}\right)T \\ -\dfrac{2\gamma}{T^2} & -\dfrac{2\gamma}{T} & 1-\gamma \end{bmatrix} \tag{7.7.33}$$

将式(7.7.33)代入式(7.7.8c)，计算位置、速度、加速度的 VRR 为

$$(VRR)_x = \frac{2\beta(2\alpha^2 + 2\beta - 3\alpha\beta) - \alpha\gamma(4 - 2\alpha - \beta)}{(4 - 2\alpha - \beta)(2\alpha\beta + \alpha\gamma - 2\gamma)} \tag{7.7.34a}$$

$$(VRR)_{\dot{x}} = \frac{4\beta^3 - 4\beta^2\gamma + 2\gamma^2(2-\alpha)}{T^2(4 - 2\alpha - \beta)(2\alpha\beta + \alpha\gamma - 2\gamma)} \tag{7.7.34b}$$

$$(VRR)_{\ddot{x}} = \frac{4\beta\gamma^2}{T^4(4 - 2\alpha - \beta)(2\alpha\beta + \alpha\gamma - 2\gamma)} \tag{7.7.34c}$$

与任何离散时间系统类似，当且仅当所有极点都落在单位圆内，滤波器才稳定。

以下求解 $\alpha\beta\gamma$ 滤波的特征方程

$$|I - Az^{-1}| = 0 \tag{7.7.35}$$

将式(7.7.33)代入式(7.7.35)并整理得出以下特征函数：

$$f(z) = z^3 + (-3\alpha + \beta + \gamma)z^2 + (3 - \beta - 2\alpha + \gamma)z - (1 - \alpha) \tag{7.7.36}$$

当

$$2\beta - \alpha\left(\alpha + \beta + \frac{\gamma}{2}\right) = 0 \tag{7.7.37}$$

时 $\alpha\beta\gamma$ 滤波器转化成 Benedict-Bordner 滤波器。注意当 $\gamma = 0$ 时，式(7.7.37)简化为式(7.7.27)。临界衰减滤波器的增益系数如下：

$$\alpha = 1 - \xi^3 \tag{7.7.38a}$$

$$\beta = 1.5(1 - \xi^2)(1 - \xi) = 1.5(1 - \xi)^2(1 + \xi) \tag{7.7.38b}$$

$$\gamma = (1 - \xi)^3 \tag{7.7.38c}$$

ξ 为平滑系数，当 $\xi \to 1$ 时产生深度平滑，而当 $\xi = 0$ 时没有平滑。

函数"ghk_tracker.m"是进行稳态 $\alpha\beta\gamma$ 滤波的仿真程序，其语法如下：

$$[residual\ estimate] = ghk\_tracker(X0, smoocof, npts, T, y)$$

其中，各参数说明如表 7.8 所示。

表7.8　参　数　说　明

符　号	说　　明	状　　态
X0	初始状态向量	输入
smoocof	期望的平滑系数	输入
npts	输入点迹的点数	输入
T	取样间隔	输入
y	观测数据	输入
residual	输出的位置误差（残余）	输出
estimate	状态估计值	输出

为了说明如何使用函数 ghk_tracker.m，假设一目标在初始时刻的距离为 1000 m，初始速度为 5 m/s，加速度为 2 m/s²，因此在理想的情况下（不考虑噪声或干扰），目标的运动轨迹为

$$x(t) = 1000 + 5t + t^2 \quad (\text{m})$$

若采样间隔为 0.1 s，采样点数为 100，平滑系数分别为 $\xi = 0.1$ 和 $\xi = 0.9$，利用式 (7.7.38a)、式(7.7.38b)和式(7.7.38c)可计算出与之相对应的临界衰减滤波器的增益系数。当 $\xi = 0.1$ 时，增益系数 $\alpha = 0.999$，$\beta = 1.6335$，$\gamma = 0.729$；当 $\xi = 0.9$ 时，增益系数 $\alpha = 0.271$，$\beta = 0.0285$，$\gamma = 0.001$。观测噪声为零均值、方差为 100 m² 。图 7.45 为这两种增益时对观测点迹的 $\alpha\beta\gamma$ 滤波结果，图 7.46 为这两种不同增益情况下点迹的估计误差。可见，利用 $\alpha\beta\gamma$ 滤波器可以减小观测点迹的误差。

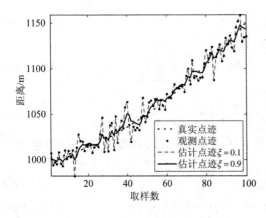

图 7.45　不同增益下的目标位置估计

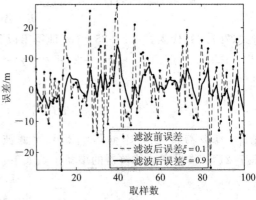

图 7.46　不同增益下的估计误差

7.8　MATLAB 程序和函数列表

本节给出本章所用 MATLAB 程序和函数。为了增进对相关原理的理解，读者可以使用不同的输入参数运行这些程序。

程序 7.1　单脉冲测量的仿真（mono_pulse. m）

```
function mono_pulse(theta0)
% 该程序为单脉冲和、差波束的仿真。phi0 为跟踪轴偏离波束轴的偏角
eps = 0.0000001;
angle = -pi:0.01:pi;
y1 = sinc(angle +theta0);
y2 = sinc((angle -theta0));
ysum = y1 + y2;                            %计算和波束方向图
ydif = -y1 + y2;                           %计算差波束方向图
subplot (2, 2, 1);plot (angle, y1, 'b', angle, y2, 'r');grid;
subplot (2, 2, 2);plot(angle, ysum, 'k');grid;
subplot (2, 2, 3); plot (angle, ydif, 'k'); grid;
dovrs = ydif ./ ysum;                      %计算差和比
subplot (2, 2, 4);plot (angle, dovrs, 'k');grid;
```

程序 7.2　αβγ 滤波器的仿真（ghk_tracker. m）

```
function [residual estimate] = ghk_tracker (X0, smoocof, npts, T, y)
X = X0;                                    %初始状态向量
theta = smoocof;                           %平滑系数
K=[1-(theta^3), 1.5 * (1+theta) * ((1-theta)^2)/T, ((1-theta)^3)/(T^2)]';
                                           %计算增益矩阵
PHI = [1, T, (T^2)/2; 0, 1, T; 0, 0, 1];   %状态转移矩阵
for rn = 1:npts
    XN=PHI * X;                            %利用传递矩阵预测下一个状态
    residual(rn)=y(rn)-XN(1);
    tmp=K * residual(rn);
    X=XN+tmp;                              %计算下一个状态值
    estimate(rn)=X(1);
end
return
```

程序 7.3　αβγ 滤波器的仿真实例

```
%该程序是 αβγ 滤波器的仿真实例, 利用此仿真程序可作图 7.45、7.46。
T=0.1;                                     %采样周期
npts=100;                                  %采样点数
t=T:T:npts * T;
inp=1000+5 * t+t.^2;                       %真实点迹
nvar=100;                                  %观测噪声方差
noise=sqrt(nvar) * randn(1, npts);         %噪声
y=inp+noise;                               %观测点迹
X0=[1000 0 0]';
```

```
smoocof1＝0.1;                                    ％小平滑系数
smoocof2＝0.9;                                    ％大平滑系数
[residual1 estimate1] = ghk_tracker (X0, smoocof1, npts, T, y);    ％小平滑系数时滤波
[residual2 estimate2] = ghk_tracker (X0, smoocof2, npts, T, y);    ％大平滑系数时滤波
figure;
plot(1:npts, inp, ':', 1:npts, y, 'b.', 1:npts, estimate1, 'k－－', 1:npts, estimate2, 'r－');
figure;
plot(1:npts, noise, 'k.', 1:npts, estimate1－inp, 'k－－', 1:npts, estimate2－inp, 'r－');
```

附录 噪声背景下的最佳估计

参量估值就是要根据观测数据来构造一个函数。该函数应能充分利用这一组观测数据的信息，以便由它获得参量的最佳估值。参量估值的方法很多，例如代价最小的贝叶斯估值法、最大后验估值法、最大似然估值法、最小均方差估值法等。在雷达中由于既得不到代价函数又无法知道参量的先验知识，故实现最佳估值的途径是最大似然估值法，它是一种非线性估值方法。下面简要介绍在高斯白噪声背景下最大似然法的测量精度。

一、最大似然估计

接收机输入端的波形 $x(t)$ 是信号加噪声 $n(t)$（已检测到目标），即 $x(t)＝s(t;\beta)＋n(t)$。在给定参量 β 的情况下，$x(t)$ 在 t 时刻的概率密度函数（PDF）记为 $p(x|\beta)$。由于参数 β 是待测量的（β 可以是距离、方位、仰角或径向速度），所以测量之前它是未知的。但就参数 β 而言，它的先验 PDF 为 $p(\beta)$。某一固定时刻 t，$x(t)$ 为一随机变量，$x(t)$ 和 β 的联合 PDF 为

$$p(x, \beta) = p(\beta) p(x | \beta) \tag{7A.1}$$

根据贝叶斯定理有

$$p(\beta | x) = \frac{p(\beta) p(x | \beta)}{p(x)} \tag{7A.2}$$

如果能得到 $p(\beta|x)$ 的最大值，那么该最大值对应的 β 具有最大概率，或者最大似然。运用这种理论对参数 β 进行估计就称为最大似然估计（Maximum Likelihood Estimator，MLE），表示为 β_{est}。

当 $\beta＝\beta_{est}$ 时，$p(\beta|x)$ 有最大值，即满足

$$\left[\frac{\partial p(\beta | x)}{\partial \beta} \right]_{\beta=\beta_{est}} = 0 \tag{7A.3}$$

由式（7A.2）和式（7A.3）得

$$\left[\frac{\partial p(\beta | x)}{\partial \beta} \right]_{\beta=\beta_{est}} = \left[\frac{\partial p(\beta)}{\partial \beta} p(x | \beta) + p(\beta) \frac{\partial p(x | \beta)}{\partial \beta} \right]_{\beta=\beta_{est}} = 0 \tag{7A.4}$$

即

$$\left[p(\beta) \frac{\partial p(x | \beta)}{\partial \beta} \right]_{\beta=\beta_{est}} = - \left[p(x | \beta) \frac{\partial p(\beta)}{\partial \beta} \right]_{\beta=\beta_{est}} \tag{7A.5}$$

一般地，$s(t)$ 中包含一组参数 $\{\beta_1, \beta_2, \cdots, \beta_M\}$，用参数矢量 $\boldsymbol{\beta}$ 表示为

$$\boldsymbol{\beta} = \begin{bmatrix} \beta_1 & \beta_2 & \cdots & \beta_M \end{bmatrix}^T \tag{7A.6}$$

对于这种多维情况，由式（7A.2）得对应的多维联合 PDF 为

$$p(\boldsymbol{\beta} \mid \boldsymbol{x}) = \frac{p(\boldsymbol{\beta}) p(\boldsymbol{x} \mid \boldsymbol{\beta})}{p(\boldsymbol{x})} \tag{7A.7}$$

式中，$p(\boldsymbol{\beta} \mid \boldsymbol{x})$ 为给定矢量 $\boldsymbol{x}$ 时矢量 $\boldsymbol{\beta}$ 的 PDF；$p(\boldsymbol{\beta})$ 为矢量 $\boldsymbol{\beta}$ 的先验 PDF；$p(\boldsymbol{x} \mid \boldsymbol{\beta})$ 为给定 $\boldsymbol{\beta}$ 时矢量 $\boldsymbol{x}$ 的 PDF；$p(\boldsymbol{x})$ 为矢量 $\boldsymbol{x}$ 的 PDF。同理，由式(7A.5)得

$$\left[p(\boldsymbol{\beta}) \frac{\partial p(\boldsymbol{x} \mid \boldsymbol{\beta})}{\partial \beta_k} \right]_{\beta_k = \beta_{k,\,\mathrm{est}}} = - \left[p(\boldsymbol{x} \mid \boldsymbol{\beta}) \frac{\partial p(\boldsymbol{\beta})}{\partial \beta_k} \right]_{\beta_k = \beta_{k,\,\mathrm{est}}}, \quad k = 1, 2, \cdots, M \tag{7A.8}$$

一般情况下，对一个参数 β_k 进行估计，在式(7A.8)中，假设参数 $\{\beta_j, j = 1, 2, \cdots, M, j \neq k\}$ 是已知的，也就是 β_k 的最大似然估计是在其他参数已知的情况下得到的。

已知所有未知参数 $\{\beta_j, j = 1, 2, \cdots, M\}$ 的 PDF，这些 PDF 在某一区域上为常数，而在该区域外是零，如图 7.47 所示。参数 β_k 在 $\beta_{k0} - \dfrac{\Delta \beta_k}{2}$ 和 $\beta_{k0} + \dfrac{\Delta \beta_k}{2}$ 之间出现的概率处处相等，并且参数 β_K 的似然值不随 $|\beta_k - \beta_{k0}|$ 的增大而增大。

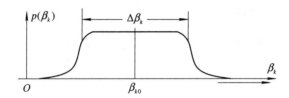

图 7.47　变量 β_k 的先验 PDF

给定所有参数 $\boldsymbol{\beta}$ 的先验概率，则式(7A.8)右边的 $\dfrac{\partial p(\boldsymbol{\beta})}{\partial \beta_k}$ 项在整个 β_k 先验已知的区域中等于零，且 $p(\boldsymbol{\beta}) \neq 0$，于是，式(7A.8)变为

$$\left[\frac{\partial p(\boldsymbol{x} \mid \boldsymbol{\beta})}{\partial \beta_k} \right]_{\beta_k = \beta_{k,\,\mathrm{est}}} = 0 \tag{7A.9}$$

假设 $p(\boldsymbol{x} \mid \boldsymbol{\beta})$ 是呈高斯分布的多变量 PDF，并且采样间隔大于噪声相关时间。则

$$p(\boldsymbol{x} \mid \boldsymbol{\beta}) = \prod_{l=1}^{N} p(x_l \mid \boldsymbol{\beta}) \tag{7A.10}$$

式中 $p(x_l \mid \boldsymbol{\beta})$ 是第 l 次采样的 PDF。将式(7A.10)代入式(7A.9)可得

$$\left[\sum_{l=1}^{N} \frac{\partial}{\partial \beta_k} (\ln p(x_l \mid \boldsymbol{\beta})) \right]_{\beta_k = \beta_{k,\,\mathrm{est}}} = 0 \tag{7A.11a}$$

$$\sum_{l=1}^{N} \frac{\partial}{\partial \beta_k} \left[x_l^2 - 2 x_l s_l(\boldsymbol{\beta}) + s_l^2(\boldsymbol{\beta}) \right] \Bigg|_{\beta_k = \beta_{k,\,\mathrm{est}}} = 0 \tag{7A.11b}$$

式(7A.11b)等效于

$$\left[\frac{\partial}{\partial \beta_k} \left(\sum_{l=1}^{N} x_l s_l(\boldsymbol{\beta}) \right) = \frac{\partial}{\partial \beta_k} \left(\frac{1}{2} \sum_{l=1}^{N} s_l^2(\boldsymbol{\beta}) \right) \right]_{\beta_k = \beta_{k,\,\mathrm{est}}} \tag{7A.11c}$$

将上式的离散型变成连续型形式，可得

$$\left[\frac{\partial}{\partial \beta_k} \left(\int_{-\infty}^{\infty} x(t) s(t; \boldsymbol{\beta}) \mathrm{d}t \right) = \frac{\partial}{\partial \beta_k} \left(\frac{1}{2} \int_{-\infty}^{\infty} s^2(t; \boldsymbol{\beta}) \mathrm{d}t \right) \right]_{\beta_k = \beta_{k,\,\mathrm{est}}} \tag{7A.11d}$$

利用式(7A.11d)可对雷达坐标(参数 β 分别为角度 θ、时延 τ 和多普勒频率 f_d)进行估计并且推导其测量精度。

二、时延的估计精度

下面以时延参数 τ 为例进行讨论。由于雷达在角度上的分辨主要由天线方向图决定，而距离和多普勒分辨能力则取决于雷达的信号形式以及相应的信号处理方法，因此，首先假设期望接收到的中频脉冲信号为

$$s_{\exp}(t-\tau) = \begin{cases} \alpha\cos(\omega(t-\tau)+\psi), & -\dfrac{T_e}{2} \leqslant t \leqslant \dfrac{T_e}{2} \\ 0, & |t| > \dfrac{T_e}{2} \end{cases} \tag{7A.12}$$

其中，$s_{\exp}(t)$ 为期望信号；α 为期望信号的幅度；ψ 为期望信号的初始相位；τ 为时延。

单基地雷达中，一般通过估计脉冲到达时间来实现对距离的估计。此时，式(7A.11d)中需估计的参数 β 定义为 τ，信号为

$$s(t;\tau) = s(t-\tau) \tag{7A.13}$$

由式(7A.11d)和式(7A.13)得

$$\frac{\partial}{\partial \tau}\left(\int_{-\infty}^{\infty} x(t)s(t-\tau)\mathrm{d}t\right)_{\tau=\tau_{\mathrm{est}}} = \frac{\partial}{\partial \tau}\left(\frac{1}{2}\int_{-\infty}^{\infty} s^2(t-\tau)\mathrm{d}t\right)_{\tau=\tau_{\mathrm{est}}}$$

$$= \frac{1}{2}\frac{\partial}{\partial \tau}\left(\int_{-\infty}^{\infty} s^2(t')\mathrm{d}t'\right) = 0 \tag{7A.14}$$

对上式中的 $x(t)$ 和 $s(t-\tau)$ 作傅里叶变换，得

$$\frac{\partial}{\partial \tau}\left(\int_{-\infty}^{\infty} x(t)s(t-\tau)\mathrm{d}t\right)_{\tau=\tau_{\mathrm{est}}} = \frac{\mathrm{j}}{2\pi}\int_{-\infty}^{\infty} \omega X(\omega)S^*(\omega)\mathrm{e}^{\mathrm{j}\omega\tau_{\mathrm{est}}}\mathrm{d}\omega = 0 \tag{7A.15}$$

式中，$S(\omega)$ 是期望信号的傅里叶变换；$X(\omega)$ 是实际接收的信号加噪声的傅里叶变换。

$$X(\omega) = S(\omega)\mathrm{e}^{-\mathrm{j}\omega\tau_{\mathrm{act}}} + N(\omega) \tag{7A.16}$$

这里 τ_{act} 是实际到达时间，$N(\omega)$ 是噪声的傅里叶变换。

将式(7A.16)代入式(7A.15)，得

$$\int_{-\infty}^{\infty} \omega|S(\omega)|^2\mathrm{e}^{\mathrm{j}\omega\Delta\tau}\mathrm{d}\omega = -\int_{-\infty}^{\infty} \omega N(\omega)S^*(\omega)\mathrm{e}^{\mathrm{j}\omega\tau_{\mathrm{est}}}\mathrm{d}\omega \tag{7A.17}$$

其中，ε_τ 表示估计值 τ_{est} 与真实值 τ_{act} 之间的误差，即 $\varepsilon_\tau = \tau_{\mathrm{est}} - \tau_{\mathrm{act}}$。对式(7A.17)双边的绝对值平方作平均，则等式左边为信号功率，等式右边为噪声平均功率。在时间 T 内，噪声平均功率为

$$\langle P_\mathrm{n} \rangle = T\int_{-\infty}^{\infty}\int_{-\infty}^{\infty} \omega_1\omega_2 S^*(\omega_1)S(\omega_2)\mathrm{e}^{\mathrm{j}(\omega_1-\omega_2)\tau_{\mathrm{est}}}\frac{\langle N(\omega_1)N^*(\omega_2)\rangle}{T}\mathrm{d}\omega_1\mathrm{d}\omega_2 \tag{7A.18}$$

在信号频带内，噪声谱近似均匀分布，则

$$T\lim_{T\to\infty}\frac{\langle N(\omega_1)N^*(\omega_2)\rangle}{T} = 2\pi N_0\delta(\omega_1-\omega_2) \tag{7A.19}$$

N_0 为噪声的功率谱密度(单位为 W/Hz，即单位带宽上的功率)。因此，噪声功率可化为

$$\langle P_\mathrm{n} \rangle = 2\pi N_0\int_{-\infty}^{\infty} \omega^2|s(\omega)|^2\mathrm{d}\omega \tag{7A.20}$$

对式(7A.17)左边取模平方，得到信号功率

$$P_s = \left|\int_{-\infty}^{\infty} \omega|S(\omega)|^2\sin(\omega\varepsilon_\tau)\mathrm{d}\omega\right|^2 \tag{7A.21}$$

如果估计误差 $\varepsilon_\tau = \tau_{est} - \tau_{act}$ 足够小，则 $\sin(\omega\varepsilon_\tau)$ 在 $|S(\omega)|^2$ 谱范围内近似等于其幂级数的第一项，$\sin(\omega\varepsilon_\tau) \approx \omega\varepsilon_\tau$。那么，由式(7A.17)、式(7A.20)和式(7A.21)可得

$$\langle P_s \rangle = \langle(\varepsilon_\tau)^2\rangle \left| \int_{-\infty}^{\infty} \omega^2 |S(\omega)|^2 d\omega \right|^2 = 2\pi N_0 \int_{-\infty}^{\infty} \omega^2 |S(\omega)|^2 d\omega \tag{7A.22}$$

则由接收机噪声所引起的参数 τ 估计的均方根(RMS)误差为

$$\sigma_\tau = \sqrt{\langle(\varepsilon_\tau)^2\rangle} = \sqrt{\frac{2\pi N_0}{\int_{-\infty}^{\infty} \omega^2 |S(\omega)|^2 d\omega}} = \frac{1}{\beta_\omega \sqrt{\rho_0}} \tag{7A.23}$$

其中，$\beta_\omega = \left[\dfrac{\int_{-\infty}^{\infty} \omega^2 |S(\omega)|^2 d\omega}{\int_{-\infty}^{\infty} |S(\omega)|^2 d\omega} \right]^{1/2}$ 为信号有效带宽(单位为弧度/秒)；$\rho_0 = \dfrac{E_s}{N_0}$ 为信号能量

$E_s = \dfrac{1}{2\pi} \int_{-\infty}^{\infty} |S(\omega)|^2 d\omega$ 与噪声的功率谱密度 N_0 之比。对于普通脉冲信号，时宽带宽积

$BT = 1$，由于信号的平均功率 $S = E/T$，输入噪声的平均功率 $N = N_0 B$，则 $\rho_0 = \dfrac{E_s}{N_0} =$

$\dfrac{S \cdot T}{N/B} = \dfrac{S}{N} = \mathrm{SNR}$，因此，$\rho_0$ 也就是匹配滤波器的输出信噪比。

三、频率的估计精度

单基地雷达中速度的测量等效于多普勒频移的测量。频率估计的另一个应用是在调频连续波(FMCW)雷达中，用瞬时频率来测量距离。

频率 ω 包含在中频信号中，参考信号为

$$s(t, \omega) = p(t)\cos(\omega t + \psi) \tag{7A.24}$$

$p(t)$ 的持续时间为 T，$T \gg 2\pi/\omega$。

将式(7A.24)代入式(7A.11d)，对估计的频率 ω_{est}，有

$$\frac{\partial}{\partial \omega}\left[\int_{-\infty}^{\infty} x(t)p(t)\cos(\omega t + \psi)dt \right]_{\omega=\omega_{est}} = \frac{\partial}{\partial \omega}\left[\frac{1}{4}\int_{-\infty}^{\infty} p^2(t)[1 + \cos(2\omega t + 2\psi)]dt \right]_{\omega=\omega_{est}} \tag{7A.25}$$

当 $T \gg 2\pi/\omega$ 时，上式右边的第二项积分可近似为零，而第一项与 ω 无关，则右边为零，即

$$\int_{-\infty}^{\infty} tx(t)p(t)\sin(\omega_{est}t + \psi)dt = 0 \tag{7A.26}$$

或等效于

$$U_s(\omega_{est})\cos\psi + U_c(\omega_{est})\sin\psi = 0 \tag{7A.27}$$

这里 $U_s(\omega) = \int_{-\infty}^{\infty} tp(t)x(t)\sin(\omega t)dt$，$U_c(\omega) = \int_{-\infty}^{\infty} tp(t)x(t)\cos(\omega t)dt$。

给定相位 ψ，根据式(7A.27)，频率 ω 的最优估计就是找到 ω，使其满足：

$$\left[\frac{U_s(\omega)}{U_c(\omega)} \right]_{\omega=\omega_{est}} = -\tan\psi \tag{7A.28}$$

若用式(7A.24)来表示实际信号，ω 为实际信号频率，记为 ω_{act}。在考虑噪声的情况下，观测信号为

$$x(t) = p(t)\cos(\omega_{\text{act}}t + \psi) + n(t) \tag{7A.29}$$

将式(7A.29)代入式(7A.11d),有

$$\frac{1}{2}\int_{-\infty}^{\infty}tp^2(t)[\sin(\Delta\omega t) + \sin((\omega_{\text{est}} + \omega_{\text{act}})t + 2\psi)]\mathrm{d}t = -\int_{-\infty}^{\infty}tp(t)n(t)\sin(\omega_{\text{est}}t + \psi)\mathrm{d}t \tag{7A.30}$$

其中,$\Delta\omega = \omega_{\text{est}} - \omega_{\text{act}}$,为频率的估计误差。

当 $T \gg 2\pi/\omega$ 时,$\omega = \omega_{\text{est}}$ 或 $\omega = \omega_{\text{act}}$,上式左边第二项积分可忽略,然后对两边求绝对值的平方,再求平均得

$$\frac{1}{4}\left\langle\left|\int_{-\infty}^{\infty}tp^2(t)\sin(\Delta\omega t)\mathrm{d}t\right|^2\right\rangle$$

$$= \int_{-\infty}^{\infty}\int_{-\infty}^{\infty}t_1 t_2 p(t_1)p(t_2)\langle n(t_1)n(t_2)\rangle\sin(\omega_{\text{est}}t_1 + \psi)\sin(\omega_{\text{est}}t_2 + \psi)\mathrm{d}t_1\mathrm{d}t_2 \tag{7A.31}$$

假设噪声为高斯白噪声,$\langle n(t_1)n(t_2)\rangle = N_0\delta(t_1 - t_2)$,$N_0$ 为噪声功率谱密度,$\Delta\omega$ 足够小,$\sin(\omega\Delta t)$ 可用其幂级数的第一项代替,则有

$$\langle(\Delta\omega)^2\rangle\left|\int_{-\infty}^{\infty}t^2 p^2(t)\mathrm{d}t\right|^2 = 2N_0\int_{-\infty}^{\infty}t^2 p^2(t)\mathrm{d}t \tag{7A.32}$$

对上式两边取平方根并移项,频率 ω 估计的均方根误差为

$$\zeta_\omega = \sqrt{\langle(\Delta\omega)^2\rangle} = \left[\frac{2N_0}{\displaystyle\int_{-\infty}^{\infty}t^2 p^2(t)\mathrm{d}t}\right]^{1/2} = \frac{1}{\beta_t\sqrt{\rho_0}} \tag{7A.33}$$

其中,$\beta_t = \left[\dfrac{\displaystyle\int_{-\infty}^{\infty}t^2 p^2(t)\mathrm{d}t}{\displaystyle\int_{-\infty}^{\infty}p^2(t)\mathrm{d}t}\right]^{1/2}$,为信号的有效时宽;$E_s = \dfrac{1}{2}\displaystyle\int_{-\infty}^{\infty}p^2(t)\mathrm{d}t$ 为信号能量;

$\rho_0 = \dfrac{E_s}{N_0}$ 为匹配滤波器的输出信噪比。

以上是假设相位 ψ 已知。而在相位未知的情况下,假设实际信号 $x(t)$ 的初相为 ψ,参考信号 $s(t)$ 的初相为 $\psi + \Delta\psi$,$\Delta\psi$ 为均匀分布的随机变量,则式(7A.30)变为

$$\frac{1}{2}\int_{-\infty}^{\infty}tp^2(t)[\sin(\Delta\omega t + \Delta\psi) + \sin((\omega_{\text{est}} + \omega_{\text{act}})t + 2\psi + \Delta\psi)]\mathrm{d}t$$

$$= -\int_{-\infty}^{\infty}tp(t)n(t)\sin(\omega_{\text{est}} + \psi + \Delta\psi)\mathrm{d}t \tag{7A.34}$$

上式中等号前的第二项积分可以忽略不计,噪声为高斯白噪声,对等式两边取绝对值的平方,再取平均值,并利用式(7A.31),得

$$\left\langle\left|\int_{-\infty}^{\infty}tp^2(t)\sin(\Delta\omega t + \Delta\psi)\mathrm{d}t\right|^2\right\rangle = 2N_0\int_{-\infty}^{\infty}t^2 p^2(t)\mathrm{d}t \tag{7A.35}$$

式(7A.35)的左边可表示成

$$\left|\cos\Delta\psi\int_{-\infty}^{\infty}tp^2(t)\sin(\Delta\omega t)\mathrm{d}t + (\sin\Delta\psi)\int_{-\infty}^{\infty}tp^2(t)\cos(\Delta\omega t)\mathrm{d}t\right|^2$$

$p^2(t)$ 是 t 的偶函数,故求和中第二项为零。假设 $\Delta\omega$ 和 $\Delta\psi$ 相互独立,且 $\Delta\omega$ 足够小,使得 $\sin(\Delta\omega t) \approx \Delta\omega t$,则式(7A.35)变为

$$\langle(\Delta\omega)^2\rangle\langle\cos^2(\Delta\psi)\rangle\left|\int_{-\infty}^{\infty}t^2p^2(t)\mathrm{d}t\right|^2=2N_0\int_{-\infty}^{\infty}t^2p^2(t)\mathrm{d}t \tag{7A.36}$$

其中，$\langle\cos^2(\Delta\psi)\rangle=\dfrac{1}{2}$。对上式的两边取平方根，得

$$\sigma_\omega=\sqrt{\langle(\Delta\omega)^2\rangle}=\sqrt{\dfrac{4N_0}{\displaystyle\int_{-\infty}^{\infty}t^2p^2(t)\mathrm{d}t}}=\dfrac{2}{\beta_\omega\sqrt{\rho_0}} \tag{7A.37}$$

上式表明均方误差是式(7A.33)的两倍。

以上的讨论表明，在缺乏相位先验知识的情况下，频率的最优估计与相位有关。这就意味着在频率估计时必须对相位在 0°到 360°范围内作平均，此过程可由正交滤波完成并得到匹配滤波器的输出包络。缺乏相位先验知识的代价是均方误差增加两倍。

四、角度的估计精度

天线扫描时的角度估计精度问题与时延估计类似。时延估计中输入波形 $s(t)$ 与频谱 $S(\omega)$ 成傅里叶变换对关系。而天线方向图函数 $F(\theta)$ 和其口径电流分布 $f(x)$ 恰好也有对应的傅里叶变换对关系。

图 7.48 中某平面天线在 x 轴的孔径为 a，口径电流分布函数为 $f(x)$，根据天线理论，电压方向图 $F(\theta)$ 为

$$F(\theta)=\int_{-\frac{a}{2}}^{\frac{a}{2}}f(x)\exp\left(\mathrm{j}2\pi\frac{x}{\lambda}\sin\theta\right)\mathrm{d}x \tag{7A.38}$$

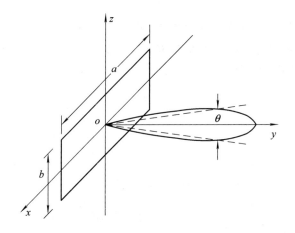

图 7.48　平面天线及其方向图

当 θ 较小时，$\sin\theta\approx\theta$，方向图坐标对波长 λ 归一化后得

$$F\left(\frac{\theta}{\lambda}\right)=\int_{-\frac{a}{2}}^{\frac{a}{2}}f(x)\exp\left(\mathrm{j}\frac{2\pi}{\lambda}\theta x\right)\mathrm{d}x \tag{7A.39}$$

可见 $F\left(\dfrac{\theta}{\lambda}\right)$ 是 $f(x)$ 的反傅里叶变换。这与波形和其频谱之间的关系类似。因此对比类推可知测角误差为

$$\sigma_\theta=\frac{1}{\beta_\theta\sqrt{\rho_0}} \tag{7A.40}$$

其中，λ 为波长；β_θ 为天线的均方根孔径宽度，有

$$\beta_\theta = \sqrt{\frac{\int_{-\infty}^{\infty} (2\pi x/\lambda)^2 f^2(x)\,\mathrm{d}x}{\int_{-\infty}^{\infty} f^2(x)\,\mathrm{d}x}}$$

例如对于孔径上具有均匀（矩形孔径，UA）幅度照射的天线而言，它的有效孔径带宽为

$$\beta_\theta = \frac{2\pi}{\lambda} \sqrt{\frac{\int_{-a/2}^{a/2} x^2\,\mathrm{d}x}{\int_{-a/2}^{a/2} \mathrm{d}x}} = \frac{2\pi}{\lambda} \sqrt{\frac{2\left(\frac{a}{2}\right)^2\left(\frac{1}{3}\right)}{a}} = \frac{\pi a}{\lambda\sqrt{3}} \tag{7A.41}$$

则测角精度（均方根误差）为

$$\sigma_{\theta,\,\mathrm{UA}} = \frac{\sqrt{3}\lambda}{\pi a \sqrt{\rho_0}} \tag{7A.42}$$

又因半功率波束宽度 $\theta_{3\mathrm{dB}}$ 与 a 和 λ 的关系为

$$\theta_{3\mathrm{dB}} = 0.88\,\frac{\lambda}{a} \tag{7A.43}$$

所以测角精度为

$$\sigma_{\theta,\,\mathrm{UA}} = \frac{0.628\theta_{3\mathrm{dB}}}{\sqrt{\rho_0}} \tag{7A.44}$$

可见，测角精度与 $\theta_{3\mathrm{dB}}$ 成正比，与 $\sqrt{\rho_0}$ 成反比。例如，若 $\theta_{3\mathrm{dB}}=3°$，信噪比 $\rho_0=20$ dB，则测角精度为 $0.6053°$。

已知尖锐的天线孔径能够降低它的旁瓣，有效孔径宽度变小使得旁瓣降低，但是同时主波束变宽，因此有必要考虑孔径大小对角度测量误差的影响。例如对于孔径上三角照射的天线而言（线性锥形孔径，简称 LTA），如图 7.49 所示。

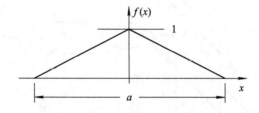

图 7.49 线性锥形孔径

它的口径场分布为

$$f(x) = \left[u\left(x+\frac{a}{2}\right) - u\left(x-\frac{a}{2}\right) \right]\left[1 - \frac{2\,|x|}{a} \right] \tag{7A.45}$$

因此，天线的均方根孔径宽度为

$$\beta_\theta = \frac{2\pi}{\lambda} \sqrt{\frac{\int_{-a/2}^{a/2} x^2 \left[1 - \frac{2\,|x|}{a} \right]^2 \mathrm{d}x}{\int_{-a/2}^{a/2} \left[1 - \frac{2\,|x|}{a} \right]^2 \mathrm{d}x}} = \frac{\pi a}{\lambda\sqrt{10}} \tag{7A.46}$$

则 LTA 天线的测角精度为

$$\sigma_{\theta,\,\mathrm{LTA}} = \frac{\sqrt{10}\,\lambda}{\pi a\sqrt{\rho_0}} \tag{7A.47}$$

对比式(7A.44)和式(7A.47)可知

$$\sigma_{\theta,\,\mathrm{LTA}} = \sqrt{\frac{10}{3}}\sigma_{\theta,\,\mathrm{UA}} \approx 1.826\sigma_{\theta,\,\mathrm{UA}} \tag{7A.48}$$

上式表明，在相同的信噪比下，线性锥形孔径由噪声引起的角度测量精度约为矩形孔径的两倍。此外，对于尺寸为 a 的孔径上的余弦照射 $f(x)=\cos(\pi x/a)$（其中 $|x|\leqslant a/2$），有效孔径带宽为 $1.33a/\lambda$ 或 $1.37/\theta_{3\mathrm{dB}}$；而对抛物面照射，$\beta_\theta=0.93a/\lambda$。

练 习 题

7-1　天线的方向图分别采用辛克函数和高斯函数的近似，写出单向和双向方向图函数表达式，并分别画出波束宽度为 6°时的单向和双向方向图。

7-2　相位法测角的物理基础是什么？试比较最大信号法、等信号法测角的原理和精度。

7-3　天线波束有哪些扫描方法？各有什么优缺点？

7-4　某一维相扫天线由 12 个阵元组成，要求扫描范围为 ±30°，不出现栅瓣，采用四位数字式铁氧体移相器(22.5°，45°，90°，180°)，波束步进扫描间隔 $\Delta\theta=6°$，试求：

(1) 每个阵元间距 d；

(2) 取 $d=\lambda/2$ 扫描角为 30°时相邻移相器相移量的差 φ、每个阵元移相器的相移量和二进制控制信号；

(3) 取 $d=\lambda/2$ 扫描角为 0°、±30°时的半功率波束宽度。

7-5　某一维相扫天线由 4 个阵元组成，$d=\lambda/2$，各馈源都安有四位数字移相器，所对应的控制信号如图所示。

(1) 根据各移相器对应的控制信号，求波束指向角 θ；

(2) 若波束指向角为 $-\theta$，计算各移相器对应的控制信号；

(3) 若波束指向角为 2θ，计算各移相器对应的控制信号。

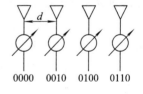

题 7-5 图

7-6　三坐标雷达的最大无模糊作用距离为 300 km，方位扫描为 360°，仰角范围为 15°～45°，脉冲积累数为 10，方位、仰角波束宽度分别为 3°、6°，试计算扫描周期和数据率。

7-7　某单基地雷达参数如下：发射机峰值功率为 100 kW，频率为 3 GHz，噪声温度为 1200 K，发射机与接收机损耗为 6 dB，脉冲宽度为 2 μs，无脉压处理，重频 PRF＝300 Hz；收发天线相同，矩形孔径且均匀照射，长度为 1 m，宽为 0.5 m；匹配滤波之前接收机噪声带宽为 300 MHz。目标 RCS＝1 m² 并且在天线最大增益方向上。考虑由目标反射回来的信号，假设信号相位未知，因此用正交滤波来完成在驻留时间 Δt 内接收到的脉冲串的相关匹配滤波，把正弦滤波器和余弦滤波器输出的平方和近似看作幅度的最佳测量值。试问：

(1) 目标距离为 25 km 时，若要相对均方误差等于或小于 0.01 m²，则驻留时间应该是多久？

(2) 距离相同，$P_d=95\%$、$P_{fa}=10^{-6}$ 时所需的最小驻留时间是多少？将所得结果与(1)进行比较。

7-8 假设天线的方向图函数用高斯函数近似，波束宽度为 6°，比幅单脉冲测角时两波束的指向分别为 $-\theta_{3dB}/2$、$+\theta_{3dB}/2$。编程完成下列仿真计算：

(1) 画出比幅单脉冲测角时的和波束、差波束及其归一化误差信号，指出其方向跨导（误差信号的斜率）。

(2) 假设目标方向分别为 $-1°$、$0°$、$2°$，分别画出和波束、差波束，计算归一化误差电压，根据(1)的方向跨导计算目标的角度。

(3) 假设目标在一个波束宽度内 $\theta\in(-\theta_{3dB}/2,+\theta_{3dB}/2)$，通过蒙特卡洛分析，计算在不同信噪比下的测角精度。

7-9 针对阵元数为 20 的等距线阵，天线间隔为半波长，频率为 10 GHz，接收时进行数字波束形成，编程完成下列仿真计算：

(1) 设计主、副瓣比分别为 25 dB、20 dB 的泰勒窗函数和 Bayliss 窗函数，将窗函数值画在同一幅图中。

(2) 画出波束指向为 0°时的和波束、差波束、归一化误差信号，并指出误差信号的方向跨导（误差信号的斜率）。

(3) 假设目标在一个波束宽度内 $\theta\in(-\theta_{3dB}/2,+\theta_{3dB}/2)$，通过蒙特卡洛分析，计算在不同信噪比下的测角精度。

(4) 画出波束指向为 30°时的和波束、差波束、归一化误差信号，并指出误差信号的方向跨导，与(2)的结果进行比较。

(5*) 假设目标的距离为 10 km，方位为 1°，采用 LFM 信号，调频带宽为 10 MHz，时宽为 10 μs，各天线单元输入 SNR 为 0 dB。模拟产生各天线单元的回波信号，并在 0°方向进行和波束、差波束数字波束形成，分别对和波束、差波束进行脉冲压缩处理，画出和波束、差波束的脉压处理结果；根据目标所在距离单元的和波束、差波束提取归一化误差电压，根据(2)的方向跨导计算目标的方位。

7-10 某汽车雷达采用三角波调频测距，中心频率为 75 GHz，调制周期为 40 ms(正负各半)，调频带宽为 1 GHz，目标的距离为 600 m，径向速度为 40 m/s。

(1) 画出发射信号和接收信号的时-频关系，指出正调频和负调频时目标对应的位置频率 f_{bu} 和 f_{bd}。

(2) 若采用 FFT 进行频谱分析，FFT 梳状滤波器带宽为 50 Hz，计算距离分辨率及其测距误差。

(3*) 假设输入 SNR 为 10 dB，模拟目标回波，画出回波信号的时域波形及其 FFT 处理结果，指出正调频和负调频对应频谱的峰值位置是否与(1)一致，并计算目标的距离和速度。

(4*) 假设有两个目标(另一个目标的距离和速度自行设置)，重复(4)，分析可能出现的问题。

第 8 章　雷达系统设计与虚拟仿真实验

设计一部雷达是一个非常复杂的过程，特别是军用雷达，既要实现对一定空域内目标的有效探测或跟踪，又要考虑复杂的电磁环境，需要雷达具有良好的抗干扰能力和抗摧毁能力，可以说，设计一部高性能的现代军用雷达是一项系统工程。本章先简单概述雷达系统设计的一般流程，然后分别介绍某地面雷达、末制导雷达的设计案例，在这些案例介绍过程中侧重雷达信号处理方面的设计，最后给出雷达系统的虚拟仿真实验过程。

8.1　雷达系统设计的一般流程

雷达设计首先是由需求方根据雷达的任务，确定雷达的工作频段和工作频率范围；然后根据雷达的战术技术指标，确定雷达的体制和工作方式；再对雷达的总体指标进行计算，确定分系统的性能指标，并对分系统进行设计、加工、测试；最后对雷达整机进行调试、测试、外场检飞试验等。雷达系统设计的一般流程如图 8.1 所示。下面结合案例进行介绍。

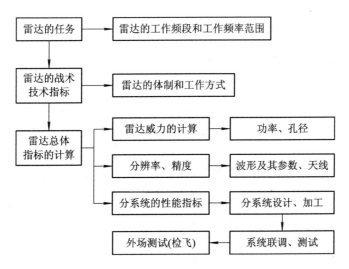

图 8.1　雷达系统的一般设计流程

8.2 某地基雷达系统设计

设计一部地面制导雷达，要求检测高度分别为 7 km 和 2 km 的飞机和导弹，对飞机和导弹的最大探测距离 R_a、R_m 分别为 90 km 和 50 km。假定飞机的平均 RCS 和导弹的平均 RCS 分别为 6 dBsm($\sigma_a = 4$ m^2)和 -10 dBsm，雷达工作频率 $f = 3$ GHz；假定雷达采用抛物面天线，方位波束为宽度小于 3°的扇形波束，在方位维进行 $\Theta_A = 360°$ 的机械扫描，扫描速率为 2 秒/圈；假定接收机的噪声系数 $F = 6$ dB，系统损耗 $L = 8$ dB；假定检测门限为 SNR $= 15$ dB（检测概率 $P_d = 0.99$，虚警概率 $P_{fa} = 10^{-7}$）；在搜索模式和跟踪模式下距离分辨率分别为 75 m 和 7.5 m。如图 8.2 所示，要求对目标的最小拦截距离 $R_{min} = 30$ km，工作比不超过 10%。

下面介绍该雷达的设计过程（参数计算与选取）。

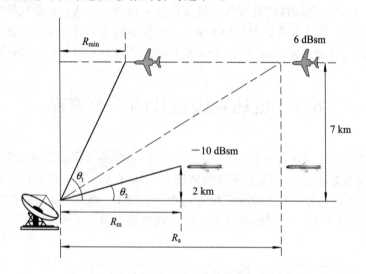

图 8.2 雷达及其威胁的几何关系

Step 1. 确定脉冲重复频率、天线的孔径和单个脉冲的峰值功率。

从图 8.2 知，雷达对这些目标的最大、最小仰角覆盖为

$$\theta_1 = \arctan\left(\frac{7000}{30\,000}\right) = 0.2292(\text{rad}) \rightarrow 13.1° \tag{8.2.1}$$

$$\theta_2 = \arctan\left(\frac{2000}{50\,000}\right) = 0.04(\text{rad}) \rightarrow 2.3° \tag{8.2.2}$$

由于 $\theta_1 - \theta_2 = 10.8°$，因此，取仰角覆盖范围 $\Theta_E = 11°$，即仰角波束宽度 $\theta_e = \Theta_E = 11°$，则天线在俯仰维的有效孔径为

$$D_e \approx \frac{\lambda}{\theta_e} = \frac{0.1}{11 \times \pi/180} = 0.52 \quad (\text{m}) \tag{8.2.3}$$

要求方位波束为宽度小于 3°的扇形波束，若取方位波束宽度 $\theta_a = \Theta_A = 2°$，则天线在方位维的有效孔径为

$$D_a \approx \frac{\lambda}{\theta_a} = \frac{0.1}{2 \times \pi/180} = 2.865 \quad (\text{m}) \tag{8.2.4}$$

$D_e D_a \approx 1.5$ m^2，考虑机动性的要求，选择天线的有效面积为 $A_e = 2$ m^2，若孔径效率为

$\rho = 0.7$，得到天线的物理孔径面积为

$$A = \frac{A_e}{\rho} = \frac{2}{0.7} = 2.857 \quad (\text{m}^2) \tag{8.2.5}$$

天线的增益为

$$G = \frac{4\pi A_e}{\lambda^2} = \frac{4\pi \times 2}{0.1^2} = 2513 \quad (34 \text{ dB}) \tag{8.2.6}$$

根据 $G = k\dfrac{4\pi}{\theta_a \theta_e}$（取 $k=1$），得到方位波束宽度为

$$\theta_a = \frac{4\pi}{\theta_e G} = \frac{4\pi}{11 \times \frac{\pi}{180} \times 2513} \times \frac{180}{\pi} = 1.5° \tag{8.2.7}$$

为了保证至少 90 km 的无模糊距离，最大 PRF 为

$$f_r \leqslant \frac{c}{2R_u} = \frac{3 \times 10^8}{2 \times 90 \times 10^3} = 1.67 \quad (\text{kHz}) \tag{8.2.8}$$

因此，选择 $f_r = 1000 \text{ Hz}$，脉冲重复周期 $T_r = 1000 \text{ } \mu\text{s}$。

单次扫描期间，在一个波束宽度内辐射到目标上的脉冲数为

$$M = \frac{\theta_a f_r}{\dot{\theta}_{\text{scan}}} = \frac{1.5 \times 1000}{180} = 8.3 \Rightarrow M = 8 \tag{8.2.9}$$

因此，可以对一个波位的 8 个脉冲进行非相干积累或相干积累，以降低单个脉冲的峰值功率。若采用非相干积累，8 个脉冲进行非相干积累达到检测所要求的 SNR = 15 dB，利用式 (6.3.14) 计算，在 $P_d = 0.99$，$P_{fa} = 10^{-7}$ 的情况下，8 个脉冲进行非相干积累的改善因子近似为

$$\begin{aligned}[I(8)]_{\text{dB}} &= 6.79(1 + 0.235 \times 0.99)\left(1 + \frac{\lg(1/10^{-7})}{46.6}\right)\lg(8)\left[1 - 0.14\lg(8) + 0.01831(\lg 8)^2\right] \\ &= 7.49 \text{ (dB)} \end{aligned} \tag{8.2.10}$$

图 8.3 给出了 8 个脉冲非相干积累的检测概率与 SNR 的关系，当 $P_d = 0.99$ 时，对

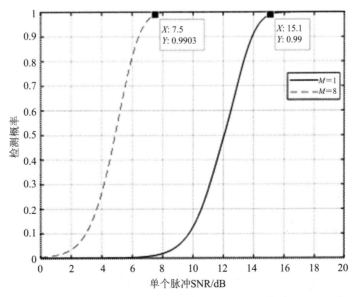

图 8.3　8 个脉冲非相干积累的检测概率与 SNR 的关系（$P_{fa} = 10^{-7}$）

SNR 的要求与式(8.2.10)的计算相一致，即所要求的单个脉冲的 SNR 为

$$(SNR)_1 = 15 - 7.49 = 7.51 \quad (dB) \tag{8.2.11}$$

因此，根据雷达方程 $(SNR)_1 = \dfrac{P_t T_e G^2 \lambda^2 \sigma}{(4\pi)^3 k T_0 F L R^4} = \dfrac{E G^2 \lambda^2 \sigma}{(4\pi)^3 k T_0 F L R^4}$，检测导弹和飞机所要求的单个脉冲的能量分别为

$$E_m = \frac{(4\pi)^3 k T_0 F L R_m^4 (SNR)_1}{G^2 \lambda^2 \sigma_m} \tag{8.2.12}$$

$$E_a = \frac{(4\pi)^3 k T_e F L R_a^4 (SNR)_1}{G^2 \lambda^2 \sigma_a} \tag{8.2.13}$$

列表计算如下：

参数名	$(4\pi)^3 k T_0$	F	L	$(SNR)_1$	G^2	λ^2	R_m^4	σ_m	R_a^4	σ_a
数值						0.1^2	$(50\times10^3)^4$		$(90\times10^3)^4$	
dB	-171	6	8	7.51	68	-20	187.96	-10	198.17	6

$$E_m = -171 + 6 + 8 + 187.96 + 7.51 - 68 + 20 + 10 = 0.47 \ (\text{dB J})$$
$$= 10^{0.47/10} (\text{J}) = 1.1143 \ (\text{J})$$

$$E_a = -171 + 6 + 8 + 198.17 + 7.51 - 68 + 20 - 6 = -5.32 \ (\text{dB J})$$
$$= 10^{-5.32/10} (\text{J}) = 0.2983 \ (\text{J})$$

根据距离分辨率 $\Delta R = 75$ m 的要求，可以计算出带宽 $B = c/(2\Delta R) = 2$ MHz。若发射单载频脉冲信号，则发射脉冲宽度为 $T_e = 1/B = 0.5 \ \mu s$。因此，对两种类型目标都满足要求的单个脉冲的峰值功率为

$$P_t = \frac{E}{T_e} = \frac{1.1143}{0.5 \times 10^{-6}} = 2.2286 \quad (MW) \tag{8.2.14}$$

可见峰值功率太高。为了降低峰值功率，假定采用大时宽带宽积的 LFM 信号，雷达在搜索模式和跟踪模式下的分辨率 ΔR 分别为 75 m 和 7.5 m，则调频带宽分别为 2 MHz 和 20 MHz。要求雷达的最小作用距离 $R_{min} \geqslant 30$ km，雷达在发射期间不接收信号，雷达的最大脉冲宽度为

$$(T_e)_{max} \leqslant \frac{2R_{min}}{c} = 200 \quad (\mu s) \tag{8.2.15}$$

若单个脉冲的峰值功率不超过 20 kW，则最小脉冲宽度为

$$(T_e)_{min} \geqslant \frac{E_m}{P_t} = \frac{1.1143}{20 \times 10^3} \times 10^6 = 55.72 \quad (\mu s) \tag{8.2.16}$$

另外，要求雷达的工作比小于 10%，综合以上两式，可以选取发射脉冲宽度 $T_e = 80 \ \mu s$，$T_r = 1$ ms，$T_e/T_r = 0.08$，这样便满足工作比小于 10% 的要求。

综上所述，雷达的主要设计参数如下：

- 发射峰值功率 P_t：20 kW；
- 脉冲重复频率 T_r：1000 Hz；
- 发射脉冲宽度 T_e：80 μs；
- 调频带宽 B：2 MHz(搜索模式)，20 MHz(跟踪模式)。

根据这些参数，代入雷达方程验算雷达的威力，在搜索模式下导弹回波信号脉压后单

个脉冲的信噪比为

$$(\mathrm{SNR})_1 = \frac{P_\mathrm{t} T_\mathrm{e} G^2 \lambda^2 \sigma_\mathrm{m}}{(4\pi)^3 k T_0 F L R_\mathrm{m}^4} \qquad (8.2.17)$$

列表计算如下：

参数名	P_t	T_e	G^2	λ^2	σ_m	$(4\pi)^3 k T_0$	F	L	R_m^4
数值	20×10^3	80×10^{-6}		0.1^2					$(50 \times 10^3)^4$
dB	43.01	-40.97	68	-20	-10	-171	6	8	187.96

$(\mathrm{SNR})_1 = 43.01 - 40.97 + 68 - 20 - 10 + 171 - 6 - 8 - 187.96 = 9.08$ （dB）

因 $M = 8$，故 8 个脉冲进行非相干积累（NCI）和相干积累（CI）后的信噪比为

$$(\mathrm{SNR})_{\mathrm{NCI}} = (\mathrm{SNR})_1 I_{\mathrm{NCI}} = 9.08 + 7.49 = 16.57 \quad \text{（dB）} \qquad (8.2.18)$$

$$(\mathrm{SNR})_{\mathrm{CI}} = (\mathrm{SNR})_1 \cdot M = 9.08 + 10\lg(8) = 18 \quad \text{（dB）} \qquad (8.2.19)$$

图 8.4 给出了两种目标在积累和不积累情况下 SNR 与距离的关系曲线。由图可以看出，经脉冲积累后，在导弹和飞机的最大作用距离处均可以达到检测前 SNR≥15 dB 的要求。

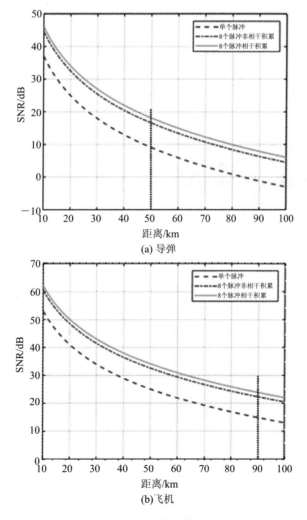

图 8.4　两种目标在积累和不积累情况下 SNR 与距离的关系曲线

Step 2. 若两个目标的最小距离间隔为 150 m，仿真验证对多个目标的分辨能力。结合仿真分析脉压对 SNR 的改善，设计脉冲压缩处理方案。

假设两个目标的距离分别为 75 km 和 75.15 km，输入 SNR 均为 0 dB，图 8.5 给出了脉压的仿真结果，其中图(a)给出了脉压输入信号的实部，图(b)给出了脉压匹配滤波信号的实部，图(c)给出了脉压输出结果，图(d)为图(c)的局部放大，由此图可见，能够较好地分辨这两个目标。脉压处理后，两个目标的 SNR 约为 24 dB，脉压对 SNR 的改善达 24 dB。

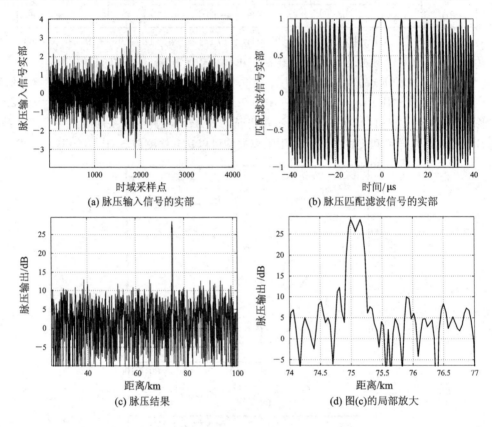

(a) 脉压输入信号的实部   (b) 脉压匹配滤波信号的实部

(c) 脉压结果   (d) 图(c)的局部放大

图 8.5 脉压的仿真结果

在搜索工作模式，调频带宽为 $B = 2$ MHz，若取采样速率为 4 MHz，每个采样点之间的距离量化间隔为 37.5 m。若考虑 105 km 的距离量程，则有 2800 个采样点，因此需进行 4096 点的频域脉冲压缩处理。

Step 3. 假设天线方向图是高斯型，雷达的架设高度为 5 m，发射峰值功率为 20 kW，距离分辨率为 75 m，考虑天线的平均副瓣电平为 -20 dB，地杂波散射系数 $\sigma^0 = -15$ dBsm/sm，计算目标在不同距离时进入雷达的杂波的 RCS，以及信号、杂波、噪声的功率之比。假设风速的均方根值 σ_v 为 0.32 m/s，采用 2 脉冲、3 脉冲或 4 脉冲 MTI 进行杂波抑制，计算改善因子。

根据式(5.2.9)可以计算得到目标分别为导弹、飞机时进入雷达的杂波 RCS，如图8.6所示。可见，杂波的 RCS 在负几分贝到 10 dBsm 左右。图 8.7 分别给出了导弹和飞机单个脉冲回波的 CNR(杂噪比)、SNR(信噪比)、SIR(信号与杂波加噪声的功率之比)。可见，导弹目标在 50 km 处的 SIR 约为 -15 dB，要达到 15 dB 的检测 SIR 的要求，需要采取措施抑制杂波，杂波衰减要大于 30 dB。

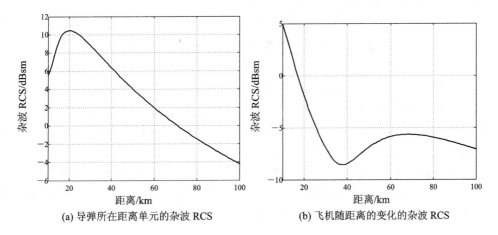

(a) 导弹所在距离单元的杂波 RCS　　　　　(b) 飞机随距离的变化的杂波 RCS

图 8.6　杂波的 RCS

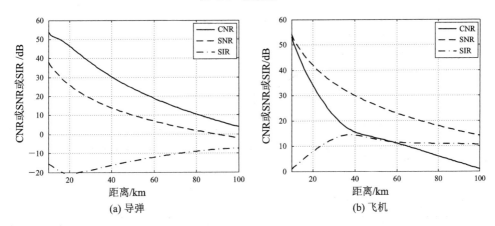

(a) 导弹　　　　　　　　　　　(b) 飞机

图 8.7　单个脉冲回波的 CNR、SNR、SIR

根据上面确定的雷达参数：$f_r = 1000$ Hz，天线扫描速率 $T_{scan} = 2$ 秒/圈，波束宽度 $\theta_a = 1.5°$，杂波的谱宽的均方根值为

$$\sigma_w = \frac{2\sigma_v}{\lambda} = \frac{2 \times 0.32}{0.1} = 6.4 \quad (\text{Hz}) \tag{8.2.20}$$

由于天线扫描引起杂波谱的展宽为

$$\sigma_s = 0.265 \frac{2\pi}{\theta_a T_{scan}} = 0.265 \frac{2\pi}{1.5 \times \pi/180 \times 2} = 31.8 \quad (\text{Hz}) \tag{8.2.21}$$

所以杂波谱总的均方根带宽为

$$\sigma_{Bc} = \sqrt{\sigma_w^2 + \sigma_s^2} = 32.44 \quad (\text{Hz}) \tag{8.2.22}$$

采用 2 脉冲、3 脉冲或 4 脉冲 MTI 进行杂波抑制，改善因子分别为

$$I_2 = 2\left(\frac{f_r}{2\pi\sigma_{Bc}}\right)^2 = 2\left(\frac{1000}{2\pi \times 32.44}\right)^2 = 48 \quad (16.8 \text{ dB}) \tag{8.2.23}$$

$$I_3 = 2\left(\frac{f_r}{2\pi\sigma_{Bc}}\right)^4 = 2\left(\frac{1000}{2\pi \times 32.44}\right)^4 = 1159 \quad (30.6 \text{ dB}) \tag{8.2.24}$$

$$I_4 = \frac{4}{3}\left(\frac{f_r}{2\pi\sigma_{Bc}}\right)^6 = 0.75\left(\frac{1000}{2\pi \times 32.44}\right)^6 = 10\ 459 \quad (40.2\ \text{dB}) \quad (8.2.25)$$

因此，采用 3 脉冲或 4 脉冲对消就可以满足对改善因子的要求。

8.3 某末制导雷达系统设计

某弹载末制导雷达系统要求：不模糊探测距离 80 km；工作比不超过 20%；波长 $\lambda = 3$ cm；天线等效孔径 $D = 0.25$ m（直径）；噪声系数 $F = 3$ dB；系统损耗 $L = 4$ dB；天线波束宽度 $\theta_{3dB} = 6°$；目标 RCS 的 $\sigma = 1500$ m²。弹目之间的相对运动关系如图 8.8。目标航速 $V_s = 15$ m/s，导弹运动速度 $V_a = 600$ m/s，目标航向与弹轴方向之间的夹角为 $\alpha' = 30°$；目标偏离弹轴方向的角度为 $\beta = 1°$，则在舰船位置 P，导弹对目标视线与目标航向的夹角 $\alpha = \alpha' + \beta$。从 $t = 0$ 时刻开始，导弹从 O 向 O' 位置运动，目标从 P 向 P' 位置运动。其接收信号处理流程如图 8.9 所示。雷达采用 LFM 信号，在搜索和跟踪工作模式下的波形参数见表 8.1。

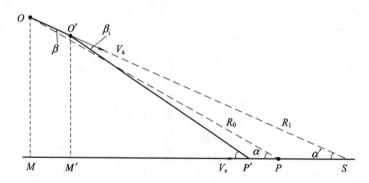

图 8.8 弹目之间的相对运动关系

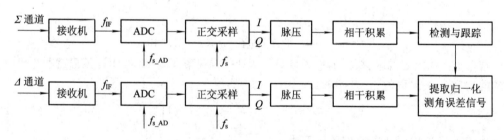

图 8.9 接收信号处理流程

表 8.1 在搜索和跟踪工作模式下的波形参数

工作状态	距离 /km	脉冲重复 周期/μs	脉冲宽度 /μs	调频带宽 /MHz	距离 分辨率/m	脉压比	相干积累 脉冲数
搜索（$-45°\sim +45°$）	$30\sim80$	800	160	1	150	160	64
小角度扇扫跟踪（TWS）（$-10°\sim10°$）	$20\sim50$	800	100	2	75	200	32
单脉冲跟踪	$3\sim30$	250	10	10	15	100	32

（1）采用线性调频脉冲信号，推导信号的模糊函数，并给出 $|\chi(\tau, f_d)|$、$|\chi(\tau, 0)|$、$|\chi(0, f_d)|$ 的图形以及 $|\chi(\tau, f_d)|$ 的 -4 dB 切割等高线图。

线性调频信号的复包络可表示为

$$u(t) = a(t)\mathrm{e}^{\mathrm{j}\pi\mu t^2} \tag{8.3.1}$$

其中 $a(t) = 1(|t| \leqslant \tau'/2)$，为矩形脉冲函数，$\tau'$ 是脉冲宽度。

线性调频信号的模糊函数为

$$\left|\chi(\tau, f_d)\right| = \left|\left(1 - \frac{|\tau|}{\tau'}\right)\mathrm{sinc}\left(\pi\tau'\left(\mu\tau + f_d\right)\left(1 - \frac{|\tau|}{\tau'}\right)\right)\right|, \quad |\tau| \leqslant \tau' \tag{8.3.2}$$

当 $f_d = 0$ 时，距离模糊函数为

$$\left|\chi(\tau, 0)\right| = \left|\left(1 - \frac{|\tau|}{\tau'}\right)\mathrm{sinc}\left(\pi\tau'\mu\tau\left(1 - \frac{|\tau|}{\tau'}\right)\right)\right|, \quad |\tau| \leqslant \tau' \tag{8.3.3}$$

当 $\tau = 0$ 时，多普勒模糊函数为

$$\left|\chi(0, f_d)\right| = \left|\mathrm{sinc}(\pi\tau' f_d)\right| \tag{8.3.4}$$

图 8.10 分别给出了这些模糊图及其等高线图。

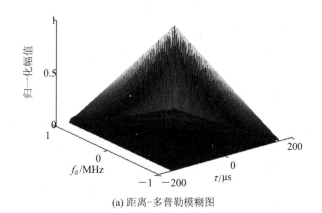

(a) 距离-多普勒模糊图

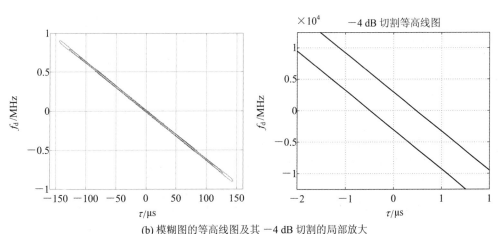

(b) 模糊图的等高线图及其 -4 dB 切割的局部放大

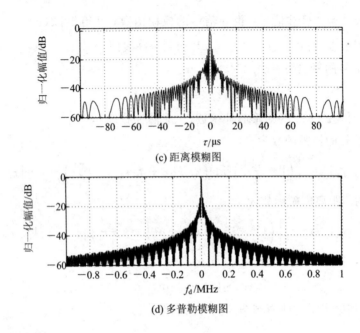

(c) 距离模糊图

(d) 多普勒模糊图

图 8.10　模糊图

（2）计算天线的有效面积 A_e 和增益 G。

$$A_e = \pi \left(\frac{D}{2}\right)^2 = 0.05 \quad (\text{m}^2) \tag{8.3.5}$$

$$G = \frac{4\pi A_e}{\lambda^2} = \left(\frac{\pi D}{\lambda}\right)^2 = \left(\frac{\pi \times 0.25}{0.03}\right)^2 = 685.4 \quad (28\ \text{dB}) \tag{8.3.6}$$

（3）若接收机的带宽 $B = 10.3$ MHz，输出中频 $f_{IF} = 60$ MHz，线性动态范围 $DR_{-1} = 60$ dB，A/D 变换器的最大输入信号电平为 2 V_{pp}（峰峰值，50 Ω 负载），① 计算接收机的临界灵敏度 $S_{i,\ min}$、输入端的最大信号功率电平、最大输出信号功率电平、增益；② 选择合适的 A/D 变换器，估算 A/D 变换器噪声对系统噪声系数的影响。

① 接收机的临界灵敏度为

$$S_{i\ min} = -114 + F + 10\lg B = -114 + 3 + 10\lg 10.3 \approx -101 \quad (\text{dBm}) \tag{8.3.7}$$

接收机输入端的最大信号（即 1 dB 增益压缩点输入信号）功率电平为

$$P_{in\text{-}1} = S_{min} + DR_{-1} \approx -101 + 60 = -41 \quad (\text{dBm}) \tag{8.3.8}$$

接收机最大输出信号功率电平为

$$P_{out\text{-}1} = \frac{1}{50}\left(\frac{V_{pp}}{2\sqrt{2}}\right)^2 = 0.01\ (\text{W}) = 10\ (\text{mW}) = 10 \quad (\text{dBm}) \tag{8.3.9}$$

因此，接收机的增益为 $P_{out\text{-}1} - P_{in\text{-}1} = 10 - (-41) = 51(\text{dB})$。

② 接收机前端到 A/D 输入端的噪声功率为 $P_{nR} = -101$ dBm $+ 51$ dBm $= -50$ dBm，折算到 $R = 50$ Ω 的 A/D 输入阻抗上的均方噪声电压为

$$V_{nR}^2 = P_{nR}R = 10^{(-50/10)} \times 0.001 \times 50 = 5.0 \times 10^{-7} \quad (\text{V}^2) \tag{8.3.10}$$

A/D 的均方噪声电压为 $V_{n\ A/D}^2 = \left(\dfrac{V_{pp}}{2\sqrt{2}} \times 10^{-\frac{SNR}{20}}\right)^2$，SNR 为 A/D 的信噪比（可以从器件手册上查到）。

根据中频正交采样定理，要求 A/D 变换器的采样频率 $f_s = \dfrac{4}{2m-1} f_0 = \dfrac{240}{2m-1}$（MHz），
且大于 $2B$。因此，取 $f_s = 48$ MHz。考虑选取两种不同位数的 A/D 变换器：

（i）选取 12 位 A/D 变换器 AD9042 时，实际 A/D 变换器的 SNR 为 62 dB，则 A/D 变
换器的均方噪声电压为

$$V_{n\,A/D}^2 = \left(\frac{2}{2\sqrt{2}} \times 10^{-\frac{62}{20}} \right)^2 = 3.1548 \times 10^{-7} \quad (V^2) \tag{8.3.11}$$

$$M = \frac{V_{nR}^2}{V_{n\,A/D}^2} = \frac{5.0 \times 10^{-7}}{3.1548 \times 10^{-7}} = 1.585 \tag{8.3.12}$$

A/D 变换器对系统噪声系数的恶化量为 $\Delta F_{A/D} = 10\lg(M+1) - 10\lg M = 2.1165$（dB），
此值显然太大，是不能容忍的。因此，该 A/D 变换器不合适。

（ii）选取 14 位 A/D 变换器 AD9244 时，实际 A/D 的 SNR 为 70 dB，则 A/D 变换器
的均方噪声电压以及与输入阻抗上的均方噪声电压的比值 M 为

$$V_{n\,A/D}^2 = \left(\frac{2}{2\sqrt{2}} \times 10^{-\frac{70}{20}} \right)^2 = 5.0015 \times 10^{-8} \quad (V^2) \tag{8.3.13}$$

$$M = \frac{V_{nR}^2}{V_{n\,A/D}^2} = \frac{5.0 \times 10^{-7}}{5.0015 \times 10^{-8}} \approx 10 \tag{8.3.14}$$

A/D 变换器对系统噪声系数的恶化量为 $\Delta F_{A/D} = 0.4$（dB）。因此，可以选用该 A/D 变换器。

（4）若天线在 $\pm 45°$ 范围内搜索，扫描速度为 $60°/s$，可积累的脉冲数 $N = ?$ 若要求发
现概率 $P_d = 90\%$，虚警概率 $P_{fa} = 10^{-6}$，达到上述检测性能要求的 SNR $= ?$ 在搜索状态，
若采用 64 个脉冲相干积累，计算要求的辐射峰值功率 $P_t = ?$ 若取 $P_t = 25$ W，绘制目标回
波相干积累前、后的信噪比 SNR 与距离的关系曲线（考虑信号处理总的损失为 5 dB）。

① 天线扫描速度 $v = 60°/s$，天线波束宽度 $\theta_{3dB} = 6°$，在每个波位驻留时间 $t_{int} = \theta_{3dB}/v = 6/60 = 0.1$ s，可积累脉冲数为

$$N_{int} = \frac{t_{int}}{T_r} = \frac{\theta_{3dB}}{v} f_r = \frac{6 \times 1250}{60} = 125 \tag{8.3.15}$$

② 若要求发现概率 $P_d = 90\%$，虚警概率 $P_{fa} = 10^{-6}$，查表或计算得到上述检测性能要
求的最小信噪比为 $\mathrm{SNR_{o\,min}} = 12.5$ dB。

③ 若采用 $M = 64$ 个脉冲相干积累，计算要求的辐射峰值功率 P_t。

根据雷达方程，单个脉冲回波信号的信噪比为 $\mathrm{SNR}_1 = \dfrac{P_t \tau' G^2 \lambda^2 \sigma}{(4\pi)^3 k T_e F L R^4 L_p}$，$M$ 个脉冲相
干积累后的信噪比为

$$\mathrm{SNR}_M = \mathrm{SNR}_1 \cdot M = \frac{P_t \tau' G^2 \lambda^2 \sigma \cdot M}{(4\pi)^3 k T_e F L R^4 L_p} \tag{8.3.16}$$

则要求的辐射峰值功率为

$$P_t = \frac{(4\pi)^3 k T_e F L R^4 \cdot L_p (\mathrm{SNR})_{o\,min}}{G^2 \lambda^2 \tau' \sigma \cdot M} \tag{8.3.17}$$

经计算得 $(P_t)_{dB} = 12.4966$（dBW），即 $10^{P_t/10^2} = 18$（W）。

若取 $P_t = 25$ W，目标回波相干积累前、后的信噪比 SNR 与距离的关系曲线如图 8.11
所示。

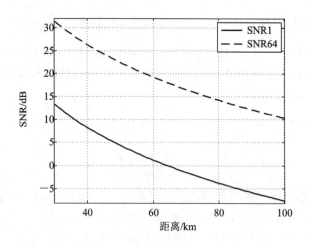

图 8.11 SNR 与距离的关系曲线

（5）给出所采用信号的匹配滤波函数 $h(t)$ 及其频谱 $H(f)$。比较加窗（主副瓣比 35 dB）和不加窗时的脉冲压缩结果，分析主瓣宽度、SNR 损失。

发射信号的复包络见式（8.3.1），则其匹配滤波函数为

$$h(t) = u^*(-t) = a(t)e^{-j\pi\mu t^2} \tag{8.3.18}$$

当时宽带宽积远大于 1 时，$h(t)$ 的频谱可近似表示为

$$H(f) = \frac{1}{\sqrt{2\mu}}e^{j(\frac{\pi f^2}{\mu} - \frac{\pi}{4})}, \qquad |f| \leqslant \frac{B}{2} \tag{8.3.19}$$

匹配滤波函数 $h(t)$ 如图 8.12 所示。脉压结果如图 8.13 所示，可见加窗后主瓣被展宽，主瓣宽度和 SNR 损失见第 4 章介绍。

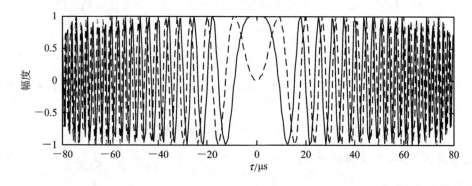

图 8.12 $h(t)$ 的时域信号

（6）在搜索状态，假设目标距离为 80 km。假定中频正交采样频率 $f_s = 2$ MHz。① 给出目标回波的基带信号模型，推导脉压、相干处理后的输出信号模型。② 假设在相干积累前导弹自身的速度进行了补偿，若 A/D 采样时噪声占 10 位，目标回波信号幅度占 8 位，即噪声和目标回波功率分别为 60 dB、48 dB，画出 A/D 采样的回波基带信号、脉压处理后的输出信号、相干积累的输出信号，分析每一步处理的信噪比变化。③ 解释目标所在多普勒通道对应的频率与实际的多普勒频率是否相符。④ 对目标所在多普勒通道进行 CFAR 处理，画出目标所在多普勒通道信号及其 CFAR 的比较电平（按上述（4）的检测性能）。

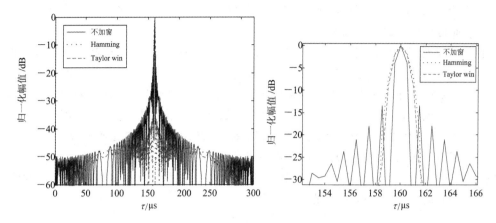

图 8.13　脉压结果(右图是主瓣的局部放大)

① 根据发射信号的复包络，接收信号经混频至基带的信号模型为

$$s_r(t) = Aa(t-\tau)e^{-j2\pi f_c\tau}e^{j\pi\mu t^2} + n(t) \tag{8.3.20}$$

其中，A 为接收信号幅度；$\tau = \dfrac{2(R-vt)}{c} = \tau_0 - \dfrac{2vt}{c}$，为目标相对于发射信号的时延，$v$ 为目标相对于雷达视线的径向速度；$n(t)$ 为复高斯白噪声。为分析简便，下面推导不考虑噪声。

由于在一个波位驻留时间较短(0.1 s)，假定对导弹自身的速度进行了补偿，舰船目标运动较慢，因此在一个波位驻留期间发射的 M 个脉冲不存在包络移动，式(8.3.20)中时间 t 用 $t' = m \cdot T_r + t$ 表示，第 m 个脉冲重复周期的回波信号可表示为

$$s_m(t) = Aa(t-\tau_0)e^{-j2\pi f_c\tau_0}e^{j2\pi f_d mT_r}e^{j\pi\mu t^2} \tag{8.3.21}$$

式中，$f_d = \dfrac{2v}{\lambda}$ 为目标的多普勒频率；$e^{-j2\pi f_c\tau_0}$ 为常数项，可不考虑。

当时宽带宽积远大于 1 时，$s_m(t)$ 的频谱 $S_m(f)$ 可近似表示为

$$S_m(f) = \frac{A}{\sqrt{2\mu}}e^{j\left(-\frac{\pi f^2}{\mu}+\frac{\pi}{4}\right)}e^{-j2\pi f\tau_0}e^{j2\pi f_d mT_r}, \quad |f| \leqslant \frac{B}{2} \tag{8.3.22}$$

脉冲压缩滤波器输出信号的频谱 $S_{o,m}(f)$ 为输入信号频谱 $S_m(f)$ 与脉冲压缩滤波器频率特性 $H(f)$ 的乘积，即

$$S_{o,m}(f) = S_m(f)H(f) = \frac{A}{2\mu}e^{-j2\pi f\tau_0}e^{j2\pi f_d mT_r} \tag{8.3.23}$$

因此，脉冲压缩输出信号 $s_{o,m}(t)$ 为

$$s_{o,m}(t) = \int_{-\infty}^{+\infty} S_{o,m}(f)e^{j2\pi ft}\,df = \frac{A}{2\mu}\int_{-B/2}^{B/2} e^{j2\pi f(t-\tau_0)}e^{j2\pi f_d mT_r}\,df$$

$$= \frac{A\tau'}{2}\frac{\sin[\pi B(t-\tau_0)]}{\pi B(t-\tau_0)}e^{j2\pi f_d mT_r} \tag{8.3.24}$$

相干积累是对每个波位发射的 M 个脉冲的回波信号在每个距离单元分别进行谱分析(FFT)而实现的。对目标所在距离单元进行 FFT，第 k 个多普勒通道的输出为

$$Y(k) = \sum_{m=0}^{M-1} s_{o,m}(t)\exp\left(-j\frac{2\pi}{M}k \cdot m\right) = \frac{A\tau'}{2}\frac{\sin[\pi B(t-\tau_0)]}{\pi B(t-\tau_0)}\sum_{m=0}^{M-1}\exp\left[j2\pi\left(f_d T_r - \frac{k}{M}\right)m\right]$$

$$= \frac{A\tau'}{2}\frac{\sin[\pi B(t-\tau_0)]}{\pi B(t-\tau_0)}\frac{\sin[\pi(f_d T_r M - k)]}{\sin[\pi(f_d T_r M - k)/M]} \tag{8.3.25}$$

只有当 $t=\tau_0$ 且 $k=f_d T_r M$（即目标所在距离单元、所在多普勒通道）时，$|Y(k)|$ 才出现峰值，从而得到目标的距离和多普勒频率。

相干积累对目标回波信号而言是电压相加（包含相位信息），对噪声而言是功率相加，因此，M 个脉冲进行相干积累时，信噪比改善 M 倍。

② 若 A/D 采样时噪声、目标回波信号分别占 10 位、8 位（不包括符号位），即输入信噪比为 -12 dB。图 8.14 是某一个脉冲重复周期的原始回波基带信号，目标完全被噪声淹没。图 8.15 是脉压处理的输出信号。图 8.16 是 64 脉冲相干积累输出及其等高线图。表 8.2 列出了单次仿真的信号处理过程中功率或 SNR 的变化。从理论上讲，脉压比为 320 对应的 SNR 的改善为 25 dB，64 个脉冲相干积累的 SNR 的改善为 18 dB，由表 8.2 可见，脉压、相干积累的信噪比的改善与理论相一致。

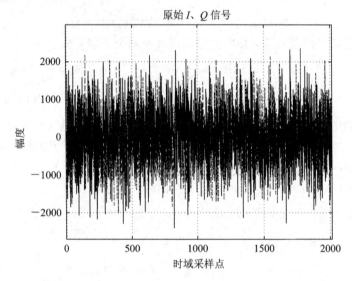

图 8.14　某一个脉冲重复周期的原始回波 I、Q 信号

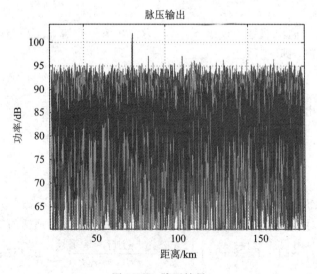

图 8.15　脉压结果

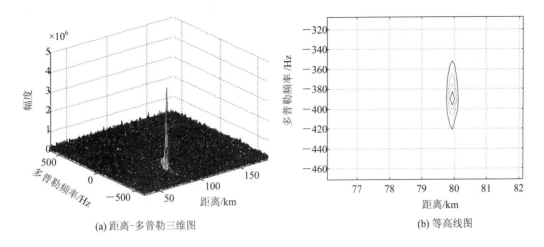

(a) 距离-多普勒三维图　　　　　　　(b) 等高线图

图 8.16　相干积累结果

表 8.2　信号处理过程中功率或 SNR 的变化

功率或 SNR	脉压前/dB	脉压后/dB	相干积累后/dB
噪声平均功率	60.1756	85.6767	104.3866
目标回波信号平均功率	48.1648	98.0426	132.2363
信噪比	−12.0108	12.3659	27.8497

③ 目标的多普勒频率为 $f_{d\_real} = 2 \times V_s \times \cos 30°/\lambda = 866.0254$ Hz，而图 8.15(b) 中实际计算得到的目标的多普勒频率为 $f_{d\_cal} = -390$ Hz。这是由于目标的多普勒频率大于 625 Hz（即 $f_r/2$），故多普勒频率出现了模糊，$f_{d\_real} - f_r = -384$ Hz，与 f_{d_cal} 相一致。

④ 目标所在多普勒通道信号及其 CFAR 电平如图 8.17 所示。

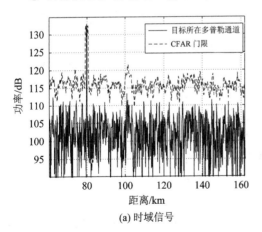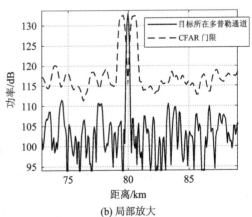

(a) 时域信号　　　　　　　　　　(b) 局部放大

图 8.17　目标所在多普勒通道信号及其 CFAR 电平

（7）天线的方向函数用高斯函数近似，在近距离采用单脉冲测角。① 给出和、差通道信号模型和归一化误差信号模型，指出误差信号的斜率。② 计算目标偏离电轴中心 0.5° 和 1.0° 时的归一化误差信号（此时不考虑噪声的影响）。③ 对测角精度进行 Monto Carlo 分析

(SNR 与测角的均方根误差)。④ 假定弹目距离为 20 km，SNR＝20 dB，方位为 1°，给出和、差通道的时域脉压结果。

① 单脉冲测角时，天线两个波瓣的方向图函数可表示为

$$F_1(\theta) = \exp\left(-\frac{2.778 \cdot (\theta + \delta_\theta)^2}{\theta_{0.5}^2}\right), \quad F_2(\theta) = \exp\left(-\frac{2.778 \cdot (\theta - \delta_\theta)^2}{\theta_{0.5}^2}\right)$$

$$(8.3.26)$$

这里 $\delta_\theta = \frac{1}{2}\theta_{0.5}$，即波束宽度的一半。和、差波束可表示为

$$\Sigma(\theta) = F_1(\theta) + F_2(\theta), \quad \Delta(\theta) = F_1(\theta) - F_2(\theta) \tag{8.3.27}$$

归一化误差信号为

$$\Sigma(\theta) = \frac{\text{Real}[\Sigma \cdot \Delta^*]}{|\Sigma|^2} \tag{8.3.28}$$

图 8.18 给出了该雷达的和、差波束及其归一化误差信号。利用 MATLAB 中 polyfit 函数拟合，得到该误差信号的斜率为 $K_s = 4.7261$。

② 假设目标方位为 1°，模拟产生和、差通道的目标回波信号，并进行脉压、相干积累，图 8.19 给出和、差波束目标所在多普勒通道的输出信号。提取的误差电压为 $E_{rra} = 0.2275$，计算目标的方位为 $\theta_0 = E_{rra}K_s = 1.075°$。

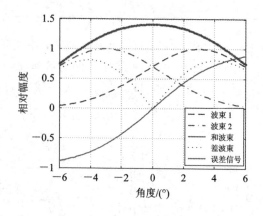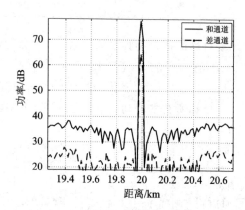

图 8.18　和、差波束及其归一化误差信号　　　图 8.19　目标在不同方位时的和、差通道信号

③ 假设目标的方位为 0°，进行 100 次 Monto Carlo 分析，图 8.20(a) 给出了 100 次独立测量的误差，图 8.20(b) 为测角精度(均方根误差)。横坐标 SNR 为单脉冲测量(提取误差信号前)的和差通道的信噪比。由于波束宽度为 6°，当 SNR 为 20 dB 时，其测角精度为 0.3°，约为波束宽度的 1/20。

(8) 假设接收机输出中频信号的中心频率为 60 MHz，确定 A/D 采样时钟，设计中频正交采样滤波器，画图说明其幅频特性及其镜频抑制比。给出一个脉冲重复周期的目标回波中频信号、正交采样的基带信号、脉压后的原始视频信号。

(9) 利用 MATLAB 中的 GUI 设计导弹与目标之间从搜索到跟踪的动态演示系统。系统可以对雷达和目标的参数进行设置，并可以动态显示中间处理结果和最终弹目跟踪的运动轨迹。

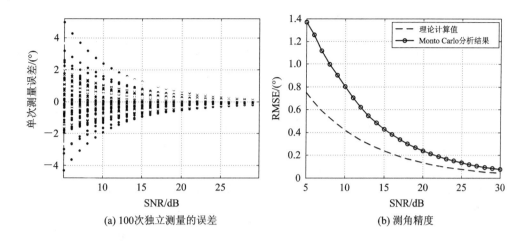

(a) 100次独立测量的误差   (b) 测角精度

图 8.20 100 次 Monto Carlo 分析结果

图 8.21 给出了动态演示系统的某一人机界面，可以直观地观测到导弹的运动和目标的运动。

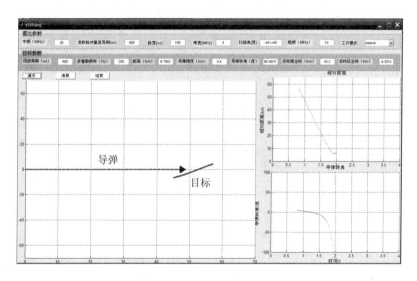

图 8.21 动态演示系统

(10) 根据图 8.9 雷达信号处理的任务，给出信号处理机的初步设计方案。

根据设计要求，该雷达信号处理机的硬件实现框图如图 8.22 所示，包括一片 FPGA、三片 DSP(TS101)等。采用两路高速高精度 14 位模/数转换器(AD9244)完成对 Σ、Δ 两个通道回波的采集。

FPGA 的作用主要包括：① 完成对两路采集信号的中频正交变换；② 整个雷达系统中的时序产生电路，完成各种同步、发射、调制等要求的时序信号的产生；③ 集成一个 UART，完成末制导雷达与弹上综控机之间的通信，以及数据的装定等；④ 给伺服系统等提供控制信号；⑤ 给 ADC 提供采样时钟，给 DSP 提供中断信号、工作状态的标志信息等。

三片 DSP 的具体任务分配如表 8.3 所示。

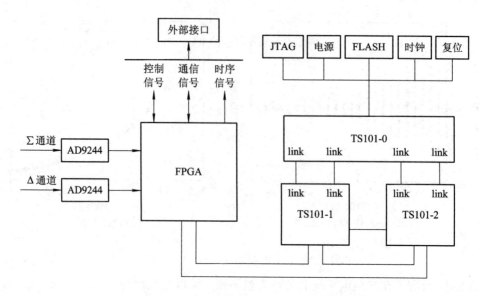

图 8.22　处理机的硬件实现框图

表 8.3　信号处理板上各片 DSP 的任务分配

DSP	搜索、TWS 时任务的分配	单脉冲跟踪
DSP1	（1）从 FPGA 中读入经过正交分解后的数据； （2）定点数转换成浮点数； （3）弹速补偿； （4）脉冲压缩； （5）对 M 点 $\times N$ 周期数据进行谱分析； （6）求平方和； （7）CFAR 处理； （8）把凝聚后的目标信息通过 link 口向 DSP0 传输	（1）～（6）步同搜索，但是需要对和、差两路信号进行处理，并从检测结果的和、差信息中提取出角误差信号，通过链路口发送给 DSP0
DSP2	任务同 DSP1，DSP1 与 DSP2 采取交替工作方式	
DSP0	（1）与综控机进行通信与控制； （2）对伺服系统进行控制； （3）对信号处理机的工作模式进行控制； （4）接收从 DSP2、DSP1 传来的数据，完成目标关联、跟踪滤波，完成航迹提取和航迹管理； （5）输出数字信号给综控机； （6）输出控制信号、制导信号； （7）根据处理结果对距离波门、伺服系统进行调整	任务与搜索时基本相同

8.4　虚拟仿真实验

学生在学习雷达系统相关课程中，由于没有雷达设备，难以对雷达的工作过程进行直观的分析和了解。为此，我们开发了雷达系统设计虚拟仿真实验平台，并建立网站。读者可以从网站上下载学习资料，通过虚拟仿真实验，对雷达的工作过程、参数设置、目标运动状态的设置、目标和杂波回波信号的模拟产生、信号处理(脉压、相干积累、MTI/MTD)、目标检测、角度测量、航迹关联与跟踪等进行虚拟仿真，从信号产生到每一步的处理结果，都可以在屏幕上显示，便于读者进行分析，从而掌握雷达系统的分析与设计方法。虚拟仿真设立 10 个实验项目，相互有一定的关联，下面分别介绍。

登录网址：http://222.25.171.14/VSEOTGR/front/Login.jsp。

注：须在西安电子科技大学校园网内 PC 端登录；非校园网须先挂学校 VPN 再访问。登录时若弹出服务器异常不用理会，可看作网站访问请求，点击"确定"，再次尝试即可。

VPN 登录网址：https://vpn.xidian.edu.cn/portal/#!/login。

可下载客户端使用，客户端服务器地址为：vpn.xidian.edu.cn。(目前仅限校内教职工及学生账号登录。)

读者登录账号：11111111111(11 个 1)，密码：666666。老师登录账号请与作者联系。

实验 1　雷达和目标的参数设置、功率计算

【实验目的】　设置雷达的工作状态和目标的运动参数，计算目标在不同时刻的三维坐标，及其相对于雷达的极坐标距离、方位、仰角、径向速度。根据雷达和目标参数，计算目标回波的信号功率、噪声功率和输入信噪比。

【实验原理】

1. 雷达和目标参数的设置

虚拟仿真首先选择雷达的工作类型，分两大类：一类是地面雷达，雷达位置不动，只是波束在扫描；另一类是雷达平台运动，例如导弹上的末制导雷达或机载雷达，由于雷达和目标均在运动，需要计算目标相对于雷达的位置和速度。

雷达波束的扫描方式见表 8.4。表中输入和输出参数主要是计算目标的位置和波束指向等信息。波束扫描方式从(1)到(5)，由简单到复杂，读者可以根据自己的学习情况，选择不同的扫描方式进行虚拟仿真。信噪比可以设为固定值，也可以按照雷达方程和天线方向图函数进行计算。

雷达系统设计时，首先根据雷达的功能要求，设计相应的工作参数。雷达的主要工作参数见表 8.5。

表 8.4　雷达及其波束的扫描方式

	波束扫描方式	输入参数或文件	输出参数
雷达静止（地面雷达）	（1）波束指向目标，不扫描，跟踪方式； （2）波束在方位 360°内扫描； （3）波束在方位[-45°,45°]范围内扫描； （4）波束在方位 360°、仰角[0°,45°]范围内扫描； （5）波束在方位[-45°,45°]、仰角[0°,45°]范围内扫描	天线在一维或二维的波束宽度； 天线的方向图函数（数据文件）； 波束扫描的速率； 时间量化单位，如取 0.001 s； 仿真时长	时间； 目标位置坐标（距离、方位和仰角）； 目标径向速度； 信噪比
雷达运动（末制导雷达或机载雷达）	（1）波束指向目标，不扫描，跟踪方式； （2）波束在方位 360°内扫描； （3）波束在方位[-45°,45°]范围内扫描； （4）波束在方位 360°、仰角[0°,45°]范围内扫描； （5）波束在方位[-45°,45°]、仰角[0°,45°]范围内扫描	雷达的三维运动参数或数据文件（位置坐标）； 天线在一维或二维的波束宽度； 天线的方向图函数（数据文件）； 波束扫描的速率； 时间量化单位，如取 0.001 s； 仿真时长	时间； 波束指向； 目标相对于雷达的距离； 目标相对于雷达波束指向的方位和仰角）； 目标径向速度； 信噪比

表 8.5　雷达的主要工作参数

参数（变量名）	设 计 依 据	实验参数举例
载频（F_c）	雷达工作的中心频率，由雷达的功能需求决定	10 GHz
工作带宽（B）	由距离分辨率 ΔR 决定，$\Delta R = c/(2B)$，c 为光速	$1\sim10$ MHz
发射脉冲宽度（T_e）	由最小作用距离、发射管的工作比、威力等决定	50 μs
脉冲重复周期（T_r）	根据最大不模糊距离、发射管的工作比设置	例如 1 ms、0.3 ms
调制方式（sig_mod）	线性调频、非线性调频、相位编码信号等	线性调频 sig_mod＝1
发射峰值功率（P_t）	由雷达的作用距离等因素决定	
天线增益（G_a）	由天线的孔径决定，$G_a = 4\pi G_e/\lambda^2$，G_e 为天线的有效面积，λ 为波长	例如，取 35 dB
波束宽度（θ_{3dB}）	由天线的孔径决定，$\theta_{3dB}\approx\lambda/D$，$D$ 为天线有效孔径	
接收机噪声系数（F_n）	由接收机的噪声决定	例如，取 3 dB
系统损耗（Loss）	雷达系统的各种损耗	例如，取 5 dB
每个波位的脉冲数（M_c）	根据天线扫描速度 v_{scan}、波束宽度 θ_{3dB}、脉冲重复频率 f_r，在每个波位的驻留时间 T_i，在 T_i 期间发射脉冲数 $M_c \leqslant T_i f_r = \dfrac{\theta_{3dB}}{360}v_{scan}\,f_r$。例如，若 $\theta_{3dB}=6°$，$v_{scan}=$ 2 秒/圈，$f_r=1000$ Hz，则 $M_c\leqslant33$	例如，取 32

目标的参数如表 8.6 所示。对于地面雷达，一般目标的参数是以雷达为坐标原点，以极坐标的形式给出。

表 8.6　目标的主要参数

参数(变量名)	参　数　描　述
距离(R_T)	目标相对于雷达的径向距离
方位(Az_T)	目标相对于雷达的方位，正北为 $0°$；弹载雷达以弹轴作为参考
仰角(El_T)	目标相对于水平面的仰角为 $0°$
散射截面积(RCS)	根据目标的散射特性设置

对于弹载末制导雷达，由于雷达的位置运动，可以以开始仿真为零时间，以导弹发射点作为坐标原点，分别根据导弹和目标的运动方程计算二者在不同时刻的位置，再通过坐标变换，得到目标相对于弹轴坐标系的位置。因此末制导雷达系统仿真中需要考虑三个坐标系，分别是大地坐标系，弹体坐标系及天线阵面坐标系(若天线中心法线方向与弹轴相同，弹体坐标系和天线阵面坐标系合二为一)，如图 8.23 所示。下面分别对这三种坐标系进行说明。

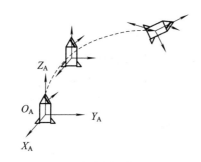

(a) 大地坐标系

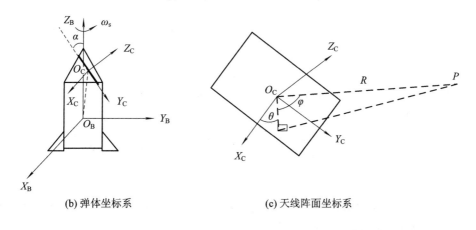

(b) 弹体坐标系　　　　　　　　(c) 天线阵面坐标系

图 8.23　坐标系

（1）大地坐标系：导弹在发射之前，通常以发射导弹架的位置作为坐标原点 O_A，建立大地直角坐标系 $O_A - X_A Y_A Z_A$。导弹在运动过程中，根据弹道的设置，可以计算导弹中心 O_B 的位置坐标。

（2）阵面坐标系：天线阵面坐标系 $O_C - X_C Y_C Z_C$ 是以天线中心 O_C 为坐标原点，阵面在 $X_C O_C Y_C$ 平面，阵面法线方向为 Z_C 轴，阵面的水平方向为 X_C 轴，垂直方向为 Y_C 轴。

（3）弹体坐标系：弹体直角坐标系 $O_B - X_B Y_B Z_B$ 是以导弹质心为坐标原点 O_B，以弹轴为 Z_B 轴，令向上为正，与 X_C 轴平行方向为 X_B 轴，平面 $X_B O_B Y_B$ 垂直于 Z_B 轴。天线阵面与 Z_B 轴的夹角为 α。弹体球坐标系分别以 X_B 轴和 Z_B 轴正向为方位 $0°$ 和俯仰 $90°$。

在开始时刻，大地坐标系与弹体坐标系相同。在仿真实验过程中，如果导体不动，只是目标运动，相当于地面雷达系统仿真；如果导体运动，则为末制导雷达系统仿真。

根据目标的初始位置 T，计算在任意 t 时刻目标的位置坐标和径向速度。

雷达系统仿真过程中，需要根据导弹和目标在大地坐标中的位置，计算目标相对于阵面坐标系的极坐标（距离、方位、仰角）和径向速度。

导弹的运动分两种：一是根据弹道参数运动，二是导弹自身的转动。假设在大地坐标系下导弹的速度、加速度分别为 $\{v_x, v_y, v_z\}$、$\{a_x, a_y, a_z\}$，则在 t 时刻导弹质心 O_B 的大地坐标可以表示为

$$
\begin{bmatrix} x_B(t) \\ y_B(t) \\ z_B(t) \end{bmatrix} = \Gamma_B = \begin{bmatrix} v_x t + 0.5 a_x t^2 \\ v_y t + 0.5 a_y t^2 \\ v_z t + 0.5 a_z t^2 \end{bmatrix} \tag{8.4.1}
$$

而天线阵面中心 O_C 围绕着弹轴转动，转动的速度为 ω_s，O_C 与 O_B 之间的长度为 r_{BC}，该长度较小，可以不考虑。假设 O_C 也在轴线上，弹体坐标系与天线阵面坐标系同时转动，在 t 时刻阵面在方位维的指向角为 $\theta_C = \omega_s t$。假设天线阵面与弹轴的夹角为 α，若目标在大地坐标系下的直角坐标和极坐标分别为 $(x_T(t), y_T(t), z_T(t))$ 和 $(R_T(t), \theta_T(t), \varphi_T(t))$，且有

$$
\text{方位角：} \theta_T(t) = \arctan\left(\frac{y_T(t)}{x_T(t)}\right)
$$

$$
\text{俯仰角：} \varphi(t) = \arctan\left(\frac{z_T(t)}{\sqrt{x_T^2 + y_T^2}}\right)
$$

$$
\text{距离：} R_T(t) = \sqrt{x_T^2 + y_T^2 + z_T^2}
$$

导弹的位置坐标分别为 $(x_a(t), y_a(t), z_a(t))$，则目标在弹体坐标系下的坐标 $(x_{TD}(t), y_{TD}(t), z_{TD}(t))$ 为

$$
(x_{TD}(t), y_{TD}(t), z_{TD}(t)) = (x_T(t) - x_a(t), y_T(t) - y_a(t), z_T(t) - z_a(t))
$$

$$
\tag{8.4.2}
$$

2. 功率计算

功率计算见第 2 章的雷达方程，注意这里需要考虑天线的方向图函数，当波束不指向目标时，目标回波是从天线副瓣进入雷达。

【实验步骤】

（1）设置雷达的工作参数（载频 f_0、重频 f_r、脉宽 T_e、带宽 B、调制方式）和工作模式

（搜索、跟踪），生成雷达位置的数据文件（见实验 1），并画出雷达位置随时间的变化曲线；

（2）设置、计算目标的位置及其运动参数，生成目标位置的数据文件，并画出目标位置随时间的变化曲线；

（3）设置雷达在每个波位的发射脉冲数，计算雷达在每个波位的驻留时间间隔，设置开始仿真时刻，分别读取雷达和目标位置的数据文件，根据直角坐标，计算在当前时刻目标相对于雷达的距离、方位、仰角、径向速度；

（4）设置雷达天线增益和发射功率、目标散射截面积（RCS）、接收机噪声系数，根据雷达方程计算雷达接收目标回波的功率和噪声功率，计算输入信噪比，画出输入信噪比随距离的变化曲线。

实验结果如图 8.24 所示。（图 8.24 为方位在 360°时搜索工作模式下雷达和目标的位置显示。）

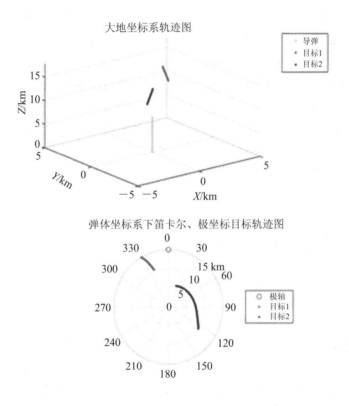

图 8.24　实验一示例

实验 2　模拟产生目标、噪声等回波信号

【实验目的】　学习掌握不同距离、不同速度目标回波的模拟产生方法。

【实验原理】

雷达接收到的目标回波信号包含与其距离相对应的时延信息、与其径向速度对应的多普勒频率信息以及其方向和信号的强度等信息。

假设雷达发射脉宽为 T_e、带宽为 B_m 的线性调频信号：

$$s(t) = a(t)\exp\left(2\pi\left(f_0 t + \frac{\mu t^2}{2}\right)\right) \tag{8.4.3}$$

设雷达与目标的初始距离为 R_0，目标的时延为 t_0，即 $t_0 = 2R_0/c$，目标相对雷达的径向速度为 v_r（面向雷达运动时为正，背离雷达运动时为负）。若不考虑回波能量的衰减，则接收信号模型为

$$s_r(t) = a(\gamma(t - t_0))\exp(2\pi f_0(\gamma - 1)(t - t_0) + \pi\mu\gamma^2(t - t_0)^2 - 2\pi f_0 t_0) \tag{8.4.4}$$

其中，$\gamma = 1 + \dfrac{2v}{c}$，由于 $v \ll c$，$\gamma \approx 1$，目标的多普勒频率 $f_d = \dfrac{2v_r}{\lambda} = (\gamma - 1)f_0$，其中的时间延迟 $e^{-j2\pi f_0 t_0}$ 与 t 无关，因此，接收回波的基带信号可表示为

$$s_r(t) \approx a(\gamma(t - t_0))\exp(2\pi f_d(t - t_0) + \pi\mu(t - t_0)^2) \tag{8.4.5}$$

对一般警戒雷达，在模拟产生目标回波信号时，通常不考虑目标的方向与天线的方向图函数（认为目标在方向图函数最大值方向），这时目标回波信号的基带复包络可表示为

$$S(t) = As_e(t - \tau(t)) \approx As_e(t - \tau_0)\exp(j2\pi f_d t) \tag{8.4.6}$$

其中，$s_e(t)$ 为发射信号的复包络；A 为信号幅度，通常根据 SNR 设置；$\tau(t) = 2R(t)/c = 2(R_0 - v_r t)/c$ 为目标时延，R_0 为一个 CPI 内目标的初始距离；$f_d = 2v_r/\lambda$，为多普勒频率。因此，在产生目标回波时，可以直接按时变的时延来产生，也可以直接用多普勒频率来模拟产生多个脉冲重复周期的目标回波信号。如果考虑目标回波的幅度起伏，则第 m 个脉冲重复周期的目标回波信号及其离散形式可以近似为

$$S_m(t) = A_m s_e(t - \tau_0)\exp(j2\pi f_d m T_r) \tag{8.4.7}$$

$$S_m(n) = S_m(nT_s) = A_m s_e(nT_s - \tau_0)\exp(j2\pi f_d m T_r) \tag{8.4.8}$$

对于多普勒敏感信号（如相位编码信号等），建议直接用式（8.4.5）产生。读者可以从给出的 MATLAB 程序中体会。

而对于方向测量和跟踪雷达，例如，单脉冲雷达需要模拟和、差通道的目标回波，这时需要考虑天线的方向图函数 $G(\theta, \varphi)$，目标回波信号的基带复包络可表示为

$$S(t) = G(\theta_0, \varphi_0)A_m s_e(t - \tau_0)\exp(j2\pi f_d t) \tag{8.4.9}$$

其中，(θ_0, φ_0) 为目标的方位角和仰角，$G(\theta_0, \varphi_0)$ 为天线在目标方向的增益。

【实验步骤】

（1）根据目标回波和噪声的功率，计算目标回波和噪声的电压值；

（2）模拟生成噪声，通常为高斯白噪声；

（3）根据目标位置和雷达参数，编写程序，模拟产生目标回波信号；

（4）根据雷达方程计算回波的信噪比（或者信号的功率、噪声的功率），产生目标＋噪声的回波数据，并作图显示原始回波信号；

（5）验证基带回波信号的同相分量（I）和正交分量（Q）之间的正交性。

（6）模拟雷达接收的中频回波信号，设计中频正交采样滤波器，给出该滤波器输出的同相分量（I）和正交分量（Q），并通过模拟示波器验证同相分量和正交分量的正交性。

实验结果图如图 8.25 所示。其中，图为模拟的基带回波信号；（b）为中频接收信号及其数字正交检波得到的同相分量和正交分量。

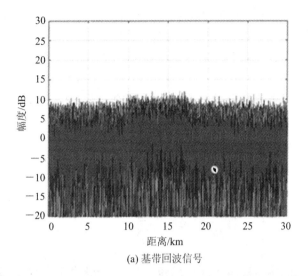

(a) 基带回波信号

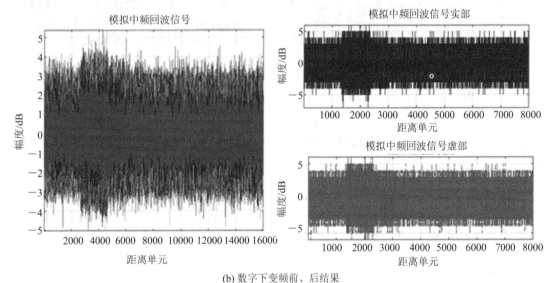

(b) 数字下变频前、后结果

图 8.25　实验二示例

实验 3　脉冲压缩信号处理仿真实验

【实验目的】　学习掌握脉冲压缩信号处理的模拟仿真过程。

【实验原理】

见第 4 章内容。

【实验步骤】

（1）产生脉冲压缩处理的匹配滤波系数；

（2）熟悉窗函数类型及其特征（仿真时选择 1～2 种窗函数）；

（3）编写脉冲压缩处理程序；

（4）在不加窗、加窗情况下分别进行时域或频域脉压处理；

（5）作图分析脉压结果，判断脉压峰值的位置与设定的目标距离是否一致；

（6）计算脉压后的信噪比和脉压的增益以及加窗对信噪比的损失。

（7）若实验2模拟产生的是中频回波信号，则需要先进行中频正交检波处理，后进行脉压处理。

实验结果如图8.26所示。（图8.26为脉冲压缩结果。）

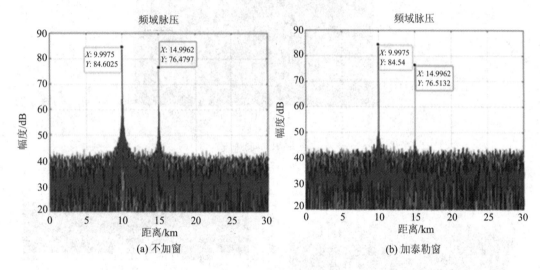

图 8.26 脉冲压缩结果

实验 4 MTI/MTD/CI(相干积累)处理仿真实验

【实验目的】 学习掌握 MTI/MTD/CI(相干积累)处理的模拟仿真方法，验证其性能。

【实验原理】

MTI/MTD 的原理见第5章。相干积累(CI)是在包络检波器之前进行的，即利用接收脉冲之间的相位关系，可以获得信号幅度的叠加。这种积累器把所有的雷达回波能量直接相加。由于运动目标的回波包括多普勒频率 f_d，当雷达的每个脉冲重复周期 T_r 相等(等 T)时，如果忽略目标回波的幅度起伏，则对目标所在距离单元的信号在每个 T_r 采样时，就可以看作是对频率为 f_d 的正弦波的采样，这时，第 i 个脉冲重复周期对目标的采样值可以表示为

$$x(i) = a\exp(\mathrm{j}2\pi f_d i T_r), \quad i = 0, 1, \cdots, M-1 \tag{8.4.10}$$

因此，相干积累通常采用 FFT 的处理方法实现。若 M 不是 2 的幂，则通过补零到 2 的幂(即 FFT 的点数 $N = 2^n \geqslant M$)。其中包括 L 个距离单元，则需要进行 L 次 N 点的 FFT 处理。故目标所在距离单元、所在多普勒通道的输出为

$$X(k) = \sum_{i=0}^{N-1} x(i)\mathrm{e}^{-\mathrm{j}\frac{2\pi}{N}k \cdot i} = \sum_{i=0}^{N-1} a\mathrm{e}^{\mathrm{j}\frac{2\pi}{N}(f_d T_r N - k) \cdot i} = a\frac{\sin\left[\pi(f_d T_r N - k)\right]}{\sin\left[\frac{\pi}{N}(f_d T_r N - k)\right]}\mathrm{e}^{\mathrm{j}\frac{N-1}{2}\frac{2\pi}{N}(f_d T_r N - k)}$$

$$\tag{8.4.11}$$

【实验步骤】

（1）设计 MTI/MTD 滤波器，或者利用 FFT 编写相干积累处理程序，画出滤波器的频率特征曲线；

（2）将一个目标看作杂波，设置其多普勒频率在 0 附近，画出模拟回波的 MTI/MTD 滤波器的输出结果，或者相干积累处理的距离–多普勒二维处理结果；

（3）计算 MTI/MTD 处理后目标的信噪比，以及对不同频率的杂波的改善因子；

（4）计算相干积累处理后目标的信噪比，分析目标所在多普勒通道的频率及其对应的速度，分析速度模糊问题；

（5）假设接收信号的输入信噪比分别为 -10 dB、0 dB，计算不同速度下目标回波结果脉压、MTI/MTD/CI 处理后的输出信噪比，并从理论上进行解释。

说明：根据学习情况，从 MTI、MTD、相干积累三者中选一种进行编程与仿真实验。MTI 处理建议采用四脉冲对消器，在一个波位的多个脉冲经过 MTI 处理后可以进行非相干积累。

仿真条件：杂波分布在 2～5 km 范围内，中心频率为 3700 Hz，谱宽为 30 Hz。设置 MTD 滤波器的凹口中心为 3700 Hz，凹口宽度为 30 Hz，脉冲个数为 32。

实验结果：MTD 滤波器组的频率响应如图 8.27 所示；图 8.28 给出了杂波抑制前、后的结果。由此可见，杂波得到了良好抑制。如图 8.27 和图 8.28 所示。

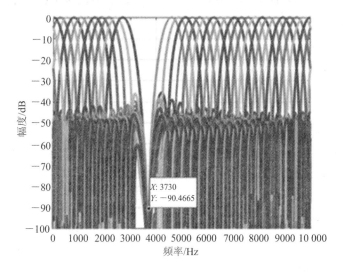

图 8.27　MTD 滤波器组的频率响应

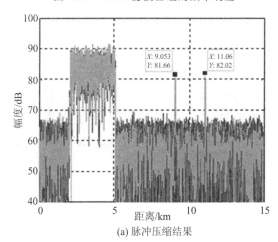

(a) 脉冲压缩结果

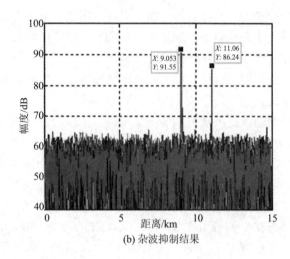

(b) 杂波抑制结果

图 8.28　杂波抑制前、后结果对比

实验 5　CFAR 目标检测处理仿真实验

【实验目的】　学习掌握雷达自动检测——CFAR 检测的模拟仿真方法。

【实验原理】

见第 6 章 CFAR 检测的工作原理。

【实验步骤】

（1）选取 CFAR 处理方法并编写程序；

（2）根据检测概率和虚警概率，设置检测门限；

（3）设置保护单元和参考单元数，对噪声和干扰的参考电平进行估计，判断是否有目标；

（4）作图给出目标所在多普勒通道输出时域信号及其对应的 CFAR 噪声门限电平，如图 8.29 所示。

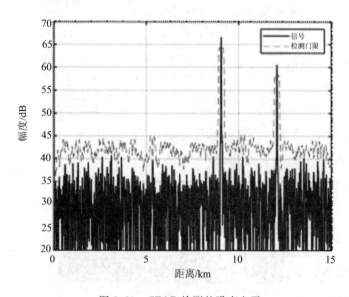

图 8.29　CFAR 检测的噪声电平

实验 6 点迹凝聚与参数测量仿真实验

【实验目的】 学习掌握点迹凝聚、目标参数测量的模拟仿真方法。

【实验原理】

1. 点迹凝聚

雷达在当前工作的一圈内，受处理方法或目标自身运动的影响，检测结果中一个目标可能存在多个点迹数据。点迹凝聚也称点迹合并，就是对多普勒、仰角、方位等多个维度上存在的多个点迹数据进行合并，形成一个点迹数据。点迹凝聚的目的就是为了使得一个目标在一圈内只有一个点迹数据，以便后继的点迹关联、航迹滤波等处理。点迹凝聚处理的具体流程如图 8.30 所示。

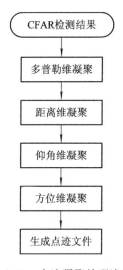

图 8.30 点迹凝聚处理流程

（1）CFAR 检测结果。CFAR 是对杂波抑制结果中的每个距离单元都进行目标检测，根据检测结果输出"0/1"标识，"1"表示存在目标，"0"表示没有目标。检测结果中，若存在目标，需要保留该目标的信号幅度，若没有目标，则其对应的信号幅值为 0。

（2）多普勒维凝聚。该流程是在同一个波位的相同距离单元的不同多普勒通道之间进行的。一般认为同一距离单元只有一个目标，多普勒维凝聚时只需选大输出。

（3）距离维凝聚。该流程存在目标的距离单元，有可能是间断的，也可能是连续的。当存在目标的距离单元之间出现间断时，则认为间断前存在两个不同的目标。

由于一般情况下距离单元小于距离分辨率，因此当连续的几个距离单元都有目标（检测标识连续为"1"）时，将会被视为是同一个目标。一个目标只保留一个点迹数据，在连续的几个距离单元对应的幅值中选取最大值作为该目标的幅值，将连续的几个距离单元对应的长度看作该目标的长度。若连续检测结果为"1"的距离单元数远大于目标尺寸，则有可能是存在干扰或者是剩余强杂波。因此，距离维凝聚后，一个目标只保留一个点迹数据，并给出目标所占距离单元数，为终端计算机提供目标在距离维的尺寸标识，为终端判断提供参考。

（4）仰角维凝聚。雷达在搜索过程中，波束在仰角维相扫，可能会产生交叉覆盖，因此一个目标可能在多个仰角波位的回波信号中均被检测到。为了保证一个目标在一圈内只有一个点迹，需要进行仰角维凝聚。凝聚的原则是在相同的距离单元选大，或者根据幅度进行密度加权。

（5）方位维凝聚。方位维凝聚是为了保证雷达在旋转运动中，一个目标可能在相邻的方位波束均被检测到时，确认为同一目标。经仰角维凝聚后，一个目标在一个方位上只有一个方位波位。在方位维凝聚时，需考虑相邻两个方位波位、相邻的若干个距离单元以及相邻的两个俯仰波位，确保一个目标在一圈内只保留一个点迹。在方位维凝聚时，也需要根据幅度进行密度加权。

2. 参数测量

主要对方位角进行单脉冲测角的虚拟仿真。工作原理见第 7 章。

【实验步骤】

（1）设置点迹凝聚处理的参数及其方法；

（2）编写程序，实现在距离、多普勒、方位、仰角 1～4 个维度上对检测门限的点迹进行目标凝聚，形成检测标志；

（3）根据信号幅度，利用密度加权的方法，在距离维进行内插得到目标的距离；

（4）根据单脉冲测角原理，模拟产生和、差波束及其归一化误差电压，计算测角误差电压的斜率（方向跨导），模拟产生方位差通道的回波信号，并进行与和通道同样的信号处理，对目标所在距离单元进行单脉冲测角；

（5）按格式生成点级数据文件。

实验 7　地面雷达系统动态仿真实验

【实验目的】　学习掌握地面雷达系统动态仿真方法。

【实验原理】

实验 1～实验 6 可以理解为对某一时刻或某一波位，对雷达接收信号及其信号处理、检测等进行虚拟仿真。而本实验针对地面雷达（即雷达自身的位置不动），在不同的搜索方式下进行雷达系统的模拟仿真。

雷达的搜索方式主要有以下几种：

（1）雷达在方位 0～360°范围内机扫，即一维机扫；

（2）雷达在方位 −45°～+45°范围内电扫，即一维电扫；

（3）雷达在方位 0～360°范围内机扫，在俯仰维电扫，即二维扫描（一维机扫＋一维电扫）；

（4）雷达在方位、俯仰维电扫，通常方位维在 −45°～+45°范围内电扫，俯仰维在 0°～ 30°范围内电扫，即二维电扫。

仿真时根据自己的学习情况，选取一种情况进行系统仿真。

【实验步骤】

（1）雷达位置不变，模拟雷达在 360°范围内机扫或电扫，计算在不同时刻的波束指向。

（2）设置系统仿真的起始时间（通常为 0）和终止时间，计算扫描过程中波束的指向、相对时间。

（3）在不同时刻，根据波束指向和目标的位置信息（可以调用实验 1 生成的目标位置数据文件），动态模拟雷达目标回波产生、脉压、相干积累或 MTI/MTD 处理等，对检测结果产生点迹数据文件。

（4）考虑天线方向图函数，重复步骤（2）、（3）。

实验结果如图 8.31 所示。

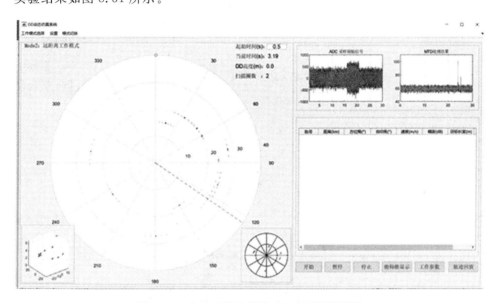

图 8.31　某地面雷达系统动态仿真运行结果

实验 8　末制导雷达系统动态仿真实验

【实验目标】　学习掌握末制导雷达系统的动态仿真方法。

【实验原理】

本实验与实验 6 的区别在于，实验 6 雷达自身的位置不动，而在本实验中需要考虑导弹的运动方式，并在不同的搜索方式下进行末制导雷达系统的模拟仿真。

末制导雷达的搜索方式主要有以下几种：

（1）末制导雷达利用导弹自身的旋转特性在方位 $0°\sim360°$ 范围内机扫；

（2）末制导雷达在方位 $-45°\sim+45°$ 范围内机扫或电扫；

（3）末制导雷达在方位 $0°\sim360°$ 范围内机扫，在俯仰维电扫；

（4）末制导雷达利用导弹自身的旋转特性在方位 $0°\sim360°$ 范围内机扫的同时俯仰维在一定仰角范围内（例如 $0°\sim30°$）电扫。

当然，一般末制导雷达不需要在方位 $360°$ 范围内搜索目标，只需要在方位 $-45°\sim+45°$ 范围内机扫或电扫。

仿真时根据自己的学习情况，选取一种情况进行系统仿真。

【实验步骤】

（1）雷达位置运动，模拟雷达在 $360°$ 范围内机扫或电扫，计算在不同时刻的波束指向，以及雷达与目标之间的相对位置。

（2）动态模拟雷达目标回波产生、脉压、相干积累或 MTI/MTD 处理等，对检测结果产生点迹数据文件。

（3）考虑天线方向图函数，重复步骤（2）。

实验结果如图 8.32 所示。

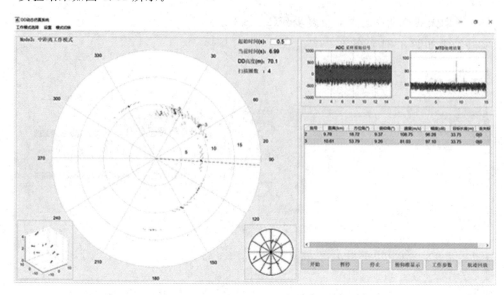

图 8.32　某末制导雷达系统动态仿真运行结果

实验 9　雷达航迹关联的仿真实验

【实验目标】　学习掌握雷达航迹关联的虚拟仿真过程。

【实验原理】

雷达航迹关联包括航迹起始、航迹保持、航迹滤波等，属于数据域处理，而非信号级处理。

1. 航迹起始

航迹起始主要采用一步延迟算法，示意图如图 8.33 所示，图中虚线椭圆框表示开窗范围，实心圆点为目标点迹，空心圆点为预测的点迹。点迹 p_m^n 中上标"n"表示 n 圈，下标"m"表示点迹编号，上标"pre"表示该点迹为预测值。

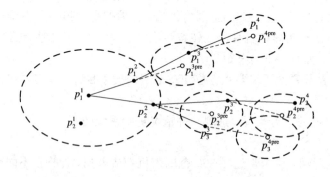

图 8.33　一步延迟法示意图

航迹起始是在 3～4 圈点迹数据中进行的。在一定的空域（距离-方位-仰角）范围内进行点迹关联，采用一步延迟算法，在本书中分两种情况确认起始航迹：一种是 4 圈中有 3 圈测得目标点迹，另一种是 3 圈中有 2 圈测得目标点迹，即可确认航迹起始成功。在 4 圈数据中航迹起始的具体处理流程如图 8.34 所示。

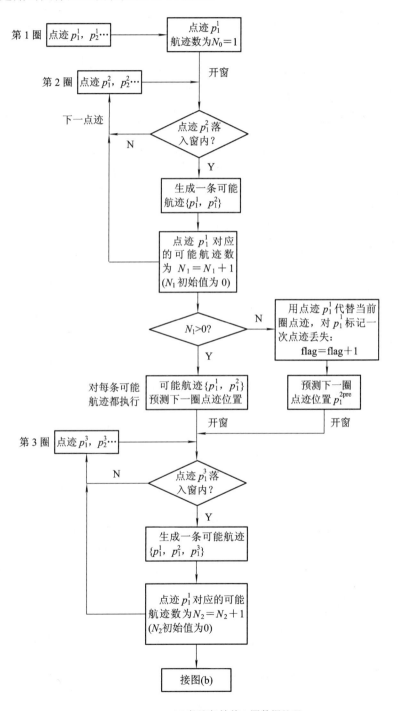

(a) 航迹起始前 3 圈数据处理

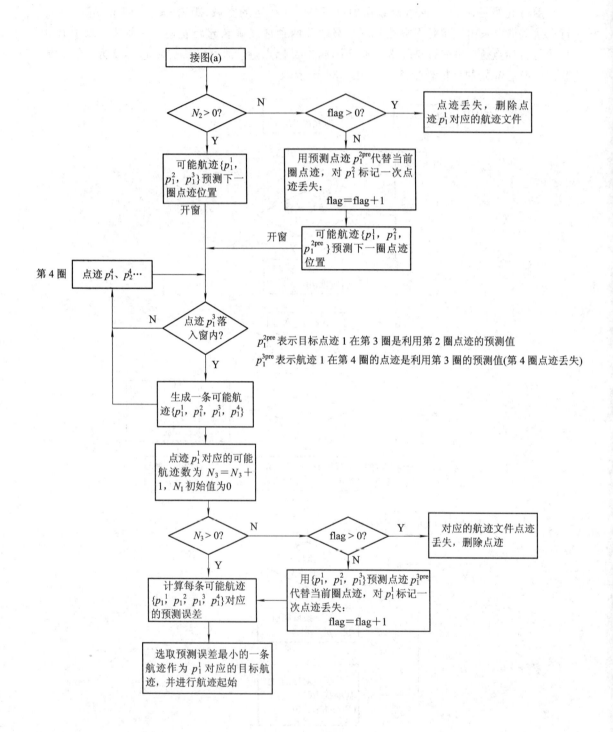

$p_1^{2\text{pre}}$ 表示目标点迹 1 在第 3 圈是利用第 2 圈点迹的预测值

$p_1^{3\text{pre}}$ 表示航迹 1 在第 4 圈的点迹是利用第 3 圈的预测值(第 4 圈点迹丢失)

(b) 航迹起始第4圈数据处理

图 8.34　航迹起始处理流程图

对于第 1 圈的点迹凝聚结果 $\{p_1^1, p_2^1, p_3^1, \cdots\}$，建立初始航迹信息，以点迹为球心，开预测窗。预测窗的大小由距离窗、俯仰角窗和方位角窗 3 个参数共同决定。

第 2 圈点迹 $\{p_1^2, p_2^2, p_3^2, \cdots\}$ 中落入第 1 圈预测窗的点迹，均与预测窗中心点迹构成一条可能航迹，如 $p_1^1 p_1^2$ 等；第 1 圈同一点迹可能与多个第 2 圈点迹构成可能航迹，如 $\{p_1^1 p_1^2, p_1^1 p_2^2\}$，均暂时保留；对第 2 圈中未落入第 1 圈预测窗内的点迹，则视为新目标，建立初始航迹信息，从第 2 圈开始起始。

对第 3 圈点迹 $\{p_1^3, p_2^3, p_3^3, \cdots\}$，判断其是否落入由前两圈构成可能航迹的预测窗或从第 2 圈开始起始的点迹的预测窗内；若是，则与可能航迹结合，增加可能航迹长度；否则，视为新目标，建立初始航迹信息，从第 3 圈开始起始。

第 4 圈点迹 $\{p_1^4, p_2^4, p_3^4, \cdots\}$ 与第 3 圈点迹处理方法相同，第 4 圈处理过后，长度到达 4 的可能航迹，与第 1 圈点迹关联，若有多条可能航迹，则选取预测误差最小的一条作为可能的航迹，并确认航迹起始；若只有一条可能航迹，则直接起始。长度未达到 4 的可能航迹，需与下一圈点迹继续进行关联判断。对于判断过程中未有点迹落入其预测窗内的可能航迹，暂用其预测点迹代替当前圈点迹（第 1 圈点迹的预测点直接取其本身）；若 4 圈中有两圈及以上点迹丢失，则舍弃该条可能航迹。

考虑到雷达运动，对可能航迹下一圈点迹进行预测时，保留当前圈雷达位置，在下一圈开预测窗判断时，将坐标转换为相对同一时刻雷达位置的坐标，以消除雷达运动的影响。

2. 航迹保持

采用点迹-航迹配对法进行航迹关联，首先需构造点迹与航迹的关联矩阵 $\boldsymbol{R}$ 及地址矩阵 $\boldsymbol{D}$，其构造流程如图 8.35 所示。关联矩阵的行数对应于航迹数，每行对应一条航迹；关联矩阵的列数对应于与相应航迹相关的点迹数，若有较多的点迹与某条航迹相关，取与之关联程度最大的前 N 个点迹；关联矩阵的元素则为点迹与航迹关联程度的表征值，即其元素 r_{ij} 为第 i 个航迹和与其对应的第 j 个点迹的关联程度表征值，且关联矩阵的每行按照关联程度由大到小排列。地址矩阵 $\boldsymbol{D}$ 大小与关联矩阵相同，行与列的含义也相同，而地址矩阵的元素为关联矩阵中与航迹相关的点迹的序号或地址，即其元素 d_{ij} 表示航迹 i 关联的第 j 个点迹的序号或地址。当没有点迹与某条航迹相关时，其关联矩阵每列对应的关联程度均为 0（不相关），其地址矩阵每列对应的航迹序号均为 0（或不存在）。若某条航迹在相邻 4 圈内有两圈及以上无匹配点迹，即点迹丢失，则该条航迹终止。

点迹-航迹配对算法流程如图 8.36 所示，其重点在于待分配点迹与已确认航迹之间的关联程度的表示。这里利用四维信息的误差，对点迹与航迹的关联程度进行表征。设当前圈检测到的某一目标点迹 p_i 信息为 $(R_i, \theta_i, \varphi_i, v_i)$，分别表示距离、方位、仰角、速度。对于前一圈已经确认起始的某一航迹 T_i，利用航迹滤波法对该航迹对应的目标在当前圈的位置信息进行预测，得到对当前圈的预测点迹信息为 $(R_{\text{prei}}, \theta_{\text{prei}}, \varphi_{\text{prei}}, v_{\text{prei}})$。则点迹 p_i 与航迹 T_i 的关联程度表征值为

$$\text{relate} = \alpha_1 \frac{|R_i - R_{\text{prei}}|}{\delta_R} + \alpha_2 \frac{|\theta_i - \theta_{\text{prei}}|}{\delta_\theta} + \alpha_3 \frac{|\varphi_1 - \varphi_{\text{prei}}|}{\delta_\varphi} + \alpha_4 \frac{|v_1 - v_{\text{prei}}|}{\delta_v}$$

其中，δ_R、δ_θ、δ_φ、δ_v 分别表示距离、方位、仰角、速度的测量误差的标准差；α_1、α_2、α_3、α_4

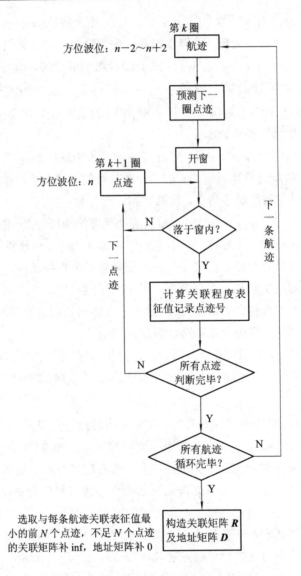

图 8.35　关联矩阵及地址矩阵构造流程

为四维信息关联程度表征值各自对应的权重。表征值 relate 越大，则点迹与航迹的关联程度越低；表征值越小，点迹与航迹的关联程度越高。

得到关联矩阵及地址矩阵后，需根据关联程度对点迹与航迹进行分配。由关联矩阵含义可知，关联矩阵的第一列点迹即为与各航迹关联程度最大的点迹。若第一列中与各航迹相关联的点迹各不相同，即地址矩阵中第一列点迹号互不相同，则直接将相应的点迹分配给对应的航迹，即可完成点迹与航迹的配对。但也可能存在一个点迹与多条航迹相关程度均最大的情况，即点迹分配产生冲突。此时，将该点迹分配给与之关联程度最大的那条航迹，剩余几条航迹则需从该点迹之外与各自关联程度最大的点迹中选取匹配点迹。后续出现冲突情况时，皆以相同方法处理即可。

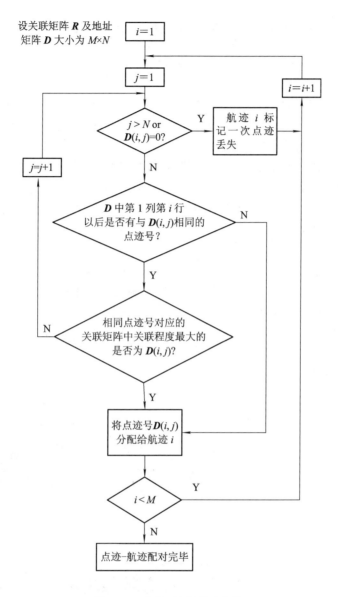

图 8.36　点迹-航迹配对流程

3. 航迹滤波

航迹滤波见第 7 章的相关内容。

【实验步骤】

（1）设置航迹关联处理方法及其参数；

（2）选定航迹起始方法，通常雷达搜索 3 圈或 4 圈起批；

（3）编写航迹关联程序，实现在距离、多普勒、方位、仰角四个维度中 1～4 个维度上对当前帧的点迹与形成的航迹进行关联，即判别不同时间、空间的数据是否来自同一个目标，并进行点迹与航迹配对；

（4）航迹终止的判断程序，若连续 3～4 圈没有关联到目标，就终止该航迹。

实验 10　雷达终端显示的仿真实验

【实验目标】　学习掌握雷达终端显示的模拟仿真实验方法。

【实验原理】

　　雷达终端是雷达整机中目标参数录取、数据处理、显示和信息传输接口等基本功能设备的总称，主要完成以下几个功能：① 录取目标的坐标参数；② 用计算机进行数据处理；③ 提供每个目标较精确的位置、速度、机动情况和属性识别的信息；④ 以适合雷达操作员观察的形式进行显示或传输到设备。雷达终端显示包括幅度显示器（A 显）和平面位置显示器（PPI、P 显）等。A 显主要显示幅度信息，包括原始回波信号、脉压结果、MTI/MTD/CI 处理结果和检测结果，A 显的横坐标为时间或距离。P 显是以极坐标形式显示目标的距离-方位信息。

【实验步骤】

　　（1）模拟雷达终端显示器 A 显、P 显、点迹信息的列表。

　　（2）根据脉冲重复周期设置雷达的距离量程，画出 P 显坐标，根据目标的距离和方位，在仿真 P 显示器上显示目标的航迹。

　　（3）利用多个模拟的 A 显示器分别显示目标的回波信号、脉压结果、相干处理结果。

　　（4）点迹/航迹信息的列表显示。

　　实验结果如图 8.37 所示。

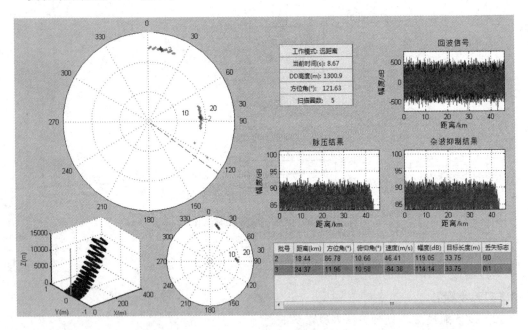

图 8.37　某雷达终端显示界面

练　习　题

　　8-1　某弹载雷达系统要求：探测距离为 80 km；工作比不超过 20％；波长 $\lambda = 3$ cm；

天线在方位维等效孔径 $D=0.25$ m(直径)；噪声系数 $F=3$ dB；系统损耗 $L=4$ dB；天线在方位维波束宽度 $\theta_{3dB}=6°$；目标的 RCS 的 $\sigma=1500$ m²。弹目之间的相对运动关系如图。目标航速为 V_s(m/s)，导弹运动速度 $V_a=600$ m/s，目标航向与弹轴方向之间的夹角为 $\alpha'=30°$，目标偏离弹轴方向的角度为 $\beta=1°$，则在舰船位置 P，导弹对目标视线与目标航向的夹角 $\alpha=\alpha'+\beta$。从 $t=0$ 时刻开始，导弹从 O 向 O' 位置运动，目标从 P 向 P' 位置运动。弹-目位置及其信号处理流程如图所示。

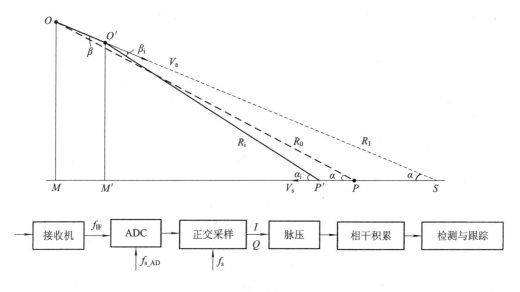

题 8-1 图

工作状态	距离/km	脉冲重复周期/μs	脉冲宽度/μs	调频带宽/MHz	距离分辨率/m	脉压比	相干积累脉冲数
搜索	30~80	800	160	1	150	160	64~128
跟踪	3~30	400	10	10	10	100	32

(1) 若天线在 $\pm45°$ 范围内搜索，扫描速度为 $60°/s$，可积累的脉冲数 $N=$？若要求发现概率 $P_d=90\%$，虚警概率 $P_{fa}=10^{-6}$，达到上述检测性能要求的 SNR＝？在搜索状态，若采用 64 个脉冲相干积累，计算要求的辐射峰值功率 $P_t=$？若取 $P_t=30$ W，计算目标回波单个脉冲和 64 个脉冲相干积累后的信噪比 SNR 与距离的关系曲线（考虑信号处理损失 4 dB）。

(2) 假设雷达的仰角波束宽度为 $10°$，波束为高斯函数，画出雷达的威力图，部分参数可以自己设置。指出雷达的威力覆盖范围。

(3) 搜索工作状态时，采用 LFM 信号或 M 序列（二者选一），假设目标距离为 R km。

① 给出所采用 LFM 信号的匹配滤波函数 $h(t)$ 和 $H(f)$，并画图。比较加窗（主副瓣比为 35 dB）和不加窗时的脉冲压缩结果，指出主瓣宽度。（纵坐标取对数）

② 若采用码长为 127 的 M 序列，分析相位编码脉冲信号的多普勒敏感性，给出目标速度分别为 0、50、500 m/s 的脉压结果。

(4) 在搜索/跟踪状态，假设目标距离为 R km、速度 V_s。假设导弹自身的速度已经补偿，即仿真时不考虑导弹的运动速度。

① 写出目标回波的中频、基带信号模型，推导脉压、相干处理后的输出信号模型。

② 设计中频正交采样滤波器，选取中频采样的时钟频率。

③ 假设在相干积累前导弹自身的速度进行了补偿，若 A/D 采样时噪声占 10 位，目标回波信号占 8 位（即输入 SNR＝－12 dB，考虑 A/D 变换器的量化误差）。分别画出 A/D 采样的中频信号、中频正交采样的基带信号、脉压处理后和相干积累后目标所在多普勒通道的输出信号的时域波形。分析每一步处理的信噪比变化。（部分学生根据学习情况，也可以从基带信号进行仿真。）

④ 解释目标所在多普勒通道对应的频率与实际的多普勒频率是否相符？

⑤ 对目标所在多普勒通道进行 CFAR 处理，画出目标所在多普勒通道信号及其 CFAR 的比较电平（检测概率 0.9，虚警概率为 10^{-6}）。（除回波基带信号外，其它波形的纵坐标取对数）

（5）天线的方向函数用高斯函数近似，在近距离采用单脉冲测角。

① 给出和、差通道信号模型和方位归一化误差信号模型，指出误差信号的斜率，并画出这些信号的波形。

② 对测角精度进行蒙特卡洛（Monto Carlo）分析（SNR 与测角的均方根误差）。

③ 假定弹目距离为 10 km，SNR＝20 dB，方位为 0.5°，给出和、差通道的时域脉压结果，计算目标的归一化误差电压和目标的方位。

（6）根据上述参数，在跟踪状态对弹目之间距离从 30 km 到 3 km 的过程进行动态仿真，给出距离、角度的测量结果随时间变化的曲线，以及对距离、角度的测量值进行航迹滤波的结果。

注：目标速度 V_s＝（学号后两位 mod 20）＋ 5 （m/s）；目标距离 R＝（学号后两位 mod 50）＋30 （km）。

8-2 从 8.4 节中选取部分虚拟仿真实验进行仿真练习。

注：这一章的习题可作为本课程的大作业。

参 考 文 献

[1] 丁鹭飞，耿富录，陈建春. 雷达原理[M]. 4 版. 西安：西安电子科技大学出版社，2020.

[2] 陈伯孝，等. 现代雷达系统分析与设计[M]. 西安：西安电子科技大学出版社，2012.

[3] SKOLNIK M I. 雷达手册[M]. 5 版. 南京电子技术研究所，译. 北京：电子工业出版社，2010.

[4] 王小谟，张光义. 雷达与探测：现代战争的火眼金睛[M]. 北京：国防工业出版社，2000.

[5] 黄培康，殷红成，许小剑. 雷达目标特性[M]. 北京：电子工业出版社，2005.

[6] 阮颖铮. 雷达截面与隐身技术[M]. 北京：国防工业出版社，1998.

[7] 庄钊文，袁乃昌，莫锦军，等. 军用目标雷达散射截面预估与测量[M]. 北京：科学出版社，2007.

[8] KUSCHEL H. VHF/UHF radar, Part 1：Characteristics [J]. Electronic Communication English Journal，2002，14(2)：61 – 72.

[9] KUSCHEL H. VHF/UHF radar, Part 2：Operational aspects and applications[J]. Electronic Communication English Journal，2002，14 (3)：101 – 111.

[10] 陈伯孝. SIAR 四维跟踪及其长相干积累等技术研究[D]. 西安：西安电子科技大学博士学位论文，1997.

[11] 陈伯孝，吴剑旗. 综合脉冲孔径雷达[M]. 北京：国防工业出版社，2011.

[12] CHEN B X, WU J Q. Synthetic Impulse and Aperture Radar：A Novel Multi-Frequency MIMO Radar[M]. John Wiley & Sons Singapore PTE. LTD, 2014.

[13] 陈伯孝，吴铁平，张伟，等. 高速反辐射导弹探测方法研究[J]. 西安电子科技大学学报，2003，30(6)：726 – 729.

[14] 陈伯孝，胡铁军，朱伟，等. VHF 频段隐身目标缩比模型的雷达散射截面测量[J]. 电波科学学报，2011，26(3)：480 – 485.

[15] 张中山. 米波段目标 RCS 测量及某试验雷达实测数据处理[D]. 西安：西安电子科技大学硕士学位论文. 2011.

[16] MAHAFZA B R. 雷达系统分析与设计(MATLAB 版)[M]. 2 版. 陈志杰，等，译. 北京：电子工业出版社，2008.

[17] SKOLNIK M I. 雷达系统导论[M]. 5 版. 左群声，等，译. 北京：电子工业出版社，2006.

[18] 郑新，李文辉，潘厚忠，等. 雷达发射机技术[M]. 北京：电子工业出版社，2006.

[19] 弋稳. 雷达接收机技术[M]. 北京：电子工业出版社，2005.

[20] 焦培南，张忠治. 雷达环境与电波传播特性[M]. 北京：电子工业出版社，2007.

[21] 何友，关键，彭应宁，等. 雷达自动检测与恒虚警处理[M]. 北京：清华大学出版社，1999.

[22] 权太范. 目标跟踪新理论与技术[M]. 北京：国防工业出版社，2009.

[23] 朱伟，陈伯孝，周琦. 两维数字阵列雷达的数字单脉冲测角方法[J]. 系统工程与电子技术，2011，33(7)：1503 - 1509.

[24] MAHAFZA B R，ELSHERBENI A Z. 雷达系统设计 MATLAB 仿真[M]. 朱国富，黄晓涛，黎向阳，译. 北京：电子工业出版社，2009.

[25] 陈伯孝. 岸-舰双基地地波超视距雷达[M]. 西安：西安电子科技大学出版社，2020.

[26] 李锋林. 岸-舰双基地地波超视距雷达数字频率源的设计与实现[D]. 西安：西安电子科技大学硕士学位论文，2007.

[27] 庄钊文，袁乃昌. 雷达散射截面测量：紧凑场理论与技术[M]. 长沙：国防科技大学出版社，2000，10.

[28] MAHAFZA B R. 雷达系统设计 MATLAB 仿真[M]. 朱国富，等译. 北京：电子工业出版社，2009.

[29] LEVANON N，MOZESON E. Radar Signals[M]. New York：Wiley，2004.

[30] 费元春，苏广川，等. 宽带雷达信号产生技术[M]. 北京：国防工业出版社，2002.

[31] 朱伟，陈伯孝，田宾馆，等. 雷达通用中频模拟器的设计与实现[C]. 第11届全国雷达学术年会论文集. 长沙：2010，11：1197 - 1201.

[32] 吴顺君，梅晓春，等. 雷达信号处理和数据处理技术[M]. 北京：电子工业出版社，2008.

[33] 张明友，汪学刚. 雷达系统[M]. 北京：电子工业出版社，2006.

[34] 张锡祥，肖开奇，等. 新体制雷达对抗导论[M]. 北京：北京理工大学出版社，2010.

[35] PARL S. Method of Calculating the Generalized Q Function[J]. IEEE Trans. Information Theory，1980，26(1)：121 - 124.

[36] BARTON D K. Radar System Analysis and Modeling[M]. Artech House，Inc. 2005.